区块链DApp开发
基于以太坊和比特币公链

林冠宏 编著

清华大学出版社

北京

内 容 简 介

本书以 Go 编程语言为例，从必要的理论知识到编码实践，循序渐进地介绍了当前区块链两大公链应用——以太坊和比特币 DApp 开发的技术要点。全书共分为 7 章，第 1 章介绍区块链的重要基础知识；第 2 章介绍以太坊公链的基础知识，内容包含但不限于以太坊的大量概念与术语；第 3 章介绍以太坊智能合约的开发与部署实践；第 4 章和第 5 章以以太坊 DApp 中继服务作为范例，介绍以太坊区块链 DApp 的开发流程；第 6 章介绍比特币公链的基础技术；最后的第 7 章介绍基于比特币公链的 DApp 开发实例，包括钱包和交易所应用中的内存池解析器与去中心化数据存储系统的开发。

本书技术先进，注重实践，代码注释详尽，适合广大 IT 技术开发者阅读，对于想了解以太坊和比特币 DApp 开发技术的开发者尤为合适。

图书在版编目（CIP）数据

区块链 DApp 开发：基于以太坊和比特币公链 / 林冠宏编著.— 北京：清华大学出版社，2020.9
（2025.1 重印）
　　ISBN 978-7-302-56395-2

Ⅰ．①区…　Ⅱ．①林…　Ⅲ．①区块链技术　Ⅳ．①TP311.135.9

中国版本图书馆 CIP 数据核字（2020）第 170480 号

责任编辑：王金柱
封面设计：王　翔
责任校对：闫秀华
责任印制：刘海龙

出版发行：清华大学出版社
　　　　网　　　址：https://www.tup.com.cn，https://www.wqxuetang.com
　　　　地　　　址：北京清华大学学研大厦 A 座　　　　　　邮　　编：100084
　　　　社 总 机：010-83470000　　　　　　　　　　　　邮　　购：010-62786544
　　　　投稿与读者服务：010-62776969，c-service@tup.tsinghua.edu.cn
　　　　质量反馈：010-62772015，zhiliang@tup.tsinghua.edu.cn

印 装 者：三河市人民印务有限公司
经　　销：全国新华书店
开　　本：190mm×260mm　　　　印　张：26.5　　　　字　数：678 千字
版　　次：2020 年 11 月第 1 版　　　印　次：2025 年 1 月第 3 次印刷
定　　价：99.00 元

产品编号：088417-01

前　　言

笔者于 5 年前就开始接触区块链技术，期间也撰写了大量技术博文，以分享笔者的学习心得与开发经验。

曾经有不少出版社联系笔者出书，但限于对知识的敬畏和对出书的谨慎，都一一婉拒了。正式签约出书是 2018 年 10 月，也是笔者处于一个对区块链技术非常热衷的阶段，当时的工作也正好是基于区块链做各种 DApp 开发，比如具有代表性的钱包、中心化交易所和去中心化交易所应用。对区块链、以太坊、比特币的各个方面构建了一套完整的知识体系，所以在清华大学出版社的编辑联系笔者的时候，市面上关于以太坊与比特币 DApp 重技术开发的图书很少，大多以理论性或科普类的图书居多，在深思熟虑之后，便决定编写此书。

这几年，区块链技术发展很快，其独特的去中心化应用（DApp）有可能给各行业带来一场颠覆性的变革，是当今业界十分热点的技术，也获得了国家政策的大力扶持，学习区块链技术开发，成为一个区块链产业的参与者，可能是你一生难得的机遇！

本书的主要内容

本书重点介绍了以下内容：

- 区块链的整体基础知识，包括区块链的基本概念及其组成模块，比如链的分叉与共识算法的实现种类等。
- 区块链公链之以太坊技术与应用，包括以太坊以及 DApp 的概念，区块的组成结构、钱包地址的生成、油费的计算方式、叔块的相关规则、交易的生命周期以及应用默克尔树实现账户模型。除了基础知识外，还有进阶学习所涉及的智能合约开发、开发合约工具的介绍、节点链接与测试币的获取以及 RPC 接口调用等知识。此外，还有一些开发实操中需要注意的特殊知识点，比如余额查询的区块隔离性及零地址的含义等。在以太坊部分的最后章节中，综合所有的知识点，通过编码实现了以太坊 DApp 技术开发中的核心组件——以太坊中继应用。
- 区块链公链之比特币技术与应用，包括比特币的区块组成结构、PoW 共识算法在比特币中的实现、地址和私钥的生成规则与种类、UTXO 模型的实现原理、交易的构建方式等基础知识。在进阶部分，介绍了比特币虚拟机的操作码和源码分析、锁定脚本的种类及其各自的特定、重要的 RPC 接口与使用方式以及比特币的验签原理等知识。在实操部分，结合在本地计算机搭建并操作比特币私有链的学习，综合所有的知识点编码实现了"链上交易状态解析器"和"使用 OP_RETURN 操作码实现去中心化数据存储系统"两个应用案例。

本书深入浅出，语言通俗，图文并茂，专注于核心技术的讲解与应用，非必要的理论性知识涉及得较少。全书基础与实践兼备，旨在使读者在系统地掌握基础知识的基础上能够将所学技术应用于开发实践，达到学以致用的效果。

本书引用的资料

写书最怕的是误人子弟，在编写的时候发现，将整个以太坊和比特币的知识体系展开来讲，有很多的细节是自己之前还没有掌握的，比如：区块链浏览器上所看到的非 ETH 交易记录不能作为资产转移成功的依据。编写此书的过程中，也遇到了一些疑惑点，通过借鉴优秀的博客文章、阅读源码和咨询业界一些技术专家的意见，提升了笔者的理解和认识，丰富并拓展了笔者的区块链知识体系。在这里对这些大佬的贡献表示衷心感谢，以下是引用文献的链接：

https://blog.csdn.net/chabuduoxiansheng1/article/details/79740018

https://blog.csdn.net/s_lisheng/article/details/78022645

http://blog.luoyuanhang.com/2018/05/02/eth-basis-block-concepts/

https://blog.csdn.net/wo541075754/article/details/79042558

https://blog.csdn.net/ggq89/article/details/80072876

https://blog.csdn.net/weixin_37504041/article/details/80474636

https://ethereum.gitbooks.io/frontier-guide/

http://www.nahan.org/2018/10/02/utxovseth%EF%BC%9F/

https://ethfans.org/toya/articles/588

https://ethfans.org/posts/what-to-expect-when-eths-expecting

《精通比特币》书籍。

本书的源代码

为方便读者上机演练本书实例，笔者为读者整理了本书的全部源代码，读者可访问以下链接下载：

https://github.com/af913337456/eth-relay/archive/master.zip

https://github.com/af913337456/btc_book/archive/master.zip

也可扫描下述二维码下载：

如果下载有问题或需要技术支持，请联系 booksaga@126.com，邮件主题为"区块链 DApp 开发：基于以太坊和比特币公链"。

致　谢

感谢在完成这本书的过程中给予建议或解答问题的朋友：远航，王金柱，陈东伟，陈婷，彭智锦（排名不分先后）。

虽然笔者已尽最大努力避免书中内容出现错误，但限于水平，谬误在所难免，恳请广大读者与业界专家不吝指教。（笔者的 GitHub：https://github.com/af913337456/）

最后，衷心祝愿每一位阅读此书的朋友都能有所收获。

林冠宏

2020 年 7 月

目　　录

第1章

区块链基础知识

本章我们将首先从区块链的基本概念入手，逐步介绍共识机制、共识算法、链的分叉等概念，以帮助读者建立有关区块链的知识体系，为后续的开发工作做好准备。

1.1 认识区块链

1.1.1 区块链的概念

我们一般意识形态中的链是铁链，由铁铸成，一环扣一环。区块链也可以这么理解，只不过它不是由铁铸成，而是由拥有一定数据结构的块连接而成，呈链状结构，这种结构就是链表。

区块抽象到计算机语言中就是一个对象、一个结构体、一个类，同样类中也可以定义属性、变量和方法，但区块里包括的内容可以自己来定义。比如，以太坊公链的区块结构，它有变量，我们就可以自己进行定义。以下是我们设置一个区块包括变量的例子。

```
type Block struct {
    Number   string  // 区块号
    PreHash  string  // 前一个区块的哈希值
    Hash     string  // 自身的哈希值
    Value    string  // 携带的数据
    Create   int64   // 创建的时间戳
}
```

上述的 type Block struct 表示定义一个区块，其中定义了变量 Number、PreHash、Hash、Value、Create。

当链表中的每个数据个体是上述区块的时候就构成了一条区块链。区块是区块链每一环的实体。这是一种最简单的区块链。如图 1-1 所示，其中箭头的方向代表的是子块关联父块，也可以将箭头反过来，表示父块连接子块。

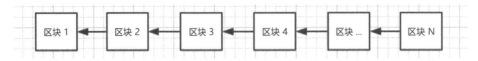

图 1-1　正常形态的链

由于链中的区块包含数据，例如上面的 Value 变量，因此我们能够在这个区块被打包到链中的时候向 Value 填充值，此后我们通过访问这个区块内部的数据可对它打包的数据进行读取，然后输出，展示给用户。

在上面的例子中，我们用来存储打包到区块中的数据变量只有一个 Value，那么请想象一下，如果把 Value 换成一个数组或者更多变量，这个区块就会变得更复杂，它的功能也会跟着变得更多。

此外，链中的区块被规定是唯一的，即相同区块号的区块不能以同一个身份（以太坊中允许有区块号一样的不同含义块）在同一条链中出现两次，如果出现了，那么链会将其纠正过来。

下面是网上对区块链的定义解释：

"区块链是分布式数据存储、点对点传输、共识机制、加密算法等计算机技术的新型应用模式。"

这个概念其实是一个广义的解释，笔者更趋向于把这个解释理解为区块链节点程序，而不是区块链，因为一个区块链的节点服务程序就包含了这个概念中的各个模块，实际上还有很多其他的模块。

一般来说，区块链公链包含但不限于下面的技术模块：

（1）数据加密签名技术模块。

（2）共识机制技术模块。

（3）分布式数据存储技术模块。

（4）点对点通信传输技术模块。

（5）智能合约技术模块。

（6）应用程序接口技术模块。

当我们把这些模块技术实现的代码整合到一个程序中时，它便是一个区块链应用，例如某一条公链。

那么是不是区块链应用一定要全部实现这些技术模块呢？不是的，你可以开发自己的区块链公链，哪怕是超级简单的雏形，只要是链状的区块存储应用，就可以称为区块链。请记住，任何一个复杂的区块链应用，例如知名的公链，都是在简单的模型上进行技术的添砖加瓦打造出来的。此外，区块链的各个技术模块所包含的知识点也是非常丰富的，可以说每一个知识点都属于一个领域。

1.1.2　链的分类

区块链的链分类通常有 3 类，即公有链、私有链和联盟链。这 3 类链的主要区别是：

（1）公有链的维护节点比较多，节点网络对所有人开放，任何人都可以进行特定的数据访问。

（2）私有链是面向个人或某个组织的。

（3）联盟链是多个组织团体的节点联合在一起维护的，对组织开放。

目前被广泛接受、认可、有价值的"代币"（Token）几乎都是基于公有链的。

不同种类的公有链之间要实现相互通信，比如比特币公链和以太坊公链进行 BTC（Bitcoin，比特币）兑换 ETH（以太访）的交易，需要借助技术手段来实现，例如跨链通信技术。

1.1.3　区块链能做什么

从区块链普遍的去中心化的特点来看，在节点网络中，如果某条公链的合法节点数目达到一定的数量级，那么我们可以认为当前公链的去中心化程度接近 100%，这意味着链上的数据不会再被篡改了，于是我们所传递到链上被保存在区块中的数据会一直存在下去，真实而永久。

基于这个特点，我们可以将区块链应用到数据的溯源存储方面。除此之外，还可以根据区块链具体提供的功能进行各种应用。例如，以太坊公链，它是区块链，而且提供了智能合约这类具备图灵完备的功能模块，我们可以基于它来开发智能合约去中心化应用 DApp，其中最为普遍的便是 ERC20 智能合约所对应的"代币"。

要理解区块链能做什么，可以从实际的区块链应用所具备的特点进行思考，从而得出答案。

1.2　共识的作用

每条区块链的节点，例如以太坊节点，都拥有自己存储数据的地方，节点之间虽然会相互通信，但又彼此不依赖，这是因为互不信任。

在这种情况下，各个节点如何保证在互相通信的过程中维护数据的一致性，从而使链上相同区块号的区块只有一个呢？此时就诞生了区块链技术栈中的另一个知识点：共识，又称共识机制。

所谓共识，通俗来讲，就是我们大家对某种事物的理解达成一致的意思。比如，日常开会讨论问题，又比如判断一个动物是不是猫，我们肉眼看了后觉得像猫，其符合猫的特征，那么我们认为它就是猫。这就是共识，可见共识是一种规则。

继续上述会议的例子。参与会议的人，通过开会的方式达到解决问题的目的。对比区块链中参与挖矿的节点，节点中有矿工这么一种角色，它在代码中对应某一个功能模块。节点矿工通过某种共识方式（算法）来解决该节点的账本与其他节点的账本保持一致。账本保持一致的意思是：各个节点同步的区块的信息保持一致，以维护同一条区块链。

那么为什么需要共识呢？没有共识可不可以？当然不可以，这样会出现问题，假如生活中没有共识规则，那么一切都会乱套。区块链与此类似，没了共识规则，各个节点各干各的，会失去一致性，区块链也不会达成统一。

上述会议和区块链的对应关系如下：

（1）参会的人=挖矿的矿工

（2）开会=共识方式（算法）

（3）讨论解决问题=让自己的账本跟其他节点的账本保持一致

你可能会对上面的内容产生一些疑问：

（1）区块链节点和矿工是什么关系？

（2）让节点账本保持一致，账本的内容是什么？

（3）为什么需要共识算法去保持账本一致？

首先，我们来看一下区块链节点和矿工的关系。矿工是区块链节点中的一个角色，从编程的角度来看，就是程序中的一个功能模块。因此可见，矿工与区块链就是包含与被包含的关系。

其次，让节点账本保持一致，账本的内容是什么？账本的内容就是所有节点所维护的那条公链中的区块以及该区块的相关信息。要保持这条链不出差错，块与块之间必须正常相连。

最后，为什么需要共识算法来保持账本一致呢？因为区块会被节点中的一些功能模块生成，在众多节点且相同的时间流逝中，A 节点有可能诞生一个区块 1，B 节点也有可能诞生一个区块 1，这样它们诞生的区块号就发生重复了。在同一条链中，相同区块号的区块最终只能挑选一个串接到链中，这时取谁的好呢？此时就需要用共识算法这一规则来做出选择了。这个选择的大致形式可参考图 1-2。

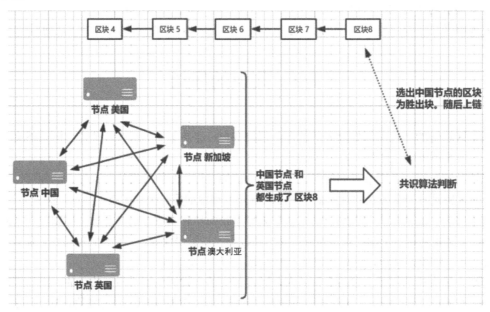

图 1-2　用共识算法选出胜出块

1.3　常见的共识算法

目前在区块链中，使节点账本保持一致的共识算法常见的有如下几种：

- PoW，代表者是比特币（BTC），区块链 1.0。
- PoS，代表者是以太坊（ETH），以太坊正在从 PoW 过渡到 PoS，区块链 2.0。
- DPoS，代表者是柚子（EOS），区块链 3.0。
- PBFT 拜占庭容错，联盟链中常用。

下面通俗地介绍前 3 种共识算法的概念及优缺点。

1.3.1　PoW 算法

　　PoW（Proof of Work，工作量证明）的字面意思是谁干的活多，谁的话语权就大，在一定层面上类似于现实生活中"多劳多得"的概念。

　　以比特币为例，比特币挖矿就是通过计算符合某一个比特币区块头的哈希散列值争夺记账权。这个过程需要通过大量的计算实现，简单理解就是挖矿者进行的计算量越大（工作量大），它尝试解答问题的次数也就变得越多，解出正确答案的概率自然越高，从而就有大概率获得记账权，即该矿工所挖出的区块被串接入主链。

　　下面对上述一段话所涉及的几个术语做一下解释。

　　（1）区块头（Header）：区块链中区块的头部。比如你有一个饭盒，饭盒的第一层类似动物头部，称之为头部；第一层放着米饭，米饭就是头部装载的东西。

　　（2）哈希（Hash）：数学中的散列函数（数学公式）。

　　（3）哈希散列值：通过哈希函数得出的值。例如，有加法公式"1+2=3"，那么哈希公式 hash(1,2) 计算出来的结果即为哈希散列值。

　　（4）区块头的哈希散列值：饭盒第一层装的是米饭，那么这个值就是区块头装的东西。

　　（5）记账权，话语权：在大家都参与挖区块的情况下，谁挖出的区块是有效的，谁就有记账权或话语权。

　　在 PoW 共识算法下，当很多个节点都在挖矿时，每个节点都有可能挖出一个区块。比特币区块链定义了区块被挖出后，随之要被广播到其他节点中去，然后每个节点根据对应的验证方式对区块进行是否合法的验证操作，被确认合法的区块便会被并入主链中去。

　　对比现实生活，比如数学竞赛，参赛者相当于矿工，一道题目，谁先做出就公布计算过程和答案，不由裁判判断，由参赛者来一起验证；大家都认可后，宣布该题目结束，解题者及相关信息被记录到纸质册子或数据库，之后继续下一道题。

　　回到比特币挖矿中，其实就是计算出正确的哈希散列值，一旦计算出来，就生成新区块，并将生成的区块信息以广播的形式告诉其他节点。其他节点收到广播信息后，停下手上的计算工作，开始验证该区块的信息。若信息有效，则当前最新区块被节点承认，各个节点开始挖下一个区块；若信息无效，则各个节点继续自己的计算工作。这里的难题在于哈希散列值的计算随着比特币中难度系数（一个能增加计算难度的变量数字）的增大会越来越困难，导致计算需要耗费大量的电力资源，工作量巨大。

　　此外，成功挖出有效区块的矿工（节点）将会获得奖励。在不同的区块链体系中，奖励的东西不同，比特币区块链体系中的奖励是比特币。

　　图 1-3 是节点使用 PoW 共识算法共同承认胜出块，并将胜出块串接上链的模型图。

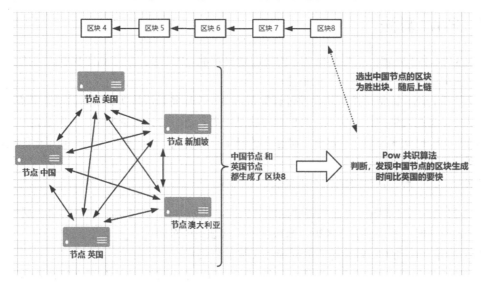

图 1-3　用 PoW 共识算法选出胜出块

PoW 共识算法具有下面的优缺点：

（1）优点

● 机制设计独特。例如挖矿难度系数自动调整、区块奖励逐步减半等，这些因素都是基于经济学原理的，能吸引和鼓励更多的节点参与挖矿。
● 早参与早获利。越早参与的人获得的越多。在初始阶段，会促使加密货币迅速发展，节点网络迅速扩大。
● 通过"挖矿"的方式发行币，把代币分散给个人，实现了相对公平。

（2）缺点

● 算力是计算机硬件（CPU、GPU 等）提供的，要耗费电力，是对能源的直接消耗，与人类追求节能、清洁、环保的理念相悖。
● PoW 机制发展到今天，算力的提供已经不再是单纯的 CPU 了，而是逐步发展到 GPU、FPGA 乃至 ASIC 矿机。用户也从个人挖矿发展到大的矿池、矿场，算力集中越来越明显。这与去中心化的思想背道而驰。
● 按照目前的挖矿速度，随着难度越来越大，当挖矿的成本高于挖矿收益时，人们挖矿的积极性会降低，造成大量算力减少。
● 基于 PoW 节点网络的安全性令人堪忧。
● 大于 51% 算力的攻击。在"PoW 共识机制的 51% 算力攻击"一节中会详细介绍。

问题解答：

（1）如果遇到同时解出问题的情况怎么办？

确实存在会同时解出的情况，即使我们把区块生成时间的时间戳定义到秒或者毫秒级别，依然会有同时间挖到矿的情况。对于这种情况，PoW 共识算法无能为力。具体的解决方法会在"链的分叉"一节中谈到。

（2）为什么是 51% 算力，而不是 50.1%？

这个问题将会在"PoW 共识机制的 51% 算力攻击"一节中进行解答。

1.3.2　PoS 算法

PoS（Proof of Stake，股权证明）是由点点币（PPCoin）首先应用的。该算法没有挖矿过程，而是在创世区块内写明股权分配比例，之后通过转让、交易的方式，也就是我们说的 IPO（Initial Public Offerings）公开募股方式，逐渐分散到用户钱包地址中去，并通过"利息"的方式新增货币，实现对节点地址的奖励。

PoS 的意思是股份制。也就是说，谁的股份多，谁的话语权就大，这和现实生活中股份制公司的股东差不多。但是，在区块链的应用中，我们不可能真实地给链中的节点分配股份，取而代之的是另外一些东西——例如代币，让这些东西来充当股份，再将这些东西分配给链中的各节点。下面我们通过示例来阐述这个概念。

例如，在虚拟货币的应用中，我们可以把持币量的多少看作拥有股权、股份的多少，假设某区块链公链使用了最基础的还没进行变种开发的 PoS 共识机制，以节点所拥有的 XXX 代币的数量来衡量这个节点拥有的股份是多少。假设共有 3 个节点，A、B 和 C，其中 A 节点拥有 10000 个 XXX 代币，而 B、C 节点分别有 1000 个、2000 个，那么在这个区块链网络中，A 节点产生的区块是最有可能被选中的，它的话语权是比较大的。

再例如，假设某条非虚拟货币相关的与实体业结合的公有链——汽车链，我们可以把每一位车主所拥有的车辆数目和他的车价值多少钱来分配股份（比如规定一个公式：车数×车价值=股份的多少）。

可见，在 PoS 中，股份只是一个衡量话语权的概念。我们可以在自己的 PoS 应用中进行更加复杂的实现，比如使用多个变量参与到股份值的计算中。

PoS 共识算法以拥有某样东西的数量来衡量话语权的多少，只要节点拥有这类东西，哪怕只拥有一个，也是有话语权的，即使这种话语权很小。

在 PoS 中，块是已经铸造好的。PoW 有挖矿的概念，而 PoS 没有。在比特币公链中，可以挖矿；而在没有使用 PoS 共识算法的公链节点中，就没有挖矿这一回事。当然，如果将挖矿的概念进行其他拓展，则另当别论。

PoS 共识算法具有下面的优缺点：

（1）优点

● 缩短了共识达成的时间，链中共识块的速度更快。
● 不再需要大量消耗能源挖矿，节能。
● 作弊得不偿失。如果一名持有多于 50% 以上股权的人（节点）作弊，相当于他坑了自己，因为他是拥有股权最多的人，作弊导致的结果往往是拥有股权越多的人损失越多。

（2）缺点

● 攻击成本低，只要节点有物品数量，例如代币数量，就能发起脏数据的区块攻击。
● 初始的代币分配是通过 IPO 方式发行的，这就导致"少数人"（通常是开发者）获得了大量成本极低的加密货币，在利益面前，很难保证这些人不会大量抛售。

- 拥有代币数量大的节点获得记账权的概率会更大，使得网络共识受少数富裕账户支配，从而失去公正性。

1.3.3 DPoS 算法

PoW 和 PoS 虽然都能在一定程度上有效地解决记账行为的一致性共识问题，也各有各的优缺点，但是现有的比特币 PoW 机制纯粹依赖算力，导致专业从事挖矿的矿工群体似乎已和比特币社区完全分隔，某些矿池的巨大算力俨然成为另一个中心，这与比特币的去中心化思想相冲突。PoS 机制虽然考虑到了 PoW 的不足，但依据 IPO 的方式发行代币数量，导致少部分账户代币量巨大，权力也很大，有可能支配记账权。DPoS（Delegated Proof of Stake，股份授权证明机制）共识算法的出现就是为了解决 PoW 和 PoS 的不足的。

DPoS 引入了"见证者节点"这个概念。见证者节点可以生成区块。注意，这里有权限生成区块的是见证者节点，而不是持股节点。

下面我们主要以 EOS 区块链为例介绍 DPoS 算法。

持有 EOS 代币的节点为持股节点，但不一定是见证者节点。见证者节点由持股节点投票选举产生。DPoS 的选举方式如下：每一个持有股份的节点都可以投票选举见证者节点，得到总同意票数中的前 N 位候选者可以当选为见证者节点。这个 N 值需满足：至少一半的参与投票者相信 N 已经充分地去中心化（至少有一半参与投票的持股节点数认为，当达到了 N 位见证者的时候，这条区块链已经充分地去中心化了），且最好是奇数。请注意，最好是奇数的原因会在分叉一节中进行说明。

见证者节点的候选名单每个维护周期更新一次，见证者节点被选出之后，会进行随机排列，每个见证者节点按顺序有一定的权限时间生成区块，若见证人在给定的时间片不能生成区块，区块生成权限将交给下一个时间片对应的见证人。DPoS 的这种设计使得区块的生成更为快速，也更加节能。这里"一定的权限时间"不受算法硬性限制。此外，见证者节点的排序是根据一定算法随机进行的。

DPoS 共识算法具有下面的优缺点：

（1）优点

- 能耗更低。DPoS 机制将节点数量进一步减少到 N 个，在保证网络安全的前提下，整个网络的能耗进一步降低，网络运行成本最低。
- 更加去中心化，选举的 N 值必须充分体现中心化。
- 避免了 PoS 的少部分账户代币量巨大导致权力太大的问题，话语权在被选举出的 N 个节点中。
- 更快的确认速度，由见证者节点进行确认，而不是所有的持股节点。

（2）缺点

- 投票的积极性并不高。绝大多数持股节点未参与投票。因为投票需要时间、精力等。
- 选举固定数量的见证人作为记账候选人有可能不适合完全去中心化的场景，在网络节点很少的场景，选举的见证人的代表性也不强。

● 对于坏节点的处理存在诸多困难。社区选举不能及时有效地阻止一些破坏节点的出现,给节点网络造成安全隐患。

图 1-4 是 DPoS 共识算法选举的大致模型图。

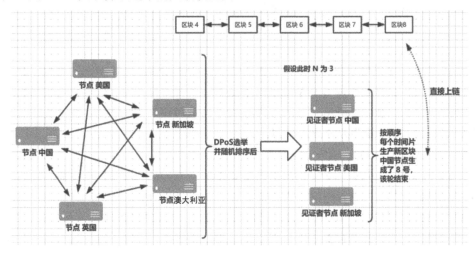

图 1-4　用 DPoS 共识算法选出胜出块

目前,EOS 的超级节点有 21 个,也就是说 N=21,但是拥有 EOS 代币能投票的节点却有很多,那么为什么 N 这么小呢?原因是这样的:虽然 N 代表的是节点们认同的一个能够代表已经足够去中心化的值,但是 N 可以取 23,也可以取 25,或者更大,这些数看起来都足够去中心化了,事实上在 EOS 公链的发展过程中,N 值渐渐地趋向于既要足够去中心化又要让性能跟得上,即处于中间值,以达到平衡性能的同时又满足去中心化。

> **提　示**
>
> EOS 的投票事实上还是一种抵押。投票的 EOS 会被抵押成资源,例如 CPU 和网络资源,但是抵押的 EOS 也可以被换回来。把抵押的资源换回 EOS 通常需要 3 天时间。

1.3.4　共识算法的编码实现

本节尝试使用伪代码来实现 3 种共识算法,之所以使用伪代码是为了使读者更容易理解。

1. 实现 PoW 共识算法

首先,区块链中的各个节点会互相通信以广播新生成的区块。这里既可以用"生成"一词来描述,也可以使用"挖出"一词来描述,表达的意思是一样的,都是指区块的产生。

此时,我们需要使用一个候选区块数组来保存每一个节点广播过来的和自己当前节点生成的区块对象,以及一个全局的区块数组来表示当前公链的区块。区块数组的定义如下:

```
globleBlocks        []Blocks  // 公链区块数组
candidateBlocks     []Blocks  // 候选区块数组
```

假设 Block 结构体内的数据类型如下所示:

```
type Block struct {
    Timestamp    string    // 时间戳，代表该区块的生成时间
    Hash         string    // 这个区块的哈希值
    PrevHash     string    // 这个区块的上一个区块的哈希值
    NodeAddress  string    // 生成这个区块的节点地址
    Data         string    // 区块携带的数据
}
```

然后我们需要一个难度系数的变量，例如 difficulty，用来控制 PoW 算法的难度。这个数不一定越大就代表越难，只需要体现出 PoW 算法所描述的工作量难度即可。假设它是整型数，数值越大，计算难度就越大，那么此时 difficulty 系数会处于被随时调节的状态中。在区块链的设计中，例如比特币的难度系数就有其动态调节的算法。

这里，我们假设难度系数 difficulty=1。

有了难度系数后，还需要一个专门用来根据 difficulty 校验区块哈希值的函数。我们现在需要假设一种难度的验证算法，假设用哈希值前缀 0（值 0x 后的 0）的个数来和 difficulty 做比较，如果哈希值包含这些前缀 0，那么校验通过。请注意，这是一种很简单的验证算法，且个数很有限，而在比特币公链中，则要复杂得多。

```
func isBlockHashMatchDifficulty(hash string, difficulty int) bool {
    prefix := strings.Repeat("0", difficulty) // 根据难度值生成对应个数的前缀 0
    return strings.HasPrefix(hash, prefix)     // 进行前缀 0 个数的比较，包含则返回
true
}
```

现在假设节点启动了一个子协程，一个用来生成区块的方法，并添加到候选区块数组中去，等待校验。下面的这个方法（函数）是用来生成新区块的：

```
// oldBlock 将会从 globleBlocks 中取 len-1 下标的区块
func generateBlock(oldBlock Block, data string)  Block  {
    var newBlock Block
    t := 秒级别时间戳
    newBlock.Index = oldBlock.Index + 1
    newBlock.Timestamp = t.String()
    newBlock.Data = Data  // 区块的附属数据
    newBlock.PrevHash = oldBlock.Hash // 区块的父区块的哈希值
    for i := 0; ; i++ { // 无跳出表达式的 for 循环，代表不断地计算合法的区块
        newBlock.Nonce = hex
        newBlock.Hash = calculateHash(newBlock)
        if isBlockHashMatchDifficulty(newBlock,difficulty) {
                                                    // 自校验一次难度系数
         // 进入到这个 if 里面，证明难度符合，计算出了答案
        candidateBlocks = append(candidateBlocks,newBlock) // 添加到候选区块
        break
        }
    }
return newBlock
```

```
}
```

假设节点启动了一个子协程且在不断地计算候选区块数组中区块的哈希值，所计算出的哈希值满足难度系数 difficulty 的检验。

```
var resultBlock Block
for block ~ candidateBlocks {
    if isBlockHashMatchDifficulty(block,difficulty ) {
        // 请注意，为什么这里又要校验一次，不是在生成的时候校验了一次吗
        resultBlock = block
        break
    }
    continue
}
// 广播胜出区块，并附带信息，当前这个节点已经确认了
```

在各个节点确认的过程中，如果达到了所规定的节点数量，那么我们就判断该区块胜出，最终被公链接纳。

最后解答一下伪代码中留下的疑问——为什么还要进行一次校验才广播块呢？因为难度系数 difficulty 是动态改变的，且候选块数组中的 difficulty 不一定就是我们当前的节点所生产的，即使是当前节点生产的，也有可能在生成的时候难度系数已经被出块了，所以在最后广播的时候还需要根据最新的 difficulty 难度系数再做一次校验。

2. 实现 PoS 共识算法

相对于 PoW，由于 PoS 共识算法没有"挖矿"的概念，且它不是靠计算工作量来进行共识的，体现在代码上也会是另外一种情形。

首先我们依然需要定义一个候选区块数组来保存每一个节点广播过来的和自己当前节点生成的区块对象：

```
candidateBlocks []Blocks    //候选区块数组
```

每个区块结构体有一个变量，用来记录生成这个区块的节点地址。这个变量在 PoW 的伪代码实现中并没发挥作用，但是在 PoS 中却很重要。同样地，和上述 PoW 一样，我们定义如下的区块结构体：

```
type Block struct {
    Timestamp    string      // 时间戳，代表该区块的生成时间
    Hash         string      // 这个区块的哈希值
    PrevHash     string      // 这个区块的上一个区块的哈希值
    NodeAddress  string      // 生成这个区块的节点地址
    Data         string      // 区块携带的数据
}
```

其中，NodeAddress 变量用来记录区块的节点地址。

其次，需要有一个子协程，专门负责遍历候选区块数组，并根据区块的节点地址 NodeAddress 获取节点所拥有的代币数量，然后分配股权。

```
stakeRecord []string  // 股权记录数组
for block ~ candidateBlocks {
  coinNum = getCoinBalance(block.NodeAddress) // 获取节点的代币数量，即股权
  for i ~ coinNum {  // 币有多少，就循环添加多少次
    if stakeRecord.contains(block.NodeAddress) {  // 是否已经包含了
      break // 包含了就不再重复添加
    }
    stakeRecord = append(block.NodeAddress) // 添加，循环次数越多，次数越多
  }
}
```

接下来，从 stakeRecord 中选出一个竞选胜利者。这个概率和上面的 coinNum 有关，coinNum 越大就越有机会。为什么呢？因为它的统计方式是用 coinNum 作为循环界限，然后对应添加 coinNum 次的 NodeAddress，所以 coinNum 越大，这个 NodeAddress 就被添加得越多，后面节点能被选上出块的概率也就越大。

这里还要解答一个疑点，为什么已经包含了的就不再重复添加，因为当前的候选区块数组 candidateBlocks 中可能含有同一个节点中的多个区块，而每一个节点中的股权只需要统计一次，即 coinNum 只需要循环一次即可。如果是多次循环，就会造成不公平，因为会造成多次添加。

在股权被分配好后，接下来准备选出节点胜利者。选择的方式也是使用算法，在这个例子中我们依然采取最简单的随机数的形式进行选择。注意，切勿被这样的方式限制了思维，这个选择算法是可以自定义的，因而可以是更加复杂的算法。

```
index := randInt()  // 得出一个整型随机数
winner := stakeRecord[index]  // 取出胜利者节点的地址
```

在最后的步骤中，就能根据这个 winner 去所有候选区块中选出节点地址和它一样的区块，这个区块就是胜利区块，将会被广播出去。

```
var resultBlock Block
for block ~ candidateBlocks {
    if block.NodeAddress == winner {
        resultBlock = block // 添加
        break
    }
}
// 广播出去，等一定数量的节点同步后，就会被公链接纳
```

以上是一个很简单的 PoS 算法机制的代码实现，仅单纯地根据持币数量来进行股权分配。事实上，事情往往是比较复杂的。设想股权的分配不仅仅和代币数量有关，例如以太坊设想的 PoS 共识算法的实现中加入了币龄，情况又会如何呢？这时在候选成功后，以太坊会扣除币龄。作为开发者应当理解 PoS 的精髓——其算法的实现往往会衍生出各种各样的变种，只有了解了这一点，才能在开发自己的公有链时随心而行。

3. 实现 DPoS 共识算法

DPoS 的伪代码实现可以理解为 PoS 的升级版，之前例子中相同的数据结构体的定义这里不再重复。

首先定义好见证者节点的结构体：

```
type WitnessNode struct {
  name      string    // 名称
  Address   string    // 节点地址
  votes     int       // 当前的票数，见证者是投票产生的
}
```

然后我们用一个由各个见证者节点组成的数组代表这一批见证者节点，往后的随机排序操作也将会在这个数组中进行。

```
var WitnessList []WitnessNode  // 见证者节点
```

现在我们需要准备一个专门用来对 WitnessList 进行随机排序的方法，这个方法须依赖某种算法对 WitnessList 进行排序，具体算法可以自定义，但要根据不同的业务需求而定。

下面我们依然以一个最简单的随机数排序为例。

```
func SortWitnessList() {
    if NeedRestVotes() {                        // 判断是否需要重新投票
        for witness ~ WitnessList  {
            witness.votes = rand.Intn(100) // 进行投票
        }
    }
    SortByVotes()  // 根据票数排序
}
```

上面 NeedRestVotes() 的作用是判断是否需要重新投票选出见证者节点，对应 DPoS 算法描述中的每过一个周期就开始重新排名，在这个阶段还需要进行节点的剔除，例如剔除一些坏节点。

这里以检查坏节点为例，因为坏节点的检查时刻在进行，所以我们可以用一个子协程（Go 语言中，协程是一种轻量级线程，为了更加贴切，下面的 Go 代码中统称线程为协程）来专门检查坏节点。

```
func CheckBadNode(){
    for witness ~ WitnessList {
        if isBadNode(witness) {                // 判断是否为坏节点
            WitnessList.remove(witness)        // 是的话就移出它
        }
    }
}
```

同时，还要不断地检测是否有新的见证者节点被投票选出，是的话，就要添加这个节点的信息进入到见证者节点数组中。同时要对见证者节点总数的数量进行 N 值限制。

```
func CheckNewWitnessNode(){
    for  {
        if WitnessList.size() < N {        // 判断是否超过 N 值
        newWitness := isNewNodeComing() // 检查是否有新的见证者节点到来
        if newWitness != nil {
        WitnessList = append(WitnessList,newWitness)  // 添加
            }
```

```
        time.sleep(50ms)   // 延时一段时间，进行下一轮的检测
      }
   }
}
```

最后我们使用出块函数从 WitnessList 见证者列表中从上到下逐个找出出块节点，进行出块，并检测当前轮到的节点是否出块超时，超时就轮到下一个，以此类推，对应 DPoS 共识算法的伪代码如下：

```
func MakeBlock() {
   SortWitnessList()   // 开始的时候，进行一次排序
   for {  // 无跳出表达式的 for 循环，代表内部不断地计算合法的区块
      witness := getWitnessByIndex(WitnessList)// 从上到下获取
      if witness == nil {
         break  // 所有见证者出块都出了问题
      }
      block,timeOut := generateBlock(witness)  // 传入该见证者节点
      if timeOut {   // 是否超时
         continue   // 超时就轮到下一个
      }
      // 广播 block 块出去，然后结束该轮，等待下一次开始
      break
   }
}
```

在广播块出去后，其他见证者接收到了广播，会对这个区块进行签名见证，当达到了某个我们所设定的认为见证已经足够了的值时，那么这个区块就被确认了。

从上述伪代码发现，传统的 DPoS 算法直接应用的时候存在如下问题：每个见证者节点都是循环着使用别的节点信息去生成块，而不是使用自己节点的信息。假设见证者节点 A、B、C 在一轮的出块顺序中，节点 C 排在第一位，且在节点 A 和 B 中使用节点 C 所生成的区块都没有出差错，那么节点 C 就会在节点 A 和 B 中都生成一次，由于时间戳不一样，导致该块的哈希不确定，但最终只能有一个块被选上，这样就导致了算力浪费。当然，也有可能不止节点 A 和 B，还可能有更多的节点都使用节点 C 生成了区块，那么结果就是更多的认证者节点生成了一个节点的块，去广播。

要解决上述问题，可以使用 EOS 的做法：EOS 通过见证者节点信息注册，使得每个节点都知道所有见证者节点的信息，同时被注册的节点都必须是满足投票条件的。

当每个见证节点都有了所有见证者节点的信息后，在每一次的最终块出现后，都会使用特定的算法对节点列表进行排序。如此，当需要出块的时候，节点会根据区块链中最后一个区块的时间来参与到某些计算中，得出当前应该出块的见证者节点在列表中的下标，然后判断这个节点是不是自己。不是的话，就会让自己延迟（delay）一定的时间，然后重复上面的步骤，这个延迟的时间就是 DPoS 中的出块超时，然后会自动轮到下一个见证者节点。如果是自己就出块，出块后就广播出去，等到 2/3 的见证者节点都签名确认了，那么这个块就是最终有效的。所以，EOS 中的 DPoS 并不是传统示范代码中的那样，一个节点循环着生成含有别的节点的信息的块。

EOS 的要点是，每个见证者节点的自身代码对所有见证者节点的排序是不一样的，各节点存在同时出块的可能，但其提供了 2/3 见证者节点都签名确认这一环节，即谁最快被 2/3 的见证者节点确认，谁才是最终有效的，解决了多个节点同时生成一个节点块的问题。

1.4 链的分叉

上一节我们介绍了 3 种常见的共识算法：PoW、PoS、DPoS。虽然它们都让区块链中的各个节点在一定程度上做到了共识，但是也会产生不可避免的问题——链的分叉。本节我们来认识一下什么是链的分叉。

我们知道,区块链中的每一个区块在节点中被生成后都会通过 P2P 网络广播到其他节点中去，这些节点都是同一类节点，它们组成一类节点的节点网络。例如，比特币公链的节点就是比特币公链的，以太坊就是以太坊的，而不能是比特币公链的节点广播区块到以太坊的节点中去。

广播后的区块在到达了其他节点后，其他节点要对该区块进行操作，例如进行签名操作。然后，各个节点在广播给它的一批又一批的区块和它自己所产生的区块中做出抉择，即选出一个获胜的区块。

然而，共识算法仍然无法保证不出现确认冲突的问题，例如比特币中的 PoW 共识算法依赖谁算出合法哈希且谁算得快来抉择最终选谁。事实上，即使我们产生区块的时间戳精确到毫秒级，依然会出现同时算出哈希值的多个节点（至少有两个节点），例如节点 A 和节点 B 同时算出了合法的哈希值，产生了区块 1，广播出去了。节点 C 也陆续收到了节点 A 和节点 B 的区块 1，但是节点 C 首先收到的是节点 A 的区块 1，此时虽然节点 B 的区块 1 也合法，但是也不采纳了。同时，节点 D 也收到了节点 A 和节点 B 的区块 1，但是节点 D 先收到节点 B 的区块 1，为什么？因为节点 D 的网络路由距离节点 B 的网络近，离节点 A 的网络远，那么节点 D 就会先采纳节点 B 的区块 1 而不采纳节点 A 的区块 1。此时，链就分叉了，如图 1-5 所示。

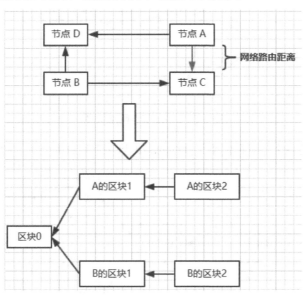

图 1-5 节点广播块时路由距离的影响

我们把这个例子定为情况①。这是一个很简单的分叉模型。

链的分叉主要有以下两种情况：

（1）硬分叉。一旦出现，最后的结果是一分为二，专业的说法是：旧节点无法认可新节点产生的区块，称为硬分叉。

（2）软分叉。一旦出现，最后的结果是能掰正的，专业的说法是：旧节点能够认可新节点产生的区块，称为软分叉。

1.4.1　软　分　叉

情况①就是软分叉的一种。当有两个或多个节点同时挖出了同区块号码的一个区块，然后它们同时广播信息出去，假设一个是节点 A，而另一个是节点 B，那么距离节点 A 比较近的节点，还没收到其他节点的消息就先收到了节点 A 的信息，并开始确认节点 A 所挖出的这个区块的信息，随后把节点 A 挖出的这个区块加入自己所在的公链中；同理，距离节点 B 比较近的节点也会先处理节点 B 挖出的区块信息，并把节点 B 挖出的这个区块加入自己所在的公链中，如图 1-6 所示。

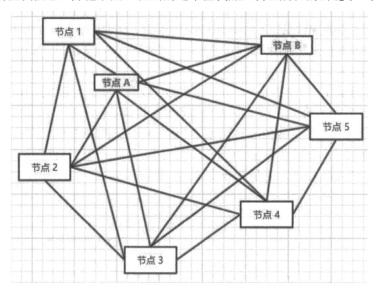

图 1-6　Node 节点网络例图

情况①的链分叉是各个节点在使用了同样的共识算法下导致的分叉，如图 1-7 所示。

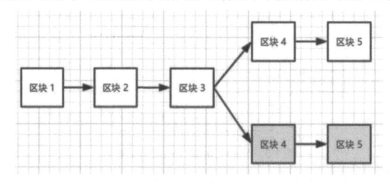

图 1-7　链的分叉

出现这种情况，矿工是比较容易自我纠正的。由于节点网络的整体解题能力和矿工的数量成正比，因此链的增长速度也是不一样的，在一段时间之后，总有一条链的长度会超过另一条。当矿工发现全网有一条更长的链时，他就会抛弃当前的链，把新的更长的链复制过来，在这条链的基础上继续挖矿。所有矿工都这样操作，这条链就成为主链，分叉出来的那个链便会被抛弃掉。但是，并不是所有的分叉都能被自动纠正，这点请注意，具体会在后面的章节中进行说明。

这种软分叉的自我纠正机制也是区块链的一个重要特点，就是最优链的选择。注意，不同的公链，它们的最优链选择算法并不一样。常见的选择机制有：

（1）最长链机制。整条区块链以最长链为主，且各个节点根据长链不断同步，目前比特币公链采用的就是这种机制。

（2）其他链选择机制。例如，以太坊的"Ghost 协议"机制，将会在"以太坊 Ghost 协议"一节中进行详细介绍。

现在我们可以解答在"DPoS 算法"一节中的问题——为什么 DPoS 共识算法下的 N 必须取奇数的原因：取奇数是为了避免在 DPoS 共识算法下出现链的分叉。因为在 DPoS 中，区块在广播后必须被见证者节点签名认证，在达到 2/3 数目的见证者节点签名后就宣布该块胜出。在奇数的情况下，是永远不可能出现对半的情况的，例如 10 个节点签名了区块 A、另外 10 个签名了区块 B。所以，奇数的见证者节点数，即 N，很好地避免了链的分叉问题。

注意，链的分叉在不同的共识算法中对应着不同的解决策略。

图 1-8 所示为链分叉后最长链自我纠正机制的模型图。

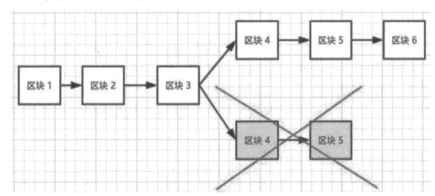

图 1-8　最长链自我纠正机制

软分叉除了上面的情况①之外，还有另外一种情况，因共识规则改变，旧节点能够识别新节点产生的区块，但旧的区块不能被新节点接受，这种情况又分为下面的两种形式：

● 新节点全网算力大于等于 51%。
● 新节点全网算力小于 50%。

这种软分叉不一定能由节点自我纠正，解决办法是必须依赖人力升级节点到同一版本。

（1）当新节点的全网算力大于等于 51%时，无论旧节点升级不升级，最长的链最终都是由全部新节点生成的区块所组成的链，而且这条最长链都是新旧节点双方认为合法的一条，原因参考上面讲解的最长链复制机制：

- 旧的能接收新的，在分叉点之后的区块掺杂着：
    - ✧ 旧节点的区块。
    - ✧ 新节点的区块。
- 新的不能接收旧的，但最终新的总比旧的长。

（2）当新节点的全网算力小于 50%时，最终不能通过短的复制长的达到统一，结果是硬分叉。原因如下：

- 旧节点比新节点的链要长。
- 新的总是不能接受旧的，不会去复制一条含有自己不能接受的区块的链。

1.4.2　硬分叉

如果区块链软件的共识规则被改变，并且这种规则改变无法向前兼容，旧节点无法认可新节点产生的区块，且旧节点偏偏就是不进行软件层面的升级，那么该分叉将导致链一分为二。

分叉点后的链互不影响，节点在"站队不同派别"后也不会再互相广播区块信息。新节点和旧节点都开始在不同的区块链上运行（挖矿、交易、验证等）。

举个简单的例子，如果节点版本 1.0 所接收的区块结构字段是 10 个，1 年后发布节点 2.0 版本，2.0 兼容 1.0，但是 1.0 的不能接受 2.0 版本中多出的字段，即出现了硬分叉。

硬分叉的过程如下：

（1）开发者发布新的节点代码，新的节点代码改变了区块链的共识规则且不被旧的兼容，于是节点程序出现了分叉（Software Fork）。

（2）区块链网络部分节点开始运行新的节点代码，在新规则下产生的交易与区块将被旧节点拒绝，旧节点开始短暂地断开与这些发送被自己拒绝的交易与区块新节点的连接，于是整个区块链网络出现了分叉（Network Fork）。

（3）新节点的矿工开始基于新规则挖矿，旧节点的矿工依然用旧的规则，不同的矿工算力导致出现分叉（Mining Fork）。

最终，整个区块链出现了分叉（Chain Fork）。

实例：

"2017 年 8 月 1 号，Bitcoin Cash（BCH）区块链成功地在区块高度 478559 与主链分离。这一新的加密货币默认区块大小为 8MB，并且可以实现区块容量的动态调整。由于旧节点只认可小于 1MB 的区块，所以运行 BCH 客户端节点产生的区块无法向前兼容，将被旧节点拒绝，最后运行不同客户端的矿工将会长期运行在两条不同的区块链上（BTC 和 BCH）。"

1.4.3　常见的分叉情况

本节我们从正常的区块的生成流程开始，使用 DPoS 共识算法模式，分析可能会出现分叉的各种情况。

在正常操作模式下，区块生产者每 3 秒钟轮流生成一个区块（见图 1-9）。假设没有节点错过自己的轮次，后续便进入到选出胜出区块的步骤。注意，区块生产者在被调度轮次之外的任何时间段出块都是无效的。

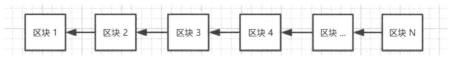

图 1-9　正常形态的链

下面假定节点网络中共有 5 个节点，分别是 A、B、C、A1、B1。

1. 少数节点分叉

这是最常见最简单的一种软分叉，是由不超过节点总数 1/3 的恶意节点创建或因区块确认时间差导致的分叉现象。在这种情况下，假设少数节点分叉每 6 秒只能产生 2 个块，而多数节点分叉每 6 秒可以产生 3 个块（因为多数节点在同步速度上是比单节点向别的节点确认它的块的时间要短），这样诚实的 2/3 多数节点维护的链将永远比分叉的链更长。

如图 1-10 所示，每个块中的字母代表是哪个节点产生的。

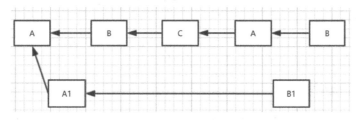

图 1-10　分叉链含有较少的块

2. 网络分片化分叉

当节点网络中部分节点由于网络波动或其他原因导致自己与全网节点的网络断开了连接，即会出现网络分片化分叉，如图 1-11 所示。

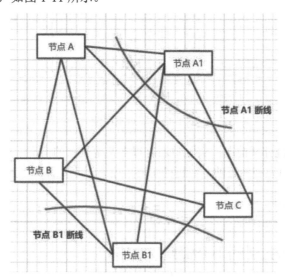

图 1-11　部分节点掉线

节点 A1 和节点 B1 断开了与主网的连接，此时它们的块生产的部分代码依然还在运行着，这样生成的块就只能归纳到本地所维护的公链区块数组中，节点网络被分成了 3 部分。请注意，无论如何分叉，根据链选择算法，其中总会有一条最优链，所以最终依然只有一条主链。如图 1-12 所示，每个块中的字母代表是哪个节点产生的。

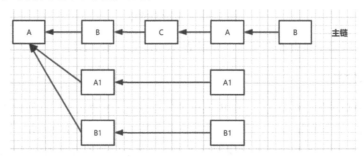

图 1-12   多条分叉链

如果断线的节点网络恢复后，重新连接上了主网，那么它会自动进行最优链的复制，最终的结果也是只有一条最优链。

如果分叉节点永远地脱离了主网，结果就会造成硬分叉。如果脱离出的节点数目不多，那么这些脱离的节点就会变成私有节点或组成一个联盟链网络。

3. 多数节点舞弊分叉

所谓舞弊，就是我们所理解的作弊的意思。节点作弊是指节点不遵循共识规则或做了一些非法操作，例如尝试修改块。这种情况下所导致的链分叉称为舞弊分叉。这类分叉和网络分片化的模型图很类似，不同点在于，舞弊是节点们都还在同一个主网中产生的。

因此，舞弊导致的分叉不会太久，最终还是会被诚实节点的最优链纠正过来。假设节点 A1 和节点 B1 是舞弊者，A、B、C 是遵守规则的节点，其模型图如图 1-13 所示。

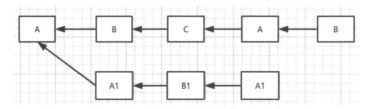

图 1-13   节点模型图

以上是目前常见的链分叉情况。实际中还有很多其他复杂的情况，但是无论何种情形，只要不是硬分叉，最终都是可以被纠正的。纠正的主要手段有以下两种：

（1）最优链复制同步。

（2）人工通过技术手段纠正。

1.4.4   PoW 共识机制的 51%算力攻击

51%算力攻击目前仅在 PoW 共识机制中存在，因为 PoW 共识机制依赖算力计算获胜，也就是谁算得快，谁的胜率就高。在使用了 PoW 共识机制的区块链网络中，我们称参与计算哈希的所有计算机资源为算力，那么全网络的算力就是 100%，当超过 51% 的算力掌握在同一阵营中时，这个阵营的计算哈希胜出的概率将会大幅提高。

为什么是 51%？50.1% 不行吗？当然也是可以的，之所以取 51% 是为了取一个最接近 50%，且比 50% 大的整数百分比，这样当算力值达到 51% 后的效果将会比 50.1% 的计算效果更明显。举个例子，如果诚实节点的算力值是 50.1%，那么坏节点的算力值就是 49.9%。两者的差距不算太大，这样容易导致最终的区块竞争你来我往、长期不分上下。

如果算力资源分散，不是高度集中的，那么整个区块链网络是可信的。然而，当算力资源集中于某一阵营的时候，算力的拥有者就能使用算力资源去逆转区块，导致区块链分叉严重，如下面的例子。

假设图 1-14 是一条区块链目前的状态。一个攻击者想要逆转区块 8 中的一笔交易，他就会从区块 7 后面引入一个分叉来使区块 8 变得无效，在分叉块中设置给某个地址几百或者几千个 BTC。不过，由于比特币公链的最长链规则的限制，所有的诚实节点都会遵循最长链规则，将新产生出来的区块链接在最长链的尾部，从而避免攻击者得逞。

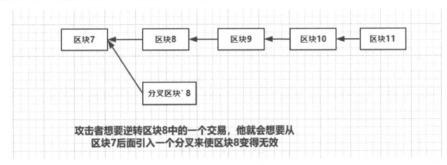

图 1-14　某条区块链的状态

当系统出块率比较低且块大小较小时，网络延迟相对于出块时间来讲是比较小的，这样诚实的节点所产生的区块基本上就是顺序的。只要诚实节点的总算力超过 50%，攻击者就不能够使它们自己产生的链成为最长链。然而，当诚实节点的总算力不及坏节点的算力时，即坏节点算力总和超过了 51%，最长链机制将会被坏节点利用，因为此时坏节点的出块速度整体比诚实节点快，获胜率高，这样坏节点产生的区块将会形成最长链。

此外，如果出块率很高，会使得区块产生的时间和区块在网络上传播的延迟相对变得较小，这样一个新块在产生以后还来不及传播到全网就会有其他的节点产生别的新块，互相竞争剧烈，导致链上分叉情况严重。虽然最终只会有一条最长链，但是出块率越高，块大小越大，分叉的情况就会越严重，最终区块链就会发展成有很多分叉的样子，如图 1-15 所示。

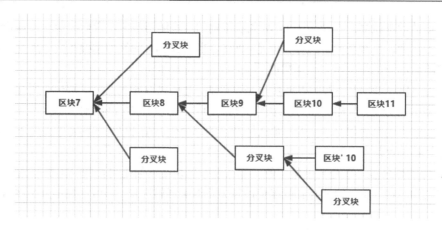

图 1-15　复杂的分叉情况

基于比特币公链来看（以太坊公链中分叉块有其他处理），大量的分叉会带来两个问题：

（1）浪费了网络资源和计算资源，大部分分叉块无效，因为只有最优链中的区块才被认为是有效的。

（2）危害了安全性，整个区块链里的最优链变短了，算力分散在不同的分叉链中，这使得攻击者只需要少于 51% 的算力就可以产生出恶意的最优链。就好比有 3 个阵营，A 阵营有 30% 算力，B 阵营有 32% 算力，C 阵营有 38% 算力，算力以 3 大阵营分散在 A、B、C 上，如果 A、B、C 各自搞分叉，那么最终 C 就可以以低于 51% 的算力（38% 的算力）达到制造恶意最优链的目的。

1.5　小　结

本章主要介绍了区块链的经典知识点，包含区块链的定义、链的分类、共识算法与伪代码的实现。着重讲解了链分叉的定义和分叉的两种类型，硬分叉与软分叉的定义及其产生的原因，并讲解了常见的 3 种软分叉。最后结合 PoW 共识机制介绍了区块链中著名的 51% 算力攻击。

第 2 章

以太坊基础知识

在上一章中，我们介绍了区块链的基础知识，本章将开始介绍以太坊 DApp 开发十分重要的预备知识，包括以太坊、DApp、智能合约、区块、以太坊交易等的相关术语、概念与技术理论，同时还简明扼要地介绍了以太坊 2.0 的新特性。如果你想基于以太坊开发应用，请务必掌握本章内容。

2.1 什么是以太坊

以太坊其实就是区块链的一种应用，是一条公链，包含但不限于"区块链"所具有的技术特点。

区块链是一个整体的名词，我们可以根据区块链技术开发出很多公链或者私链，再给这些链一个名称，例如使用"以太坊"这个名称。区块链和以太坊的关系如图 2-1 所示。

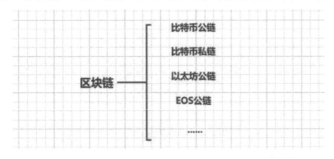

图 2-1　链的分类

公链就是最多节点所共同维护的链；私链是节点比较少的链，一般是一个节点，任何人都可以在自己的计算机上进行私链的部署，只需要下载一份公链的代码，在自己的本地机器上跑起来即可。

目前行业内将区块链应用以版本的形式进行了划分，每个版本有其对应的代表性应用，其中以太坊公链被公认代表了区块链的 2.0 版本，具体如下：

（1）区块链 1.0，代表者是比特币公链，不具备智能合约功能，具备区块链的其他技术模块，是第一条支持电子货币转账的完整区块链公链。

（2）区块链 2.0，代表者是以太坊公链，技术模块方面比比特币公链多出智能合约等创新的功能，其共识机制正在从 PoW 向 PoS 过渡，但是直到现在，以太坊最新版本的共识机制使用的依然是 PoW，虽然和比特币一样是 PoW，但是以太坊的性能要比比特币公链高，最主要的原因就在于 PoW 算法的改进以及最优链的判断方法不同。

（3）区块链 3.0，主要目标是实现高性能、大吞吐量，代表者是 EOS 柚子公链，具备智能合约功能，共识算法是 DPoS，现在正在向 BFT-DPoS 方向发展。

此外，还有一些区块链框架应用，它们不是公链。例如，IBM 公司的 HyperLedger 开源项目就是一个具备技术模块插件化功能的区块链框架，可以使用它来自定义开发公链或联盟链应用。

2.2　以太坊的架构

整个以太坊的技术栈可分为应用层、网络层、合约层、共识层、激励层和数据层，共 6 层，如图 2-2 所示。

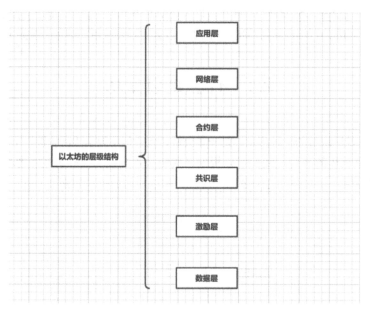

图 2-2　以太坊层级结构

每一个层级对应不同的功能。

- 应用层：主要是基于以太坊公链衍生出的应用，例如各种 DApp 应用、Geth 控制台、Web3.js 接口库以及 Remix 合约编写软件和 Mist 钱包软件等。
- 网络层：主要是以太坊的点对点通信和 RPC 接口服务。
- 合约层：某些公链不具备这一层，例如比特币就没有合约层，以太坊的合约层主要是基于智能合约虚拟机"EVM"的智能合约模块。

- 共识层：主要是节点使用的共识机制。
- 激励层：主要体现在节点的挖矿奖励。挖出胜出区块的节点或打包了叔块的区块所对应的节点，矿工会获得规则所设定的 ETH 奖励。
- 数据层：用于整体的数据管理，包含但不限于区块数据、交易数据、事件数据以及 levelDB 存储技术模块等。

以太坊的技术细分架构如图 2-3 所示，从上到下，越底部代表越底层。

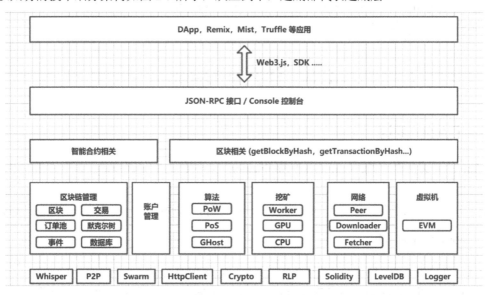

图 2-3 以太坊技术架构图

应用通过 Web3.js 或其他版本的以太坊接口访问代码，来访问以太坊的 RPC 接口获取对应的数据。接口分为与智能合约相关和与区块相关，共两个部分。

Whisper 是 P2P 通信模块中的协议，节点间的点对点通信消息都经过它转发，所转发的消息都经过加密传输，如图 2-4 所示。

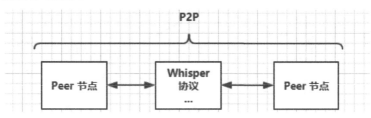

图 2-4 Whisper 协议

Swarm 是以太坊实现的类似于 IPFS 的分布式文件存储系统，在 P2P 模块中结合 Whisper 协议使用。

HttpClient 是 HTTP 服务请求方法的实现模块。

Crypto 是以太坊的加密模块，内部包含 SHA3、SECP256k1 等加密算法。

RLP 是以太坊所使用的一种数据编码方式，包含数据的序列化与反序列化。关于数据编码方式，除我们常见的方式之外，还有 base16、base32 和 base64 等。

Solidity 是以太坊智能合约的计算机编程语言，由它编写智能合约，使用时由 EVM 虚拟机载入字节码运行。

LevelDB 是以太坊所使用的键值对数据库，区块与交易的数据都采用该数据库存储。此外，在以太坊中，作为键（Key）的一般是数据的哈希（Hash）值，而值（Value）则是数据的 RLP 编码。

Logger 是以太坊的日志模块，主要包含两类日志：一类是智能合约中的事件（Event）日志，该类日志被存储到区块链中，可以通过调用相关的 RPC 接口获取；另一类是代码级别的运行日志，这类日志会被保存为本地的日志文件。

2.3 什么是 DApp

2.3.1 DApp 概述

DApp 的英文全称是"Decentralized Application"，对应的中文解释是：去中心化应用，又称分布式应用。

关于分布式应用可分为传统的 DApp 和区块链 DApp，下面我们看一下这类分布式应用的不同。

1. 传统的分布式应用

在区块链出现之前，DApp 已经存在了，我们可把这种 DApp 称为传统的分布式应用。我们以所熟悉的 C/S（Client/Server，客户端/服务器端，亦称为客户机/服务器）结构来看一下这种分布式应用的特点。我们知道，一个 Server 是可以服务于多个 Client 的，如果不考虑各个 Server 之间的通信，那么这种一对多的形式可看作如图 2-5 所示的简单交互形式。

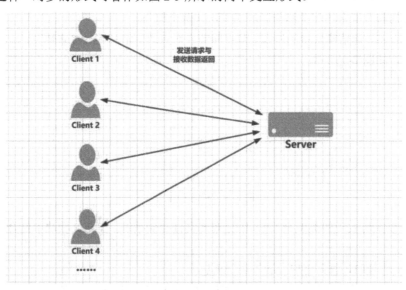

图 2-5 客户端和服务器端交互的示意图

在这种 C/S 结构中，相同功能的 Server 允许有多个，它们可以被放置在不同的地方，如果多个 Server 之间可以相互通信，我们就称 Server 部分为分布式集群，如图 2-6 所示。

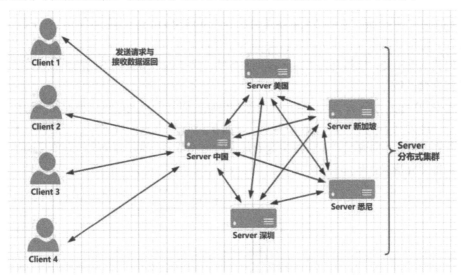

图 2-6　分布式集群的大概模型

图 2-6 这种 Server 分布式集群只是一个大概的模型，事实上还会有其他中间件穿插其间，如图 2-7 所示。在这类传统的分布式应用中，往往是多个 Server 与同一个数据源交互，即多个 Server 进行数据的读写操作。注意，这是一个重要的差异，即传统的分布式应用 DApp，它的数据存储源总是相同的，即使数据源做了分布式集群，也依然不是去中心化的，同时，系统管理员也可以访问数据源。

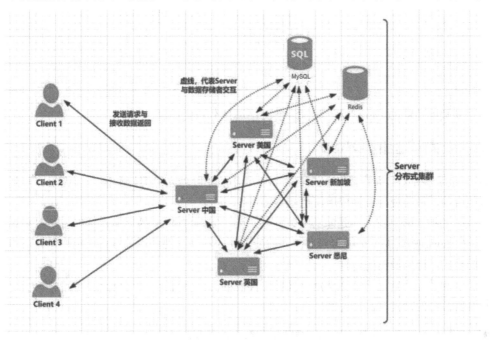

图 2-7　中间件穿插其间的分布式集群

2. 区块链去中心化分布式应用

区块链去中心化分布式应用 DApp 与传统的分布式应用 DApp 的最大不同点在于，前者是完全去中心化的，特别是数据存储部分。在区块链这种分布式应用中，Server 被重新命名为节点，名称改变了，但其本质没变，依然是为 Client 提供服务的，只是每个节点由不同的组织管理，并对应有自己的数据存储区域。

去中心化 DApp 每个节点都有自己的数据存储地，而且节点之间可以彼此相互通信却又不依赖其他节点（因为互不信任），例如 A 节点无法直接访问 B 节点的数据库。在这种互不信任的体系中，各个节点通过共同遵循共识算法来达到数据同步的目的，同时各个节点之间又维护了一条区块链。它们的交互形式大致如图 2-8 所示。

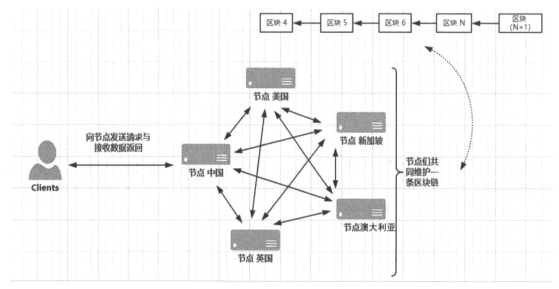

图 2-8 区块链节点去中心化集群

本书所要阐述的 DApp 就是这种区块链去中心化分布式应用。

2.3.2 以太坊上的 DApp

以太坊拥有图灵完备的智能合约模块，使得开发者可以先编写好智能合约代码，再到它上面部署智能合约，最终变为合约应用，也就是 DApp。

智能合约被部署到链上后是能够被访问的。为了完善 DApp 的功能，开发者可以采用计算机语言（例如 Java 或者 Go）来编写对应于当前所发布的智能合约的访问接口，用户通过访问接口访问链上的合约，得到输出的数据。

这其实也就是当前基于以太坊所开发的 DApp 的工作流程。一个 DApp 中包含多个角色，每个角色都有其各自的功能，具体说明如下：

- 智能合约应用，布置在链上，负责链上数据的处理。
- 中继服务器，布置在开发者的物理服务器上，负责接收用户的请求和访问链上的智能合约应用，再将数据结果返回给用户。

● 以太坊公链，是智能合约的集成运行环境以及实现去中心化等区块链功能的核心支撑。

图 2-9 是目前以太坊 DApp 的常见交互模型图。

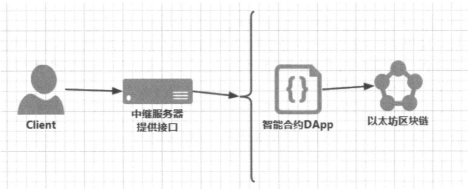

图 2-9　以太坊 DApp 的交互模型图

2.4　区块的组成

本节我们主要介绍以太坊公链区块（Block）的定义与组成。

2.4.1　区块的定义

在共识算法的伪代码中，我们已对区块做过介绍，区块其实就是一种数据结构，内含变量和属性，这些变量和属性可由开发人员自行定义。在以太坊的 1.8.11-Golang 版本代码中，给出了如下的区块定义：

```
type Block struct {
    header       *Header
    uncles       []*Header    // 这个是保存叔块头部信息的数组变量
    transactions Transactions
    // 缓存
    hash atomic.Value
    size atomic.Value

    // Td 是核心模块 core 用来存储当前区块被挖出后，区块的总难度
td *big.Int

    ReceivedAt   time.Time    // 区块被接收的时间
    ReceivedFrom interface{} // 记录该区块是从哪个 P2P 网络传过来的
}
```

从上述区块的定义可以看到，有很多变量，现在我们不需要了解所有这些变量，除非你要深入分析以太坊的源码，但这也会花掉你大量的时间和精力，建议读者等使用以太坊做了一定的

DApp 开发之后再进行源码的全面分析。

有关上面的区块结构，建议重点了解以下部分：

- Header，区块的头部结构体。
- Transactions，当前该区块所有打包的交易记录的结构体数组。
- Hash，区块的哈希值，这个值的计算是比较复杂的，是将当前的区块头（Header 内的数据）整体地进行哈希算法运算之后所得出的哈希值，一旦区块头中某一个成员变量的数据值改变了，该哈希值就会随之改变。
- Uncles，叔块，拥有特别的含义，将会在下面的"叔块"一节中进行详细介绍。

下面我们再来看一下最主要的区块 Header 结构体的组成部分。

```
type Header struct {
    ParentHash  common.Hash
    UncleHash   common.Hash
    Coinbase    common.Address
    Root        common.Hash
    TxHash      common.Hash
    ReceiptHash common.Hash
    Bloom       Bloom
    Difficulty  *big.Int
    Number      *big.Int
    GasLimit    uint64
    GasUsed     uint64
    Time        *big.Int
    Extra       []byte
    MixDigest   common.Hash
    Nonce       BlockNonce
}
```

以上 Header 结构体中的变量基本包含了我们初步需要深入了解的全部内容，下面对需要掌握的知识逐一解析。

- ParentHash：这是当前区块的上一个区块的哈希值。请回忆一下区块的链状结构，也正是因为有这个变量的存在，后一个区块的数据里面才有了上一个区块的哈希值，从而在上下连接的层次上，体现出区块链的特点。
- Coinbase：当节点首次启动时默认配给当前节点的一个钱包地址，以太坊节点使用 PoW 共识算法挖矿产生的 ETH 代币奖励会被打入该地址。如果想使挖矿奖励进入其他账户，可以进行设置。另外，在节点控制台中直接发起交易的时候，充当 From 的也是它。
- Root、TxHash、ReceiptHash：代表的都是一棵以太坊默克尔前缀（MPT）树的根节点哈希，有关它们更深层的含义会在下面一节中进行介绍。
- Difficulty：以太坊部分代码在基于 PoW 共识情况下的挖矿难度系数，代表了区块被挖出矿的难度，这个系数会根据出块速度来进行调整。以太坊第一个区块的难度系数是 131072，后面区块的难度系数会根据前面区块的出块速度进行调整，快高慢低。

- Number: 区块号，不能理解为区块的 id，因为 Number 并不是完全唯一的。例如，在几个私有节点中，每个节点会各自挖出自己节点网络中 Number 顺序递增的区块，此时的 Number 就会在不同的节点网络中出现一样的情况，而区块的 id，一般我们认为是它的区块哈希值（block hash）。另外，当前子区块的 Number，在关系方面等于在它父区块的 Number 上加 1。

- Time: 区块的生成时间。请注意，这个时间不是区块真正生成的精确时间，这个时间可能是父区块的生成时间加上 N 秒，把它称为区块的大概生成时间比较准确。

- GasLimit: 区块 Header 中的 GasLimit 和交易中的 GasLimit 的含义不同，请注意区分。Header 里的 GasLimit 是单个区块允许的最多交易加起来的 GasLimit 总量，即区块 GasLimit ⩾ 当前区块所有的 Transaction(交易)的 GasLimit 之和。假设有 5 笔交易，Transaction 的 GasLimit 分别是 10、20、30、40 和 50。如果区块的 GasLimit 是 100，那么前 4 笔交易就能被成功打包进入这个区块，因为矿工有权决定将哪些交易打包进区块；另一个矿工也可以选择打包最后两笔交易进入这个区块（50+40），然后将第一笔交易打包（10）。如果我们尝试将一个使用超过当前区块 GasLimit 的交易打包，这笔交易将会被网络拒绝，客户端也会收到 GasLimit 类的错误信息反馈。

- GasUsed: 表示这个区块中所有的打包交易 Transaction 实际消耗的 Gas 总量，它和 GasLimit 的关系可以表示为公式：GasUsed ⩽ GasLimit。也就是说，GasLimit 虽然表示了一个总的限制值，但是实际共占了多少还是要看 GasUsed 的值。它的计算方式将会在 "GasUsed 的计算" 一节中进行详细讲解。

- Extra: 该变量用于为当前区块的创建者保留附属信息。例如，节点 A 产生了区块 1，然后 A 向 Extra 中加上附属信息：这是节点 A 产生的区块。

- Nonce: 英文解释是 "临时工"，但它所表示的作用和 "临时工" 无半点类似。注意，Header 的 Nonce 和交易中的 Nonce 代表的含义是不一样的，Header 的 Nonce 主要用于 PoW 共识情况下的挖矿，用于记录在该区块的矿工做了多少次哈希才成功计算出胜出区块 B，例如区块 B 的 Nonce 是 200，表示 A 矿工计算了 200 次。而交易中的 Nonce 才是我们需要重点理解的，有关交易中的 Nonce 将会在下面的一节中解析。

2.4.2　以太坊地址（钱包地址）

在 Header 结构体中有一个 Coinbase 变量，其本质上是一个字符长度为 42 的十六进制地址值。在以太坊中，每一个账户包括智能合约都有一个唯一标识自己的地址值，通过这个地址值可以使用以太坊的 RPC 接口查询到相关的信息。这个地址值有如下规则：

（1）0x 开头。

（2）除 0x 这两个字符外，剩下的部分必须是由字母（a~f）和数字（0~9）组成的 40 个字符。其中，字母不区分大小写。

（3）整体是一个十六进制字符串。

例如，0x24602722816b6cad0e143ce9fabf31f6012ec622 就是一个以太坊的合法地址，而 0x24602722816b6cad0e143ce9fabf31f6026ec6xy 就不是一个合法的地址，因为它最后的两位字符是 xy，不是十六进制字符。

通常，又称上面的以太坊地址为一个钱包地址，因为转账交易就是通过这个地址来转给别人的。在这一点上，类似银行卡的卡号，即银行需要银行卡的卡号才能给对方转账。

1. 地址的作用

地址的作用主要有下面几点：

（1）唯一标识一个账户或智能合约。
（2）作为标识，可用于查询该账户的相关信息，例如代币余额、交易记录等。
（3）进行以太坊交易时，充当交易双方的唯一标识。

参考图 2-10 所示。

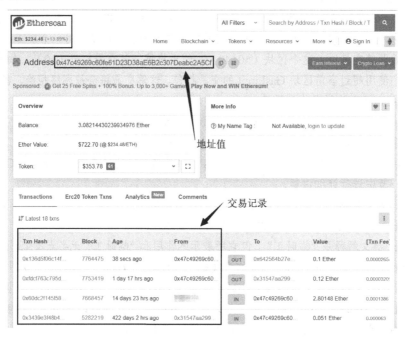

图 2-10　根据以太坊地址查询交易记录

地址分为两类：非智能合约地址与智能合约地址（又称为外部账户和合约账户）。那么如何判断一个地址是不是合约地址呢？判断方法可以使用以太坊源码提供的 eth_getCode 接口，关于该接口将会在"重要接口的含义详解"一节中讲解。

2. 地址的生成

地址分为合约地址和非合约地址。在以太坊的账户体系中，不同种类的地址生成方式是不同的。比如，在生成钱包地址（非合约地址）的时候，首先要根据非对称加密算法（Asymmetric Cryptographic Algorithm）中的椭圆曲线算法生成私钥和公钥，再从公钥的哈希结果中提取后 20 个字节作为非合约地址。

以太坊非合约地址（外部账户地址）的生成流程总结如下：

（1）随机产生一个私钥，32 个字节。

（2）计算得到私钥在 ECDSA-secp256k1 椭圆曲线上对应的公钥。

（3）对公钥做 SHA3 计算，得到一个哈希值，取这个哈希值的后 20 个字节来作为外部账户的地址。

智能合约地址的生成流程如下：

（1）使用 RLP 算法将（合约创建者地址+当前创建合约交易的序列号 Nonce）进行序列化。

（2）使用 Keccak256 将步骤 1 的序列化数据进行哈希运算，得出一个哈希值。

（3）取第（2）步的哈希值的前 12 字节之后的所有字节生成地址，即后 20 个字节。

非合约地址和合约地址生成方式的区别是：合约地址和椭圆曲线加密无关，因为合约地址是基于用户地址和交易序列号的，所以也不会生成雷同的地址。

大家可能还会问，为什么非合约地址要搞这么复杂还这么难读，像银行卡的卡号一样不行吗？

非合约地址之所以遵守上述的生成规则，主要原因是私钥几乎为 0 概率的重复性。私钥是通过伪随机算法（PRNG）产生的，所生成的私钥以二进制的形式表示，一共有 256 位（即 32 个字节），即 256 个 0 和 1 组成，它的可能性有 2^{256} 个，此数非常庞大，比宇宙中的原子数量还要多出几十个数量级。在这种情况下，可以 100%保证账户不重复。此外，十六进制形式的地址也便于程序读写。

2.4.3　Nonce 的作用

上一节我们已经了解了区块结构 Header 中的 Nonce，也提到了交易中的 Nonce，它们两个是不一样的。区块 Header 中的 Nonce 主要用于 PoW 共识情况下的挖矿，交易中的 Nonce 指的是我们在调用以太坊的交易 RPC 接口进行转发操作时所要传带的参数，它代表了"交易的系列号"。

交易中的 Nonce 是相对于 from 发送者地址而言的，它代表当前发送者的账户在节点网络中总的交易序号，每个发送者地址都有一个 Nonce。from 的格式就是前面讲到的地址格式，例如 0x24602722816b6cad0e143ce9fabf31f6012ec622。

下面进一步举例说明：

在以太坊主网（也就是在公链）的环境下，例如账户 A，第一次进行交易，此时它的 Nonce 为 0。交易成功后，它要进行第二笔交易，此时发起交易的时候 Nonce 为 1。成功后，下一次 Nonce 为 3，一直以此类推下去。这里只考虑了每一笔都是成功的情况，事实上还有一种等待状态，此时的 Nonce 有其他的选择。另外，在不同的链和不同的节点网络中，Nonce 也不一样。

Nonce 的特点是，在顺序不断递增的交易订单中，每一次传输必须要满足比上一次成功交易的 Nonce 值要大。注意这里的一个条件，比上一次成功的交易大，其一般采取加 1 累增的方式。例如，上面的例子，在第二次发起交易的时候，Nonce 不能再为 0，否则，以太坊会返回错误，导致交易失败。可以取 3 吗？可以，但是如果取 3，必须等 Nonce 为 1 和 2 的交易被节点处理完成后才能轮到 Nonce 为 3 的交易。

因此，在每一笔成功的交易中都有一个特定的 Nonce 与之对应，这样可以有效地分辨出哪些是被重复发起的交易，以方便进行处理。

综上所述，交易中 Nonce 的作用主要有两点：

（1）作为交易接口的参数。

（2）代表每次交易的序列号，方便节点程序处理被重复发起的交易。

下面是 Nonce 的取值规则：

（1）如果 Nonce 比最近一次成功交易的 Nonce 要小，转账出错。

（2）如果 Nonce 比最近一次成功交易的 Nonce 大了不止 1，那么这次发起的交易就会长久处于队列中，此时就是等待（Pending，或称为挂起）状态！在补齐了此 Nonce 到最近成功的那个 Nonce 值之间的 Nonce 值后，此交易依旧可以被执行。

（3）还处于队列中的交易，在其他节点的缓存尚未收到并留存这次交易的广播信息的情况下，如果此时这个发起交易的节点"挂"了（就是宕机了或者断网了），那么还没被处理的这次交易将会丢失，因为此时的交易存放于内存中尚未广播出去。

（4）处于等待（Pending）状态的交易，如果其 Nonce 相同，就会引发节点程序对交易的进一步判断，通常会选出燃料费最高的，替换掉燃料费低的（注意：前文与 Gas 相关的变量，就是指燃料，以及相关的燃料费，下一节会详细说明）。

2.4.4 燃料费

燃料费给我们最直观的感知就是日常生活中汽车所使用的汽油的费用，即在加油时付给加油站的油费。以太坊中的燃料费也可以这么理解（以太坊中习惯称为燃料费而不是油费）。

在以太坊中，燃料费付给的不是加油站，而是节点中的矿工。我们付给矿工燃料费的目的是让矿工帮助处理交易订单，把交易订单打包到区块中去。注意这段话中的关键词"交易订单"，不是转账，转账是交易的真子集。

以太坊中的燃料费又称为手续费，英文单词对应的是 Gas。它是用来激励矿工把交易订单打包到区块中而付给矿工的打包费。此外，燃料费的高低会影响当前交易订单被打包的速率，高燃料费的交易订单将会优先被矿工打包进区块，以太坊使用这种价高者优先的策略保证了矿工利益的最大化。

在交易时，燃料费或手续费 Gas（单位是 wei）并不属于交易函数的参数，它的计算方式是：

```
GasUsed×GasPrice=Gas
```

我们可以采用下面的例子来进一步理解 GasUsed 和 GasPrice 的关系，假设 GasUsed 代表的是苹果的数量，那么每个苹果的单价就是 GasPrice。买了 10 个苹果，这 10 个苹果的总价格就是"数量"乘以"单价"，最终的总价就是 Gas，也就是 GasUsed×GasPrice。

公式中的 GasUsed 和 GasPrice 在以太坊中有两种解析，分别是：

（1）基于区块 Header 的解析。

（2）作为以太坊交易函数入参（Input Parameter）的解析。

第一种解析，在前文介绍 Header 区块时已介绍过。第二种解析，在以太坊交易中，当前的交易被矿工打包到区块中时，究竟要付给矿工多少 Gas 手续费，实际上和交易函数（接口）所携带的参数有关。交易订单被矿工打包进区块中时消耗的是 GasUsed，代表实际使用了多少燃料，GasPrice 指单价，两者的乘积就是 Gas 燃料费的真实值。

那么，为什么以太坊的矿工打包要消耗 Gas，直接打包不就行了吗？这里的原因如下：

（1）弥补计算机资源消耗的代价，因为以太坊公链允许每个人到上面进行交易，这些交易的背后依赖的是代码，而代码的运行自然依赖计算机资源，例如我们常见的服务器费用。

（2）防止不法分子对以太坊网络蓄意攻击或滥用，以太坊协议规定交易或合约调用的每个运算步骤都需要收费，以增加攻击代价。

但是，请注意，以太坊上的操作并非都要扣除燃料费才能进行，常见的需要扣除燃料费的情况有：

（1）交易类型的 ETH 或 ERC20 代币转账。

（2）发布智能合约。

（3）ERC20 代币授权。

从最直观的代码的角度来看，扣除燃料费的操作有一个共同点——它们都是通过调用以太坊的 eth_sendTransaction 或 eth_sendRawTransaction 接口实现的。

此外 wei 是 Gas 的单位，它和 ETH 的对应关系如图 2-11 所示。

单位	wei值	Wei
wei	1	1 wei
Kwei (babbage)	1e3 wei	1,000
Mwei (lovelace)	1e6 wei	1,000,000
Gwei (shannon)	1e9 wei	1,000,000,000
microether (szabo)	1e12 wei	1,000,000,000,000
milliether (finney)	1e15 wei	1,000,000,000,000,000
ether	1e18 wei	1,000,000,000,000,000,000

图 2-11　燃料费单位的换算

图 2-11 中的 ether 就是一个 ETH，1eX 代表的是 10 的多少次方。

2.4.5　GasUsed 的计算

由燃料费的计算公式 GasUsed×GasPrice = Gas 可知，真正影响燃料费计算结果的是 GasUsed。GasUsed 的计算是比较复杂的，主要分为两部分：

（1）数据量部分，对应交易函数中的 data 入参（Input Parameter）。

（2）虚拟机（EVM）执行指令的部分。

从源码中可以看到（见图 2-12），对于每一笔交易中的数据量部分的燃料费是通过统计不同类型的字节来计算的，这部分还有一个影响计算的基础量，就是默认的燃料费数值，分下面两种情况：

```
// Per transaction not creating a contract.
// NOTE: Not payable on data of calls between transactions.
TxGas                  uint64 = 21000
// Per transaction that creates a contract.
// NOTE: Not payable on data of calls between transactions.
TxGasContractCreation uint64 = 53000
```

图 2-12　不同交易类型的燃料费起始值

（1）创建合约的交易，基础量为 53000。

（2）非创建合约的交易，基础量为 21000。

当我们在交易函数中设置的 GasLimit 比基础量还要小时，就会导致交易失败，出现的错误信息是"intrinsic gas too low"（固有的燃料太少了）；随后在这个基础量的前提下，对数据所占有的字节量计算燃料费，计算的方式也按照以太坊设置的规则，即：

（1）0 字节的收费是 4，每发现一个 0 字节，基础量累加 4。

（2）非 0 字节的收费 68，每发现一个非 0 字节，基础量累加 68。

具体设置如图 2-13 所示。

图 2-13　燃料费的计算

第一部分燃料费的计算是发生在交易被添加进订单池之前，也是在第一部分数据量所占有燃料费的数值计算结束之后。

对于第二部分的虚拟机（EVM）执行指令的计算过程发生的时机，目前有两种情况：

（1）在以太坊的矿工（Miner）模块从交易池中取出交易准备打包到区块中之前。

（2）将区块插入区块链之前需要验证区块的合法性。

如图 2-14 所示，用于计算虚拟机（EVM）燃料费的入口代码片段位于源码文件 go-ethereum\core\state_transition.go 中的 TransitionDb 函数内，该函数对不同的交易进行了对应的虚拟机操作，对于合约交易便执行 evm.Create，对于非合约交易则执行 evm.Call，这两种操作最终都返回了 st.gas 燃料的消耗量。

```
// Pay intrinsic gas
// 首先根据收据量和默认的 gas (53000/21000) 计算处一个基于数据量的 gas
gas, err := IntrinsicGas(st.data, contractCreation, homestead)
if err != nil {
    return ret: nil, usedGas: 0, failed: false, err
}
// st.gas - gas = 为: (limit - 预先计算得出的 = 剩下的)
if err = st.useGas(gas); err != nil {
    return ret: nil, usedGas: 0, failed: false, err
}

var (
    evm = st.evm
    vmerr error
)
// 无论是合约的创建还是普通交易的执行, 都会把上面计算了一次的 st.gas 传入到虚拟机
if contractCreation {
    ret, _, st.gas, vmerr = evm.Create(sender, st.data, st.gas, st.value)
} else {
    // Increment the nonce for the next transaction
    st.state.SetNonce(msg.From(), st.state.GetNonce(sender.Address())+1)
    ret, st.gas, vmerr = evm.Call(sender, st.to(), st.data, st.gas, st.value)
}
```

图 2-14　用于计算虚拟机燃料费的入口代码

虚拟机（EVM）执行指令部分的燃料费计算是最为复杂的。虚拟机（EVM）事务执行期间的所有操作，包括数据库读写、消息发送以及虚拟机采取的每个计算步骤都要消耗一定量的燃料，并且在不同参数和缓存影响的情况下都会对应有不同的燃料标价。图 2-15 是取自以太坊官方黄皮书中的非指令部分的燃料标价示例图。

黄皮书链接：https://ethereum.github.io/yellowpaper/paper.pdf。

The fee schedule G is a tuple of 31 scalar values corresponding to the relative costs, in gas, of a number of abstract operations that a transaction may effect.

Name	Value	Description*
G_{zero}	0	Nothing paid for operations of the set W_{zero}.
G_{base}	2	Amount of gas to pay for operations of the set W_{base}.
$G_{verylow}$	3	Amount of gas to pay for operations of the set $W_{verylow}$.
G_{low}	5	Amount of gas to pay for operations of the set W_{low}.
G_{mid}	8	Amount of gas to pay for operations of the set W_{mid}.
G_{high}	10	Amount of gas to pay for operations of the set W_{high}.
$G_{extcode}$	700	Amount of gas to pay for operations of the set $W_{extcode}$.
$G_{balance}$	400	Amount of gas to pay for a BALANCE operation.
G_{sload}	200	Paid for a SLOAD operation.
$G_{jumpdest}$	1	Paid for a JUMPDEST operation.
G_{sset}	20000	Paid for an SSTORE operation when the storage value is set to non-zero from zero.
G_{sreset}	5000	Paid for an SSTORE operation when the storage value's zeroness remains unchanged or is set to zero.
R_{sclear}	15000	Refund given (added into refund counter) when the storage value is set to zero from non-zero.
$R_{selfdestruct}$	24000	Refund given (added into refund counter) for self-destructing an account.
$G_{selfdestruct}$	5000	Amount of gas to pay for a SELFDESTRUCT operation.
G_{create}	32000	Paid for a CREATE operation.
$G_{codedeposit}$	200	Paid per byte for a CREATE operation to succeed in placing code into state.
G_{call}	700	Paid for a CALL operation.
$G_{callvalue}$	9000	Paid for a non-zero value transfer as part of the CALL operation.
$G_{callstipend}$	2300	A stipend for the called contract subtracted from $G_{callvalue}$ for a non-zero value transfer.
$G_{newaccount}$	25000	Paid for a CALL or SELFDESTRUCT operation which creates an account.
G_{exp}	10	Partial payment for an EXP operation.
$G_{expbyte}$	50	Partial payment when multiplied by $\lceil log_{256}(exponent) \rceil$ for the EXP operation.
G_{memory}	3	Paid for every additional word when expanding memory.
$G_{txcreate}$	32000	Paid by all contract-creating transactions after the *Homestead* transition.
$G_{txdatazero}$	4	Paid for every zero byte of data or code for a transaction.
$G_{txdatanonzero}$	68	Paid for every non-zero byte of data or code for a transaction.
$G_{transaction}$	21000	Paid for every transaction.
G_{log}	375	Partial payment for a LOG operation.
$G_{logdata}$	8	Paid for each byte in a LOG operation's data.
$G_{logtopic}$	375	Paid for each topic of a LOG operation.
G_{sha3}	30	Paid for each SHA3 operation.
$G_{sha3word}$	6	Paid for each word (rounded up) for input data to a SHA3 operation.
G_{copy}	3	Partial payment for *COPY operations, multiplied by words copied, rounded up.
$G_{blockhash}$	20	Payment for BLOCKHASH operation.
$G_{quaddivisor}$	100	The quadratic coefficient of the input sizes of the exponentiation-over-modulo precompiled contract.

图 2-15　指令及其对应的燃料费标价和描述

图 2-16 是指令部分的燃料费标价。

```
25  const (
26      GasQuickStep    uint64 = 2
27      GasFastestStep  uint64 = 3
28      GasFastStep     uint64 = 5
29      GasMidStep      uint64 = 8
30      GasSlowStep     uint64 = 10
31      GasExtStep      uint64 = 20
32
33      GasReturn       uint64 = 0
34      GasStop         uint64 = 0
35      GasContractByte uint64 = 200
36  )
```

图 2-16　指令部分的燃料费标价

可以看到，GasUsed 的计算在虚拟机部分是相当复杂的，要想了解完整的计算过程，建议阅读以太坊虚拟机（EVM）调用链的源码。

2.4.6　叔　块

叔块（Uncle Block）的概念，目前只有以太坊中有。图 2-17 是在区块链分叉一节中介绍的分叉模型。

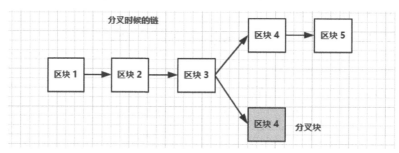

图 2-17　分叉的链

图 2-17 中导致链分叉的是分叉区块 4，根据最优链选择规则，在把造成分叉链的区块 4 抛弃后，它就成为"孤块"，如图 2-18 所示。

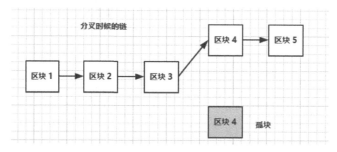

图 2-18　孤块

孤块在比特币区块链中也是存在的，因为比特币公链也有分叉的情况，但是在比特币区块链中，挖出孤块的矿工节点是得不到 BTC 奖励的，也就是没有任何奖励。而以太坊区块链不是这样的，以太坊区块链中挖出孤块的矿工也有获得 ETH 奖励的可能性，这是两者的差异。

　　孤块在以太坊区块链中是有机会成为叔块的，当一个孤块被另一个符合层级限制内的区块采纳为叔块的时候，挖出这个孤块的矿工就会获得以太坊 ETH 奖励，此时的孤块也就变成了叔块。

　　那么为什么称为"叔"而不是其他名称呢？这里实际上是类比了人类的亲戚关系。如图 2-19 所示，主链中的区块 4 和变成了叔块的区块 4 拥有相同的区块高度，就是高度 4，因为分叉的原因，导致叔块 4 最终变成了主链区块 4 的附属块，对于区块 5 来说，主链的区块 4 才是它的父区块，而由于同级关系，相对于区块 5 来说，区块 4 的附属块都是它的"叔叔"级别的块，故称为"叔块"。

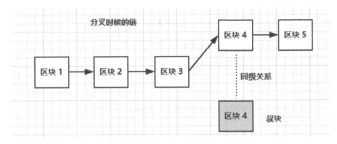

图 2-19　分叉状态的链

1. 打包规则

　　假设要将分叉区块 A 打包成为区块 B 的叔块，在代码层面就是在区块 B 的 Header 中，将区块 A 的数据绑定到区块 B 的 Uncle 变量字段中，叔块打包的规则如下。

　　（1）区块 A 必须是区块 B 的第 X 层祖先的同层级高度的分叉区块，2<=X<=7，参考图 2-20 所示。

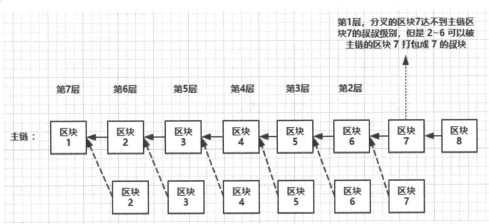

图 2-20　叔块的打包范围

　　（2）区块 A 必须有合法的"Block Header"（区块头部）。

　　（3）区块 A 必须还没成为过别的区块的叔块。

　　（4）区块 B 已经打包了的叔块必须还没有达到 2 个的数量，即一个区块最多只能有 2 个叔块。

　　（5）区块 A 一旦成为叔块，当它作为分叉区块时，打包了的交易会重新回到节点的交易池中，等待重新被打包到区块内。

2. 奖励规则

叔块的奖励规则是由以太坊的"Ghost 协议"（也称为幽灵协议）制定的，挖出叔块的矿工可以获得奖励。挖出叔块的矿工的奖励机制，它的奖励计算公式如下：

(uncleNumer+8-headerNumber)×blockReward/8

上述公式中的 3 个变量说明如下：

- uncleNumber：代表当前叔块的高度，也就是它的区块号。
- headerNumber：代表当前正在被打包的区块的高度。
- blockReward：代表矿工挖出区块时的基础奖励值，现在是 3ETH（君士坦丁堡版本后是 2ETH），曾经是 5ETH。
- 满足关系：headerNumber-6 < uncleNumber < headerNumber-1。

假设 headerNumber=17，那么 uncleNumber 的高度范围是 11<uncleNumber<16，奖励公式的取值范围是(2/8~7/8)*blockReward。

由于这个规则，导致了叔块的奖励也有对应的层级，当基础奖励值 blockReward 是 3ETH 的时候，它的奖励层级表如表 2-1 所示。

表 2-1　奖励层级表

间隔层数	报酬比例	报酬（ETH）
1	7/8	2.625
2	6/8	2.25
3	5/8	1.875
4	4/8	1.5
5	3/8	1.125
6	2/8	0.75

叔块存在的意义有二：一是基于挖矿节点奖励回馈；二是保持生态发展平衡。以太坊为了将出块时间缩短，导致了软分叉的出现更加频繁，叔块被产生的概率就比较高，如果类似比特币的设计，对产生叔块的矿工不给予奖励，就会有很多矿工因为产生了叔块而获取不到任何奖励，积极性降低，不利于以太坊生态的发展，所以以太坊团队引入了叔块的概念。

在以太坊的挖矿过程中，叔块的奖励只是其中的一部分，完整的挖矿奖励机制将会在下一节中进行详细说明。

2.4.7　挖矿奖励

挖矿是应用了 PoW 共识算法的区块链所特有的操作，因为以太坊目前的共识算法主要是 PoW，所以以太坊的区块也是靠节点矿工挖矿产生的。

挖矿成功了，自然也就有收入了，这也是符合劳动获取规则的。在以太坊中，所有挖矿成功的节点都会被奖励以太坊代币 ETH，这些 ETH 将会像工资一样打入到当前节点所设置的用于收款的以太坊钱包地址中去。

打包了不同的区块就拥有不同的奖励模式，目前以太坊通过挖矿出来的区块主要有下面三种，其中只有两种能够得到奖励：

（1）普通的成功进入主链的区块，有 ETH 奖励。

（2）被主链区块打包成叔块的分叉区块，有 ETH 奖励。

（3）孤块，没有任何奖励。

下面我们来分别认识普通区块和叔块的奖励。普通区块的 ETH 奖励由 3 个部分组成，分别是：

（1）被设置好了的固定的挖矿奖励，即"Block Reward"（区块奖励），这个值在以太坊早期的时候，节点规范设置是 5ETH，后面被设置为了 3ETH，升级到君士坦丁堡版本后变为 2ETH。

（2）挖出的区块打包了的所有交易的燃料费（Gas）总和。

（3）当前这个区块所打包了的叔块的奖励，每打包一个叔块，奖励 Block Reward×1/32。打包了 N 个叔块，则奖励是 N×Block Reward×1/32。

举个例子，假设成功地进入了主链的普通区块 A，它内部所有打包了的交易（Transaction）共有 40 个，加起来的燃料费（Gas）是 0.65 ETH，且它同时还打包了 1 个叔块，最多只能打包两个。那么此时挖出区块 A 的节点矿工，他的 ETH 收益就是（3+0.65+3/32）ETH 这么多。

下面我们通过区块链浏览器查找一下区块的详细信息，来验证一下上面的结论，如图 2-21 所示，区块信息链接是：https://cn.etherscan.com/block/6670988。

图 2-21　区块信息的展示

图 2-21 中"Block Reward"对应的就是挖出区块 6670988 的矿工，他所获得的以太坊 ETH 收入，对应前面讲解的部分，3 就是基础奖励，0.049540272928818416 是所有交易的手续费收入，这点可以单击页面中的"68 transactions"链接，进入到交易列表页面统计验证，最后的 0.09375 就是 3/32 的结果。如果该区块打包了两个叔块，那么最后的叔块收入就是 3/32×2。

图 2-21 中的"Uncles Reward"表示挖出叔块的矿工，他所获得的以太坊 ETH 收入，注意叔

块奖励收入包含下面的两种含义：

（1）挖出分叉区块的矿工的收入，因为分叉区块被其他区块打包了，它才成为了叔块。

（2）打包了分叉区块，让它成为叔块的矿工节点的收入。

第一种奖励收入对应的奖励计算公式就是"叔块"一节中所谈到的。第二种所对应的收入就是 BlockReward×1/32×叔块个数。下面我们通过一个完整的例子来认识挖矿奖励。

假设现在有两个以太坊节点 N1 和 N2，它们所设置的挖矿收益的以太坊地址分别是 A1 和 A2，此时 N1 成功地挖出了区块 B1，高度是 4，同时 N2 也挖出了区块 B2，高度和 B1 一样，都是 4，根据最优链规则，最终区块 B2 被判断为分叉区块。紧接着，节点 N1 继续挖出了区块 B3 和区块 B4，这时属于节点 N1 的区块 B3 把区块 B2 打包成自己的叔块，使得区块 B2 不会成为孤块，而区块 B1 和区块 B4 都没有打包成叔块，如图 2-22 所示。

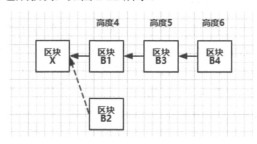

图 2-22 挖矿奖励示例

至此，节点 N1 的收益地址 A1 的总收益是：

(B1+B2+B3 的基础收益)+(B1+B2+B3 的所有打包了的交易手续费)+B3 打包了 B2 叔块的收益 =BlockReward×3+T1+T2+T3+3/32

节点 N2 的收益地址 A2 的总收益是：

B2 作为叔块的奖励= (uncleNumer+8-headerNumber)×blockReward/8 = (4+8-5)×3/8 = 21/8 = 2.625，刚好对应叔块奖励表格中的第一层奖励

2.5　账户模型

账户模型不仅存在于以太坊技术模块中，还存在于比特币技术模块中，它最直观的体现就是如何帮助钱包地址存储资产（代币）的数值。

在传统的服务器端的服务设计中，如果我们要为某一个用户记录他的资产余额信息，例如积分的余额，常见的做法就是直接在数据库中设置一张积分表，用来存储用户的积分。当积分有增加或使用的情况时，就对表格记录进行更新操作，表中剩下的数值就是对应的余额信息。

上面的存储做法很容易理解和接受，但是在区块链中考虑到其分布式去中心化的特点，上述的表格做法并没有被采用，取而代之的技术方案有很多，其中比较具有代表性的是比特币的 UTXO 模型和以太坊的 Account 模型，我们把这类模型称为账户模型。

下面我们主要对这两种模型所涉及的技术进行讲解。

2.5.1　比特币 UTXO 模型

UTXO（Unspent Transaction Output，未花费的交易输出）是一种交易数据的存储模型。目前比特币所采用的就是它。

UTXO 比较接近我们生活中钱财交易的记账模式，每一条符合 UTXO 模型的交易记录都拥有如下特点：

（1）每笔交易拥有输入部分（Input）和输出部分（Output）。

（2）输出能够从 Unspend 状态转为 Spend 状态，这个过程称为"被使用"。Spend 状态的输出会成为另外一条符合 UTXO 模型交易的输入部分。

（3）输出部分包含：

● 已被花费的输出，即已经当作了后面交易的输入，此时的 Spend 字段的值为 true。
● 没被花费的输出，即还没被作为后面交易的输入，此时的 Spend 字段的值为 false。

注　意
只有尚未花费的输出才是所谓的 UTXO——未花费的交易输出，已被花费的交易由于已经支付了，因此不是 UTXO。

注意区分概念：UTXO 模型不等于 UTXO 交易，后者是前者的真子集。

下面举例进一步阐述 UTXO 模型的特点。

假设一开始的时候 A 拥有 100 个 BTC，B 和 C 都拥有 0 个 BTC，如图 2-23 所示。

图 2-23　A、B、C 初始拥有的 BTC

现在 A 向 B 转账 10 个 BTC。于是，A 剩下 90 个 BTC，而 B 得到了 10 个 BTC，B 的余额是10。此时的交易记录如图 2-24 所示，其内部包含一入一出的记录。

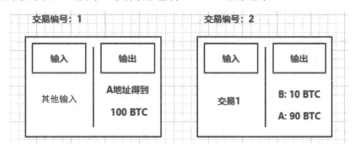

图 2-24　交易记录

A 的 100 个 BTC 不会凭空产生，它也是由其他输入赋予的，例如比特币挖矿所得。在交易 2 中，其输入部分为交易 1 的输出，此时交易 1 的输出变为 Spend 状态，交易 1 中的输出不再是 UTXO 交易，因为它已经作为了交易 2 的输入。交易 2 使用输入的 100 个 BTC，分别输出给 B 和 A。B 获得 10 个 BTC，A 进行自己的找零操作，给了 B 的 10 个 BTC 后，自己剩下 90 个。此时在交易

2 中的 B 和 A 的输出都是 UTXO，因为它们还没被"花费"。

当 A 又给 C 转账 6 个 BTC 和给 B 转账 3 个 BTC，交易记录如图 2-25 所示。

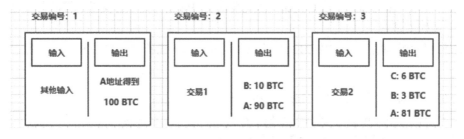

图 2-25　交易记录内部数据组成的模型

此时，交易 2 中 A 的输出将不再是 UTXO，因为它成为交易 3 的输入；而交易 2 中 B 的依然是 UTXO，因为它还没作为其他交易的输入。

在往后的交易中便一直按照上面的记录形式来记录交易的输入和输出。

在上面的比特币例子中，UTXO 模型存在几种情况，但不变的是其记录始终由输入和输出组成，在此之外还多了一个手续费的概念。一般地，输入和输出拥有下面的几种组合情况：

- 输入的条数比输出的多，输出的条数不止一条。
- 输出的条数比输入的多，输入的条数不止一条。
- 设 sum 是累计、输入数值为 inputs、输出数值为 outputs、手续费是 fee，那么比特币中的一笔交易恒满足：sum(inputs) - sum(outputs) - fee = 0。

比特币最初的代币产生是从挖矿中获取的，后续的代币因为不断地被交易而被分配到各个地址中去，根据 UTXO 的模型，可以知道：

（1）每一笔交易的输出最终都能追寻一个一开始的输入。

（2）交易的最初输入都来源于挖矿的收益地址，这个地址我们一般称为 CoinBase。

那么如何统计一个地址的 BTC 余额呢？其实就是统计其 UTXO 集合。在图 2-25 中，B 的 BTC 余额相关的 UTXO 分别在交易 2 和交易 3 中，为 10+3=13 个 BTC。

在区块链中，不同的交易会被打包到不同的区块中去。这意味着，当我们需要计算某个地址中的余额时，需要遍历整个网络中所有与该地址相关的区块内的 UTXO，汇总后便是它的余额。

UTXO 模型明显的优点：

- UTXO 模型是无状态的，只要交易的签名合法，交易额正确，那么当交易被区块打包并广播确认后就会被直接进行存储。这会更容易应对并发转账的情况，因为没有类似序列号的东西，当一个地址拥有很多 UTXO 的时候，可以同时发起多笔交易。
- 除 CoinBase 交易外，交易的 Input 始终链接在某个 UTXO 后面，交易的先后顺序和依赖关系容易被验证。

UTXO 模型明显的缺点：

- 无法实现比较复杂的逻辑，可编程性差。例如，以太坊的智能合约功能就无法通过 UTXO 模型进行拓展实现。

● 性能问题，例如计算某个地址中的余额时，需要遍历整个网络中的全部相关区块，找到该地址的 UTXO，当该地址相关的交易遍布区块较多时，时间复杂度将会剧增，获取余额的操作会出现比较慢的情况。

2.5.2　Trie 树

1. Trie 树的定义

Trie 树又称字典树，是树形数据结构中的一种，同范畴的还有完全二叉树、红黑树等，如图 2-26 所示。

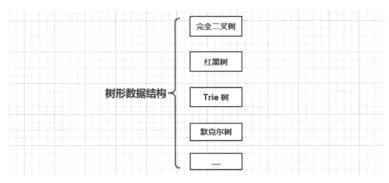

图 2-26　树形数据结构的分类

Trie 树的检索体现在它使用数据某种公共前缀作为组成树的特点，下面举例说明。假设有英文组合词 taa、tan、tc、in、inn、int，这些词就是我们的数据。分析它们的前缀特点：首先 taa、tan、tc 这 3 个单词拥有公共的开头字母 t，这就是它们的公共前缀，归为一类；然后 in、inn、int 的公共开头字母是 i，根据这个特点，我们得到如图 2-27 所示的树形图。

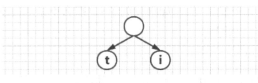

图 2-27　树形图一

接着继续分析，在 taa、tan、tc 中标出第一个字母 t 后，剩下的分别是 aa、an、c。可以看到，aa 和 an 拥有公共的前缀字母 a，因此模仿上面的前缀规则可以继续完成树形图，如图 2-28 所示。

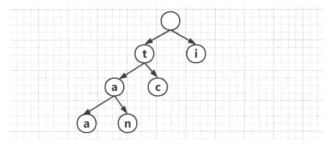

图 2-28　树形图二

至此，从树顶节点开始自上而下看，所走过的节点值连起来就是 taa、tan、tc。继续完善前缀 i 字母的子树，最终整个 Trie 的前缀树如图 2-29 所示。

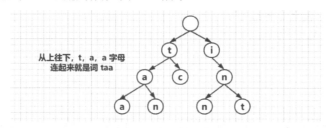

图 2-29　Trie 的前缀树

如果例子中在起始的时候多出一个和其他节点没有公共前缀的单词，例如 egg，那么树图从顶部开始将分成 3 个分支，分别是 t、i、e，而不是两个。

最终，各个单词被包含在 Trie 树中。一棵 Trie 树满足下面的特点：

● 不一定是二叉树。
● 根节点不包含字符，除根节点以外每个节点只包含一个字符，注意是字符不是字符串。
● 从根节点到某一个节点，自上而下，路径上经过的字符连接起来就为目的节点对应的字符串。
● 每个节点的所有子节点包含的字符串不相同。

2. Trie 树的应用

为什么要在软件应用中采用 Trie 树这种数据结构呢？这是因为 Trie 树在针对字符串搜索方面有很好的性能。

接着 Trie 树的例子，如果我们要查找 tan 这个单词，可以按照下面的步骤来执行。

（1）首先自上而下，先查找字母 t，如果找到了 t，那么不是 t 的分支就不需要考虑了。
（2）接着查找字母 a，以此类推。
（3）最终找剩下的字母 n。

在上述查找过程中，最大限度地减少了无谓字符的比较，但由于 Trie 树的非根节点存储的是每一个字符，导致 Trie 树会消耗大量的内存，这也是 Trie 树的一个缺点。此外，Trie 树中由于字符串之间没有公共的字母前缀，因此树的层级也会比较高，比如说 taa 和 tcn，它们只有 t 字母是公共的，那么如果是 t->aa 和 t->cn 就只有两层的高度，而在 Tire 树中，却被表示为了 t->a->a 和 t->c->n，拥有 3 层的高度。

2.5.3　Patricia Trie 树

Patricia Trie 树也是一种 Trie 树。不同点在于，它是 Trie 树的升级版，在 Trie 树的基础上做了优化：非根节点可以存储字符串，而不再仅仅是字符，节省了空间的花销。

仍然以上一节的 Trie 树为例，我们画出 Patricia Trie 树的树形图，单词是 taa、tan、tc、in、inn、int，如图 2-30 所示。

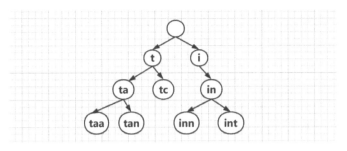

图 2-30　Patricia Trie 树的树形图

这里我们给出 abcd 和 aoip 两个字符串的 Patricia Trie 树和 Trie 树的树形图，如图 2-31 所示。可以明显地看到，那些很长但又没有公共节点的字符串在 Patricia Trie 树中占用的空间更少。

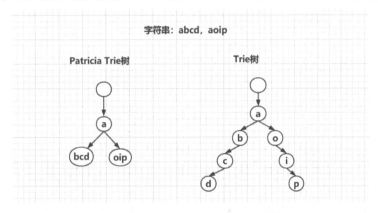

图 2-31　Patricia Trie 树和 Trie 树的树形图

2.5.4　默克尔树（Merkle Tree）

我们知道，以太坊区块 Header 内部的 Root、TxHash、ReceiptHash 代表的都是以太坊默克尔前缀（MPT）树的根节点的哈希值（Hash）。关于 MPT 树将在下一节中介绍，本节我们先来认识默克尔树以及这三个哈希相关的概念。

默克尔树又被称为哈希树（Hash Tree），它满足树的数据结构特点，拥有下面的特点，也就是说，默克尔树必须满足下面的条件。

- 树的数据结构，常见的是二叉树，但也可以是多叉树，它具有树结构的全部特点。
- 基础数据不是固定的，节点所存储的数据值是具体的数据值经过哈希运算后所得到的哈希值。
- 哈希的计算是从下往上逐层进行的，就是说每个中间节点根据相邻的两个叶子节点组合计算得出，根节点的哈希值根据其左右孩子节点组合计算得出。
- 最底层的节点包含基础的数据。

图 2-32 是一棵二叉树形态的默克尔树。

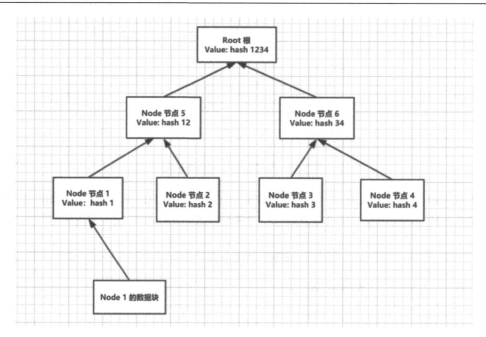

图 2-32　二叉树形态的默克尔树

（1）自下而上地看，最底层节点 Node 节点 1 的数值 Value 是 hash 1，hash 1 是由 Node1 对应的数据块经过一定的哈希算法生成的，其他的最底层节点也有对应的数据块。此处对应默克尔树的第 4 个特点。

（2）Node 节点 5 是 Node 节点 1 和 Node 节点 2 的父亲节点，那么 Node 节点 5 的哈希值由 Node 节点 1 和 Node 节点 2 的哈希值得出。具体父节点的值如何计算，并没有统一的方法，可以定义某一种算法，只要满足父节点的值为其左右叶子节点的值经过一定计算得出即可。图 2-32 采用了字符串拼接的计算方式：Value(5) = Value(1) + Value(2) = 12。此条对应默克尔树的第 3 个特点。

（3）由于生成哈希值的原始数据几乎都是字节流，因此底层数据块的内容不会被限制，类似于区块头，拥有多种数据类型，也可以是单独的一个字符串。此条满足默克尔树的第 2 个特点。

（4）我们从图 2-32 中可以很直观地看出，该默克尔树就是数据结构中的二叉树模型。

1. 默克尔树的节点插入

图 2-32 是一种完全二叉树的形式。在此类二叉树中，当一个新的数据块产生的哈希值形成的新的节点要插入树中时，如果所要被插入的默克尔树底层的节点已经是满叶子的情况，它会按照如图 2-33 所示的形式插入。

在这种情况下，新插入的叶子节点会自动在不同的层数生成与最底层新插入的节点所拥有相同数值的节点，图 2-33 新插入节点为 A，据此依次生成 B、C、D，最后的 D 节点是新的根节点（Root）。

至此，我们知道，区块 Header 内部的 Root、TxHash、ReceiptHash 这 3 个值的含义其实都是默克尔树的根，它们所在的树依次对应于：

（1）区块体内的账户（Account）对象数组。在打包交易中该对象数组会时刻被更新。

（2）被打包进当前区块的交易（Transaction）列表数组。该列表数组在所有交易打包完之后生成。

（3）区块内的所有交易（Transaction）完成之后生成的一个 Receipt 数组。

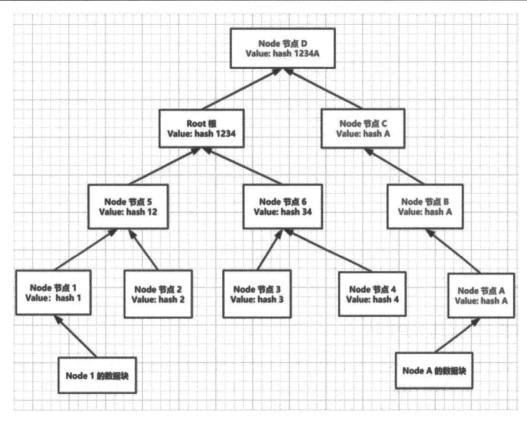

图 2-33　满叶子时在默克尔树中插入节点后的变化

2. 默克尔树数据验证

默克尔树的作用体现得最多的地方就是它可被用于数据的验证。在以太坊中，默克尔树可以用来验证区块内的交易（Transaction），因为以太坊的交易是被矿工打包进区块中的，所以一个区块内部包含很多笔交易信息。

根据默克尔树父节点的哈希值与其叶节点值的关系，如果当前默克尔树的底层数据块是交易数据，那么往上的节点中，其所包含的哈希值都是由交易数据生成的。

根据节点中哈希值的关联关系，可以对某笔交易数据进行验证，如图 2-34 所示。

假设我们知道了交易数据 1、Node 节点 1 和 Node 节点 6，现在要验证交易数据 2 是否在当前的默克尔树中。首先由交易数据 1 和交易数据 2 生成 Z 节点的哈希值，然后由 Node 节点 1 和 Z 节点生成 Y 节点的哈希值，最后由 Y 节点和 Node 节点 6 生成根节点 X 的哈希值。在得到了根节点 X 的哈希值之后，再将它和区块头部中的 TxHash 值进行比较，判断它们是否相等，如果相等，证明交易数据 2 存在于当前区块的交易列表中，反之则不是。

默克尔树交易数据的验证应用还存在于点对点的视频流中。例如，将一部完整影片的数据流拆分成多个数据块，并由这些数据块组成默克尔树。当用户下载影片时，就能根据节点值来对应下载自己所缺少的那一部分，在数据被损坏的时候也能进行下载修复，而不需要重新下载整部影片。

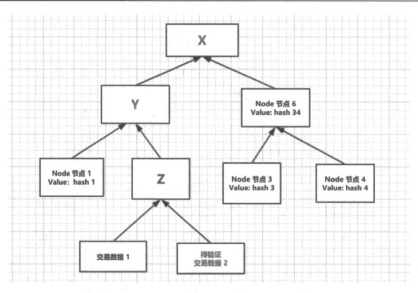

图 2-34   默克尔树交易数据的验证

2.5.5   以太坊 MPT 树

MPT 树的全称是"Merkle Patricia Trie"，即默克尔前缀树。根据我们对默克尔树和前缀树的介绍，MPT 树可以认为是默克尔树和前缀树的结合。事实也是如此，MPT 树是以太坊结合了默克尔树和前缀树的特点而发明的一种非常重要的数据结构，因此它具备了默克尔树和前缀树的特点。

MPT 树中的节点有以下 4 种类型：

- 扩展节点（Extension Node），只能有一个子节点。
- 分支节点（Branch Node），可以有多个节点。
- 叶子节点（Leaf Node），没有子节点。
- 空节点，空字符串。

1. 节点的定义及说明

（1）扩展节点

在代码中，扩展节点含有 Key、Value 和 nodeFlag 字段变量，定义如下：

```
type shortNode struct {
    Key   []byte
    Val   node
    flags nodeFlag
}
```

（2）叶子节点

和扩展节点一样，也包含 Key、Value 和 nodeFlag 字段变量，定义如下：

```
type shortNode struct {
    Key   []byte
    Val   node
```

```
        flags nodeFlag
}
```

（3）分支节点

分支节点的内容是一个长度为 17 的数组，其中，前 16 位每个下标的值是十六进制的 0~f、十进制的 0~15，它们每位可能指向一个孩子分支，且允许不作任何指向，在最后的第 17 位是它自己的 Value。因此，一个分支节点的孩子至多有 16 个。代码中的定义是：

```
type fullNode struct {
        Children [17]node
        flags    nodeFlag
}
```

这 3 类节点的结构可参考图 2-35。

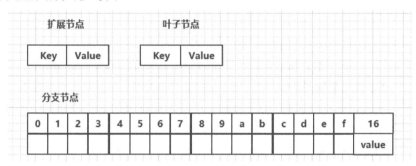

图 2-35 MPT 树中的 3 类主要叶子节点的结构

2. 节点字段变量的解释

（1）Key 只在扩展节点和叶子节点中存在。请注意，分支节点没有 Key。Key 就是[Key,Value]"键-值对"数据结构中的"键"。在以太坊中，不同的存储阶段，Key 的值是不同的，有如下一些情况：

- Raw 编码。这种编码方式的 Key 是 MPT 对外提供接口的默认编码方式。例如，一个 Key 为"cat"，则其 Raw 编码就是['c', 'a', 't']，转换成 ASCII 编码的表示方式就是[63, 61, 74]。
- Hex 十六进制编码。这种是 MPT 对内存中树节点的 Key 进行的编码方式，当数据项被插入到 MPT 树中时，Raw 编码被转换成 Hex 编码。其诞生的原因是为了减少分支节点孩子的个数，由分支节点的定义和对应的示范图可以看出，分支节点最多有 16 个孩子节点。导致最多只有 16 个孩子节点的原因，就是使用了这种编码方式，不然的话会由于原来 Key 的 8 位范围取值是[0-(2^7-1)]，即[0-127]，意味着有 128 个位，从而对应到 128 个孩子节点这么多。为了减少可对应的孩子节点数，以太坊将原 Key 的高低共 8 位分拆成两个字节，以 4 位进行存储，而 4 位在十六进制中，最大能表示的是 f，即其范围为[0-f]，从而减小了每个分支节点的容量，但是在一定程度上增加了树的高度。

  从 Raw 编码向 Hex 编码的转换规则是：

  ◇ 将 Raw 编码的每个字符根据高 4 位、低 4 位拆成两个字节。

    ✧ 若该 Key 对应节点存储的是真实的数据项内容（该节点是叶子节点），则在末位添加一个 ASCII 值为 16 的字符作为终止标志符。

    ✧ 若该 Key 对应的节点存储的是另外一个节点的哈希索引（该节点是扩展节点），则不加任何字符。

        例如，某叶子节点的 Key 为"cat"，其 Raw 编码就是['c', 'a', 't']，转换成 ASCII 表示方式就是[63, 61, 74]，其 Hex 编码为：

        [0011,1111,0011,1101,0100,1010,0x10] ==> [3, f, 3, d, 4, a, 0x10] ==>

        [3,15,3,13,4,10,16]

● HP 编码，全称为 "Hex-Prefix 编码"，即十六进制前缀编码，是 MPT 中的树节点被持久化存储到数据库层面时 Key 被编码的形式。当树节点被加载到内存中时，HP 编码会被转换成 Hex 编码，对应从 Hex 编码到 HP 编码，刚好是一个对称的过程。

HP 编码的规则如下：

① 若输入 Key 结尾为 0x10，则去掉这个终止符。

② Key 之前补一个四元组，从右往左，这个四元组第 0 位作为区分奇偶信息，若 Key 长度为奇数则该位为 1，若长度为偶数则该位为 0。第 1 位区分节点类型，叶子节点类型是 1，其他是 0。

③ 如果输入 Key 的长度是偶数，就再添加一个四元组 0x0000 在第②点的四元组之后。

④ 将原来的 Key 内容压缩，共 8 位，以高 4 位低 4 位进行合并输出。例如，某叶子节点的 Key 为"cat"，它的 Hex 编码是[3,15,3,13,4,10,16]，根据第①点，因为 16 对应的十六进制表示就是 0x10，所以去掉它，此时变为[3,15,3,13,4,10]，共 6 个数值，所以长度是偶数。根据第 ②点，Key 之前补全四元组 0x0，此时变为[0x0000,3,15,3,13,4,10]，因为是节点类型，所以从右往左，第 0 位为 0，第一位是 1，变为 [0x0010,3,15,3,13,4,10]。根据第③点，Key 的长度是偶数，则再添加一个四元组 0x0 在之前的四元组之后，变为[0x00100000,3,15,3,13,4,10]。根据最后一点，压缩合并，变为[32, 63, 61, 74]，32 就是二进制 00100000 的十进制数：2^5=32。此时再转为 Hex 编码就是[2,0,3,15,3,13,4,10]。

    因为在 HP 编码情况下的 Key 加入了 Prefix 前缀，所以在细分 Key 内容的时候应该多出一个前缀码，如图 2-36 所示。前缀的好处之一是能够标识这个节点的类型。

Key-prefix	Key-end	Value
1	key 内容	Value

图 2-36　HP 编码时的扩展节点和叶子节点

    在前面叶子节点的 Key 为"cat"的例子中，通过 HP 编码计算出的[2,0,3,15,3,13,4,10]，其 Key-prefix 就是 2，Key-end 是 0,3,15,3,13,4,10。

    （2）Value 是用来存储节点数值的，不同的节点类型，Value 对应的值也不同，主要有下面几种情况：

- 叶子节点。Value 存储的是一个数据项的内容，例如[name, LinGuanHong]，Key 是 name，Value 是 LinGuanHong，在代码中对应于 ValueNode。
- 扩展节点。Value 存储的是其孩子节点在数据库中存储的哈希值，可以通过该哈希链接到其他节点。在代码中，对应 hashNode 类型。
- 分支节点。Value 存储的是在当前分支节点结束时节点的数据值，在代码中对应于 ValueNode。比如：Key 有 abc、abd、ab，根据前缀树的特点开始构建树，如图 2-37 所示。因为 3 个 Key 拥有公共的前缀 ab，其中 abc 和 abd 还多出一个字符，可以对应在分支节点中，ab 没有多出的字符，它刚好在分支节点中结束，此时分支节点的 Value 存储的就是Key=ab 节点的值。当没有节点在分支节点中结束时，那么分支节点的 Value 没有数据存储。

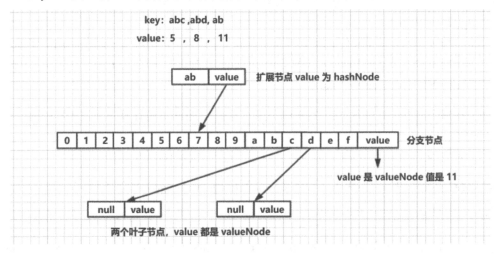

图 2-37　分支节点 Value 有值的情况

（3）nodeFlag 是分支节点、扩展节点和叶子节点在代码结构体中附带的字段，主要用于记录一些辅助数据，其代码中的定义如下：

```
type nodeFlag struct {
    hash  hashNode // cached hash of the node (may be nil)
    gen   uint16   // cache generation counter
    dirty bool     // whether the node has changes that must be written to the
database
}
```

说明：

- 节点哈希 hash。若该字段不为空，则当需要进行哈希计算时，可以跳过计算过程而直接使用上次计算的结果（当节点变脏时，该字段被置空）。
- 脏标志 dirty。当一个节点被修改时，该标志位被置为 1。
- 诞生标志 gen。当该节点第一次被载入内存中（或被修改时），会被赋予一个计数值作为诞生标志，该标志会被作为驱除节点的依据——清除内存中"太老"的未被修改的节点，防止占用的内存空间过多。

2.5.6 MPT 树节点存储到数据库

MPT 树节点存储到数据库，又称节点的持久化，这个过程需要计算出各个节点对应的 RLP 编码数据及节点的哈希值，其最终存储在"键-值对"<k,v>数据库中的格式是：[节点哈希值,节点的 RLP 编码]。要注意区分，这里持久化的哈希值不是 Key 的哈希值，而是节点 RLP 编码的哈希值。此外，持久化的计算过程是一个递归过程，意味着这个计算是从 MPT 树的底部开始从下往上进行的。持久化的步骤是：

（1）使用 RLP 将节点的数据进行序列化编码。

- 对叶子／扩展节点来说，该节点的 RLP 编码就是对其 Key 和 Value 数据一起进行编码。即 rlp(Key + Value)。
- 对于分支节点，该节点的 RLP 编码是对其孩子列表对应的哈希值一起进行 RLP 编码，如果此时的分支节点的 Value 对应的是 valueNode，即有数值，那么 RLP 编码也要加入 Value，即 rlp(childNode's hash + Value)。

（2）在每个节点计算出各自的 RLP 编码后，再根据 RLP 编码计算出节点的哈希值。使用的是 SHA256 算法计算，即 hash = sha256(rlp 数据)。

（3）对应<k,v>数据库中 k=hash、v=rlp 编码，进行节点的持久化存储。

持久化对应源码中的操作代码（代码文件位置是 trie/hasher.go）如下所示：

```
func (h *hasher) store(n node, db *Database, force bool) (node, error) {
    ...
    // rlp.Encode 将节点 node 数据进行 rlp 编码，存储于 tmp 内，其中 Key 和 Value 都在内部
    if err := rlp.Encode(&h.tmp, n); err != nil {
        panic("encode error: " + err.Error())
    }
    ...
    if hash == nil {
        hash = h.makeHashNode(h.tmp) // 使用 SHA256 对 rlp 数据进行哈希计算
    }
    if db != nil {
        db.lock.Lock()
        hash := common.BytesToHash(hash)
        db.insert(hash, h.tmp)  // 存储
        ...
    }
    ...
}
```

2.5.7 组建一棵 MPT 树

根据对 MPT 树的介绍，本节我们从插入第一个节点开始组建一棵 MPT 树，来对 MPT 树做一个整体的认识。因为节点中的 Key 在不同阶段对应的编码形式并不相同，为了体现出 Hex-Prefix 编码，我们下面在构建的时候将 HP 编码加入到里面去。注意，在实际情况中，HP 编码只有在节

点持久化时才会用到，并出现 Key-Prefix，而在内存层面的 MPT 树，节点的 Key 是 Hex 编码格式，此时还没有 Key-Prefix。

用于构建 MPT 树的节点如图 2-38 所示。

首先设根节点为 Root。在构建的过程中，一般 Root 还没有生成，只有在整棵树都构建完成后才会从底部往上开始计算哈希值，最终算出根 Root 的哈希值。

插入第一个节点<a711355,45> 的时候，树如图 2-39 所示。

顺序	已经转为了16进制的key	数值
0	a711355	45.0
1	a77d337	1.00
2	a7f9365	1.1
3	a77d397	0.12

图 2-38　用于构建 MPT 树的节点数据

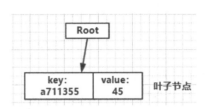

图 2-39　插入节点 <a711355,45> 的树

接着插入第二个节点<a77d337,1>。因为 a77d337 和 a711355 拥有公共的前缀 a7，所以 a7 变为一个扩展节点，其 value 存储的是分支节点的哈希值，剩下的是两个叶子节点，树如图 2-40 所示。

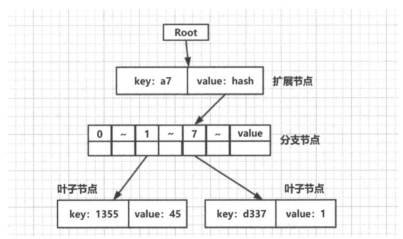

图 2-40　插入节点 <a77d337,1>之后的树

接着插入第三个节点<a7f9365,1.1>。因为这个节点和前两个节点都拥有前缀 a7，所以它将会是分支节点中的一员，插入第三个节点之后的树如图 2-41 所示。

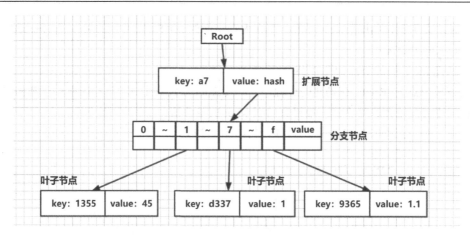

图 2-41 插入节点<a7f9365,1.1>之后的树

最后插入节点<a77d397,0.12>。因为 a77d397 和第二个节点的 key（a77d337）在分支节点之后还存在 d3 的公共前缀，因此在它们之间要添加新的以 key 为 d3 的扩展节点，然后剩下的 37 与 97 还要添加一个分支节点。为什么是分支节点呢？因为扩展节点只能有一个孩子节点，而且我们现在还剩下 37 与 97，所以为了容纳两个节点只能使用分支节点。最终的树如图 2-42 所示。

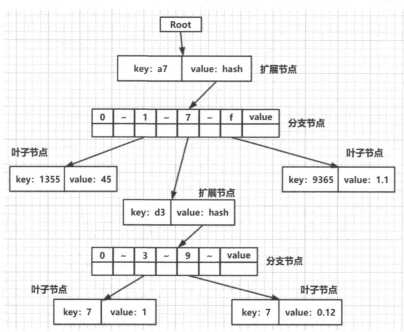

图 2-42 插入节点 <a77d397,0.12>之后的树

图 2-42 是最终构建好的 MPT 树。现在我们继续根据 Hex-Prefix 编码计算出扩展节点和叶子节点的 Key-Prefix 值。根据 HP 编码规则，最终得到的树如图 2-43 所示。

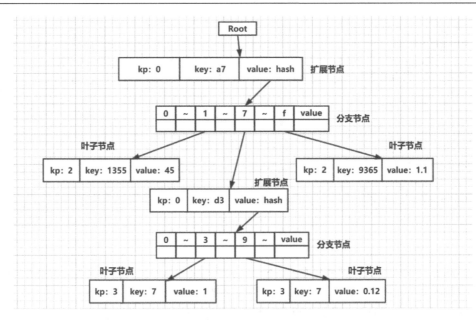

图 2-43 最终构建完成的 MPT 树及其各节点的数据情况

2.5.8 MPT 树如何体现默克尔树的验证特点

因为 MPT 树拥有默克尔树的特点，所以 MPT 树也具备默克尔树依靠节点哈希值来校验数据合法性的特点。那么 MPT 树是怎样利用节点的哈希值来实现数据校验的呢？

由 MPT 树节点持久化的特点可知，持久化时每个节点会生成对应的哈希值，而 MPT 树校验过程所使用的节点哈希值就是持久化时使用 RLP 数据生成哈希值。回顾持久化的步骤，节点生成哈希值的顺序是从底部开始的，父节点哈希值的生成依赖孩子节点的哈希值，孩子节点的哈希值由其自身的 Key 和 Value 生成，最后生成树的根节点的哈希值。

因此，MPT 树在验证某个节点的合法性时也符合默克尔树从底部开始，逐级往上的验证过程，逐步生成父节点的哈希值，最后生成根节点的哈希值，然后和 Root 对比，判断它们是否相等，是则为合法节点，否则就是非法节点。

2.5.9 以太坊钱包地址存储余额的方式

以太坊区块 Header 结构体中 Root 变量的真实含义是，以太坊区块账户 MPT 树根节点的哈希值，区块账户 MPT 树中每个叶子节点的 Key 中存放的是以太坊钱包的地址值，叶子节点的 Value 对应的是以太坊的状态对象 stateObject。而状态对象 stateObject 中又含有账户 Account 对象，在 Account 对象中有一个指针变量 Balance，指向以太坊存放余额的内存地址，这也是以太坊的账户（Account）模型。

stateObject 对象和 Account 对象在代码中的定义分别如下：

```
type stateObject struct {
    address  common.Address
    addrHash common.Hash // 钱包地址的哈希变量形态
    data     Account // Account 对象
```

```
    db          *StateDB
    dbErr error
    trie Trie // 首次访问，stateObject 还没有被纳入树节点中，它会是空值
    code // 只有当该账号是智能合约账号时，它才有值，对应的是合约的 bytecode
    ...
}
type Account struct {
    Nonce uint64
    Balance *big.Int
    Root common.Hash // 树根的哈希值
    CodeHash []byte
}
```

说明：

- Nonce，如果账户是用户钱包账户，Nonce 代表的是该账户发出当前交易时的交易序列号；如果账户是智能合约账户，Nonce 代表的是此账户创建的合约序号。
- Balance，该账户目前存放以太币余额的内存地址，请注意是以太币。
- Root，当前 MPT 树的根节点的哈希值。
- CodeHash，如果账户是用户钱包账户，该值为空，如果是智能合约账户，该值对应于当初发布智能合约代码的十六进制哈希值。

因为每个区块都对应一棵账户 MPT 树，就区块而言，它的账户 MPT 树中的账户数据都来源于被当前区块打包了的交易中，因为每笔交易中都存在着账户与账户之间的代币（Token）资产转移记录，区块打包了某笔交易，便会提取该交易中的账户资产信息作为账户 MPT 树的某个节点插入到树中。

2.5.10 余额查询的区块隔离性

我们知道，账户的 MPT 树的叶子节点依赖于当前区块打包了的交易数组，换句话说，账户 MPT 树记录的账户信息是基于区块的。由于以太坊节点同步的有效区块来源于公有区块链，因此节点之间存在同步区块的快慢情况，这种情况常会造成余额查询出错。

下面我们通过一个例子来加以说明。

假设公链的最新区块高度是 100，现在有两个以太坊节点 A 和 B，节点 A 同步区块到了高度 98，它把高度 98 打包了的交易中的账户信息逐个更新到<k,v>数据库中，而节点 B 同步区块到了高度 100，节点 B 也保存好了账户信息。

此时，假如一个以太坊地址 C 共有 8 个 ETH，且在之前发起了两笔交易，第一笔交易转账出去了 3 个 ETH，第二笔交易转账出去了 2 个 ETH，第一笔交易被区块 98 打包了，第二笔交易被区块 100 打包了。此时节点 D 调用以太坊的 RPC 接口查询地址 C 的以太坊 ETH 余额，被查询到的节点刚好是 B，那么节点 B 返回的将会是（8-3=5）的结果，而事实上节点 C 的真实余额是（8-3-2=3）个 ETH。

2.5.11 余额的查询顺序

虽然账户数据会被持久化到<k,v>数据库中，但是在进行账户余额查询时并不是直接到<k,v>数据库中查找，因为账户 MPT 树持久化的"键-值对"是一个巨量的<k,v>数据集，直接查询需要很长时间，为加快查询速度，以太坊在钱包地址中代币（Token）余额查询上设置了三级缓存机制。

我们再来看 stateObject 结构体，其中有一个 StateDB 类型的 db 对象指针，该 db 指针对象就存储了基于内存的缓存 Map。stateObject 和 StateDB 在代码中的定义如下：

```
type stateObject struct {
    address   common.Address
    addrHash common.Hash // 钱包地址的哈希变量形态
    data      Account  // Account 对象
    db        *StateDB
    ...
}
type StateDB struct {
    db Database //leveldb 对象
    trie Trie  // Trie 树的第二级缓存
    stateObjects map[common.Address]*stateObject // 第一级内存缓存
    stateObjectsDirty map[common.Address]struct{}
    ....
}
```

余额的查找顺序是：

（1）第一级查找基于内存中的 stateObjects 对象，这里保留了近期活跃的账号信息。

（2）第二级查找基于内存中的 trie 树。

（3）第三级查找基于 leveldb，即<k,v>数据库层。

第一级和第二级查找都是基于内存的，第二级的 Trie 体现在代码上是一个接口，在 stateObject 中，trie 变量最终是一棵 MPT 树，它被用于在检验某一个钱包地址（address）的 stateObject 数据是否真的存在于某个区块中，其验证方式就是默克尔树的数据校验方式，这种设置优化了查找的整体时间复杂度。

2.5.12 UTXO 模型和 Account 模型的对比

根据前文对比特币 UTXO 模型和以太坊 Account 模型的介绍，可以得出以下几点结论：

（1）在计算方面，UTXO 本身并没有过多的复杂计算，且在链上的计算也不多，由于 Account 模型是图灵完备的，支持智能合约，它的运算大部分在链上，计算相对来说比较复杂。因为智能合约部分对应的是从 Solidity 编程到编译的整个过程，通过代码能够实现一切可计算问题，所以 Account 模型比 UTXO 模型更具备可编程性。

（2）在并发发起交易方面，UTXO 模型支持并发，因为它不受交易编号顺序的限制，所以可以无须考虑顺序而以批量方式发起交易。Account 模型因为存在 Nonce 交易序列号，所以它严谨地要求每笔交易的 Nonce 必须是递增的，也就是说，它的每笔交易都存在强关联性。

（3）在交易重放方面，UTXO 模型和 Account 模型都具备抵抗交易重发情况的功能。在 UTXO 模型中，因为每次交易的输入（Inputs）都和输出（Outputs）存在从入到出的关系，如果一个相同的交易被重新发起，那么它所对应的输入在第一次的时候就已经被消费了，便会导致当前的交易失败，可以说是自身就带有抵抗交易重复的特点。相对来说，Account 模型的做法是采用强顺序性的交易序列号 Nonce 来抵抗交易重发问题。

（4）在存储方面，由于 UTXO 模型中的交易记录存储在链上的区块中，这样时间一长，比特币的公链上，区块整体数据量会变得非常庞大。而 Account 模型存储在链上的只有 MPT 树的根节点的哈希值，实际的节点数据都持久地存放在每个节点本地的<k,v>数据库中。

（5）在余额查询效率方面，因为 UTXO 模型并没有直接存储某个钱包地址的资产余额，而是通过多个输入输出交易来记录资产的变化，从而导致在查询钱包地址中的资产余额时须先获取到所有相关的 UTXO 交易记录的列表，再汇总统计。而 Account 模型使用了三级缓存的形式，即使缓存中没有记录，其最终也会到<k,v>数据库中直接查询余额信息。

综上所述，Account 模型具备可编程性和灵活性，而 UTXO 则在简单业务和跨链上，有其独到和开创性的优势。

2.6 以太坊的版本演变

以太坊的发展主要体现在版本的演变上，类似于一个常规软件的升级流程，它的升级方式是先增加节点的代码再编译成对应版本的节点程序，然后发布，让其他节点同步更新升级。

以太坊每次升级都是为改善以太坊网络，或修复问题，或增强以太坊网络的性能，每个版本都有其各自的特点。

2.6.1 以太坊与 PoW 共识机制

以太坊源码在发展的过程中，其在不同阶段所使用的共识算法并不相同，下面分版本进行说明。

（1）Frontier（前沿）。这个版本是以太坊的基础，此时的以太坊具备了挖矿、交易及智能合约功能模块，但是没有供普通用户使用的图形化界面，仅适合开发者使用，所使用的共识算法是 PoW。

（2）Homestead（家园）。这个版本的以太坊网络变得更加稳定，且具备了图形界面的钱包软件，所使用的共识算法还是 PoW。

（3）Metropolis（大都会）。分为下面两个子版本：

- 拜占庭。发布了集合钱包功能以及合约发布等丰富功能的图形化界面软件 Mist，同时也引入了很多新的技术，例如零知识证明和抽象账号等，使用的共识算法仍然是 PoW。截至 2018 年 12 月 14 日，以太坊最新发布的版本是"Metropolis 大都会"的"拜占庭"。
- 君士坦丁堡。本计划使用混合共识算法"PoW+PoS"，但最终依然是 PoW，为"宁静"做铺垫。

（4）Serenity（宁静）。该版本将把以太坊的共识算法全部换成基于 PoS 的变种算法"Casper 投注共识"，它属于 PoS 系列。

由上可知，在以太坊发展的过程中，其共识算法在不同的阶段经历了从 PoW 共识、"PoW+PoS" 共识到 PoS 共识，可以说，以太坊的共识算法是从 PoW 开始的。

2.6.2　君士坦丁堡

作为以太坊大都会版本的子版本，君士坦丁堡的升级确定在主网区块高度 7080000 的时候激活，北京时间在 2019 年 1 月 14 日到 18 日之间。

因为本次升级获得了所有公网节点的认同，意味着不会出现分叉币，同时也不会影响到已有以太坊地址的 ETH 代币。作为以太坊的公网节点需要准时同步升级节点的程序，以确保节点在新的链上继续挖矿生产区块。

下面我们来介绍君士坦丁堡版本的一些主要特性：

（1）共识机制，依然是 PoW。

（2）加入了下面的 EIP（Ethereum Improvement Proposal），EIP 中文全称是以太坊改进建议。

- EIP145：出自以太坊开发人员 Alex Beregszaszi 和 Pawel Bylica。主要引进了一种叫作"位移"（Bitwise Shifting）的运算符。以太坊虚拟机（EVM）之前缺少这种运算符，只支持其他逻辑和算术运算符，"位移"运算符只能通过逻辑和算术运算符实现，现在通过原生支持的"位移"运算符能优化智能合约类 DApp 的 Gas（燃料）消耗，因为 Gas 的消耗与字节数据量的多少有关。
- EIP1014：由以太坊创始人 Vitalik Buterin 亲自提出。新增了一个合约创建函数 CREATE2，提供了一种可以提前预测合约地址的合约创建方法，该升级能更好地支持基于状态通道或者链下交易的扩容解决方案，即现在主流的 Layer2 方案。
- EIP1052：出自以太坊核心开发人员 Nick Johnson 和 Pawel Bylica。引入了一个新的操作码，允许直接返回合约字节码的 keccak256 哈希值，该升级能有效地减少以太坊网络对于大型智能合约的运算量，尤其是在只需要智能合约的哈希值的时候。
- EIP1234：该升级主要是将现有的区块奖励由 3ETH 减少到 2ETH，减少了 33%，同时将难度炸弹（Difficulty Bomb）推迟了 12 个月。
- EIP1283：该升级通过更改 SSTORE 操作码优化智能合约网络存储的 Gas 值，减少了和智能合约运行量不匹配的 Gas 消耗。

总的来说，此次升级可以概括为下面的 3 点：

（1）从以太坊底层虚拟机到智能合约的一系列内容，提高了整个以太坊网络的性能。

（2）位移运算符、新的虚拟机操作码、优化合约网络存储的 Gas 值，使得虚拟机运算合约代码速度更快，运算量更少，最终消耗合约调用者的 Gas（燃料）更少，对开发者更加友好了。

（3）难度炸弹延缓一年，区块奖励从 3 减少到 2，导致节点中矿工的实际收益减少了 1/3，直接关系到矿工的利益。

2.7 以太坊 Ghost 协议

"Ghost 协议"的全称是"Greedy Heaviest-Observed Sub-Tree protocol"，中文称为贪婪子树协议，又称幽灵协议，它属于主链选择协议范畴。

首先，比特币公链是根据最长链规则来解决区块链分叉问题的，但并不是所有的区块链公链解决分叉问题都是使用最长链规则，以太坊就不是。

以太坊解决区块链分叉问题目前使用的是 Ghost 协议，而 Ghost 协议的真实作用是用来进行主链选择。不同于比特币的最长链规则，以太坊在选择最长链时不以哪条链区块连续最长为标准，而是将分叉区块也考虑了进去，选择出一条包含了分叉区块在内区块数目最多的链作为最长链，如图 2-44 所示。

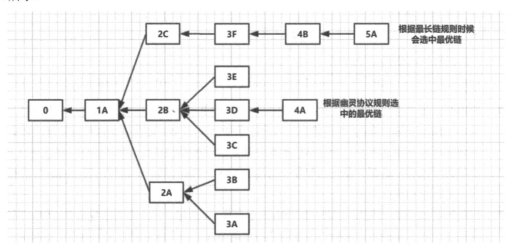

图 2-44　Ghost 协议和最长链规则选中的不同链

请看图 2-44 的分叉情况，在比特币公链中最终胜出的链是 0<-1A<-2C<-3F<- 4B <- 5A，这是一条由最长链规则选择的链。而在以太坊公链中，根据幽灵协议最终胜出的链是 0<-1A<-2B<-3D<-4A。原因是在图 2-44 的分叉情况中，幽灵协议把分叉区块也考虑进去了，统计总的区块数，发现在包含了区块 0、1A、2B、3E、3D、3C、4A 的链是含有区块数最多的。因此该链胜出，这就是幽灵协议选择最优链的机制。

此外，对于在最长链中被包含进去的造成链分叉的区块，例如图 2-44 中的 3E 和 3C，Ghost 协议对它们也有一套对应的处理机制，这些区块会根据规则被处理为：

（1）孤块。完全没用的区块，挖出这个区块的矿工没有任何收益。比特币链中的分叉区块都是孤块。

（2）叔块。被一定范围内的后续子区块打包收纳的区块，挖出叔块的矿工会按照一定算法给予收益。

综上所述，我们知道 Ghost 协议在以太坊中主要起到以下两点作用：

（1）选择出最优链。

（2）对最优链中分叉块进行处理。

2.8　Casper：PoS 的变种共识机制

前面谈到，以太坊 Serenity（宁静）版本将会把共识机制完全切换成 PoS 的共识机制，事实证明，截止到 2020 年 7 月，在以太坊 2.0 中，的确把共识算法修改为了 PoS 共识。

"Casper 投注共识"是以太坊发展中的一个尝试，Casper 属于 PoS 共识机制范畴，它是在 PoS 股权证明思想上拓展衍生出的一种股权证明机制。因为 Casper 版本还没有完全公布，笔者也只能从现有的资料中归纳出它的一些特点。

"Casper 投注共识"增加了惩罚机制，并基于 PoS 的思想在记账节点中选取验证人，验证人对应的就是股权拥有者，投注是验证人所拥有的动作，且能够投注的角色只能是"验证人"。可以将这类角色理解为新一代以太坊矿工，因为投注如果获胜是会有收益的，相当于挖矿收益。

投注指的是在 Casper 共识机制中，验证人要拿出保证金的一部分对它认为的大概率胜出区块进行下注，类似于赌博，投注所能产生的结果是：

（1）赌对了，可以拿回保证金外加区块中的交易费用，也许还会有一些新发的货币。

（2）下注太慢没有迅速达成一致，能拿回部分下注金，相当于损失了一些下注金。

（3）数个回合之后下注的结果出来，那些选错了的验证人会输掉下注金。

（4）验证人过于显著地改变下注，例如先赌某个区块有很高的概率胜出，然后又改赌另外一个区块有很高的概率胜出，将会被惩罚。

2.8.1　如何成为验证人

想成为验证人，需要交保证金进行申请，同时也可以在进入后选择退出，加入和退出都将会成为以太坊网络中的一种特殊交易类型，目前最常见的交易就是转账 ETH 代币。也就是说，到时候可能要调用一定的以太坊接口来申请成为验证人。保证金很有可能就是以太坊 ETH 代币，它将会被用来投注，或因被以太坊的惩罚而没收掉投注金。

目前 Casper 的验证人逻辑通过一个名称为 Casper 的合约来实现，该合约提供投注、加入、取款和获取共识信息等一系列功能，因此通过简单地调用 Casper 合约就能提交投注或者进行其他操作。Casper 合约的内部状态如图 2-45 所示。

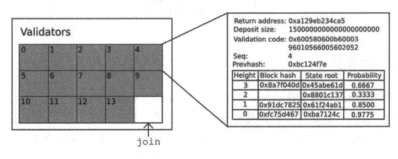

图 2-45　Casper 合约验证人的数据字段组成

从图 2-45 可以看到，这个合约记录了当前验证人的信息，每位验证人有 6 项，分别说明如下：

- Return address，验证人保证金的返还地址（钱包地址）。
- Deposit size，当前验证人保证金的数量（注意验证人的投注会使这个值增加或减少）。
- Validation code，验证人的验证代码。
- Seq，最近一次投注的序号。
- Prevhash，最近一次投注的哈希值。
- 验证人每次投注的表格。

2.8.2　验证人如何获取保证金

目前验证人获取保证金的方式，或者说获取代币的方式，主要是基于 PoS 共识机制，即可以通过转让、交易的方式来获取。

如果是早期版本则是基于 PoW 挖矿获取，如果涉及网络升级，还要考虑兼容旧节点的情况。

2.8.3　候选区块的产生

验证人要投注的对象是区块，那么在 "Casper 投注机制" 中区块将由谁产生？毕竟只有区块被产生了才能有投注的动作。

答案是，区块将由验证人出块。出块是一个独立于其他所有事件而发生的过程：验证人负责收集交易，当轮到它们的出块时间时，它们就制造一个区块，然后签名发送到节点网络上去。

轮流出块的规则也是由 Casper 提供的。

2.8.4　胜出区块的判断

等所有验证人都在限定的时间内投注完了，在所有压了注的区块中哪个将会胜出呢？

区块胜出的规则是这样的：当验证人中的绝大多数，即满足协议定义阈值的一群验证人的总保证金比例达到 67%~90% 之间的某个百分比，并以非常高的占比率下注某个区块胜出的时候，此区块便会胜出。

不难看出，Casper 的投注方式存在验证人联盟共同投注某个区块使之胜出的非公平问题。对于这个问题，目前以太坊还没有很好的解决方案。

2.9　智能合约

2.9.1　简介与作用

我们生活中所认识的合约又称合同，是基于文字制定的条款，例如劳工合同。

在以太坊中，智能合约也可以看作是一份合同，它的表现方式是：使用规定的计算机语言编程，然后编写一份代表合同的代码文件，再经过编译变成可被执行的计算机字节码。可见，以太坊的智能合约也可以理解为一份代码文件，例如用 C++ 语言编写的是 .cpp 文件，用 Java 编写的是 .java 文件。

目前以太坊智能合约的编程语言是 Solidity，采用 Solidity 语言就可以编写出各种各样的智能合约，然后将其部署到以太坊上，部署的详细流程是：

（1）编写好智能合约代码文件。

（2）经过 Solidity 编译器，将代码文件编译成十六进制码。

（3）将编译好的十六进制码，以以太坊交易的形式发送到以太坊网络上。

（4）以太坊识别出是部署合约的交易，校验后，存储起来。

（5）待合约被链下请求调用的时候，以太坊智能合约虚拟机（EVM）将编写好的智能合约代码文件编译成二进制码，并加载运行。

从部署到被运用的整个流程，产生了所谓的基于智能合约的 DApp 应用。

请看下面智能合约的例子：

```
pragma solidity ^0.4.17;
contract MathUtil {
  function add(uint a, uint b) pure public returns (uint) {
    return (a+b);
  }
}
```

很明显，这是一个简单的加法操作，但这也是一份智能合约，只不过是一份简单的智能合约。

注意，每一份被部署到以太坊上的智能合约都有一个唯一标识的哈希地址值，这个哈希地址值既代表用户的以太坊账户地址，又唯一标识了一份智能合约。

我们知道，代码在编译成可执行的字节码之后是可以被调用执行的，同样地，所有被编译部署到以太坊中的智能合约也可以被调用，也就是上面的加法智能合约是可以被调用的。注意，这里的调用指的是合约里所编写的函数可以被以各种方式调用。可以定义私有函数，供智能合约调用；也可以添加 Owner 权限（只能是 Owner），由合约发布者调用或公共调用。

对于能够被公共调用的智能合约函数，其所面向的最为广大的调用者就是所有人，你可以调用，他、我也可以调用。怎样调用呢？可以通过以太坊提供的 RPC 接口。当然，以太坊也提供了传统的 RESTful API 的调用方式，也就是我们可以将调用智能合约的函数理解为调用服务端接口。

下面我们来理清一些关系：

● 智能合约→被部署到以太坊节点上→调用时被以太坊虚拟机编译并加载。

● 以太坊节点→被部署在不同的服务器上→节点们共同维护以太坊公链。

● 调用者→调用以太坊节点的接口→访问某个智能合约→获得结果。

我们知道，节点网络分为公链节点网络和私链节点网络，在不同类型的节点网络中部署的智能合约，其访问域是不同的，私有节点网络部署的智能合约只能在访问私有节点网络时才能访问到这个合约，而公有节点部署的智能合约，所有人都可以调用。

如图 2-46 所示是访问私有节点网络智能合约的模型图。

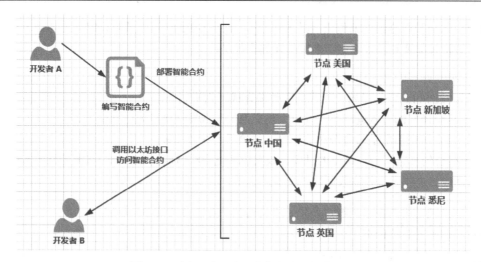

图 2-46　访问私有节点网络智能合约的模型图

部署在以太坊网络上的智能合约就像部署了一个服务端程序，我们通过调用在智能合约中编写的函数可以实现各种应用，这正是以太坊智能合约的作用。例如，ERC20 代币的标准智能合约代码中就有一个转账函数，而所有的 ERC20 标准的代币合约，它们的转账就是通过调用这个函数实现的。也就是说，ERC20 代币转账就是基于智能合约的，ERC20 的代币有很多种，每一种代币对应一份智能合约。我们发布 ERC20 代币到链上，其本质就是发布一份智能合约。

2.9.2　合约标准

我们知道，动物是生物的一个种类，在动物的大范围下又分人类、猫类、鱼类等。类似地，以太坊智能合约也是一个对合约的统称，在此合约下，又有特别针对一类合约的标准，例如标准的代币合约标准——ERC20 代币标准、ERC721 标准等，如图 2-47 所示。

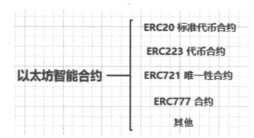

图 2-47　以太坊智能合约的分类

本书我们主要介绍两种广泛使用且代表性比较强的合约标准：ERC20 与 ERC721。

1. ERC20 标准

我们首先来认识 ERC20 标准。

ERC 的全称是 "Ethereum Request for Comments"，中文含义为 "以太坊征询意见"。后缀添加的数字（例如 20、223 等）是版本号。

ERC20 标准的官方解析链接：https://github.com/ethereum/EIPs/blob/master/EIPS/eip-20.md。

ERC20 标准的诞生起因于以太坊的应用本质，由于以太坊目前几乎都是被应用于虚拟货币中，包括以太坊本身也有代表它自己的虚拟货币：ETH。因此，几乎所有使用以太坊智能合约在以太坊上部署的合约都是代表虚拟货币的智能合约。

作为货币，它自然有货币的属性，例如货币名称、货币发行量及货币的唯一标识等。为什么名称不是唯一标识？这是因为以太坊限定了进行唯一标识的只有哈希值，所以虚拟货币的名称是允许重复的，比如两份不同的 ERC20 标准合约，它们代码中的 name 或 symbol 变量都可设置为 ETH2。货币除拥有上面的属性外，还必须允许用户查询余额和转账，这些都是货币所拥有的基本特点。

对于代表虚拟货币的智能合约来说，为方便虚拟货币的发布，催生了 ERC20 标准，该标准现在已经被专门用来发布虚拟货币，标准中包括了成员变量、函数和事件等，以方便开发者调用。

ERC20 标准是一种软性强制的标准，因而并不是发布虚拟货币都必须遵照这个标准，这个标准里面的一些属性和函数，开发者可以遵循也可以自己创新。但是，请注意，目前很多的以太坊钱包软件在设定进行代币转账时，默认使用 ERC20 标准的函数名称和传参类型。所以，如果你的代币不遵循该标准发行，就有可能导致钱包软件转账失败。

下面我们根据官方文档对 ERC20 标准的成员变量、函数和事件进行讲解。

（1）标准的成员变量

ERC20 标准规定了智能合约在使用 Solidity 语言编程时可以通过下述形式来定义成员变量：

- string public name;
- string public symbol;
- uint8 public decimals;
- uint256 public totalSupply;

说明：

① string 用来定义 name 和 symbol 为字符串类型的变量，uint8 表示 decimals 是 8 位（bit）的无符号整型数字，uint256 定义变量 totalSupply 是 256 位（bit）的无符号整型数字。无符号的整型数字可取的正数范围变大了，其最小值是 0，但不能取负数。

② name 一般表示当前代币的名称，例如 My First Token。

③ symbol 表示当前代币的符号，代表的是一种简称，例如可以取 name 的 3 个首字母来设置，My First Token 的 3 个首字母是 MFT。

对于 symbol，请注意以下两点：

- 我们一般口头上说一个代币的时候，说的都是 symbol 符号。例如，LRC 就是一个 symbol 符号。
- symbol 不能唯一标识一个代币。symbol 是可以重复的，只有代币的合约地址才能唯一标识代币，所以不要以 symbol 来唯一标识一个代币。

一般来说，name 和 symbol 都可以任意设置，也可以设置为同一个字符串，但要正规地表示一个代币，还是要进行妥善设置，因为这些合约的代码都能在"区块链浏览器"被搜索并且浏览的。

④ decimals 表示将代币单位精确到小数点后多少位，比如总量初始化为 1000，decimals 为 1（即代币单位精确到小数点后 1 位，也就是 0.1），则实际是 100 个代币（$100 \times 10^1 = 1000$，即有 1000 个 0.1），此时如果你要从钱包软件中向别人发送 1 个代币，在钱包里不能写 1，而是要写 10，因为写 1 表示发送 0.1 个代币（因为精确到 0.1），通过交易可以查看到实际发送的就是 0.1，所以如果你要发行 1000 个代币，那么在智能合约中的初始设置应该是 total = $1000 \times 10^{decimals}$（即要乘上 10 的 decimals 次方），发行的数量需要相对代币小数点后的位数来设置。例如，如果精确到小数点后的位数是 0，而你要发行 1000 个代币，那么发行数量的值是 1000，因为代表单位精确到 1。但是，如果代币单位精确到小数点后的位数是 18 位，你要发行 1000 个代币，那么发行数量的值就是 100000000000000000000（1000 后面加上 18 个 0），因为代币单位精确到小数点后 18 位。

⑤ totalSupply 代表当前代币的总发行量，留意到它对应的是 uint256 整型数字，即 256 位的无符号整型数字，而不是 8 位，就知道这个数字表示的范围是很大的。假设 decimals 是 18，然后我们发行量是 100 亿个代币，那么此时 totalSupply 的真实数值是 totalSupply = 100×10^{18}。这个数字非常之大，一般整型会溢出，所以要按照标准的规则来定义好你的变量，以避免出现数据溢出的错误。

以上我们介绍了 4 个标准的成员变量，那么是不是一定要按照标准必须使用这 4 个变量呢？不是的，请记住，智能合约中的代码可以不按照标准写，例如代币的名称，标准中要求使用 name 来表示，但是你想换个变量来表示，比如换成 tokenName，那么需要在合约中编写特定的函数，以便合约调用者可以访问到这个 tokenName 变量。

具体见下面 ERC20 函数的说明。

（2）标准的函数

ERC20 标准规定了智能合约须具备并实现下面的函数及事件（Event）：

```
contract ERC20 {
    function    totalSupply() constant returns (uint256 totalSupply);
    function    balanceOf(address _owner) constant returns (uint256 balance);
    function    transfer(address _to, uint256 _value) returns (bool success);
    function    transferFrom(address _from, address _to, uint256 _value)
returns (bool success);
    function    approve(address _spender, uint256 _value) returns (bool
success);
    function    allowance(address  _owner,address_spender) constant returns
    (uint256 ret);

    event Transfer(address indexed _from, address indexed _to, uint256 _value);
    event Approval(address indexed _owner, address indexed _spender, uint256
_value);
    }
```

以上 ERC20 标准中的各个函数都要求使用代码来实现，具体怎么实现，标准并不关心，只需要返回每个函数所规定的参数类型即可。例如，balanceOf 函数的功能是查询钱包地址的代币余额，只要结果返回余额的值即可。这种情况就像 Java 语言中的接口，定义好接口，具体的实现，Java

并不关心。

下面我们对上述标准中的各个函数分别进行说明。

① 返回代币发行量的函数 totalSupply

```
totalSupply() constant returns (uint256 totalSupply)
```

这个函数要求返回当前代币的总发行量，返回的值就是 totalSupply 的数值。注意，如果你不明确地在智能合约中写出返回 totalSupply 的函数，但是定义了 totalSupply 变量，那么 EVM 虚拟机在编译的时候会自动帮你加上返回 totalSupply 的函数。例如，下面的这个函数是在定义了 totalSupply 变量但没有明确写出 totalSupply 这个函数时 EVM 自动加上的。

```
function    totalSupply() constant returns (uint256 totalSupply){
return 1000000000000000000000000  // 已经自动乘上了 decimals 的格式
}
```

② 返回代币余额的函数 balanceOf

```
balanceOf(address _owner) constant returns (uint256 balance)
```

balanceOf 的作用是返回一个钱包地址所拥有当前代币的余额，供查询余额所用，只需要传入一个钱包地址，address 类型代表的就是地址类型，最后返回的是代币的余额，其结果也是乘上了 decimals 后的数字格式。

③ 转账函数 transfer

```
transfer(address _to, uint256 _value) returns (bool success)
```

transfer 的作用，顾名思义就是转移，即用于转移代币的转账函数。入参分别是要接收代币的以太坊地址_to，以及要转多少的数值_value。你可能想到了，为什么没有 from？从哪个地址转出呢？答案是这个函数内部的实现一般都是把下面的两种地址角色作为默认的转账地址：

● 当前调用这个转账函数的地址 msg.sender，它是函数代码中的一个变量。
● 合约创建时所设置的最初的收币地址。

关于上面的第二点，这里举例做一个说明。

假设钱包地址 XXX 是合约 A 此刻 transfer 的调用者，这时 A 的调用者 msg.sender 就是 XXX，然后在智能合约代码里的 transfer 函数实现的时候要写明从地址 YYY 中转出，代码如下：

```
function transfer(address _to, uint256 _value) returns (bool success) {
...
    balanceOf [ YYY ] -= _value;  // 注意这行的 YYY 作为默认转出地址
    balanceOf [ _to ] += _value;
...
}
```

转账相关的函数还有 transferFrom，它和 transfer 一样，也用于实现转账功能。

```
transferFrom(address _from, address _to, uint256 _value) returns (bool
success);
```

不同的地方在于转账的形式：transferFrom 是从某个钱包地址_from 向_to 转账，_from 是传参进来的，这就意味着我们可以设置任何钱包地址为转出地址。这里要注意的是，使用这个转账函数的前提是必须获得授权。

④ 授权函数 approve

```
approve(address _spender, uint256 _value) returns (bool success);
```

approve 就是授权函数。在使用 transferFrom 前要对传入 transferFrom 中的 from 地址进行它所在当前代币的授权值的判断，只有这个授权值满足了给定值才能使用 transferFrom 函数。

那么，为什么要授权呢？我们通过一个例子来了解一下原因，这和你委托你的一个朋友去帮你转账给另外一个人的情况是一样的。例如，A 叫 B 帮 A 转账人民币 100 元给 C，这个时候由于 B 只是一个帮忙转账的人，它是没有 A 的银行卡和密码的，只有在得到 A 的授权后才能操作，而且授权也是有一个数值的，例如 100 元。那么 A 就先向银行 D 授权自己的转账权限给 B，允许 B 代替 A 转账给 C 共 100 元。

以上就是 approve 的授权流程，首先合约 A 的调用者 msg.sender 在合约 A 中授权给_spender，允许_spender 能够代替自己转账_value 个数值的代币。此后，_spender 就能在合约 A 中调用 transferFrom 从_from 中转账_value 个代币给_to，注意这时的_from 就是当初调用 approve 的 msg.sender。为了加深理解 approve 和 transferFrom，下面再提供一个流程图，如图 2-48 所示。

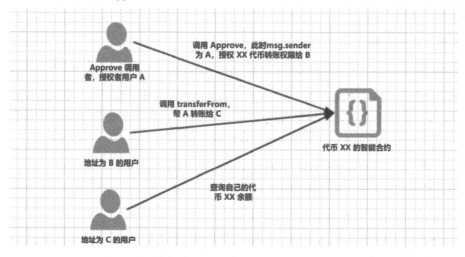

图 2-48　使用 transferFrom 转账的流程

一般来说，transferFrom 的内部实现都会对授权值进行判断，当然，你也可以不判断，但这就不是标准的做法了。如果做了判断，发现当前调用 transferFrom 的 msg.sender 还没有授权值，就会报错。这种错误统称为合约层的非编译时错误，只能通过查看智能合约代码来分析错误原因。下面是 approve 和 transferFrom 判断授权值的实现代码示例：

```
function transferFrom(address _from, address _to, uint256 _value) public
returns (bool success)
    {
        uint256 allowance = allowed[_from][msg.sender];  // 取出数值
```

```
...      // 进行数值判断，成功后额度数值减去转出部分等
   return true;
}

function approve(address _spender,uint256 _value) public returns (bool success)
{
    allowed[msg.sender][_spender] = _value;   // 进行授权值设置
    ...
     return true;
}
```

⑤ 授权额度查看函数 allowance

```
allowance(address  _owner,address _spender) constant returns  (uint256
ret);
```

allowance 所对应的是 approve 所授权的额度查询，它会返回_owner 地址到当前代币合约 XX 中，方便查询_owner 给_spender 授权了多少个 XX 代币的数值，也是我们在开发过程中经常使用的函数。

（3）标准的事件（Event）

上面我们介绍的是 ERC20 标准的函数，其实 ERC 标准还有两个 Event 事件类型，下面对这两个事件进行详细介绍。事件是 Solidity 编程语言语法中的一类特性，其作用是当该事件的代码被 EVM 虚拟机调用触发时能够以消息方式响应调用者前端，类似于 Java 语言中的回调函数（callback）。

也就是说，我们可以自己在代码中定义想要的事件（Event）。在 ERC20 标准中，规定了在编写转账、授权函数代码时，必须在成功转账后触发转账事件。我们首先介绍转账的事件 event。

```
event  Transfer(address indexed _from, address indexed _to, uint256 _value);
```

Transfer 事件需要在 transfer 和 transferFrom 函数内触发。如果你留意这两个函数的返回值，就会发现返回的都是 bool（布尔）类型。但是，请注意，在真实调用的时候，并不是直接通过 RPC 接口调用这两个函数，而是通过以太坊的交易接口来调用智能合约的转账函数。

在调用以太坊的交易接口时，以太坊会返回一个 TxHash 值，也就是交易的哈希凭据值。此时客户端也就是调用者还不能马上知道交易结果，之前的内容提到过，以太坊的交易需要矿工打包到区块中，所以需要等待交易被矿工打包到区块后才能得知最终的结果。

等待时间的长短是不确定的，在这种情况下就需要一个 event（事件）来通知，待交易被矿工打包到区块后，EVM 会执行智能合约的转账函数，最后触发 event（事件），随后客户端就能在监听代码中处理最终的结果。下面是 web3.js 的一个例子。

```
// 实例化代币的智能合约对象
var contract = new web3.eth.Contract(TokenABI,TokenAddress);
// 发起转账，txHash 是能够马上被返回的
var txHash = contract.sendCoin.sendTransaction(To, 100, {from:From})
// 获取事件对象
var myEvent = contract.Transfer();
// 监听事件，监听到事件后会执行回调函数
```

```
myEvent.watch(function(err, result) {
    if (!err) {
        console.log(result);
    } else {
        console.log(err);
    }
    myEvent.stopWatching();
});
```

此外，在 event 事件中，存在一个有着特殊意义的变量关键字，即 indexed。在以太坊的事件机制中，对于成功触发的事件，以太坊会对事件进行数据层面的存储，方便开发者用筛选器（Filter）查找，所存储事件的数据区域对应的术语是"Event Log"（事件日志）。"Event Log"分两部分，分别是：

- Topic 部分（主题部分）。在智能合约函数中凡是被定义为 indexed 类型的参数值都会被保存到这个主题部分。
- Data 部分（数据部分）。没有被定义为 indexed 类型的参数值会被保存到这个数据部分。

一个 event（事件）中最多可以对 3 个参数添加 indexed 属性标签，添加了 indexed 的参数值会存到日志结构的 Topic 部分，便于快速查找，而未加 indexed 的参数值会被保存在 Data 部分，成为原始日志。需要注意的是，如果添加 indexed 属性的是数组类型（包括 string 和 bytes），那么只会在 Topic 部分存储对应数据的 web3.sha3 哈希值，将不会再保存原始数据。因为 Topic 部分是用于快速查找的，不能保存任意长度的数据，所以通过 Topic 部分实际保存的是数组这种非固定长度数据的哈希值。如图 2-49 所示是在"区块链浏览器"中查询某笔交易记录的"Event Logs"（事件日志）时得到的结果。

图 2-49　区块链浏览器的 Event Logs

和 transfer 事件一样，ERC20 标准在代币授权成功后也有一个对应的授权事件触发。

```
event Approval(address indexed _owner, address indexed _spender, uint256
```

```
_value);
```

以太坊结合 Solidity 语言中的事件机制,它的最为重要的作用就是能够给调用者客户端一个回调功能,即异步回调,这样才能处理交易或授权的结果。试想一下,我们转了一笔账,却不知道交易的结果是怎样的,转账的时候只有一个交易哈希值拿到手,要想知道结果,只能不断地使用这个哈希值去调用以太坊的接口进行查询,或者手动去区块链浏览器中查询。这样无论是从编写代码层面还是用户在应用层面的体验来说都不那么友好,特别是批量交易的应用场景,所以事件的回调机制在一定程度上解决了这个问题。

捕获交易结果除了使用事件回调监听形式,还可通过遍历区块解析其过程来达到目的,这个方法我们会在后续章节中介绍,并给出代码实现。

2. ERC721 标准

以上我们认识了专门为代币而设置的 ERC20 标准,但是在现实的开发中,除了使用智能合约来发布代币之外,更多的是实现和生活中实业相结合的智能合约应用。

想象一下,现实生活中,人与物理资产的对应关系都是一对一的,例如你买了一辆车,这个车有一个唯一的车牌号,且所有权归你,这就是一对一的关系。如果要把这种关系使用智能合约映射到区块链上,就需要制定一类合约标准来专门规范这种一对一的资产关系。

于是,ERC721 标准诞生了。ERC721 的官方解释是"Non-Fungible Tokens",简写为 NFTs,翻译为非同质代币,或不可替换的代币。

什么是非同质代币呢?关于这个名词的解析,我们可以从 ERC20 和 ERC721 的区别来进行。ERC20 标准是专门为发布虚拟货币(即代币)制定的,货币的发行有发行量,例如共 10 万枚代币,这些代币都是一样的,没有唯一的标识,假设这个虚拟货币的 symbol 符号是 XXX,ERC 标准就把这 10 万枚代币统称为 XXX 币。而在 ERC721 标准中,它把个体唯一化了,同样是 10 万枚代币,假设使用 ERC721 标准发布这份智能合约,那么这 10 万枚代币的每一枚都会单独有一个 ID,也就是说,10 万枚中每一枚都各自有唯一的标识,彼此互不相同,单位为 1,且无法再分割。

以上就是 ERC20 和 ERC721 最为核心的区别,主要表现在合约所表示的物质的个体化与一类化方面。ERC721 的这个特点——所表示的物质(代币)独一无二,使其更具有价值。该标准很好地映射了现实生活中一对一的关系。例如,生活中每辆车的车牌号是独一无二的,我们所养的宠物的基因也是独一无二的,等等。

2017 年,有一款基于 ERC721 标准开发的 DApp 游戏——CryptoKitties(加密猫),又称以太猫。这款游戏中的猫对象就是独一无二的,每只猫相当于一个代币,都拥有一个唯一标识的 ID。

如果把物理世界的资产与区块链智能合约结合起来看,ERC721 合约显然拥有更广泛的应用场景。但在 DApp 开发中,究竟使用哪一种合约标准,要根据项目的需要来决定。

（1）标准的成员变量

ERC721 标准所规范的成员变量和 ERC20 标准的基本一样,但是 ERC721 成员变量可以不需要 decimal 变量。

name 依然代表当前智能合约的名称,symbol 依然是符号简称,totalSupply 代表当前有多少个唯一代币(Token)。

此外,除了标准限定的成员变量,为了达到 ERC721 的要求,一般还需要一些 map 数据结构的变量来辅助实现代币的拥有者和当前代币一一对应的关系。

（2）标准的函数

合约的函数和事件也和 ERC20 的大部分一样，如下所示：

```
contract ERC721 {
    // Required methods
    function totalSupply() public view returns (uint256 total);
    function balanceOf(address _owner) public view returns (uint256 balance);
    function ownerOf(uint256 _tokenId) external view returns (address owner);
    function approve(address _to, uint256 _tokenId) external;
    function transfer(address _to, uint256 _tokenId) external;
    function transferFrom(address _from, address _to, uint256 _tokenId)
external;

    // ERC-165 Compatibility (https://github.com/ethereum/EIPs/issues/165)
    function supportsInterface(bytes4 _interfaceID) external view returns
(bool);

    // Events
    event Transfer(address from, address to, uint256 tokenId);
    event Approval(address owner, address approved, uint256 tokenId);

    // Optional 可选实现
    function name() public view returns (string name);
    function symbol() public view returns (string symbol);
    function tokensOfOwner(address _owner) external view returns (uint256[]
tokenIds);
    function tokenMetadata(uint256 _tokenId, string _preferredTransport)
    public view returns (string infoUrl);

}
```

相比 ERC20 标准，在必须实现的函数中，ERC721 标准多了 ownerOf 函数与 supportsInterface
函数。

```
function ownerOf(uint256 _tokenId) external view returns (address owner);
```

ownerOf 的入参只有一个 tokenId，作用是返回当前拥有这个 tokenId 的代币的拥有者的地址。

```
function supportsInterface(bytes4 _interfaceID) external view returns (bool);
```

supportsInterface 是 ERC165 标准的函数，ERC721 标准也会用到这个函数。ERC165 标准的原
型是：

```
interface ERC165 {
    // @notice Query if a contract implements an interface
    // @param interfaceID The interface identifier, as specified in ERC-165
    // @dev Interface identification is specified in ERC-165. This function
    //  uses less than 30,000 gas.
```

```
    // @return 'true' if the contract implements 'interfaceID' and
    // 'interfaceID' is not 0xffffffff, 'false' otherwise
    function supportsInterface(bytes4 interfaceID) external view returns
    (bool);
}
```

根据官方对 ERC165 标准的注释，该标准主要的作用是用来检测当前智能合约实现了哪些接口，可根据 interfaceID 来查询接口 ID，存在就返回 true，否则返回 false。该标准函数还会消耗 Gas（燃料），至少消耗 30000 Gas。

下面举例加以说明。

假设一个 ERC721 智能合约里面有一个函数的名称是 getName，先计算出该函数的 bytes4 类型的 ID：

```
bytes4 constant InterfaceSignature_ERC721 = bytes4(keccak256(getName()'))
```

supportsInterface 的内部实现如下：

```
function supportsInterface(bytes4 _interfaceID) external view returns (bool){
    return _interfaceID == InterfaceSignature_ERC721;
}
```

当_interfaceID 传参后，直接进行 bytes4 类型的等值判断。

上面的 supportsInterface 函数是必须实现的。此外，ERC165 标准在可选的实现函数中还有一个看起来比较难理解的函数——tokenMetadata。

```
function tokenMetadata(uint256 _tokenId, string _preferredTransport) public
view returns (string infoUrl);
```

tokenMetadata 的作用主要是返回代币的元数据（Metadata），内部返回的是我们自定义的一个字符串。元数据是什么意思呢？就是基础信息，例如合约里的 name 和 symbol 就是基础数据，就好像一个人有名字、年龄和性别一样，这个函数的作用就是返回这些基础数据。一般来说，tokenMetadata 可以用来返回当前智能合约的创建日期是什么时候、名称是什么等这些基础数据，然后将这些基础数据拼接成一个字符串返回。

在事件机制方面，ERC721 和 ERC20 是完全一样的，这里就不再赘述了。

关于智能合约的标准，除了 ERC20 和 ERC721，还有很多，但并不常用，读者如果感兴趣可以自行了解。

2.10　以太坊交易

关于以太坊交易，我们一般会将其理解为转账代币，但是其本质上实际是一种广义的交易，交易的内容不仅仅限于转账代币，也可以是转账对象，这个对象就是在使用 Solidity 代码实现智能合约的时候所定义的对象实体。例如，在以太猫应用中，转账的是猫，而不是代币。可以这样理解：交易包含了转账，转账仅是其中的一个可能。交易双方通过地址关联，这个地址就是前面一节中谈到的以太坊的十六进制地址。

本节我们将详细介绍以太坊交易的原理和概念。

2.10.1　交易的发起者、类型及发起交易的函数

交易的发起者就是以太坊的使用者，使用者主要有两类：

（1）节点服务，例如 geth 控制台的使用者。

（2）调用节点服务，指 geth 提供 RPC 接口的客户端，例如钱包等。

交易的类型分下面两种：

（1）以太坊 ETH 转账交易。

（2）其他交易，这类交易包含但不限于 ERC20 代币的转账交易。

通常，我们把调用了以太坊节点程序中的 eth_sendTransaction 或 eth_sendRawTransaction 接口所触发的动作或行为称为以太坊交易。目前以太坊 RPC 接口提供了两种标准的交易发起函数，对应上面的交易类型，分为以下两种：

（1）eth_sendTransaction，该函数仅用于以太坊 ETH 转账，参数最终的签名不需要调用者手动进行，它会在当前节点中使用已解锁的发起者 from 的以太坊地址的私钥进行签名，因此每次使用这个函数进行以太坊 ETH 转账时，需要先解锁 from 地址。

（2）eth_sendRawTransaction，需要调用者使用 from 私钥进行签名参数数据的交易函数，目前 ERC20 代币转账交易都是使用这个函数。以太坊 ETH 转账交易一样可以使用 eth_sendRawTransaction 来进行，但转账 ETH 主要由参数控制，这点会在"交易参数的说明"一节中介绍。

为方便阅读，往下的内容中，对于 eth_sendTransaction 和 eth_sendRawTransaction 简称为 sendTransaction 和 sendRawTransaction。

2.10.2　交易和智能合约的关系

在前面的一节中谈到智能合约中的 transfer 函数，ERC20 代币的转账交易事实上调用的就是智能合约的 transfer 函数，那么智能合约层面的 transfer 函数是如何与节点 RPC 接口层的 sendRawTransaction 联系在一起的呢？本节我们来回答这个问题。

我们知道,ERC20 代币转账交易的第一步是调用 RPC 接口，即调用 sendRawTransaction 接口，在把需要转账的数据传给节点后，节点会提取出每个数据字段，其中就包含 sendRawTransaction 的 data 参数，data 是一个十六进制字符串，它所组成的内容中有部分被称为 methodId，该 ID 对应的就是 transfer 函数的名称转化值，即 transfer 单词通过一定运算后产生的转化值。

有了这个 methodId，等到转账交易被矿工打包处理时就会根据合约地址参数先找到对应的智能合约，合约地址参数由 sendRawTransaction 的 to 参数表示，最后会基于找出的合约去执行数据 data 字段中 methodId 所指示的函数，以及读取这个函数对应的参数数据，例如转账给谁、转多少。

图 2-50 所示是一个转账交易的大致流程图。

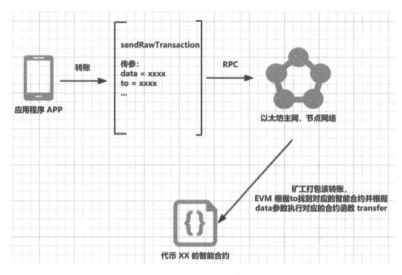

图 2-50　转账交易流程图

　　也就是说,在应用程序中进行交易并非直接调用智能合约函数,而是先调用以太坊的接口间接调用智能合约的函数。

　　此外,无论是 sendTransaction 还是 sendRawTransaction,在调用成功后,以太坊都会直接返回一个交易哈希值(全称是"Transaction Hash",简称 txHash)。注意是直接返回,无须异步等待,但此时还不能确定交易是否成功。

2.10.3　交易参数的说明

　　上一节中我们认识了 sendRawTransaction 中的两个参数,即 data 和 to。除这两个参数之外,在以太坊的交易接口文档中,RPC 接口 sendTransaction 和 sendRawTransaction 的参数还有很多,但其参数的个数是一样的,在这些参数中,地址值类型的参数都是以太坊的合法地址。

　　图 2-51 所示是以太坊交易接口文档关于 RPC 接口 sendTransaction 和 sendRawTransaction 的参数说明。

- `from` - `String|Number` : The address for the sending account. Uses the web3.eth.defaultAccount property, if not specified. Or an address or index of a local wallet in web3.eth.accounts.wallet.
- `to` - `String` : (optional) The destination address of the message, left undefined for a contract-creation transaction.
- `value` - `Number|String|BN|BigNumber` : (optional) The value transferred for the transaction in wei, also the endowment if it's a contract-creation transaction.
- `gas` - `Number` : (optional, default: To-Be-Determined) The amount of gas to use for the transaction (unused gas is refunded).
- `gasPrice` - `Number|String|BN|BigNumber` : (optional) The price of gas for this transaction in wei, defaults to web3.eth.gasPrice.
- `data` - `String` : (optional) Either a ABI byte string containing the data of the function call on a contract, or in the case of a contract-creation transaction the initialisation code.
- `nonce` - `Number` : (optional) Integer of a nonce. This allows to overwrite your own pending transactions that use the same nonce.

图 2-51　以太坊交易函数的参数

下面我们再来详细认识一下各个参数。

1. from

代表从哪个地址发起交易，即当前的这笔交易由谁发出。要注意的是，如果交易的 to 是智能合约的地址，那么合约代码中的 msg.sender 变量代表的就是这个 from 地址。

2. to

代表当前交易的接收地址。注意，这个接收地址不能理解为收款者地址，因为 to 的取值存在下面 3 种情况：

（1）智能合约的地址。

（2）普通以太坊用户的钱包地址。

（3）取空值的时候，代表当前的交易是创建智能合约的交易。

当 to 是第一种情况的时候，当前所发送的交易将会交给对应的智能合约处理，原理和之前谈到的 ERC20 代币转账相同。所以，在进行 ERC20 代币转账时，to 应该是智能合约的地址。

当 to 是第二种情况的时候，就是 ETH 转账，代表把 ETH 以太坊转给哪个地址。

第三种 to 为空的情况，代表当前的交易是部署智能合约到链上的交易。

3. value

转账的数值。请注意，这个值在使用 sendRawTransaction 进行 ERC20 代币转账时应该是 0。在 ERC20 代币转账时，所要转账的值的多少是定义在 data 参数中的。在使用 sendTransaction 进行 ETH 转账时，value 必须有值，且 value 还是乘上了 10^{18} 次方形式的大数值。

当使用 sendRawTransaction 进行以太坊 ETH 转账交易时，要做到下面 3 点：

（1）to 应该对应收款钱包的以太坊地址。

（2）value 对应的是 ETH 数值，不是 0。

（3）data 参数为空字符串。

只有满足这 3 个条件，sendRawTransaction 进行的交易操作就是以太坊 ETH 转账。

4. gas

这个 gas 参数就是 gasLimit，但是请不要忘记，在最终交易成功时真实使用的是 GasUsed。交易成功时多出的燃料费会返回，所谓多出的燃料费就是（GasLimit–GasUsed）×GasPrice 部分。

5. gasPrice

该参数标明每一笔 gas 价值是多少 wei，ETH 与 wei 的换算关系前文已有讲述。所以最终消耗的燃料费应该满足 gas×gasPrice ≥ gasUsed×gasPrice，单位是 wei。

6. nonce

就是交易序列号。

7. data

这是一个很重要的参数，既用于交易接口，又用在 eth_call 中。下面以 ERC20 代币转账为例讲解该参数的含义及使用。

首先介绍 data 的格式，data 的格式须满足下面几点：

（1）十六进制格式，例如：

```
0x70a08231000000000000000000000000000021af430a036887cb0cfb7083b220f64bb3f8ed8
```

（2）前 10 个字符，包含 0x，是 methodId，它的生成方式比较复杂，是由对应的合约函数的名称经过签名后，再通过 Keccak256 加密取特定数量的字节，然后转为十六进制得出。以下是以太坊版本标准生成 methodId 的代码：

```
func (method Method) Id() []byte {
  return crypto.Keccak256([]byte(method.Sig()))[:4]
}
```

对于常见的函数其对应的 methodId，有下面的两种：

● 查询余额的 balanceOf 是 0x70a08231。
● 转账 transfer 的是 0xa9059cbb。

（3）前 10 个之后的字符，满足下面的条件：

● 代表的是智能合约中函数的参数。
● 排序方式按照合约函数参数的顺序排列。
● 十六进制的形式。
● 不允许有 0x，即先转成十六进制形式再去掉 0x 字符。
● 去掉 0x 后，每个参数字符个数是 64。

下面举例说明第 3 点。

假设一份智能合约的 transfer 函数的入参是两个整型，其原形是 transfer(uint a,uint b)，此时如果要调用这份合约的 transfer 函数，data 的格式应该是：

```
methodId + X + Y
```

其中，X 和 Y 分别对应参数 a 和 b 去掉了 0x 前置字符的十六进制形式，由于 transfer 的 methodId 是 0xa9059cbb，当 a=1、b=2 的时候，data 就是下面的形式：

```
0xa9059cbb0000000000000000000000000000000000000000000000000000000000000001000000000
0000000000000000000000000000000000000000000000000000000002
```

共包括以下 3 部分：

（1）0xa9059cbb
（2）0000000000000000000000000000000000000000000000000000000000000001
（3）0000000000000000000000000000000000000000000000000000000000000002

以上就是以太坊交易函数接口参数的详细说明。请注意，在实际使用时，由于第三方库的封装等原因，可能在使用这些库的时候不需要传这么多参数，但是无论传哪个参数，其含义是不会变的。

下面是以太坊 geth 程序在 ETH 转账时的控制台命令，注意最少要输入 3 个参数：

```
eth.sendTransaction({from:"0x...",to:"0x...",value:3})
```

2.10.4 交易方法的真实含义

在上面一节中，我们已经充分认识了 sendTransaction 和 sendRawTransaction 这两个以太坊发起交易接口的作用和入参。我们要认清的一个事实是，上面的两个交易接口所指的"交易"代表的不仅仅是代币的转移，还代表以交易的形式访问智能合约的一个公有函数，被访问函数所产生的变化会被记录到区块数据内，而控制访问函数的方式是通过入参 data 来实现的。

这是什么意思呢？意思就是，在调用 sendRawTransaction 发起以太坊交易时，如果所传参数中的 data 是 methodId，而不是 transfer，将不会实现代币转移，即无法达到代币转账的目的，而其达成的效果最终由智能合约函数所定义的代码来决定。

为什么是 sendRawTransaction 而不是 sendTransaction？因为 sendTransaction 已经被以太坊源码封装好了，它只能用来转账以太坊 ETH，本质上和 sendRawTransaction 是一样的，被封装好了的 sendTransaction，此时它的 data 被设置成了发起交易的附属信息，类似于备注。

下面再通过一个例子来阐述上述内容。

假设智能合约 A 中定义了一个函数，其名称是 setName，这个函数的功能是设置名称，假设此时 setName 的 methodId 是 0xabc，入参是一个字符串。那么当我们使用 sendRawTransaction 调用智能合约 A 中的 setName 函数时，data 参数就要设置为与 setName 相关的数据，待发起交易时，这笔交易被矿工成功打包进区块中之后，名称便成功地被设置了，且结果也会被记录到这笔交易所打包进了的区块中——被持久化到节点中的"键-值对"<k,v>数据库中。此时，这笔交易只是调用了合约中的 setName 函数，仅达到了一个设置名称的目的，并没有发生任何的代币转账，但我们也把这一次调用看作是一次交易。

下面是我们在实际开发中使用 sendRawTransaction 进行交易时经常用到的调用方法的名称：

- 转账，此时 data 中转化后的 methodId 原型对应的是 transfer。
- 授权，此时 data 中转化后的 methodId 原型对应的是 approve。

2.10.5 交易的状态

当我们使用 sendTransaction 或 sendRawTransaction 将一笔交易提交到以太坊，并得到了以太坊返回的哈希值后，这时我们并不能判断这笔交易的最终结果是成功还是失败。请记住，获取了哈希值只能代表以太坊成功地接收这笔交易的请求，不能代表交易最终是否成功。

在交易被以太坊成功接收后，它会经历图 2-52 所示的生命周期。

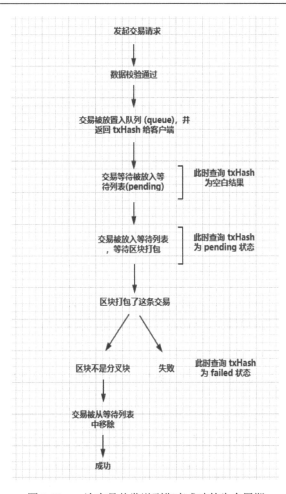

图 2-52　一次交易从发送到彻底成功的生命周期

图 2-52 中的 txHash 就是交易的哈希值，可以看出，一次交易在成功提交到以太坊后共有 4 种状态，分别是：

- Unknown（未知状态）。还没被放入到 txPool 以太坊交易池中，这个时候如果用区块链浏览器查询这个 txHash，就会发现无任何信息。
- Pending（等待或挂起状态）。这个状态是最常见的，是交易成功的必经状态，此时我们用区块链浏览器查询，能查询出部分交易信息。注意是部分交易信息，例如图 2-53 所示的查询结果并没有显示区块号信息，即 "block height"（区块高度）。

图 2-53　用区块链浏览器查询 Pending（等待或挂起）状态下的交易时所看到的信息

- Success（成功状态）。代表交易成功。
- Failed（失败状态）。注意，在交易失败时，也能够查询出该交易的相关信息，例如区块高度等，如图 2-54 所示。

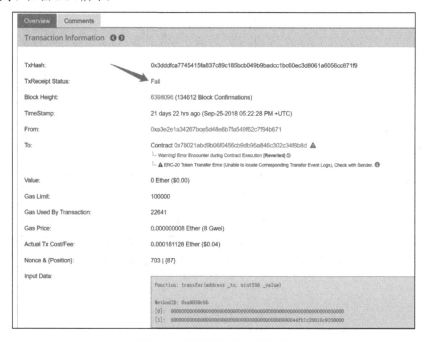

图 2-54　失败状态的交易信息

因为以太坊交易池的大小是有限制的，所以常常会造成一些交易订单只是处于被放置到交易池，尚未被交易的状态，该状态称为 Unknown（未知状态）。造成这种情况的原因是，矿工在交易池中的交易订单的排序算法受 GasPrice 的影响，也就是说，如果交易订单 A 此刻排在第三，刚好有新的订单 B 进来了，且 B 的 GasPrice 很高，那么订单 A 就有可能被排后。根据这个特点，如果长时间地出现这种排队的情况，就有可能导致某个低 GasPrice 的订单一直处于 Pending（等待或挂起）状态，迟迟不被矿工打包，从而会出现有些等待状态的交易订单被"挂起"几天甚至更久时间的情况。

　　Fail 的失败情况一般发生在和智能合约交互的相关交易中，交易的错误由合约的代码抛出，比如参数错误等原因。

2.10.6　交易的打包

　　上面我们认识了交易从发送到添加进以太坊交易订单池的过程。那么被添加到了交易池中的交易最终又是怎样被打包进区块里面的呢？下面我们从如图 2-55 所示的流程图来认识一下。

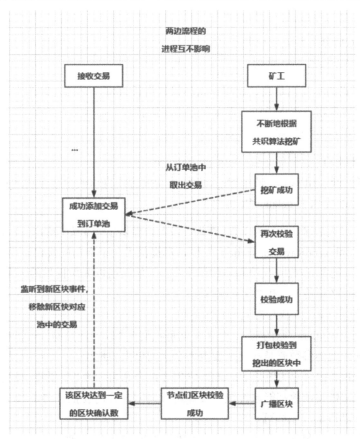

图 2-55　交易从发送到添加进以太坊交易订单池的过程

　　图 2-55 便是以太坊订单池中的交易订单被添加到池中之后，再被打包到区块中直至被从订单池移除的一个大致的生命流程图。

　　其中对于矿工打包交易时"再次校验交易"的步骤，内部拥有一次交易燃料费的计算步骤，这是在前面"燃料费"一节中，EVM（虚拟机）计算燃料费的流程。

2.11 "代币" 余额

和以太坊交易一样，以太坊的"代币"（Token）余额并非仅仅局限于代币，例如，以太坊的"以太猫"应用，我们基于它的智能合约查询余额时，得到的结果代表的就是"该地址拥有多少只猫"。为了便于文字表述，我们还是称 Token 为代币。

以太坊的"代币"余额，主要有下面的两种类型：

（1）ETH 余额。
（2）智能合约代码定义的对象的拥有数。

不同的"代币"类型，其查询余额的方式也不同。以太坊"代币"余额一般是通过某个以太坊地址来查询的，主要有以下 3 种查询方式：

（1）通过调用以太坊的接口查询。
（2）使用以太坊浏览器进行查询。
（3）使用以太坊钱包 App 查询。

第二、三种方式的本质也是通过调用以太坊接口进行查询，不同之处在于这两种查询帮我们封装好了代码层面的东西，查询操作可直接在应用层进行。

查询余额的接口也分为两类，分别是：

（1）以太坊的 ETH 余额查询接口 eth_getBalance。
（2）以太坊的 eth_call 接口。使用 eth_call 访问智能合约提供的余额查询函数来达到查询的目的，例如 ERC20 标准提供了 balanceOf 函数。

这两类接口有很大的区别。针对 ETH 查询，以太坊提供了一个专门的接口 eth_getBalance，就像 sendTransaction 和 sendRawTransaction 一样，都提供了一个专门的接口。而其他的非 ETH 的"代币"余额查询，包含 ERC20 代币和非代币资产，只能调用以太坊提供的一个万能接口 eth_call 来查询，且在查询时必须传入正确的 data 参数。

如图 2-56 所示是 ERC20 代币的查询请求示例。

请留意图 2-56 中的 data，它的前 10 个字符就是我们在"以太坊交易"一节中讲到的 balanceOf 的 methodId，后面跟随的参数就是我们所要查询余额的以太坊地址。

图 2-56 的 method 键对应的值是 eth_call，它的详细介绍可参考"重要接口的含义详解"一节，目前智能合约的非转账类函数都能通过这个接口进行调用，只需要把合约中对应函数的 methodId 标明正确和入参设置到 data 中即可。

为什么是合约中的非转账类函数呢？如果我们在实际的开发中使用 eth_call 来调用合约中的 transfer 转账函数会怎样呢？

答案是以太坊的 eth_call 用来调用智能合约的 transfer 函数，既不报错也不会实现真正的数值转账，最终返回的结果是一个"0x 字符串"。

图 2-56　使用 Postman 工具查询代币的余额

2.12　以太坊浏览器

以太坊浏览器是区块链浏览器中的一类。可以这样说，区块链是一个大的概念，区块链浏览器包含比特币浏览器和以太坊浏览器等。

我们之前介绍的余额查询方式是面向开发人员的，对于普通用户来说，要进行以太坊相关信息（包含代币余额）的查询，一般使用的都是以太坊浏览器。以太坊浏览器其实就是一个网页应用程序，也就是对网站访问，其内部的查询功能是通过封装好了的以太坊接口实现的。目前最为权威并出名的以太坊浏览器是 etherscan.io（国外能访问）和 cn.etherscan.com（国内可访问），官方网站是 https://etherscan.io/ 与 https://cn.etherscan.com/。

cn.etherscan.com 几乎具备了以太坊链上所有数据信息的查询功能，同时还提供了最新区块生成记录及其最新交易的信息列表，如图 2-57 所示。

在上述区块链浏览器的主页中，右上角的输入框支持以下各项查询功能：

- 钱包地址的查询，需要输入要查询的以太坊地址（Address）。
- 交易详情的查询，需要输入要查询交易的 txHash。
- 区块信息的查询，需要输入要查询的区块的哈希值。
- 代币的信息查询，需要输入要查询代币的地址，它也是一个以太坊地址。

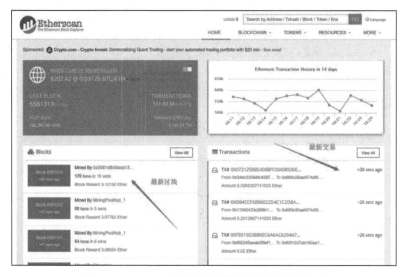

图 2-57　Etherscan 浏览器主页的最新区块生成记录

如图 2-58 所示是地址为"0x78021abd9b06f0456cb9db95a846c302c34f8b8d"的代币查询结果图。

图 2-58　区块链浏览器查询某个以太坊地址显示的页面

此外，还有我们在开发过程中经常会进行交易哈希值的查询，该查询显示的页面和在"交易的状态"一节中的图 2-53 和图 2-54 一样。一般来说，查询交易哈希值的目的主要是为了了解交易的状态，比如观察交易是等待（Pending）被打包还是已经成功了（Success）等。

2.12.1　区块链浏览器访问合约函数

上面一节提到可以在以太坊浏览器中查询代币余额，这其实只是调用合约代码函数的一种方式。如果我们要查询的是以太坊，那么直接在浏览器的输入框中输入要查询的钱包地址即可。例如，在图 2-59 中，左上角的 Balance 字段对应的就是当前被查询地址中以太坊 ETH 的数值（即余额），单位是 ETH。

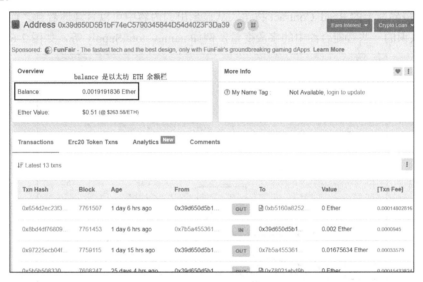

图 2-59　区块链浏览器查看以太坊地址的 ETH 余额

请注意，上面是查询 ETH 余额的方式，如果要查询的不是 ETH 的余额，而是某一种 ERC20 代币的余额，那么就需要进入对应的 ERC20 代币界面去查询，这是什么意思呢？例如，要查询某个钱包地址所拥有 ERC20 代币 CDCC 的个数是多少，首先要找到这个 ERC20 代币的合约地址，从以太坊浏览器中查询该地址，进入到该代币的详情页面后才能进行下一步的查询，这里的 CDCC 是这个代币的 Symbol，意思是符号。下面给出查询步骤：

（1）找出要查询的 ERC20 代币的合约地址，例如：

```
0x78021abd9b06f0456cb9db95a846c302c34f8b8d
```

（2）从以太坊浏览器中查询上面的地址，进入到该代币详情页，如图 2-60 所示。

图 2-60　用区块链浏览器查看 ERC20 代币

（3）单击界面上的 Read Contract 按钮，从显示出的内容中可以直观地看到之前在 ERC20 标准一节中所认识的一些智能合约中的字段变量，例如 name、totalSupply 等，如图 2-61 所示。

图 2-61　用区块链浏览器查看 ERC2 合约标准的字段

（4）在 Read Contract 页面显示区域中，向下滑动鼠标，直到看见 ERC20 标准中的 balanceOf 代币余额查询函数，如图 2-62 所示。

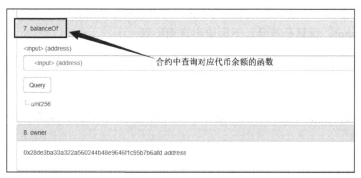

图 2-62　在区块链浏览器中调用 ERC20 标准合约的余额函数

（5）在 balanceOf 函数下面的输入框中输入要查询的钱包地址，然后单击 Query 按钮，就能对此钱包地址拥有多少个 CDCC 代币余额进行查询，如图 2-63 所示。

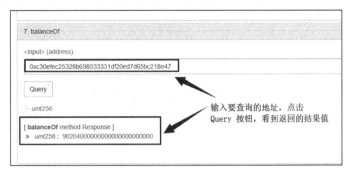

图 2-63　查询 CDCC 代币余额

在上面最终查询出的余额值是一个乘上了当前代币的 $10^{decimals}$ 次方数值的值。如果要得出实际拥有的以"个"为单位的代币值，记得要将这个大数值除以 $10^{decimals}$，此外这个 decimals 的值也是能够在"Read Contract"页面看到的。如图 2-64 所示。

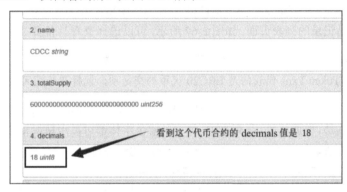

图 2-64　查看 decimals 的值

上面通过在以太坊浏览器进行代币余额查询的一个例子，来说明了如何在以太坊浏览器中"调用合约函数"。除了余额的查询外，还可以查询授权值等，它们的操作方式大同小异，如图 2-65 所示。

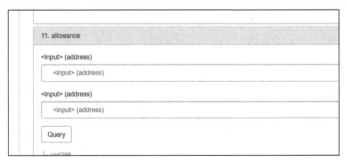

图 2-65　在区块链浏览器调用 ERC20 标准合约的授权函数

2.12.2　区块链浏览器查看交易记录

在区块链浏览器中查看交易记录也是一项基本技能，仍然以 cn.etherscan.com 为例进行演示。

在 cn.etherscan.com 主页的搜索输入框中，输入想要查询的以太坊地址进行搜索，就能进入到对应的地址主页面，如图 2-66 所示。

图 2-66 在 cn.etherscan.com 主页输入要查询的以太坊地址

例如，要查询地址 0xB0bF3242eBED6525d256B5B32BD69C7EAc63F6F2 的交易记录，在进行搜索后可以看到交易记录的列表页面。如图 2-67 所示，可以选择查看具备多类交易的交易信息项。

- 类型 Transactions 对应的是以太坊 ETH 代币交易的交易记录。
- 类型 Erc20 Token Txns 代表的是 ERC20 代币的交易项，鼠标单击即可进行切换。

此外，如果还有其他类型的"代币"，例如 ERC721 类型的交易记录，那么它将会出现在 Erc20 Token Txns 按钮的右边，以此类推。在列表中，每一条蓝色字体都可以用鼠标单击，我们单击 TxHash 列下的每笔交易哈希值，就能进入到被单击交易所对应的详情页。

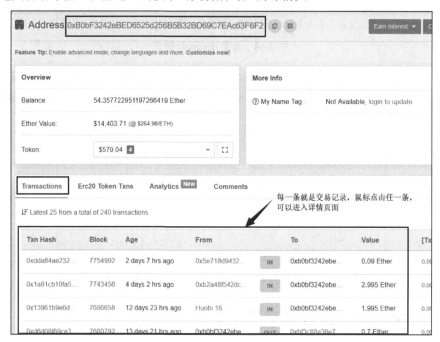

图 2-67 交易的详情页

2.12.3 非 ETH 交易记录不能作为资产转账成功的依据

对于非 ETH 交易来说，一般大家都会以为如果一笔交易记录在区块链浏览器上能被查询到，且状态是成功的，就认为这笔交易背后所转移的资产也就到账了。

事实上，这种判断是错误的。请记住，区块链浏览器的非 ETH 交易记录不能作为资产转账成功的依据！

为什么呢？

依然以 cn.etherscan.com 为例，在上一节中，我们可以根据一个以太坊地址在 cn.etherscan.com 上查询到与它相关的交易记录。那么 cn.etherscan.com 网站是怎样从以太坊区块链上获取到这些交易的呢？答案是，cn.etherscan.com 上的非 ETH 代币的交易记录都是通过读取区块"Event log"（事件日志）数据中的 Event 得到的，而 Event 是由我们编写的智能合约的代码生成的。

在 ETH 的交易记录中并没有"Event log"这个概念，所有在正规区块链浏览器中看到的 ETH 交易记录都可以作为 ETH 交易的依据。

下面分别指出 Event 相关的几个技术点：

- Event 是开发者可以在智能合约代码中随意定义并在函数中触发的事件。
- 我们可以在智能合约代码中定义 Transfer 的 Event。
- 只要被记录到了区块的"Event log"中的 Event，就能被区块遍历器读取。
- 区块中的"Transfer Event"会被 cn.etherscan.com 当作交易记录读取并显示。
- 所有经过以太坊 sendRawTransaction 接口调用触发的智能合约函数，其内部的 Event 将会被记录到区块的"Event log"中，从而被区块遍历器读取。下面举个例子阐述这个结论。

智能合约 A 拥有函数 func1，它仅仅触发了一个 Transfer 的 Event，而没有做其他的操作。

```
function func1(address _from,address _to, uint256 _value) public returns (bool
success) {
    emit Transfer(msg.sender, _to, _value);
    return true;
}
```

如果此时我们使用 sendRawTransaction 接口调用了智能合约 A 的这个函数，就会造成 cn.etherscan.com 把里面被触发的"Transfer Event"从区块中读取出，然后当作一笔交易记录显示在"msg.sender"地址所对应的交易记录页面中，_from 参数将会对应显示到网页页面的 from 标签中，而_to 就是收款人的地址标签。

但是，请注意，我们在 func1 函数中并没有添加任何的资产转移代码，例如添加了下面的合法代码：

```
balances[_to] += _value;
```

上面例子最终导致的结果是，在浏览器中能查看到交易的成功记录，但是却没有引发真实的"代币"资产转账。

如果我们不采用 sendRawTransaction 接口调用智能合约 A 的这个函数，而使用 eth_call 来调用，它里面的 Event 将不会被记录到"Event log"中。

那么如何判断一笔交易记录是有效的呢？判断一笔交易记录是否有效的必要条件是：

- 当前交易对应的 Event 是可以被查询到的。
- 到对应的智能合约中查看触发 Event 的函数代码，保证触发 Event 的合约函数代码是没有问题的。
- 有明确的资产转移代码，例如 balances[_to] += _value。

上述判断条件是从一个广义的角度来进行的，还可以进一步细分来添加其他的判断条件，例如保证合约遵循了 ERC 系列标准的判断条件，这样我们就能根据标准的函数名称查询对应的值，例如 ERC20 标准中查询余额的函数，其名称为 balanceOf。

细分的条件都不是必要的，以合约的标准为例，它本身只是一种规范，我们可以不遵循这种规范实现自己的"代币"合约，查询余额的函数名称也不一定就是 balanceOf，也可以定义为 getBalance，只要能正确地实现余额查询功能即可。

回到我们上面的示例代码中，例子中的函数触发了"Transfer Event"（转账事件）却没有引起真实资产转账的合约代码，我们一般都认定为是有代码问题的智能合约。而目前在绝大部分流通的"代币"中，智能合约几乎都满足凡是触发了"Transfer Event"的函数，其内部必然是进行了资产转移。

还有，对于在虚拟资产交易所中可以进行交易的 ERC20 代币来说，它们的智能合约代码都已被交易所检查过，也就不存在我们上面所举例的情况。

2.12.4　区块链浏览器查看智能合约的代码

在上一节中，我们介绍了如何判断一笔交易记录的有效性——我们只需要到智能合约中查看合约是否触发了"Transfer Event"函数代码即可得出结论，在区块链浏览器中，同样也可以查看合约代码。

依然以 cn.etherscan.com 为例，首先假定已得知对应智能合约的以太坊地址，进行搜索，假设 CDCC 代币的地址是：

```
0x78021abd9b06f0456cb9db95a846c302c34f8b8d
```

如图 2-68 所示是查询的主页面。单击 code 按钮，就能看到当前合约的所有代码，如图 2-69 所示。

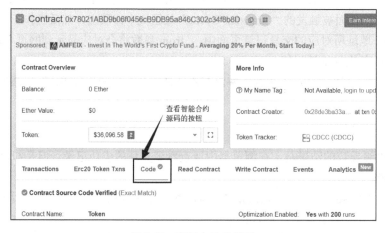

图 2-68　查看合约的代码

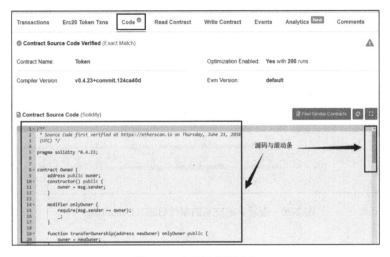

图 2-69　合约的代码内容

当我们在交易详细页面查看"Event Log"，获取触发 Event 的函数名称后，就能够到合约代码页面查看该函数的代码，如图 2-70 所示。

图 2-70　查看某笔交易的事件日志（Event Log）

2.13　以太坊零地址

在以太坊区块链中存在一个零地址，即它的十六进制值为零，原形是：

```
0x0000000000000000000000000000000000000000
```

这个地址拥有下面的特点：

- 与创世区块无关。
- 当启动以太坊挖矿程序，也即在节点代码中启动"矿工"挖矿时，如果没有设置挖矿的收益地址，就会默认使用零地址挖矿，挖矿所得的 ETH 将归零地址所有。
- 是一个合法的以太坊地址，能够接收代币的转账。
- 它的私钥可能仍然没被碰撞出。

在区块链浏览器中查询这个地址，观察它的以太坊 ETH 交易记录，可以发现，其所有的 ETH 交易记录都只有转入而没有转出的记录。据此可以猜测，它的私钥还没有被碰撞出，为什么这样说呢？

因为每个合法的以太坊地址都对应有一个私钥，只要满足地址格式，我们不需要知道它的私钥是什么就可以使用，可以向它交易转账、查询它的各种操作记录等。

零地址便是如此，因为它很容易被记住及写出，全部数值为 0 即可，不需要刻意地去进行运算得出，但它亦始终对应有一个私钥。在私钥生成公钥的算法中，我们知道如果要根据一个公钥来逆推出私钥，概率非常小，但不是不可能，只要概率不为 0，就不能说不可能。

加上它所有的 ETH 交易记录都是只有被转入而没有转出的记录，最难以想象的情况就是零地址的私钥已经被碰撞出了，但是拥有者还不打算转出任何一个 ETH。

综上所述，零地址的私钥可能还没被碰撞出。

2.13.1　零地址的交易转出假象

上面讲到，在零地址的私钥还没被碰撞出的时候是不可能有人使用零地址去做交易转出操作的，但是当我们在区块链浏览器中查看零地址的非 ETH 交易记录时却能够看到存在 Out（转出）

的情况，如图 2-71 所示。

这种情况怎么解释呢？这是零地址交易转出的假象。回顾"浏览器的交易记录不能作为非 ETH 的交易依据"一节中所讲到的内容就能明白。

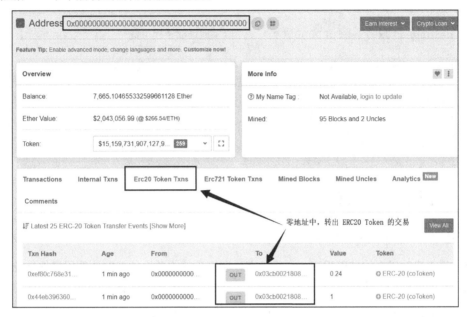

图 2-71　零地址的非 ETH 交易记录存在"Out"的情况

其原因是，零地址在智能合约的触发"Transfer Event"事件的代码中被开发者设置为了 Event 的 from 参数。例如，下面的代码中，address(0)就被当作了"Transfer Event"的 from 参数，当函数 mint 被 sendRawTransaction 调用后，所触发的 Event 就会被记录到区块中，最终被区块链浏览器获取到而显示在交易记录列表页面中，页面所显示的 from 就是 mint 函数中 Transfer 事件的入参 from 值。

```
function mint(address _to, uint256 _amount) onlyOwner canMint public returns
(bool) {
    totalSupply_ = totalSupply_.add(_amount);
    balances[_to] = balances[_to].add(_amount);
    Mint(_to, _amount);
    Transfer(address(0), _to, _amount);  // 这一行触发事件
    return true;
}
```

上面的合约函数达到了一个给指定的以太坊地址添加资产的目的，_to 是接收者，_amount 是数量。

在上面的流程中需要注意的是，负责使用私钥签名以太坊 sendRawTransaction 接口函数的不是零地址的，而是谁调用这个接口函数谁就签名。这说明在区块链浏览器的交易详情页面中显示的 from 数据项和进行签名的地址是没有关系的，仅和"Transfer Event"的 from 入参值有关，即"Transfer Event"的 from 才是区块链浏览器交易详情页面中显示的 from。

那么零地址是否可以转出资产呢？答案是可以的。对于签名不使用零地址的交易，只要满足

从零地址的余额中减少资产，然后将减少的资产累加到收款地址即可。例如下面的函数，只要它被 sendRawTransaction 指定调用后就能够实现从零地址转出资产，前提是我们得在其他地方先给零地址赋予资产。

```
constructor() public {
    balances[0x0] = 1000000000;  // 给零地址赋予代币资产
}
function release(address _to,uint256 _value)public returns (bool success){
    require(balances[0x0] >= _value);
    balances[0x0] -= _value;
    balances[_to] += _value;
    emit Transfer(0x0, _to, _value);
    return true;
}
```

2.13.2 零地址的意义

以下是零地址使用最多的两种场景：

（1）用于启动以太坊挖矿程序，如果没有设置挖矿的收益地址就默认使用零地址挖矿。

（2）在智能合约的代码编写中使用零地址，例如作为函数的参数。

在第一种场景中，零地址充当的是一个默认统一处理的方式。比如，挖矿过程中没有设置收益地址，这个时候应该怎么办呢？一种做法是强制不允许用户进行挖矿操作，要求必须设置收益地址。另一种做法是不强制，可以继续挖矿。此时就需要一个默认的收益地址，那么这个地址设置为谁合适？毫无疑问，选择零地址是最为合理的，就表现形式上来看，零代表的就是开始，也很容易被记住。

在第二种场景中，如果我们要给某个地址直接赠送"代币"资产或者是表现为生成"代币"资产，在操作完之后，必须触发转账事件"Transfer Event"，这就需要一个 from 参数来表示从哪儿转账出去的。但是，基于从无到有再转移的过程，并不存在从某个确切的拥有资产的地址转账到另一个地址的过程，这个 from 选择为零地址最为合理。

回顾前面合约函数的例子：

```
function mint(address _to, uint256 _amount) onlyOwner canMint public returns
(bool) {
    totalSupply = totalSupply.add(_amount);
    balances[_to] = balances[_to].add(_amount);
    Mint(_to, _amount);
    Transfer(address(0), _to, _amount);
    return true;
}
```

该例就实现了往一个给指定的以太坊地址添加资产的目的，添加的形式是直接添加，不存在从一个地址转账给收款地址。这个时候触发转账事件"Transfer Event"，from 参数选择的就是零地址。

因此，我们可以将零地址看作是某些情况下的合理默认值，就好比我们在编程时，初始化一个 int 类型的变量，其默认值总是 0 一样。

2.14　以太坊 2.0

截至 2020 年 7 月 5 号，以太坊在君士但丁堡版本后，决定要进行更新的版本是 2.0 版本，代号目前还没有，但整体的开发工作可以说是完成了九成以上了，而且也已经开始在网络上测试。

2.0 版本的以太坊，在共识算法的层面选择了 POS 共识算法，但它并没有采用 2.8 节中介绍的 Casper 算法模型，而是引入了一系列的新概念模型，有些已经实现，有些还在调研或尝试的阶段。总而言之，以太坊 2.0 所做的技术改变，可以说是史无前例的，一旦顺利上线，其将为以太坊提供一个升级的、下一代高度可扩展的、安全的、去中心化的共识。

2.14.1　核心组件

如图 2-72 所示是以太坊 2.0 早期的一个整体架构图（源自于官方文档），其中分片链的数量在发展中，已经由 1024 条被提议改成了 64 条。

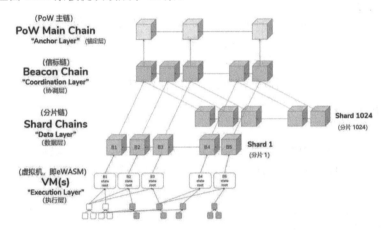

图 2-72　以太坊 2.0 的核心组件

包含但不限于引入了以下的新技术名词：

1. 信标链，用于管理参与共识的验证者。含有但不限于：

（1）管理验证者

① 普通地址抵押 ETH 参与成为验证者。
② 因各种原因而自己退出的验证者。
③ 因惩罚而被踢出的验证者。

（2）提供验证者选举的随机性

① 随机分配验证者去某条分片链。
② 随机选择轮到提议的验证者。
……

（3）跟踪和更新验证者的抵押款

① 投票了成功的区块而获奖励。

② 不去投票或旷工而被处罚，我们称之为 quadratic leak（二次泄漏）。

③ 恶意操作而被惩罚。

（4）跨分片链，将整个分片链系统连接在一起

当不同的交易被分配到不同的区块，区块在不同的分片链中时，由信标链负责它们数据/通信的一致，比如合约的调用。

（5）响应与之相连的验证者客户端软件

届时，人人可以使用终端设备下载信标链软件而成为验证者，参与管理 2.0 生态。

2. 验证者，参与 2.0 出块生态的角色，普通的以太坊地址可以通过向指定的智能合约抵押 32 个 ETH，成为验证者。

3. 分片链，目前固定的数量是 64 条，每条分片链最多的验证者是 128 位，它管理将被打包的交易，验证者会被随机分配到这里，生成块，再排队等待，而后对块投票——投认可票或拒绝票。

4. EWASM，分片上的虚拟机系统，为 EVM 的升级版。负责关联智能合约在分片链中的运行，比如当合约中的变量定义数据被分配到了不同的分片链时，如何保证数据的关联性等。

2.14.2 共识的流程

我们知道，在区块链链中如何共识一个区块是最为重要的，因为出块是最基础的动作。在以太坊 2.0 中，使用了 2.14.1 小节中的技术后，它的 POS 共识算法所体现出的共识一个区块的流程如图 2-73 所示。

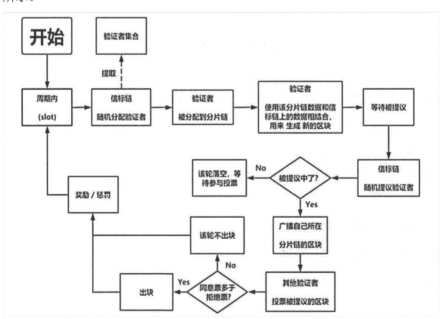

图 2-73　以太坊 2.0 的出块流程

图 2-73 有两个重要的随机，这两个随机都不是简单地生成一个随机数，其含义说明如下：

（1）随机分配验证者到分片链。从验证者集合中，挑选各个部分的验证者分配到某一条分片链中，这一随机保证了如果由于攻击者控制了分片，那么收买当前分片的验证者后，就能进行数据作恶。

（2）随机提议验证者。被提议的验证者提议自己所在分片链生产的区块，供其他分片链的验证者进行投票，可以投认可票，也可以投拒绝票。

由于叔块的概念目前不确认是否还会存在于以太坊 2.0 中，故暂时不在图中示出。

2.14.3　严谨的随机选择

在区块链中互不信任是基础属性，无论去中心化的区块链应用中做了什么技术创新，都应该秉持这一初衷。以太坊 2.0 中涉及了众多的模块，且强依赖随机数的使用。为了防止依赖随机数起效的模块在所处的环节中出现作恶行为，随机数的生成技术也是一个很重要的环节。

以太坊 2.0 在提议中所使用的随机数生成技术方案是使用 RANDAO+VDF 提供随机数，以实现随机性。其中，RANDAO = random + dao，VDF（Verify Delay Function）是验证延迟函数。第一部分 RANDAO 的做法是，如果要生成一个目标随机数 A，那么 A 的生成，将会是一群人所生成的随机数的组合。即

$$A = \text{Combine}(A_1+A_2+A_3+...+A_n)$$

在生成 A 的过程中，每个参与者是很难知道彼此之间提供的数字的。但是存在一个问题，就是最后提供数字的参与者是知道它前面参与者所提供的数字的，这样他就可以通过调整自己提供的数字使得最终结果对自己有利。

即在上面的公式中，A_n 的提供者，在知道了 $A_1...A_{n-1}$ 后，它就可以调整 An，使得最终的 A 是对自己有利的一个数。为解决这一问题，以太坊引入了 VDF，它的作用是让最后一个提供随机数的参与者，无法在自己提供数字之前算出之前所有人的随机数之和，因而也就无法操纵随机数。（关于 RANDAO+VDF 的详细介绍见 https://ethfans.org/posts/two-point-oh-randomness）。

以太坊 2.0 所包含的技术，除了上面所谈到的之外，还有很多创新，感兴趣的读者可以持续留意官方网站的公告或查阅更多相关的官方文章。

2.15　小　结

第 2 章可以说是全书最为重要的一章，囊括了以太坊基础性的知识点，整体介绍了以太坊的技术模块，详细地讲解了区块的组成及其内部各个字段变量的作用，对以后实现以太坊相关接口起到先行作用。

同时也从比特币的 UTXO 模型引申出以太坊的账户模型，介绍了以太坊的 MPT 树与默克尔树和字典树的特性，以及 MPT 在账户体系中的应用。

特别地，本章还讲解了以太坊的 Ghost 协议，以及以太坊公链在分叉网络中，根据 Ghost 协议

选择最优链，而非比特币的最长链规则。由该协议所衍生的叔块知识也有对应的讲解，包含叔块的定义、打包规则和奖励规则。

本章也先行简介了以太坊代表性的智能合约模块，并列举了两个经典的合约标准——ERC20 与 ERC721。在第 3 章我们将会进一步对合约模块进行学习。

在以太坊交易模块一节中，"交易参数的说明"与"交易方法的真实含义"这两节内容尤其重要，通过这两节的学习，我们可以深刻地理解以太坊交易的两个核心接口 sendTransaction 和 sendRawTransaction 的区别及其交易的实际含义，交易并不一定就是代币的转账，它还能做其他事情。

另外，关于以太坊浏览器的基本使用，也在本章作了相应的介绍。

最后，还介绍了"非 ETH 交易记录不能作为资产转账成功的依据"和"零地址的交易转出假象"两个较冷门的知识点，以扩大读者的知识面。同时对以太坊 2.0 的核心知识做了一些简介。

第3章

智能合约的编写、发布和调用

智能合约的概念不仅仅以太坊具备,其他的公链也同样具备智能合约机制,例如 EOS 公链等,它是区块链技术的一个模块。

在第 2 章中,我们介绍了智能合约的部分知识点,本章我们将从一个整体的角度来进一步认识智能合约。

3.1 智能合约与以太坊 DApp

以太坊的智能合约功能模块可以让开发者自由地使用特定的计算机语言来编写智能合约,并以代码文件的形式呈现,如果在以太坊网络上发布这份智能合约,此时的智能合约便变成了一个智能合约程序。

这个程序运行在以太坊上,拥有自己独特的功能,这些功能也能让别人使用。例如,以太猫游戏、以太僵尸游戏等,它们的原形都是发布在以太坊上的一份智能合约,这份智能合约发布之后,就会被广播到整个节点网络的节点中,形成分布式应用。

这些基于智能合约的以太坊应用,还有另外一个名称,就是"以太坊智能合约 DApp",全称是"以太坊智能合约分布式应用"。

以太坊的 DApp 有很多种类型,有基于智能合约实现的应用,也有基于以太坊功能接口实现的应用,比如钱包类等,统称为以太坊 DApp。

所以,智能合约仅是以太坊 DApp 实现的方式之一。以太坊 DApp 的组成如图 3-1 所示。

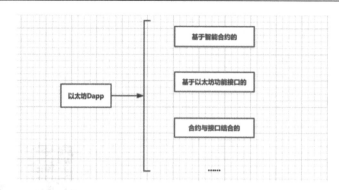

图 3-1　以太坊 DApp 的组成

3.2　认识 Remix

智能合约的编写需要使用计算机语言，目前常用的是 Solidity 语言。Solidity 也是 Ethereum 官方设计和支持的编程语言，专门用于编写智能合约。关于 Solidity 编程语言的知识，读者可以参看相关资料。本节我们主要从智能合约编写工具 Remix 的基础使用以及智能合约的编写方法这两方面进行讲解。

编写智能合约的工具有很多种，笔者推荐使用以太坊官方推出的 Remix。

Remix 是一个开源的 Solidity 智能合约开发环境，它提供了基本的编译、部署至本地、合约测试和执行合约等功能，它的开源地址是 https://github.com/ethereum/remix。我们可以从这个地址中把 Remix 的源码下载下来，然后自行在本地编译运行，但是这个过程可能会遇到很多编译上的问题，例如环境配置问题等。建议大家使用 Remix 的网上浏览器版本，这样就不用自己下载源码到本地再进行编译了，可以直接通过浏览器打开链接进行智能合约的编写，Remix 网上浏览器的链接为 https://remix.ethereum.org/。

在浏览器中打开上面的链接，就会看到如图 3-2 所示的界面，这就是 Remix 的主页。

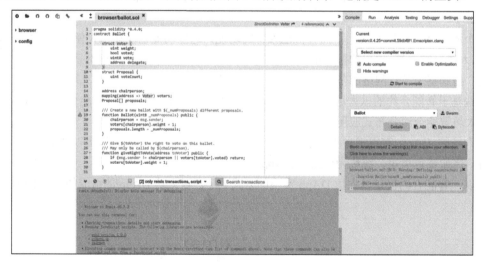

图 3-2　Remix 的主页（主界面）

在主页面左上角的图标中，我们要知道其中 3 个选项所代表的含义："＋"图标代表创建一个新文件，形状如文件夹的按钮表示从计算机中打开一个文件，browser 是默认的存放所有新建文件的文件夹，如图 3-3 所示。

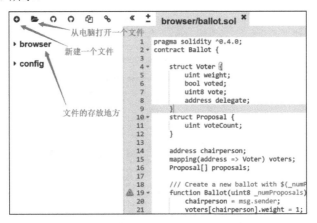

图 3-3　Remix 左上角的按钮工具栏

图 3-3 中间是 Solidity 代码编写区域，每一个 Solidity 代码文件的后缀是.sol，Remix 的功能非常丰富，在我们编写代码时，它会自动支持下面两个功能：

（1）语法关键字的自动提示功能（智能关键字提示功能），能够根据输入的首字母进行提示。

（2）具备自动编译功能，当在代码编写区域进行了修改时，Remix 默认会自动地对当前代码的.sol 文件进行编译，如果存在语法错误，会直接显示出来。

如图 3-4 所示，在 test.sol 文件中输入首字母 c 后，Remix 于是显示出了字母 c 开头的关键字提示，这些都是 Solidity 语法所支持的，此外由于"Auto compile"选项被勾选，因此还能自动进行编译，如果不想自动进行编译，把"√"去掉即可。

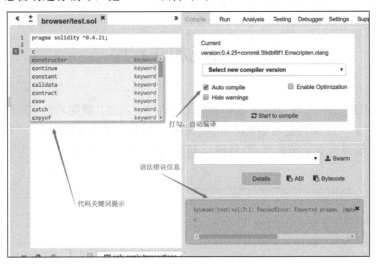

图 3-4　Remix 的智能关键字提示功能

在编译的时候，还可以选择编译器的版本。注意，不同的编译器版本编译出的 Bytecode（字节码）是不一样的，所支持的 Solidity 语法也不同。一般来说，选择带有"commit"单词且不含有"nightly"单词的编译器版本，这类版本的编译器不容易出问题。图 3-5 是一个选择编译器版本的例子。

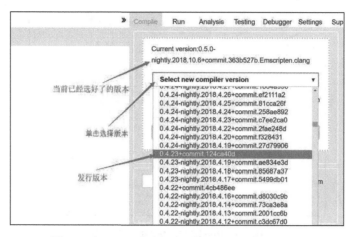

图 3-5 在 Remix 中选择合适的 Solidity 编译器版本

从图 3-5 可以看出，Solidity 编译器版本的名称比较复杂，这些名称符合下面的 3 个规则：

（1）版本号。
（2）前缀标记，通常是 develop.YYYY.MM.DD 或者 nightly.YYYY.MM.DD。
（3）通过 commit.GitHash 提交。

例如，0.4.25+commit.59dbf8f1.Emscripten.clang，0.4.25 就是版本号，它的 git 提交的哈希值是 59dbf8f1，这是 Emscripten.clang 默认加上的。

此外，如果存在一些本地修改，提交时会自动加上.mod 后缀。

了解了 Remix 基础知识后，我们就能进行智能合约的编写了。

3.3 实现加法程序

下面使用 Solidity 编写一个实现加法计算的智能合约。没错！就简单地实现这么一个功能，它也是一份智能合约，一定要清楚并不是编写和代币相关的程序才叫智能合约。

单击 Remix 编译器左上角的"+"按钮，创建一个新的.sol 文件，名称为 test.sol，如图 3-6 所示。

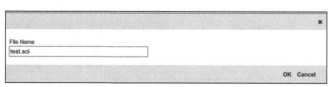

图 3-6 创建新文件

然后输入下面的代码：

```
pragma solidity ^0.4.23; //指定版本
contract Test {
    //  输入两个参数
    function add(uint8 arg1,uint8 arg2) public pure returns (uint8) {
        return arg1+arg2;
    }
}
```

如图 3-7 所示为编译器中的代码示例。

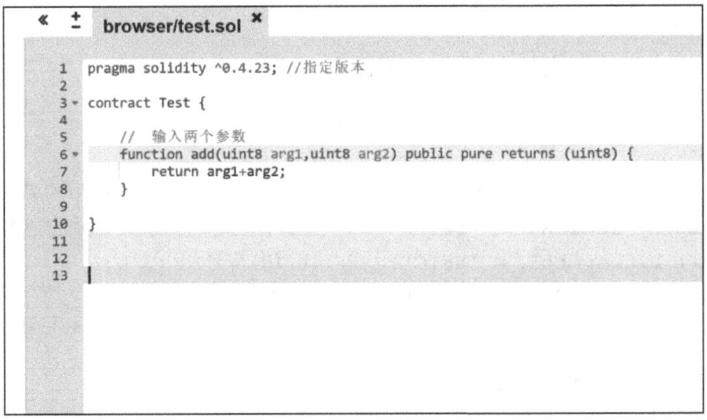

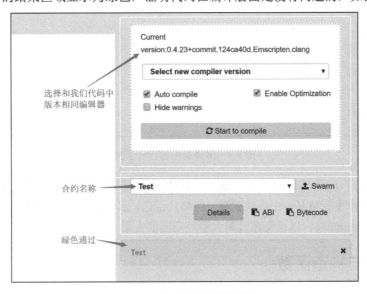

图 3-7　编译器中的代码示例

自动编译后的结果区域显示为绿色，证明代码在编译层面是没有问题的，如图 3-8 所示。

图 3-8　自动编译后的结果

以上就是一个简单的加法运算的智能合约的实现，我们稍后在下面的一节中对这份智能合约进行发布并调用。

3.4 实现 ERC20 代币智能合约

以太坊上发行的"代币"百分之九十以上都是基于 ERC20 标准的代币合约，可以说 ERC20 标准的代币合约目前是最为流行的合约标准。

本节我们来学习实现一个符合 ERC20 标准的代币智能合约，模仿上一节的步骤，在 Remix 编译器中新建一个名称为 MyToken.sol 的文件。

3.4.1 定义标准变量

首先在代码中定义标准要求的变量，如下所示：

```
pragma solidity ^0.4.23;      //指定版本
contract MyToken {
    string public name = "My first token coin";    // 代币的名称
    uint8 public decimals = 18;      // 代币单位精确到小数点后的位数
    string public symbol = "MFTC";  // 代币的符号
    uint public totalSupply = 100;   // 代币的发行量
}
```

如图 3-9 所示为编译器的代码示例。

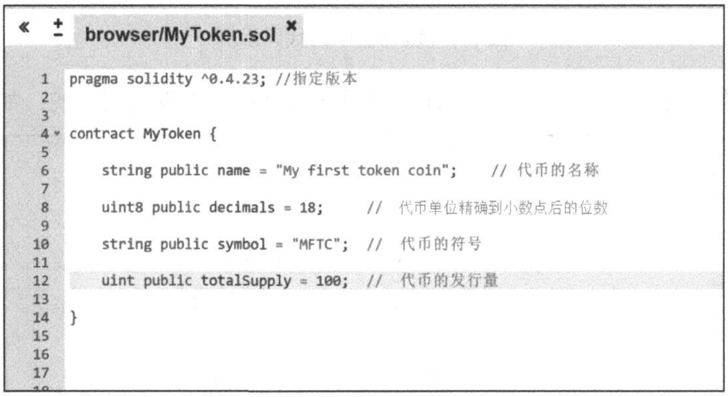

图 3-9　编译器中的代码示例

这里我们定义了 name、decimals、symbol、totalSupply 共 4 个变量，注意，totalSupply 变量表示发行量，如果这个发行量是一个很大的数，例如几百亿，那么最好将其变量类型设为 256 位的无符号整数类型，即 uint256，以避免超过最大整数范围的上限。

3.4.2 事件与构造函数

在基础的变量定义好之后，我们定义合约中的 Event 事件，再补充一个构造函数，在构造函数中可以进行一些变量的初始化，例如把发行量 totalSupply 的初始化放入构造函数中，如图 3-10 所示。

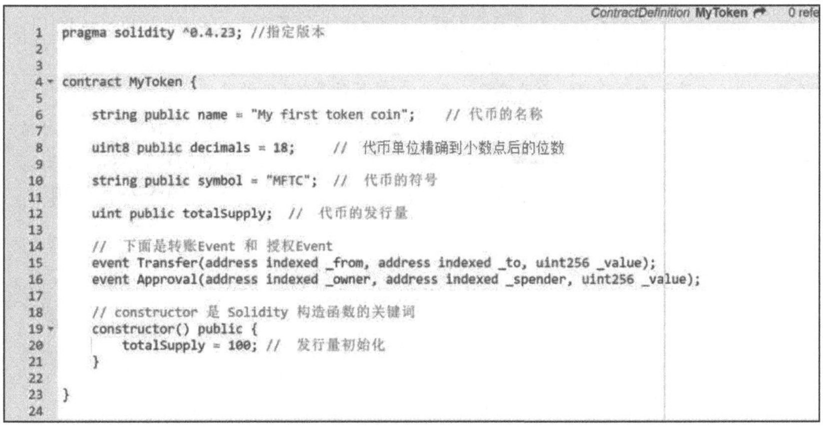

```
1   pragma solidity ^0.4.23; //指定版本
2
3
4 ▾ contract MyToken {
5
6       string public name = "My first token coin";      // 代币的名称
7
8       uint8 public decimals = 18;      //  代币单位精确到小数点后的位数
9
10      string public symbol = "MFTC";  //  代币的符号
11
12      uint public totalSupply;  //  代币的发行量
13
14      //  下面是转账Event 和 授权Event
15      event Transfer(address indexed _from, address indexed _to, uint256 _value);
16      event Approval(address indexed _owner, address indexed _spender, uint256 _value);
17
18      // constructor 是 Solidity 构造函数的关键词
19 ▾    constructor() public {
20          totalSupply = 100; //  发行量初始化
21      }
22
23  }
24
```

图 3-10　将 totalSupply 的初始化放入构造函数

3.4.3　Solidity 的常见关键字

在上一节的构造函数代码中，可以看到 constructor 后面有一个 public，这个 public 是 Solidity 语言的一个关键字。除了这个关键字之外，Solidity 语言还有下面 6 个关键字，了解这些关键字的含义对于我们理解和编写智能合约很有必要。

- public，可以修饰变量和函数，被修饰的函数或变量可以被任何合约调用（或访问）。默认的变量和函数使用该属性。
- private，可以修饰变量和函数，被修饰者只能被当前合约内部的代码所调用（或访问），不能被外部合约调用或继承它的子合约调用（或访问）。
- external，只能修饰函数，被修饰的函数只能被当前合约之外的合约所调用（或访问），不能被自己和继承它的合约调用（或访问）。
- internal，可以修饰变量和函数，被修饰者可以被当前合约内部以及继承它的合约调用（或访问），但不能被外部合约调用（或访问）。
- view，只能修饰函数，函数内部能够对外部变量进行读取操作，但是不能进行修改。
- pure，只能修饰函数，函数内部不能对外部的变量进行读取和修改操作，它只能对传参进入的参数量进行读写操作。

下面我们根据源码示例来进一步理解这些关键在，请注意代码中的注释。

```
pragma solidity ^0.4.23; //指定版本

contract MyToken{  // 外部合约
    function getHalfTotalSupply() external view returns (uint half);
    function internalFunc() internal view returns (uint half);
}

contract parent {
    uint64 age = 50;
    // addr 是 MyToken 合约部署在链上后的地址
```

```
address public addr = 0x72bA7d8E73Fe8Eb666Ea66babC8116a41bFb10e2;
function func() public view {
    MyToken m = MyToken(addr); // 实例化外部合约
    m.getHalfTotalSupply(); // external 允许 parent 调用外部合约 MyToken 的函数
    m.internalFunc(); // 报错，因为这个是 internal 的函数（或方法），
                     // 只能在 MyToken 内部或继承了它的合约中使用
}
function publicFunc() public {
    age = age + 6;
}
function privateFunc() private returns (uint64 ret) {
    uint64 t = internalFunc();
    age = t / 2;
    return age;
}
function internalFunc() internal returns (uint64 ret) {
    age = age * 2;
    return ret;
}
function viewFunc(uint64 arg1) public view returns (uint64 ret) {
    arg1 = arg1 + age + 9; // 可以访问 age
    // age 初始值是 50
    age = age + 7;            // 尝试修改，编译会发出警告，但是编译可以通过
    uint64 d = age + arg1; // 变量 age 的值不会改变，依然是 50
    uint64 c = d/2;
    return c;
}
function pureFunc(uint64 arg1) public pure returns (uint64 ret) {
    arg1 = arg1 + 9;
    uint64 d = age + arg1; // 编译报错！pure 完全禁止外部 age 变量的读写
    //uint64 c = d/2;
    return arg1;
}
}


contract child is parent {
    function usePrivateFunc() public returns (uint64 ret) {
        uint64 v = privateFunc(); // 报错，尝试调用 parent 合约中的 private 函数
        return v;
    }
    function useInternalFunc() public returns (uint64 ret) {
        uint64 v = internalFunc(); // 可以使用，因为 child 继承自 parent
        return v;
    }
}
```

3.4.4　授权与余额

本小节我们继续介绍标准中的代币余额和授权额度。代币余额和授权额度存储的数据结构是一个 Map，Key 对应的是以太坊的地址，Value 对应的是数值，该数值根据用户的以太坊地址来映射用户所拥有的余额或额度的多少，查询的时间复杂度是 O(1)，这样的查询效率是很高的。相对应地，Value 也要实现标准中的 balanceOf 代币余额查询、approve 授权额度申请和 allowance 授权额度查询这 3 个函数，如图 3-11 所示。

```
18    mapping (address => uint256) public balances; // 余额 Map
19    mapping (address => mapping (address => uint256)) public allowed; // 授权 Map
20
21    // constructor 是 Solidity 构造函数的关键词
22 ▾  constructor() public {
23        totalSupply = 100; // 发行量初始化
24        balances[msg.sender] = totalSupply;
25    }
26
27    // 根据地址获取代币余额
28 ▾  function balanceOf(address _owner) public view returns (uint256 balance) {
29        return balances[_owner];
30    }
31
32    // 授权额度申请
33 ▾  function approve(address _spender, uint256 _value) public returns (bool success) {
34        allowed[msg.sender][_spender] = _value;
35        emit Approval(msg.sender, _spender, _value);
36        return true;
37    }
38
39    // 根据 _owner 和 _spender 查询 _owner 给 _spender 授权了多少额度
40 ▾  function allowance(address _owner, address _spender) public view returns (uint256 remaining) {
41        return allowed[_owner][_spender];
42    }
43
```

图 3-11　ERC20 标准的部分函数

在 approve 函数中，内部代码倒数第二行 emit 触发的就是授权事件"approve event"。

定义好余额相关的操作后，如果我们想在合约创建的时候就对某一个账号进行代币数值的赋值，可以在构造函数 constructor 中进行，这也是一般的合约发布把代币转出到一个对公的以太坊地址的做法，之所以这样做是因为智能合约拥有一个和钱包地址格式完全一样的以太坊地址，但是在合约创建的时候，我们没有这个智能合约的私钥，也就是说，我们不能直接像导入钱包一样将合约导入到某个支持 ERC20 代币转账的应用中，把代币转出。

还有一点，如果我们要实现智能合约的代币数值锁仓，也可以在合约中通过自己实现的函数来达到目的。下面修改构造函数中的代码，对合约发布者进行代币赋值，如图 3-12 所示。

```
13    // constructor 是 Solidity 构造函数的关键词
14 ▾  constructor() public {
15        totalSupply = 100000000000000000000000000000; // 修改发行量初始一亿
16        balances[msg.sender] = totalSupply;
17    }
```

图 3-12　在构造函数初始化发行量并将所有的代币给予某个地址

其中的 msg.sender 就是当前合约发布者的以太坊地址，我们把 totalSupply 发行量全部给予了这个地址。当然，也可以进行控制，不全部给予，只给一小部分，这些都是允许的。

3.4.5　转账函数

下面在合约中完成标准中的转账函数 transfer，如图 3-13 所示。

```
34        // 代币转账
35 ▼      function transfer(address _to, uint256 _value) public returns (bool success) {
36            require(_to != 0x0);
37            require(balances[msg.sender] >= _value);
38            require(balances[_to] + _value >= balances[_to]);
39            balances[msg.sender] -= _value;
40            balances[_to] += _value;
41            emit Transfer(msg.sender, _to, _value);
42            return true;
43        }
44
```

图 3-13　完成转账函数 transfer

转账函数的内部首先要进行一些参数校验，一般使用 Solidity 语法中的 require 关键字来进行限制。例如，在上面的代码中，transfer 中的第一行限制收款地址不能是零地址，第二行对代币的转出方 msg.sender 所持有的余额数值和想要被转出的数值 value 进行比较判断，判断余额是否比 value 多，因为要转出，所以余额必须比 value 多。

在参数判断通过后，通过减少转出者的余额值，即"balances[msg.sender]-=value"来减去 value，然后增加收款者的余额，即"balances[_to]+=value"这么一个过程来实现数值层面的转账。这里要注意，到"balances[_to]+=value"这一行，目前的修改都是基于内存层面的，还没有写到区块链上，也就是说这些修改还没有真实地在区块链上生效。

最后，我们要发出一个转账事件"Transfer Event"，然后返回 true。返回 true 的时候，如果当前调用的 transfer 函数由矿工提取 sendRawTransaction 中的 data 传入 EVM，那么转账的修改就会被持久地记录下来，并真实生效。

还可以使用另外一个函数 transferFrom 来实现转账，具体的代码如图 3-14 所示。

```
32        // 代币转账
33 ▼      function transfer(address _to, uint256 _value) public returns (bool success) {
34            require(_to != 0x0); // 不允许收款地址是零地址
35            require(balances[msg.sender] >= _value);
36            require(balances[_to] + _value > balances[_to]);
37            balances[msg.sender] -= _value;
38            balances[_to] += _value;
39            emit Transfer(msg.sender, _to, _value);
40            return true;
41        }
42        // 代币转账2
43 ▼      function transferFrom(address _from, address _to, uint256 _value) public returns (bool success) {
44            require(_to != 0x0);
45            uint256 allowanceValue = allowed[_from][msg.sender];
46            require(balances[_from] >= _value && allowanceValue >= _value);
47            require(balances[_to] + _value > balances[_to]);
48            allowed[_from][msg.sender] -= _value;
49            balances[_to] += _value;
50            balances[_from] -= _value;
51            emit Transfer(_from, _to, _value);
52            return true;
53        }
```

图 3-14　transfer 和 transferFrom 函数

因为 transferFrom 的转账方式涉及授权值，所以在参数判断阶段必须多出一个授权值 allowanceValue 和所要转出数值 value 的判断，转出的数值 value 必须比已经授权了的值小。

授权值 allowanceValue 的设置在 approve 函数中，关于参数的对应获取关系，在"标准的函数"一节介绍 approve 函数时举了一个很通俗的例子，以供读者参考。

在参数判断通过后，还要进行同 transfer 函数中一样的余额修改操作，即要减少当前的授权余额值。

至此，一份标准的 ERC20 代币的智能合约就编写完成了，其完整代码如下：

```
pragma solidity ^0.4.23; //指定版本
contract MyToken {
```

```
        string public name = "My first token coin";     // 代币的名称
        uint8 public decimals = 18;     //  代币单位精确到小数点后的位数
        string public symbol = "MFTC";   // 代币的符号
        uint public totalSupply;  //  代币的发行量
        // 下面是转账事件和授权事件
        event Transfer(address indexed _from, address indexed _to, uint256 _value);
        event Approval(address indexed _owner, address indexed _spender, uint256
_value);
        mapping (address => uint256) public balances; // 余额映射
        mapping (address => mapping (address => uint256)) public allowed;
        // 授权映射
        // constructor 是 Solidity 构造函数的关键字
        constructor() public {
            totalSupply = 100000000000000000000000000; // 修改发行量初始一亿
            balances[msg.sender] = totalSupply;
        }
        // 根据地址获取代币余额
        function balanceOf(address _owner) public view returns (uint256 balance) {
            return balances[_owner];
        }
        //  授权额度申请
        function approve(address _spender, uint256 _value) public returns (bool
success) {
            allowed[msg.sender][_spender] = _value;
            emit Approval(msg.sender, _spender, _value);
            return true;
        }
        // 根据_owner 和_spender 查询_owner 给_spender 授权了多少额度
        function allowance(address _owner, address _spender) public view returns
(uint256 remaining) {
            return allowed[_owner][_spender];
        }
        // 代币转账
        function transfer(address _to, uint256 _value)public returns(bool success) {
            require(_to != 0x0); // 不允许收款地址是零地址
            require(balances[msg.sender] >= _value);
            require(balances[_to] + _value > balances[_to]);
            balances[msg.sender] -= _value;
            balances[_to] += _value;
            emit Transfer(msg.sender, _to, _value);
            return true;
        }
        // 代币转账 2
        function transferFrom(address _from, address _to, uint256 _value) public
returns (bool success) {
            require(_to != 0x0);
```

```
        uint256 allowanceValue = allowed[_from][msg.sender];
        require(balances[_from] >= _value && allowanceValue >= _value);
        require(balances[_to] + _value > balances[_to]);
allowed[_from][msg.sender] -= _value;
        balances[_to] += _value;
        balances[_from] -= _value;
        emit Transfer(_from, _to, _value);
        return true;
    }
}
```

在这份 MyToken.sol 智能合约中，所有实现了的函数都是 ERC20 标准中的函数，我们还可以在里面添加一些其他的函数，例如添加一个返回总发行量一半的函数，如图 3-15 所示。

```
50
51      // 返回总发行量的一半
52      function getHalfTotalSupply() public view returns (uint half) {
53          return totalSupply/2;
54      }
55
56  }
57
58
59
```

图 3-15　在遵循合约标准的代码中自定义函数

在合约编写和编译好之后，发布阶段还要从 Remix 中取出合约的 Solidity 代码、合约的 ABI 和合约的字节码（Bytecode），以便于在调用合约函数时作为参数来传参。除了从 Remix 中取出合约的 Solidity 代码外，后两者的数据会在下面与合约的发布相关的章节来进行详解。

3.4.6　合约的代码安全

因为智能合约是由代码编写的，自然就会存在代码漏洞方面的风险，最著名的因为合约代码存在计算溢出漏洞而导致资产损失惨重的例子就是 2018 年 4 月份中的"美链 BEC 合约漏洞事件"，该事件造成的后果是 BEC 代币价值归零，其漏洞代码如图 3-16 所示。

```
254
255     function batchTransfer(address[] _receivers, uint256 _value) public whenNotPaused returns (bool) {
256         uint cnt = _receivers.length;
257         uint256 amount = uint256(cnt) * _value;
258         require(cnt > 0 && cnt <= 20);
259         require(_value > 0 && balances[msg.sender] >= amount);
260
261         balances[msg.sender] = balances[msg.sender].sub(amount);
262         for (uint i = 0; i < cnt; i++) {
263             balances[_receivers[i]] = balances[_receivers[i]].add(_value);
264             Transfer(msg.sender, _receivers[i], _value);
265         }
266         return true;
267     }
268 }
269
```

图 3-16　有漏洞的合约代码

batchTransfer 是一个实现批量转账的函数，图 3-16 中框选部分就是有问题的代码，即

```
uint256 amount = uint256(cnt) * _value;
```

其中，_value 是一个类型为 uint256 的入参，当传入的_value 很大且恰好还没有超过 uint256

最大可表示的数值范围而接近 uint256 取值范围的最大值时,_value 乘上 uint256(cnt)最终超过范围,造成 uint256 数据类型的溢出,此时 amount 就变成一个很小的数,不再是正确的值,这将使得后面的判断条件很容易被校验通过。

当从转币者的地址扣除 amount 的时候,事实是扣了很少。

```
balances[msg.sender] = balances[msg.sender].sub(amount);
```

而在循环中给_receivers 添加代币数量的时候,却添加了_value 的数值。

```
balances[_receivers[i]] = balances[_receivers[i]].add(_value);
```

最终导致扣除了很少的 amount 却转给别人巨额的数值,造成资产被盗!

解决这个问题的方法是使用安全的乘法方式,以避免大数溢出,例如使用如下的乘法函数:

```
function mul(uint256 a, uint256 b) internal pure returns (uint256) {
    if (a == 0) {
        return 0;
    }
    uint256 c = a * b;
    require(c / a == b);
    return c;
}
```

对于智能合约中的加、减、乘、除运算,以太坊官方提供了一个安全运算函数的开源库,链接如下:

https://github.com/OpenZeppelin/openzeppelin-solidity/blob/master/contracts/math/SafeMath.sol。

以上只是合约代码安全方面的例子之一。在实际开发中,在复杂且涉及运算的功能实现中一定要谨慎编写代码,以避免产生代码漏洞。

3.5 链上的合约

发布智能合约又称把智能合约发布到区块链上。智能合约一旦发布成功,便不能再修改,这是一个不可逆的操作。所谓的不能修改,指的是合约的代码不能重新编写。

一般来说,在把编写好的智能合约真正发布到公链之前,会先将其发布到以太坊测试网络的测试链上,进行广泛的测试,包含 bug 点检测等,确保没问题才会发布到公链上。

如果智能合约发布到公链后发现依然存在问题,怎么办呢?这种情况下只能重新发布一份替换的智能合约,并将之前发布的有问题的智能合约宣布作废,新发布的合约的名称此时就会出现和旧合约的名称一样的情况,根据合约的唯一性标志,名称一致没有关系,合约的以太坊地址总是不一样的。图 3-17 所示就是在以太坊区块链浏览器中输入 ERC20 代币名称进行查询的时候,看到的名称相同的代币列表。

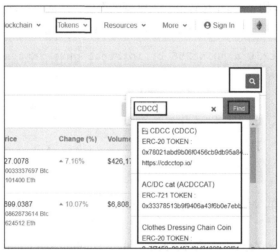

图 3-17　名称相同的代币列表

如果还涉及问题合约对应的代币已经流通起来了的情况，此时的补救方法可以考虑：选择一个区块高度，以所选区块高度为准，对旧合约代币的所有持有者（Holder）进行新合约代币数值的一一对应的映射操作，再宣布旧合约地址作废，合约以新的地址为准。

3.6　认识 Mist

和智能合约的编译器 Remix 一样，以太坊也提供了一个包含智能合约发布功能的图形界面钱包，名称是 Mist，也可称为"Ethereum Wallet"（以太坊钱包）。Mist 是一个开源软件，并支持 Windows（64 位）、Mac、Linux 三大操作系统，它的源码开源地址是 https://github.com/ethereum/mist。

Mist 安装包的下载链接是 https://github.com/ethereum/mist/releases，如图 3-18 所示。

Mist 除了具有发布智能合约的功能外，主要还是一个以太坊钱包，自然会拥有钱包的创建、备份以及以太坊 ETH 余额查看、ETH 转账和 ETH 挖矿的功能。

Ethereum Wallet and Mist Beta 0.11.1 - windows hotfix

evertonfraga released this on 24 Jul · 100 commits to master since this release

∨ Assets 18

Ethereum-Wallet-installer-0-11-1.exe	127 MB
Ethereum-Wallet-linux32-0-11-1.deb	43.8 MB
Ethereum-Wallet-linux32-0-11-1.zip	65.5 MB
Ethereum-Wallet-linux64-0-11-1.deb	42.2 MB
Ethereum-Wallet-linux64-0-11-1.zip	63.4 MB
Ethereum-Wallet-macosx-0-11-1.dmg	67.2 MB
Ethereum-Wallet-win32-0-11-1.zip	59.7 MB
Ethereum-Wallet-win64-0-11-1.zip	67.4 MB
Mist-installer-0-11-1.exe	126 MB
Mist-linux32-0-11-1.deb	43.8 MB
Mist-linux32-0-11-1.zip	64.9 MB
Mist-linux64-0-11-1.deb	42.1 MB

图 3-18　Mist 安装包的下载链接

下面以 Windows 64 位的 Mist 版本为例介绍其启动方式，首先下载 zip 压缩包，解压缩到计算机中的某一个文件夹下即可，如图 3-19 所示。

Ethereum-Wallet-win64-0-11-1.zip	67.4 MB

图 3-19　要下载的 Mist 版本

随后打开解压缩好的文件夹，然后单击 "Ethereum Wallet.exe" 启动以太坊钱包软件，如图 3-20 所示。

content_shell.pak	2018/3/16 17:47	PAK 文件	10,020 KB
d3dcompiler_47.dll	2018/3/16 17:52	应用程序扩展	4,077 KB
Ethereum Wallet.exe	2018/7/23 16:27	应用程序	65,885 KB
ffmpeg.dll	2018/3/16 17:47	应用程序扩展	1,899 KB
icudtl.dat	2018/3/16 17:47	DAT 文件	9,894 KB

图 3-20　启动以太坊钱包软件

启动会有点慢，稍等一会儿就能进入到主页面，如图 3-21 所示。

图 3-21　以太坊钱包的主页面

下面我们开始介绍 Mist 的主要功能及使用。

3.6.1 节点的切换

在 Mist 主页左上角的功能按钮栏中，我们可以设置当前我们想要连接的以太坊网络节点，切换方式为用鼠标依次单击"开发"→"网络"。

在所展示的列表中，"主网络"代表的是以太坊主网，在主网站进行的转账操作发生的资产变化都是具有真实法币价值的。Ropsten 网络代表的是以太坊的测试网络之一，顾名思义，测试网络中所产生的资产操作都属于测试性质，不被承认具有真实法币价值。所谓法币价值，就是我们日常所使用的法定货币（金钱）的价值。Rinkeby 也是以太坊测试网络中的一类，它与 Ropsten 的区别会在后面的"获取测试网络节点"一节中进行讲解。

3.6.2 区块的同步方式

和"节点的切换"一样，在 Mist 主页左上角的功能按钮栏中也可以切换同步网络类型链上区块的同步方式，这是什么意思呢？

原来是 Mist 软件在选择好以太坊网络类型后会自动同步该网络区块链上的区块，将区块存放在本地计算机，以方便软件自身从区块中读取数据。

因为区块链在运行的过程中，伴随着区块的不断产生，链上的区块越来越多，比如目前以太坊公链区块数量已经达到了 600 多万个，面对如此多的区块数据量，如果软件完整地从 0~600 多万区块同步到我们的计算机，这将会非常耗时。因此，以太坊的节点源码提供了可以选择同步方式的接口，以方便开发者根据需要做出选择。

执行"开发"→"Sync mode"，在可选的列表中提供了以下同步方式：

* Light 模式。轻节点模式，策略是只同步所有区块的头部信息，区块体不同步下载。
* Fast 模式。快速模式，策略是快速同步完所有区块的头部信息，随后根据每个区块头同步对应的区块体，最终达到完全同步的目的。
* Full 模式。全节点模式，这个模式是最耗时的，它将直接从区块头开始完整同步区块信息。
* Mist 默认选择的是 Light 模式。

3.7 创建以太坊钱包

以太坊智能合约的发布，存在着一个 Creator（创建者）的概念，这个 Creator 的意思是指这份智能合约是由哪个以太坊地址发布的。从交易的角度来看，以太坊上每份合约的发布本质上都是发送一笔交易，即 Transaction。

显然，有交易就有交易发起者，而发布智能合约交易的发起者就是 Creator，在合约发布的时候，这个地址对应 Solidity 代码里面的 msg.Sender，因此要求当前 Creator 的以太坊地址拥有以太坊 ETH 代币，以便在发布合约时作为交易的手续费。

首先我们跟随图 3-22 在 Mist 中创建一个以太坊钱包来充当发布智能合约的 Creator。单击右上角功能列表中的"账户"，再单击新建账户。

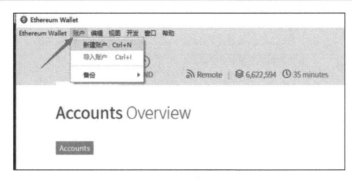

图 3-22　在 Mist 中创建以太坊钱包

在弹出的对话框中，输入密码即可完成账户的创建，如图 3-23 所示。

图 3-23　输入创建钱包的密码

在弹出的英文提示框中提示如何备份在 Mist 中新建钱包的方法，如图 3-24 所示。

图 3-24　提示信息

备份钱包的流程是：依次单击"账户"→"备份"→"账户"。按照此流程操作后，可以看到使用 Mist 生成的钱包的 keystore 文件所存放的文件夹，知道了这个文件夹，就能把钱包的 keystore 文件取出，之后可将其导入到其他的钱包软件 App 中，也可以在开发时使用，如图 3-25 所示。

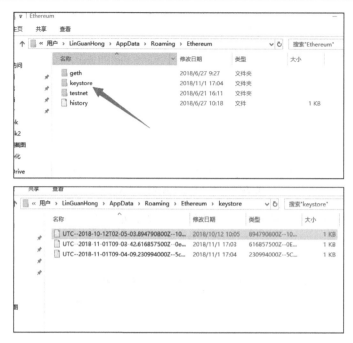

图 3-25　Mist 创建的钱包所生成的 Keystore 文件

图 3-25 中的每一个 keystore 文件都对应一个以太坊钱包地址，那么如何区分各个地址呢？其实很容易。例如，图 3-25 中有 3 个以太坊钱包的 keystore 文件，只需要先观察每个文件的名称再和我们所知道的钱包地址进行匹配就能区分。当然，除了借助文件名称来识别，还可以直接以文本格式打开 keystore 文件，在文件里面也能看到钱包地址，也就是去掉了 0x 后的所有字符，如图 3-26 所示。

图 3-26　Mist 默认给钱包 keystore 文件的命名方式

拥有了 keystore 文件还不足以让我们解锁这个钱包，在使用 keystore 文件解锁钱包，例如导入到钱包 App 的时候，还需要输入这个 keystore 文件对应的密码，这个密码就是我们在创建钱包时输入的密码。

keystore 文件及其密码和钱包私钥、助记词的关系如下：

keystore 文件+密码=私钥

keystore 文件+密码=助记词

最后，创建完成的钱包界面如图 3-27 所示。每个钱包所对应的"x.xx ether"代表的就是拥有多少个以太坊 ETH 代币。需要注意的是，Mist 显示的数值只精确到了小数点后两位且最后一位小数位是四舍五入形式的。例如，如果刚好有 0.001 Ether，那么在这里看到的是 0.00 Ether，如果刚好有 0.0051 Ether，那么在这里看到的应该是 0.01 Ether。

图 3-27　Mist 钱包列表界面

3.8　使用 Mist 转账代币

创建好的以太坊钱包，除了用来发布智能合约，还能用来接收别人转给我们的以太坊 ETH 或 ERC20 代币。

转账也是 Mist 支持的一项功能，在主页面中单击 SEND 按钮进入交易页面，注意，这个页面既可以进行以太坊 ETH 转账，又可以进行 ERC20 代币转账。如图 3-28 所示。

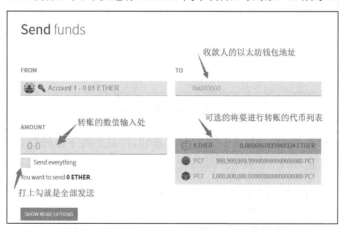

图 3-28　Mist 的转账界面

图 3-28 中的"TO"代表的就是收款人的以太坊钱包地址，必须满足十六进制共 42 个字符的格式，否则会出错。可选的能够进行转账的代币列表中默认的第一项是以太坊 ETH，也就是图中的"ETHER"，可以通过用鼠标单击来选择。

除了 ETHER 之外的选项都是其他的代币，这里的代币不局限于 ERC20 代币类。注意，选择列表中显示的其他代币，需要满足下面的两个条件：

（1）代币对应的合约必须是用户，也就是我们在 Mist 中手动添加的"Custom Tokens"（定制代币），可以单击主页面中的 CONTRACTS 按钮，再下滑到最后，单击 WATCH TOKEN 按钮，手动添加代币，如图 3-29 所示。

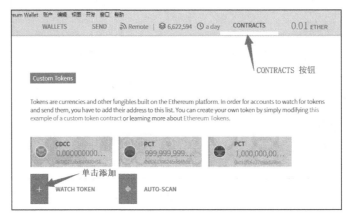

图 3-29　Mist 中添加进来的合约界面

（2）必须是当前在 Mist 解锁了的钱包账号，该钱包拥有数量大于零的代币。

说明一下第（2）点，解锁了的主钱包就是图 3-29 名称为"Account 1"的钱包，"Account 1"必须拥有图 3-29 中两个 PCT 代币的值。这样就满足了第（2）个条件所描述的要求，如图 3-30 所示。

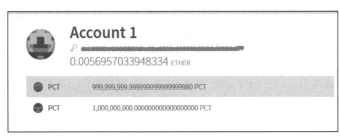

图 3-30　两个 PCT 代币值

仍然在交易页面单击 SHOW MORE OPTIONS 按钮，可以看到下面的 DATA 输入框（见图 3-31），这里的"数据"是可选输入的，它具有下面的特点：

● 必须是 ETH 转账的情况，其他代币转账，Mist 是不允许输入的。

● 必须是十六进制格式的字符串，否则报错。

● 这里的"数据"在代码层面对应的就是我们在"以太坊交易"一节中介绍的 data 参数。

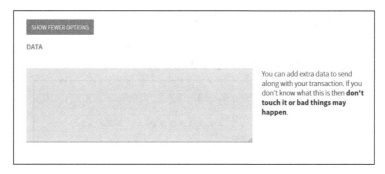

图 3-31　Mist 在 ETH 交易情况下提供的 DATA 参数输入框

图 3-32 是交易手续费的调节界面和转账发送最后一步等待输入解锁密码的界面。

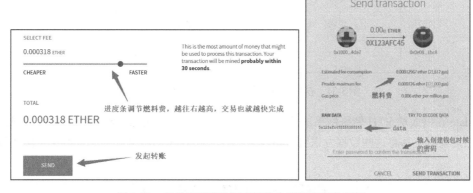

图 3-32　交易手续费的调节和输入解锁密码的界面

输入密码后按回车键，就能进行交易了。交易发起之后，回到 Mist 主页面，滑动鼠标到当前页面的后面就能看到每笔已经发起了的交易记录，单击交易记录即可查看交易详情，如图 3-33 所示。

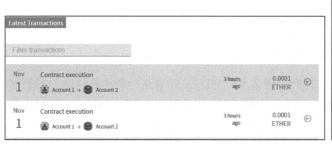

图 3-33　Mist 中显示已经发送了的交易信息界面

现在使用前面"区块链浏览器"一节中所介绍的"cn.etherscan.com"网址来查询刚刚测试中发起的 ETH 转账，即图 3-32 中 data 设置为"0x123afc455555555555"的那一笔。如图 3-34 所示，可以看到交易已经成功，而且数据都是我们所设置的那样。

图 3-34　在区块链浏览器中查看交易的 data 参数

由 data 在以太坊 ETH 转账结果的体现来看，我们可以利用 data 来自定义输入自己想要记录的数据，然后利用交易将这些数据发送到区块链上，这样 data 中的数据就会永远存在于区块链上。

3.9　使用 Mist 发布智能合约

首先在 Mist 的主页面单击 CONTRACTS 按钮，在显示的主页面中单击"DEPLOY NEW CONTRACT"按钮就可以开始合约的部署，如图 3-35 所示。"DEPLOY NEW CONTRACT"的中文含义就是部署新合约。

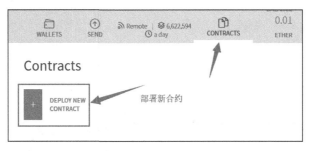

图 3-35　部署新合约

图 3-36 表示的意思是，在部署合约的同时发送多少个 ETH 代币到这个合约的地址，一般保持0 个即可，因为目前所有发送到某个智能合约地址上的 ETH 代币都是拿不回来的。智能合约的以太坊地址虽然和钱包地址格式一样,但在部署合约成功后是不会获得当前合约地址所对应的私钥或者助记词的。

图 3-36　Mist 发送 ETH 交易的默认数值

在当前页面继续往下滑动，可以看到输入合约 Solidity 代码的编辑框，以及输入合约"Byte Code"的地方，与此同时，Mist 还提供了对这两个编辑框中的内容进行校验的功能，例如语法校验，如图 3-37 所示。

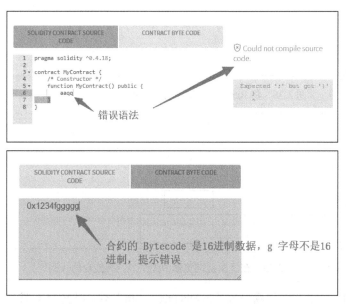

图 3-37　Mist 的 Solidity 代码错误语法的提示

虽然 Mist 为开发者提供了使用 Solidity 语法编写智能合约的功能，但是笔者并不推荐这种做法，建议使用 Remix 进行智能合约的编写，再从 Remix 中提取出相应的内容，复制到 Mist 上述两个输入框中，然后进行合约的部署。

此时，需要提取出在 Mist 发布合约用到的核心信息，包括合约的 Solidity 代码、合约的 ABI 和合约的 Bytecode（字节码）。下面介绍这些信息的提取方法。

3.9.1　合约 Solidity 源码

仍以"实现加法程序"一节中的加法智能合约为例。在编译通过后，如果要使用 Solidity 的代码，可直接从 Remix 的编辑框中提取，提取后再粘贴到 Mist 的 Solidity 代码输入框中，如图 3-38 所示。

这种直接复制 Solidity 代码的操作是最简单的，但也存在问题，特别是对于代码量多、复杂度高的智能合约，不建议使用直接复制的方式编译发布。问题是这样的：在 Remix 中按照 ERC20 标准编写好了 Solidity 后，复制粘贴到 Mist 发布，发布成功后到区块链浏览器 https://cn.etherscan.com/ 中查看刚发布成功的合约，会发现少了"Read Contract"文字按钮，如图 3-39 所示。

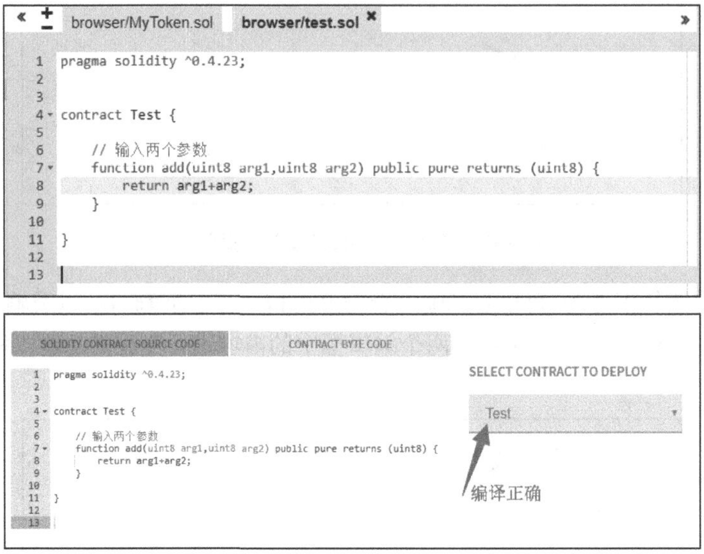

图 3-38　将 Remix 中编写好的合约代码复制到 Mist 中

图 3-39　在区块链浏览器中无法显示智能合约代码

原因是合约的编译器版本问题导致"cn.etherscan.com"不能根据 Mist 发布合约的 Bytecode 识别出这是一份符合 ERC20 标准的代币合约。出现这种情况，只能手动恢复，或者使用后续介绍的 Bytecode 方式在 Mist 中发布合约。

在 Mist 中填写好了"Solidity"代码之后，直接单击页面底部的 DEPLOY 按钮进行合约的部署，如图 3-40 所示。部署的本质就是发起一笔交易（Transaction）。等待以太坊矿工打包成功后，合约就部署成功了，并能在以太坊区块链浏览器上查询到。

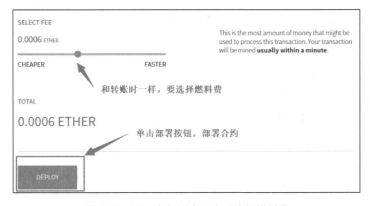

图 3-40　Mist 中部署合约也要选择燃料费

3.9.2　认识 ABI

智能合约中的"Application Binary Interface"简称为 ABI，中文全称是"应用程序二进制接口"。它的直观形式是一串 Json 字符串，Json 里面包含下面的一些 Key：

- name，字符串类型，对应的是当前项的名称。注意，根据 name 只能知道这个项的名称，究竟对于它是函数 function 还是一个 uint8 的变量并不清楚。
- type，字符串类型，标明当前的项是什么类型（是函数还是一个单纯的变量）。常见的 type 有下面的取值：
   ✧ function 函数。
   ✧ constructor 构造函数。
   ✧ event 事件。
   ✧ 变量类型，例如 address、uint256、bool 等。
- constant，布尔类型，代表当前项的操作结果是否会被写入到区块链上，是则为 true，反之为 false。
- stateMutability，字符串类型。stateMutability 拥有下面的取值：
   ✧ pure，代表不会读和写区块链状态。
   ✧ view，代表会读区块链状态，但不会改写区块链状态。
   ✧ nonpayable，代表会改写区块链状态，例如转账 transfer 和授权 approve 这两个 ERC20 标准的函数就可以用来改写区块链。
- payable，布尔类型，代表当前的函数 function 是否可以接收 ETH 代币，可以则为 true，否则为 false，一般来说都是 false。
- inputs，其类型是 Json 数组，代表当前项入参的信息，内部会把每个参数的名称及其所对应的类型列出。一般来说，inputs 会跟随 type 是函数 function 或者事件 event 而含有值。inputs 中的 Json 变量除了 name 和 type 之外，还有下面两个变量：
   ✧ Indexed，在 Solidity 代码的事件 event 中，其入参有设置为 Indexed 关键字，此时 Json 中的这个变量对应的值为 true，反之为 false。
   ✧ components，该变量的类型是 Json 数组，当参数的 type 是 struct 结构类型时，该变量就会出现。

- outputs，和 inputs 的含义类似，其类型也是 Json 数组，代表的是当前项的返回值，内部表达是返回值的名称和类型。

  inputs 和 outputs 如果没有值，便会默认地显示为[ ]。

- anonymous，布尔类型，它和"标准的事件（Event）"一节中介绍的 Indexed 的设置有关联，当为 true 的时候，在 event 中的入参即使是属于 Indexed 关键字的形式也不会保存到 Topic 中，反之则会。

下面是一个 ABI 的部分展示。根据以上对 ABI 各部分的认识可知，如果知道了一份智能合约 ABI 的 Json，那么也就能了解整个智能合约内部代码所实现的函数、事件、变量等信息。

同时，在以太坊源码中一般用 ABI 来做合约在代码层面的预初始化，在准备调用合约的函数时，可以先判断函数名称是否存在、入参类型是否匹配等操作。

```
[
    {
        "constant": true,
        "inputs": [],
        "name": "getHalfTotalSupply",
        "outputs": [
            {
                "name": "half",
                "type": "uint256"
            }
        ],
        "payable": false,
        "stateMutability": "view",
        "type": "function"
    },
    {
        "constant": true,
        "inputs": [],
        "name": "name",
        "outputs": [
            {
                "name": "",
                "type": "string"
            }
        ],
        "payable": false,
        "stateMutability": "view",
        "type": "function"
    },
    {
        "constant": false,
        "inputs": [
            {
                "name": "_spender",
                "type": "address"
            },
            {
                "name": "_value",
```

```
                "type": "uint256"
            }
        ],
        "name": "approve",
        "outputs": [
            {
                "name": "success",
                "type": "bool"
            }
        ],
        "payable": false,
        "stateMutability": "nonpayable",
        "type": "function"
    },
    ...
]
```

3.9.3　提取 ABI 和 Bytecode

在 Mist 智能合约发布界面的另一个输入框"CONTRACT BYTE CODE"中，并没有要求输入 ABI，只需要输入 Bytecode（字节码），但是在其他的一些智能合约发布工具软件中，需要用到合约 ABI 信息，包括在 geth 以太坊节点程序的控制台中进行合约发布的情况也需要 ABI。

除了在合约发布的时候用到 ABI 之外，在代码层面的开发中也会用到，这部分内容将在后面的中继开发一章中讲到。

首先在 Remix 主页的右边工具栏上单击 Compile，再单击 ABI 按钮进行 ABI 文本的复制，如图 3-41 所示。

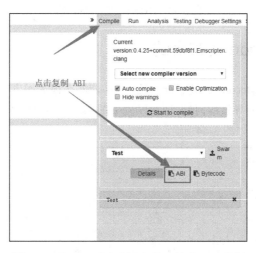

图 3-41　在 Mist 中复制出智能合约的 ABI 数据

接下来提取 Bytecode。Bytecode 的提取不能直接单击图 3-41 中的 Bytecode 按钮进行复制，应该单击 Details 按钮进入到详情页面，如图 3-42 所示。详情页面中会显示出当前编译成功的智能合约的所有信息。

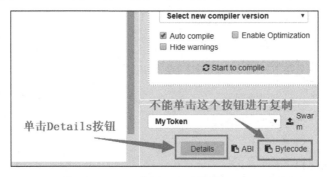

图 3-42　在 Mist 中复制出智能合约的 Bytecode 数据

单击 Details 按钮后，在弹出的页面中，滑动鼠标直至看到 WEB3DEPLOY 栏，找到里面实例中的 data 字段对应的内容，这就是我们要提取的 Bytecode，它是一串完整的十六进制字符串，双击之进行复制即可，如图 3-43 所示。

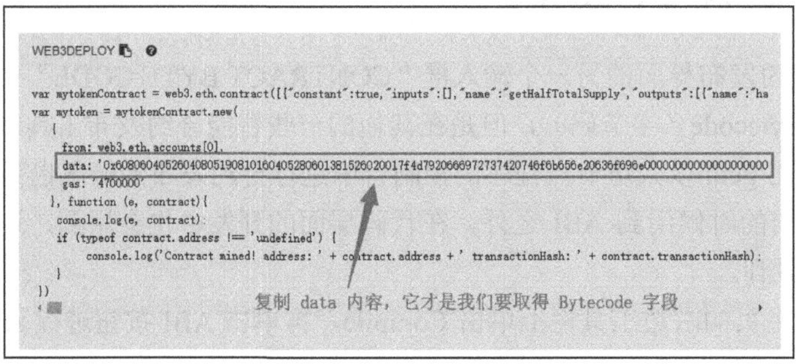

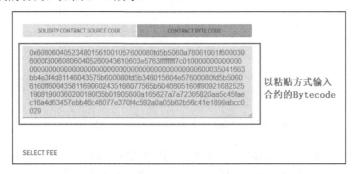

图 3-43　Bytecode 字段的内容

3.9.4　使用 Bytecode 发布合约

推荐在 Mist 中使用 Bytecode 部署智能合约，这样能够在很大程度上避免由于 Remix 编译器版本和 Mist 编译器版本不同而导致的问题，即使发生了图 3-39 所提到的问题，也能方便地进行纠正，无须重新发布替换的合约，如图 3-44 所示。

图 3-44　以粘贴方式输入合约的 Bytecode

填好了 Bytecode 后，直接单击 DEPLOY 按钮发起部署合约的交易。在发起交易的弹出页面中，可以看到交易中的 "to" 地址名称变成了 "Create contract"，如图 3-45 所示。其实 "to" 如果没有设置值（"to"地址不填的话），那么在我们发起交易的时候这个交易就是创建合约。这一点在以太坊的源码中已经做了声明。当然，如果我们在软件（例如一个钱包的转账页面）中不填写"to"地址，就会报错。这个报错是开发者自行设置的。

```
type txdata struct {
    AccountNonce uint64          `json:"nonce"    gencodec:"required"`   // 交易序列号
    Price        *big.Int        `json:"gasPrice" gencodec:"required"`   // gasPrice
    GasLimit     uint64          `json:"gas"      gencodec:"required"`   // gasLimit
    // to 交易的接收者地址，"nil means contract creation" 的意思是，空代表着创建智能合约
    Recipient    *common.Address `json:"to"       rlp:"nil"`             // nil means contract creation
    Amount       *big.Int        `json:"value"    gencodec:"required"`   // 要交易的 token 数值
    Payload      []byte          `json:"input"    gencodec:"required"`   // data 参数

    // Signature values
    // 下面的 v r s 就是签名的时候会赋值的，保存着签名后生成的数据
    V *big.Int `json:"v" gencodec:"required"`
    R *big.Int `json:"r" gencodec:"required"`
    S *big.Int `json:"s" gencodec:"required"`

    // This is only used when marshaling to JSON.
    Hash *common.Hash `json:"hash" rlp:"-"`
}
```

图 3-45　以太坊 Go 源码中对 to 地址的注释和 Mist 发起部署合约时候的界面

稍等一段时间，在"Latest Transactions"栏可以查看到合约的交易已经成功，如图 3-46 所示。

接下来，我们到区块链浏览器"cn.etherscan.com"上进行查询验证。首先在 Mist 上面的交易详情页面复制哈希值，然后用浏览器打开"cn.etherscan.com"进行搜索，如图 3-47 所示。

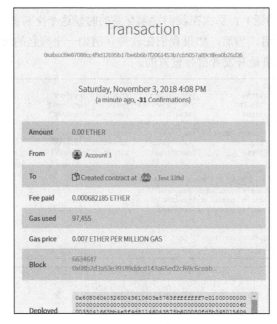

图 3-46　合约的交易已经成功

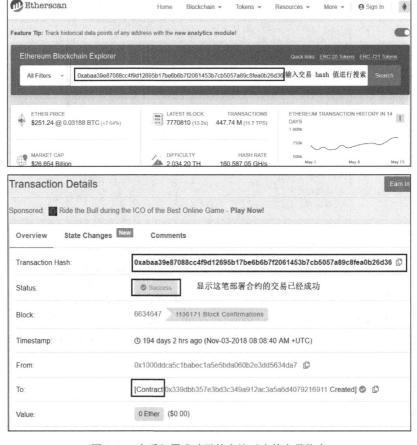

图 3-47　查看部署成功了的合约对应的交易信息

根据"cn.etherscan.com"显示的结果，可以确认上面的合约已经成功发布到了以太坊的公链上。合约的以太坊地址是：

```
0x339dbB357E3BD3c349a912ac3a5A6D4079216911
```

该地址就是合约的唯一标识。如果要发布 ERC20 标准的代币智能合约，模仿上述的发布方法即可。

3.9.5　使用合约的函数

在上面的一节中，我们使用 Mist 发布了一个实现加法运算的智能合约，那么在智能合约发布之后，如何使用这份智能合约呢？

Mist 为我们提供了直接调用智能合约函数的页面，如图 3-48 所示。首先在 Mist 主页面上单击 CONTRACTS 按钮，进入到 Mist 已经发布或者添加了合约的列表页面，再找出我们想要调用的函数的合约，单击合约可进入到对应的详情页面。

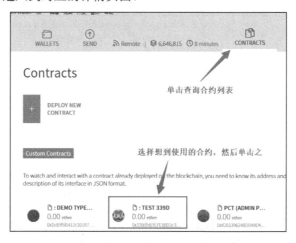

图 3-48　在 Mist 中选择要使用的合约

在默认情况下，我们在合约列表页面看到的都是自己在 Mist 上成功发布了的合约。如果想调用别人发布的合约，怎么办呢？这种情况下需要手动添加，添加流程和添加"Custom Tokens"的方法大同小异。

首先在合约列表中单击"WATCH CONTRACT"按钮，在弹出的页面中按照图 3-49 的指示输入对应的信息，其中"JSON INTERFACE"就是我们前面谈到的 ABI，如果要获取的 ABI 无法从合约编辑器（例如 Remix）中获取，可以直接在区块链浏览器（例如"etherscan.io"需要科学上网，国内可以使用"cn.etherscan.com"）中查询获取，前提是必须知道要查询合约的以太坊地址。

例如，要添加的智能合约是代币 CDCC 的，知道它的以太坊地址是：

```
0x78021abd9b06f0456cb9db95a846c302c34f8b8d
```

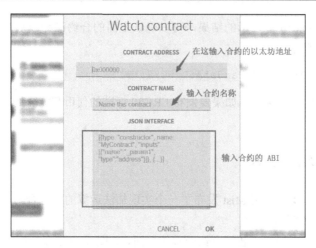

图 3-49 在 Mist 中查看合约的信息

现在到"cn.etherscan.com"中查询，在查询出来的页面中单击 Code 按钮，如图 3-50 所示。

图 3-50 在"cn.etherscan.com"中查询合约

然后在对应的页面中滑动鼠标，找到"Contract ABI"一栏，复制 ABI 的内容，这就是我们要粘贴到"JSON INTERFACE"里面的内容，最后单击 OK 按钮即成功添加别人发布的合约，如图 3-51 所示。

图 3-51 找到 ABI 的内容复制

单击了想要调用的合约之后，在显示出的页面中就能看到当初在合约中所有定义好了的能够被外部调用的函数，因为我们要调用的是加法合约中的加法函数，所以会看到如图 3-52 所示的界面。尝试分别输入 Arg1 和 Arg2，可以看到该合约的计算结果。

图 3-52 在 Mist 调用合约的函数

其他智能合约在 Mist 中的调用流程和本例相同，不再赘述。

截至目前，我们只是在界面化的层面直接调用了合约中的函数，实际开发中更多的是通过代码来进行智能合约相关函数的调用，相关内容我们将在第 4 章进行介绍。

3.10 Mist 的替换品 MyCrypto

在阅读该节之前，请读者先阅读 3.6~3.9 节，由于 Mist 钱包软件的安全问题，2019 年 3 月 23 日官方已经宣布不再维护它。在之后的开发中，很大程度将会不能再使用它了，以太坊的核心团队推荐了它的一个替代品软件——MyCrypto，官网链接是 https://download.mycrypto.com/。

目前 MyCrypto 支持多种操作系统的客户端，如图 3-53 所示。

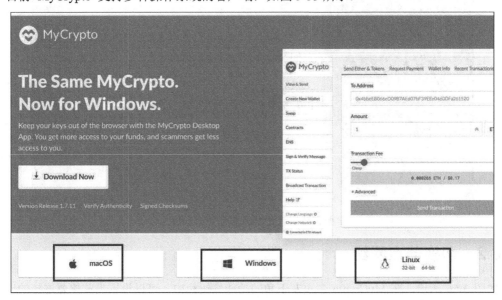

图 3-53 关于 MyCrypto

3.10.1 安装 MyCrypto

打开 MyCrypto 的官网后，选择想要下载的系统版本，比如 Windows，单击按钮后，开始直接下载安装包。

下载结束后，单击安装，如果看到了如图 3-54 所示的提示页面，那么单击"更多信息"按钮，然后再单击"仍要运行"按钮。

图 3-54　在 Windows 中安装 MyCrypto

当看到了如图 3-55 所示的界面后，直接单击 Next 按钮，就能完成最后的安装。

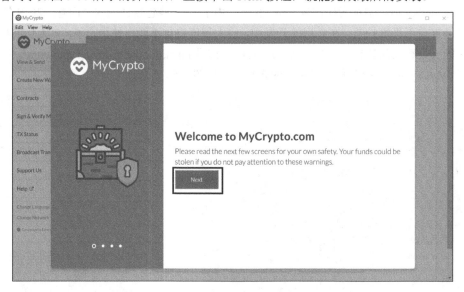

图 3-55　单击 Next 按钮完成安装

3.10.2 切换节点网络

如图 3-56 所示，在 MyCrypto 主页左下角的功能按钮栏中，可以设置当前想要连接的以太坊网络节点，切换方式是单击"Change Network"按钮。

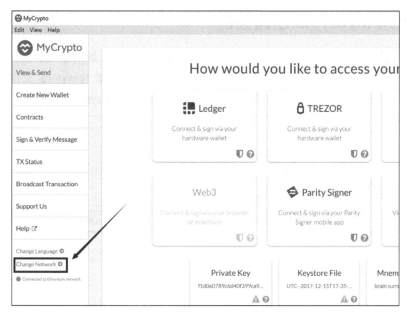

图 3-56　切换节点网络类型

　　如图 3-57 所示，在所展示的列表中，Ethereum 代表的是以太坊主网，在主网站进行的转账操作发生的资产变化都是具有真实法币价值的。Ropsten 网络代表的是以太坊的测试网络之一，顾名思义，测试网络中所产生的资产操作都属于测试性质，不被承认具有真实法币价值（所谓法币价值，就是我们日常所使用的法定货币[金钱]的价值）。Rinkeby 也是以太坊测试网络中的一类，它与 Ropsten 的区别会在后面的"获取测试网络节点"一节中进行讲解。

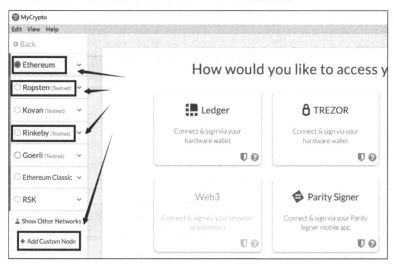

图 3-57　可选的节点网络类型

　　在对应的节点网络类型中，单击右边的小箭头图标，可以看到节点网络的提供商，它们的好处就是不用我们在使用软件的时候，还去自己搭建节点网络。当然，如果要使用自己的节点网络，那么可以单击"Add Custom Node"按钮来添加自己的节点网络信息。

3.10.3 使用 MyCrypto 创建钱包

如图 3-58 所示，在主界面上单击"Create New Wallet"就能进入到创建钱包的界面。MyCrypto 支持在线上以购买和导入硬件钱包的方式来创建钱包以及传统的创建 keystore 文件或助记词的方式来创建钱包。这里我们选择的是第二种，输入 12 位密码来创建 keystore 文件。

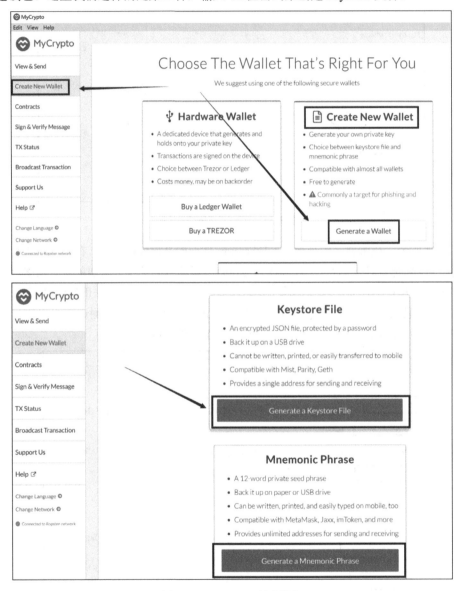

图 3-58　MyCrypto 创建钱包

创建成功后，软件会要求我们把文件保存好，才能进入下一步。如图 3-59 所示，单击保存好新钱包的 keystore 文件后，再单击 Continue 按钮，进入下一步，就能看到钱包的所有信息，包括十六进制的私钥信息。

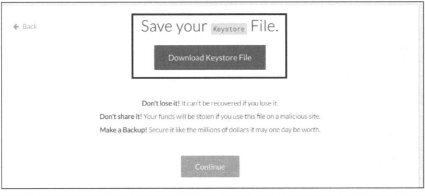

图 3-59　创建钱包成功后的信息

3.10.4　使用 MyCrypto 转账代币

如图 3-60 所示，查看或导入钱包，直接单击按钮"View & Send"，可以看到有 3 种方式导入钱包，即私钥、keystore 文件或助记词。

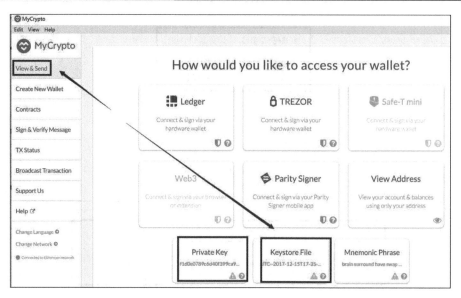

图 3-60　导入钱包

选择了导入 keystore 文件后，我们需要选择文件，再输入密码以完成整个导入操作，如图 3-61 所示。

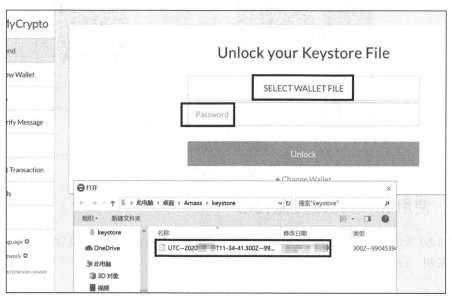

图 3-61　导入 keystore 文件

成功导入钱包后，可以看到钱包的主界面，如图 3-62 所示，右上角有切换钱包的按钮"change wallet"和其他信息的展示。

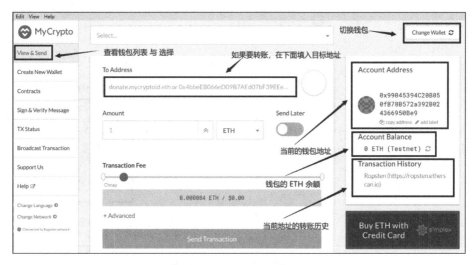

图 3-62　钱包的主界面

　　如果我们所导入的钱包还拥有其他代币的余额，比如不仅仅拥有 ETH 代币，还拥有 ABC 代币，那么在界面的显示里面是看不到 ABC 代币余额的，需要我们进行代币信息同步的操作。

　　如图 3-63 所示，MyCrypto 提供了一个"Scan For Tokens"按钮来同步当前钱包的其他代币信息，包括余额和通过输入智能合约地址的方式来加载合约。

图 3-63　同步合约信息

　　要注意的一点是，在同步钱包的其他代币信息时，只要拥有余额的代币才会显示出信息，同时，在转账界面可以通过单击下拉列表来选择切换要转账的代币，如图 3-64 所示。

图 3-64　切换目标转账代币

开始转账的时候，填写好收款者地址、转账数值和设置好邮费，就能发送交易，最终的确认如图 3-65 所示。如果是以私钥的方式导入钱包，那么不需要再输入密码即可发送交易，否则，在单击发送的时候，会被要求输入解锁密码。

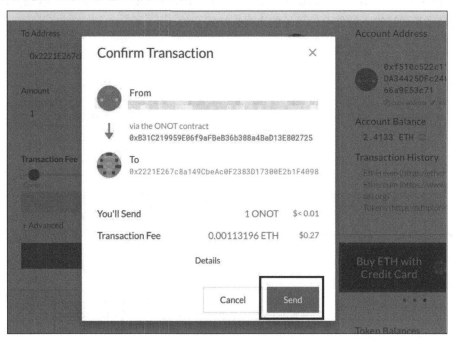

图 3-65　最终确认发送交易图

3.10.5　使用 MyCrypto 部署智能合约

MyCrypto 除了能被用于进行转账之外，还可以用于部署智能合约以及签名交易的功能，相比于 Mist，MyCrypto 功能更加强大一些。如图 3-66 所示，在功能栏的 Contracts 所对应的页面中，选择 Deploy 就可以部署合约功能。

　　需要注意的是，这里并没有 Mist 的通过填写智能合约代码的部署方式，即智能输入合约编译后的 Bytecode 来进行部署。

　　整个过程和发送交易一样，当创建成功后，可以在钱包的界面查看所有相关操作的交易记录。

图 3-66　使用 MyCrypto 部署智能合约

　　除了上面所介绍的 MyCrypto 功能外，读者可以自行查看其他的功能，比如"Tx Status"、"Broadcast Transaction"等。

3.11　小　结

　　以太坊智能合约是目前以太坊 DApp 的主要实现形式，我们可以通过发布一份智能合约来发布一个 DApp 应用。本章从智能合约使用的完整流程开始，介绍了如何使用 Remix 编写智能合约以及使用 Mist 或 MyCrypto 来发布智能合约。

　　需要注意的是，在编写合约时，并没有从合约的 Solidity 编程语言方面进行讲解（有关 Solidity 语言的内容，读者可参考专门的资料进行学习），而是使用了两个例子进行学习。实现加法功能的智能合约是其中一个最为简单的入门级例子，通过该例可以帮助我们认识智能合约是一个使用代码编写的程序的本质。在加法例子之后结合工具软件，对经常被用于以太坊上发币所使用的 ERC20 标准代币合约的实际应用进行了详细介绍，包括在 Remix 编辑器中进行代币合约的 Solidity 代码编写，以及得到 ERC20 代币合约的 Bytecode 后再使用 Mist 进行发币等内容。

第4章

以太坊中继基础接口

在前面各章中，我们主要介绍的是以太坊 DApp 开发的相关基础知识，从本章开始，我们将通过一个 DApp 开发实例——以太坊中继，对这些知识进行综合应用，以帮助读者掌握如何自己动手开发 DApp 项目的实用技能。

本章首先介绍以太坊中继的基础接口及相关概念，在下一章我们将会深入讲解以太坊中继的应用开发。

4.1　认识以太坊中继

首先，我们来认识一下以太坊中继。通过如图 4-1 可以看出以太坊中继器（以下简称为中继）在基于服务架构中的位置。

以太坊中继在服务集群中充当的是一座连接传统服务器端和以太坊区块链的桥梁，也可以看作是服务分离的一部分。中继负责公链上相关功能的实现，几乎囊括了目前以太坊 DApp 的绝大部分功能。

以太坊中继能够直接提供但不限于下面的功能：

- 接受其他服务端链上的相关服务请求，然后查询被请求的链节点，获取对应的数据后再返回给请求的服务者，例如交易记录的查询、代币余额查询等。
- 发起交易的功能，包括以太坊 ETH 转账和 ERC20 代币转账。这项功能经常出现在目前交易所开发的应用中，一般对应用户的提币操作，用户在移动端发起提币请求，传统服务器接收请求后，在内网中访问以太坊中继，把交易信息发给中继，然后中继从交易所的对公账户中转出对应数量的币值。
- 用户以太坊钱包的创建。这个功能一般对应于中心化交易所帮助用户在服务器端创建钱包的功能，也是目前常见的功能。

- 对链上区块相关事件的监听。该功能特别重要，其中也包含了我们在智能合约一节中所谈到的交易结果是否被成功监听，目前能够监听的事件包括但不限于下面的各项：
  - ◇ ERC20 代币授权 Approve 事件。
  - ◇ 代币转账 Transfer 的结果事件。
  - ◇ WETH 代币置换 ETH 事件。
  - ◇ ETH 置换 WETH 代币事件。
  - ◇ 新区块生成事件。
  - ◇ 遍历一个区块事件。
  - ◇ 区块链分叉事件。

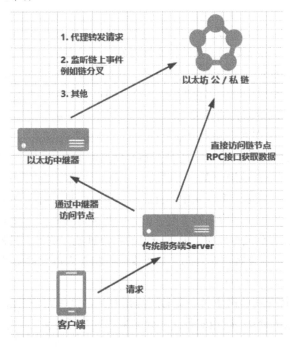

图 4-1　以太坊中继基于服务架构中的位置

以上是常见的以太坊事件，具体的还有很多，例如在"标准的事件（Event）"一节中提到的——使用 Solidity 编写智能合约的时候可以定义自己想要的 Event 事件，也就是说，以太坊中继还可以用于监听"自定义事件"等。

4.2　区块遍历

在中继可实现的功能中，事件的监听是开发难度最高的，因为其他的以太坊接口调用如果不考虑服务分离，可以并入到传统服务器端的功能模块中去。

事件监听的技术原理主要是通过获取一个区块内部的交易信息并解析交易信息内的"Event Log"（事件日志）来达到目的。在以太坊目前提供的 Web3.js 库中，有区块事件的监听函数，但

Web3.js 一般用于客户端，且存在以下不足：

（1）如果客户端的进程被杀死，监听动作就会丢失。

（2）若没对上次最后遍历成功的区块号进行存储，重新启动的时候将会造成时间段内新生成区块的数据丢失。

（3）完整的监听流程比较消耗客户端的设备资源，影响用户体验。

因此，区块的遍历及其内部数据获取后的存储应该在后端服务中进行，也就是以太坊中继应该包含该功能。

为什么一定要有监听区块事件的功能？下面我们通过一个在交易所中实际用到的例子来进行阐述。

中心化交易所基本都具备用户提币（提现）的功能。这里的提币指的是把币从交易所转到用户公链上的钱包地址中去，毫无疑问，这是一个涉及在公链中发送交易的操作。我们知道，以太坊的交易不会马上知道刚发送的交易是否成功或失败，只能够知道一笔交易的哈希值，但是在用户发起提币请求后，人工审核发起转账，肯定要在某一个时间点通知客户端或者数据库有关转账请求的状态更新，例如把提币请求更新为提币成功。

基于以上的例子，如果在客户端对交易返回的哈希值进行不断地监听——监听交易在什么时候成功，这将会存在上面谈到的在客户端进行交易事件监听的 3 个问题，所以是不可取的。

这个时候如果让中继不断地遍历每一个区块，按照区块高度来逐个遍历，当提币的交易最终在链上成功了，它就会被打包进一个区块中。自然地，在我们遍历到这个区块时，就能把里面的所有交易信息提取出来，当发现了对应的哈希存在时，证明提币到账了。除此之外，还能把从每个区块中遍历出的交易记录保存到数据库中，并做一定的字段过滤。例如，只保存一种 ERC20 代币的转账记录，有了这些记录，能让客户端发起交易查询时直接查询以太坊中继来得到结果，而不是通过以太坊节点的接口查询。

上面就是基于以太坊交易的例子（在交易所提币时），是以太坊中继监听事件的体现之一。此外，还有分叉事件的监听处理，即当监听到了分叉事件时有可能会对某些数据更新进行回滚操作等。

图 4-2 是一个区块遍历的大致模型图。

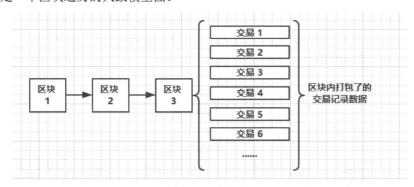

图 4-2　区块包含它所打包了的交易

在以太坊的机制中，链上的授权、交易、合约发布等事件都是一条条的交易信息，我们把每笔交易信息提取出来再进行分类应用，就能够实现不同的功能。

4.3　RPC 接口

无论 C/S 还是 B/S 技术架构，客户端和服务器端的交互都是通过请求与响应的方式进行的，如图 4-3 所示。

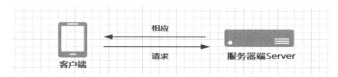

图 4-3　一般的客户端访问服务器端的请求与响应

最为开发者熟悉的客户端请求服务器端的接口就是"RESTful API"。这类 API 的特点是，客户端可以通过使用 GET 或 POST 的方式进行请求。目前，服务器端接口除了"RESTful API"这种类型，还有一种就是我们多次提到的 RPC 接口类型。

RPC（Remote Process Call，远程过程调用）和"RESTful API"一样，能够被客户端应用于与服务器端的交互，这是两种接口最大的共同点。下面我们从协议及实现的角度来认识一下这两种接口的不同。

图 4-4 所示是我们熟知的 OSI 七层网络通信模型。

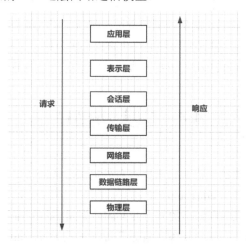

图 4-4　OSI 七层网络通信模型

从协议角度来看，"RESTful API"接口在应用层基于的协议就是 HTTP 或 HTTPS，在经过了应用层到达传输层时就会使用 TCP 或 UDP 协议。"RESTful API"为开发人员提供了多种请求方式，GET/POST 请求方式只是其中的两种，还有 Put、Delete、Head、Option 4 种请求方式。由于 HTTP/HTTPS 协议已经被开发得很完善了，因此开发人员在编写"RESTful API"接口程序时可以大幅地减少开发时间。

RPC 接口在基于通信协议方面的实现有多种，主要有下面的两种：

（1）同"RESTful API"一样，基于应用层 HTTP/HTTPS 协议的实现。

（2）基于传输层的 TCP 协议的实现，也被称为 Socket（套接字）的实现。

从协议的实现角度来看，请求和接收响应在应用层发出和在传输层发出有很大区别。如果是基于 HTTP/HTTPS 协议实现，在速度方面，RPC 接口和"RESTful API"接口几乎无差别，但基于传输层的 TCP 协议实现 RPC 接口，RPC 接口除了因为在数据传输流经的层级上比"RESTful API"少而整体比它快之外，传输时的整体数据报层面还少了 HTTP/HTTPS 的头部数据量及组装的时间损耗。也就是说，在实现同样功能的情况下，RPC 不仅请求与响应速度要比"RESTful API"快，且数据量也相对要少。

此外，因为使用 TCP 协议实现的 RPC 接口不像应用层的 HTTP/HTTPS 协议那样，已经为我们做好了很多复杂的事情，包含数据的编码、解码等，在传输层上，如果我们不依赖第三方框架来自己动手实现一套 RPC 框架，那么从请求到响应及其解码数据的过程，其难度都是比较大的。然而，由于现今的计算机编程语言都提供了很多成熟的 RPC 框架，实际上开发者也可以简单地实现 RPC 类型的接口。

从数据传输格式上进行分类，常见的 RPC 框架有以下几种：

- JSON-RPC
- XML-RPC
- Protobuf-RPC
- SOAP-RPC

所谓的 RPC 协议，就是规范了一种客户端和实现了 RPC 接口的服务器端交互时的数据格式。

RPC 接口实现的大致流程是：服务的调用方按照规范好了的编码方式把某个 RPC 接口的函数名称和参数进行序列化编码后，发送到服务的提供方即服务器端，服务器端再通过反序列化后把对应的参数提取出来，然后通过调用相关函数，最后把结果返回给服务的调用方，完成整个流程。

4.4 以太坊接口

目前以太坊 Go 语言版本的节点源码中所有对外提供服务的接口都是 RPC 类型的，源码地址是 https://github.com/ethereum/go-ethereum。

为了方便开发者学习使用，以太坊的官方开发团队采用 JavaScript 语言开发了一整套以太坊节点 RPC 接口的开源库，名称为 web3.js 库，官方开源地址是 https://github.com/ethereum/web3.js。

除了官方基于 JavaScript 的版本之外，我们到 GitHub 上进行搜索可以发现，截至目前，web3.js 库已经拓展出了其他语言的版本，这些不同语言版本的 web3.js 库方便了以太坊相关应用的开发，如图 4-5 所示。

以太坊源码提供的 RPC 接口有很多，除了获取余额的接口 getBalance 和交易的接口 sendRawTransaction 之外，还有估算一笔交易的燃料费接口 estimateGas 等。当我们想要使用某个接口的时候，可以查看官方的接口文档，文档列举了所有 RPC 接口的信息、包含请求的参数以及返回结果的结构等。

官方例子 web3.js 文档链接是 https://web3js.readthedocs.io/en/1.0/。

官方 RPC 接口的完整文档链接是 https://ethereum.gitbooks.io/frontier-guide/。

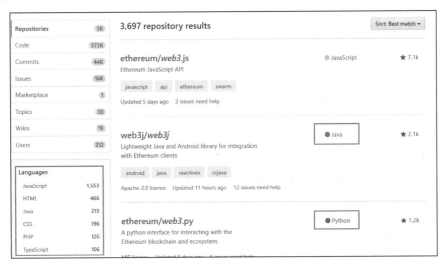

图 4-5　web3.js 在 GitHub 上的不同语言版本

4.4.1　重要接口详解

根据 RPC 接口文档，我们在开发以太坊中继时主要用到的 RPC 接口是 eth 部分，这部分的接口涵盖了区块和交易这两大模块，如图 4-6 所示。

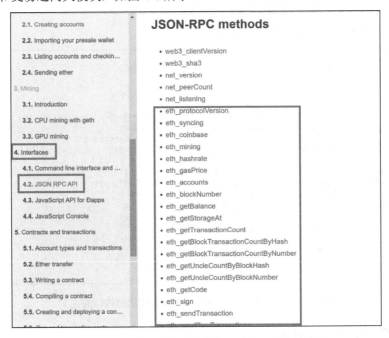

图 4-6　RPC 接口完整文档的接口函数（方法）列表

下面我们介绍的几个 RPC 接口在开发以太坊中继时都会用到，请务必了解每一个接口的作用，特别是接口的函数名称和功能。在讲解接口之前，我们先介绍 3 个重要的参数：

● genesis，代表的是最早的，早期的源码版本中等同于 earliest。

- pending，代表的是等待或挂起状态中的。
- latest，代表的是最新完成的。

这 3 个参数都会出现在每一个接口中，关于它们的实际使用，我们会在下面介绍具体的接口时进行详细说明。下面我们介绍几个重要的接口。

1. eth_blockNumber

该接口可以根据传参获取 3 种类型的区块高度，也就是区块号。其参数包括 latest、pending、和 genesis。其中，latest 参数获取的是当前链上最新生成的区块的高度；pending 获取的是当前正在被矿工开采的区块，代表正在打包交易的区块，一个区块在打包完一定量的交易后才会完整上链；genesis 代表的是创始区块的区块号，也就是第一个区块的高度，要注意的是，最早的区块号不一定就是 0，因为在生成的时候是可以指定不为 0 的。

2. eth_getBlockByNumber

该接口根据区块高度获取区块的部分信息，是在遍历区块时主要用来获取区块数据信息的一个接口。它能够提供下面的数据：

（1）区块头部的部分字段。
（2）所有打包在这个区块中的交易的哈希数组。

Block 区块的结构体的定义如图 4-7 所示。

```go
type Block struct {
    Number            types.Big     `json:"number"`
    Hash              common.Hash   `json:"hash"`
    ParentHash        common.Hash   `json:"parentHash"`
    Nonce             string        `json:"nonce"`
    Sha3Uncles        string        `json:"sha3Uncles"`
    LogsBloom         string        `json:"logsBloom"`
    TransactionsRoot  string        `json:"transactionsRoot"`
    ReceiptsRoot      string        `json:"stateRoot"`
    Miner             string        `json:"miner"`
    Difficulty        types.Big     `json:"difficulty"`
    TotalDifficulty   types.Big     `json:"totalDifficulty"`
    ExtraData         string        `json:"extraData"`
    Size              types.Big     `json:"size"`
    GasLimit          types.Big     `json:"gasLimit"`
    GasUsed           types.Big     `json:"gasUsed"`
    Timestamp         types.Big     `json:"timestamp"`
    Uncles            []string      `json:"uncles"`
    Transactions      []string      // 所有被打包进来的交易的 hash 数组
}
```

图 4-7　以太坊 Go 版本源码中 Block 区块结构体的定义

3. eth_getTransactionByHash

该接口可根据一笔交易记录的哈希值获取这笔交易的详细信息。该接口提供了交易查询功能，在获取区块信息后，从区块信息中获取被打包的交易的哈希值，进行全部交易记录信息的提取。处于 pending（等待或挂起）状态的交易，返回的将会是空，我们也可以根据接口的这个特点来判断一笔交易是否成功，它能够给我们提供如图 4-8 所示的数据。

```
67     type Transaction struct {
68         Hash             string      `json:"hash"`
69         Nonce            types.Big   `json:"nonce"`
70         BlockHash        string      `json:"blockHash"`
71         BlockNumber      types.Big   `json:"blockNumber"`
72         TransactionIndex types.Big   `json:"transactionIndex"`
73         From             string      `json:"from"`
74         To               string      `json:"to"`
75         Value            types.Big   `json:"value"`
76         GasPrice         types.Big   `json:"gasPrice"`
77         Gas              types.Big   `json:"gas"`
78         Input            string      `json:"input"`
79         R                string      `json:"r"`
80         S                string      `json:"s"`
81         V                string      `json:"v"`
82     }
83
```

图 4-8 以太坊 Go 版本源码中 Transaction 交易结构体的定义

图 4-8 交易数据中各个字段的含义是：

- Hash，当前交易的哈希值。
- Nonce，当前交易对应的系列号。
- BlockHash，当前交易被打包进区块的哈希值。
- BlockNumber，当前交易被打包进区块的高度，也就是区块号。
- TransactionIndex，当前交易在区块的所有打包了的交易数组中的下标。
- From，发起交易的以太坊地址。
- To，这笔交易发往的以太坊地址。注意，这里不能直接看作是收款人的以太坊地址。在合约类代币交易中，就是智能合约的以太坊地址。
- Value，这笔交易的交易额，对应的是以太坊 ETH 的数量。如果是合约类代币交易，这个数值应该是 0。
- GasPrice，这笔交易每笔燃料（Gas）的价格，详情参考"交易参数的说明"一节。
- Gas，对应的就是 GasLimit，详情参考"交易参数的说明"一节。
- Input，就是"交易参数的说明"一节中所讲的 data。
- R、S、V，和交易签名相关的 3 个字段，是验签时所需要的字段。

4. eth_getTransactionReceipt

该接口可根据一个交易的哈希值来获取这笔交易收据的详情。注意，该接口返回的数据在一定程度上和 eth_getTransactionByHash 是相同的，但该接口返回的数据更详细，例如交易的日志 Logs，这也是我们进行事件监听最主要的数据源。和 eth_getTransactionByHash 一样，处于 pending 状态的交易，返回的将会是空。该接口能提供如图 4-9 所示的数据。

```
137  type TransactionReceipt struct {
138      BlockHash          string      `json:"blockHash"`
139      BlockNumber        types.Big   `json:"blockNumber"`
140      ContractAddress    string      `json:"contractAddress"`
141      CumulativeGasUsed  types.Big   `json:"cumulativeGasUsed"`
142      From               string      `json:"from"`
143      GasUsed            types.Big   `json:"gasUsed"`
144      Logs               []Log       `json:"logs"`
145      LogsBloom          string      `json:"logsBloom"`
146      Root               string      `json:"root"`
147      Status             *types.Big  `json:"status"`
148      To                 string      `json:"to"`
149      TransactionHash    string      `json:"transactionHash"`
150      TransactionIndex   types.Big   `json:"transactionIndex"`
151  }
```

图 4-9　以太坊 Go 版本源码中 TransactionReceipt 收据结构体的定义

除去与 eth_getTransactionByHash 相同的数据字段外，该接口其他数据字段的含义如下：

- ContractAddress，合约地址，这个字段只有在当前交易是合约创建的情况才会有值，对应的是新创建合约的以太坊地址，其他情况都是空。
- CumulativeGasUsed，该字段和 GasUsed 不一样，目前还没有一个通俗的解释，包含官方文档对它的描述也不清晰。它所代表的是当前交易所在区块的交易列表中，当前 TransactionIndex 之上包含自身的其他所有交易的 GasUsed 之和。例如，TransactionIndex=5，那么它的 CumulativeGasUsed 数值为下标是 0、1、2、3、4、5 的交易的 GasUsed 数值之和。
- GasUsed，实际消耗的燃料费，它和 GasLimit 的关系请参考"交易参数的说明"一节。
- Logs，由当前交易生成的事件（Event）日志。
- Root，当前交易在默克尔树根节点的哈希值。
- Status，如果这笔交易最终是成功的，那么其值为 true，也就是 1，否则为 false。

5. eth_getBalance

这个接口获取的是某个以太坊地址的 ETH 数值，即 ETH 余额。注意，它不是获取 ERC20 代币及其他代币的余额。

6. eth_sendTransaction 和 eth_sendRawTransaction

这两个接口在"以太坊交易"一节中已经做过介绍，是所有交易的触发接口。其中，eth_sendRawTransaction 可以完成的交易类型包含 eth_sendTransaction 的类型。

7. eth_getTransactionCount

该接口可根据一个以太坊钱包地址获取基于当前钱包地址的交易序列号 Nonce。该接口传入的第二个参数就是 genesis、pending 和 latest，各参数分别对应下面的作用：

（1）取 genesis 时，获取当前以太坊地址第一次发起交易时的 Nonce 序列号。

（2）取 pending 时，获取当前以太坊地址提交了的且正处于 pending 状态等待被区块打包的交易订单所对应的 Nonce 序列号。请注意，如果当前查询的地址没有处于 pending 状态的交易，那么它将返回与 latest 一样的 Nonce 号。

（3）取 latest 时，获取当前以太坊地址提交了且被区块成功打包了的交易订单所对应的 Nonce

序列号加一的值。举个例子，地址 A 最后一笔成功交易对应的 Nonce 为 4，当调用接口传入该参数的时候，获取的结果就是 5。

（4）在 eth_getTransactionCount 中，Nonce 查询满足：pending≥latest≥genesis。

8. eth_getCode

该接口根据以太坊地址判断当前地址是非合约地址还是合约地址。如果是非合约地址，那么返回值是"0x"；如果是合约地址，那么返回值则是智能合约当初创建时的十六进制码。

9. eth_estimateGas

该接口用来估算一笔交易要消耗多少 GasLimit，注意所估算出的值没有涉及 GasPrice。入参中的 data 是被估算的数据量，估算的结果数值和数据量成正比。这个接口在钱包发起交易时让用户选择燃料费为多少的功能上会用到，体现在燃料费进度条中的最大值上。最大值一般就是这个接口返回的数值。

10. eth_call

这是以太坊用来访问智能合约函数的万能 RPC 接口，意思是任何智能合约上的公有函数都能使用这个接口进行访问。前面提到，eth_getBalance 是用来查询以太坊 ETH 余额的，如果要查询非 ETH 的代币余额，例如 ERC20 代币的余额，就可以通过 eth_call 来进行查询。这个接口的入参和 sendTransaction / sendRawTransaction 接口是一样的。

在 eth_call 中，我们可以通过控制 data 参数值中的 methodId 及所调用的合约的入参来达到访问不同智能合约函数的目的。

此外，请务必了解，eth_call 接口是只读的，它不会造成区块链上数据的改变，自然也就不会造成真实数据的改变。以 ERC20 代币转账为例，一般转账用 sendRawTransaction，是否可以用 eth_call 来实现转账呢？因为 eth_call 接口的定义是，可以访问智能合约中的所有函数，既然 transfer 是智能合约中的一个函数，那么 eth_call 就能访问该函数，而且 sendRawTransaction 转账到 EVM（虚拟机）执行 data 时也会用到合约中的 transfer 函数，所以是否可以用 eth_call 实现转账，答案是否定的。

这里我们对 eth_call 只读特性从源码层面做一下说明。

以太坊虚拟机 EVM 在执行合约代码时会先使用区块号 blockNumber 找出对应的区块信息，再系统地根据这个区块的数据实例化一个名为 status 的变量，由 status 来实例化对应的虚拟机 EVM 实例，然后根据区块提供的信息来实例化合约代码中的变量值，即智能合约的函数被执行前它的变量值是由当前的区块高度来决定的。如此一来，eth_call 在调用 transfer 函数时会直接在代码的内存层面进行值的修改，而并没有广播出去和修改到数据库层面。

下面我们继续借助一个例子对 eth_call 进行进一步的直观认识。

假如 block 为 1000 时，余额值为 10，然后使用 eth_call 在 1000 高度转账了 1 个代币，eth_call 会根据 1000 高度的状态实例化 EVM，余额为 10；待 EVM 执行 eth_call 的 data 后，此时在内存层面余额变为 9，当前的 EVM 实例在执行完 eth_call 后释放，不会被广播；等调用 eth_call 取 balanceOf 时，eth_call 会再实例化一个 1000 高度状态下的 EVM，余额为 10。此时再用 sendRawTransaction

转账 1 个代币，这笔交易被广播，假设被打包进了 1001 区块高度。此时调用 eth_call，将实例化出来一个 1001 高度状态下的 EVM，balanceOf 读取余额为 9。

4.4.2 节点链接

要想访问以太坊节点的接口，需要知道接口的链接。这和常规的服务器端开发，获取服务器端的 IP 和端口 Port 是一样的。目前获取节点链接的方案主要有以下两种：

- 自行购买服务器，然后启动以太坊节点服务程序，例如 Geth，再获取节点程序提供的接口链接。
- 使用第三方服务平台提供的节点链接。

对于第一种方法，操作流程是先下载对应的以太坊节点版本源码，然后根据文档的编译方法进行自编译，生成可执行程序，再部署到服务器端。需要注意的是，以太坊节点的源码不仅仅有版本号不同的版本，还有不同计算机语言的版本，官方的 Geth 是 Golang 语言开发的版本，源码链接是 https://github.com/ethereum/go-ethereum。

第一种方案整体实施起来有以下优缺点：

（1）可自定义性高。

- 可以自行配置节点启动的配置文件。
- 可自行修改源码进行二次开发后再编译。
- 可自行设置服务网关、节点集群等相关的运行方式。
- 可参与公链挖矿，赚取以太坊 ETH 的收入。

（2）技术要求难度相对来说比较高。

- 要求使用者必须掌握和了解配置文件中各项属性的含义及其影响。
- 要求使用者必须懂一定的服务器端运维的知识。
- 要求使用者懂得对应节点编写语言的编译命令，甚至使用过该门语言。

（3）自运维成本高。

- 要求监控节点服务器的运行情况。
- 要求实现节点程序，因为某些问题被杀死后能够进行自重启。
- 在集群情况下，要求保证各服务的稳定性。

（4）需要自付费服务器等产品的花销。

第二种方案在学习阶段以及线上业务不需要高度自定义化的情况下使用。相比第一种方案而言，第二种方案的优缺点刚好和第一种方案相反。除此之外，第二种方案也是最方便的，因为只需要一个链接即可。

以下的所有内容我们主要基于第二种方案进行讲解，以及如何获取免费的节点链接。

4.4.3 获取链接

我们可以从网站 https://infura.io/ 来免费获取节点链接。Infura 是国外一个托管以太坊节点的集群，从国内访问暂时不用翻墙，且还允许开发者免费申请属于自己的以太坊节点链接（包含以太坊主网和测试网络），可以说十分方便和齐全。

打开 Infura 的主页后，单击"GET START FOR FREE"按钮就能进行链接的申请，如图 4-10 所示。

图 4-10　Infura 的创建账号入口按钮

单击进行申请后，首先完成账号的注册，如图 4-11 所示。

图 4-11　Infura 的账号注册页面

填写好资料后，单击"SIGN UP"，此时 Infura 会发送一封验证邮件到你的邮箱，登录你的邮箱查看这封邮件，在邮件内单击"CONFIRM EMAIL ADDRESS"链接，进行外部链接的访问，即可完成注册，如图 4-12 所示。

待成功进入控制台页面，需要先创建一个项目，以方便管理。根据提示，我们创建一个名为 test 的项目，如图 4-13 所示。

图 4-12　Infura 注册账号时发送的验证邮件

图 4-13　创建好账号后创建新项目

输入项目名称后的效果如图 4-14 所示。

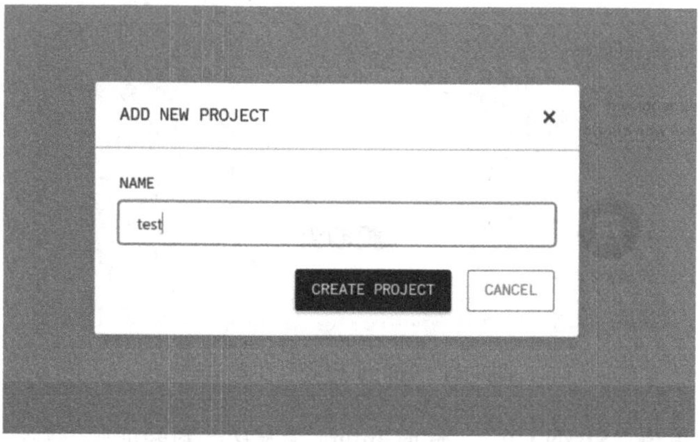

图 4-14　设置项目的名称

输入名称后按下回车键，创建成功后，就可以在控制台页面看到分配给我们的以太坊节点网络链接。把鼠标移动到 ENDPOINT 下的链接中，可以看到完整的节点链接，其中按钮 MAINNET 这个节点链接的是主网，main 就是主要的意思，同时用鼠标左键单击这个按钮，就能看到下拉列表的网络类型选择，每种网络类型对应有节点链接，如图 4-15 所示。

主网：https://mainnet.infura.io/v3/2e6d9331f74d472a9d47fe99f697ca2b。

ROPSTEN 测试网络：https://ropsten.infura.io/v3/2e6d9331f74d472a9d47fe99f697ca2b。

图 4-15　创建好项目后获取不同类型的节点链接

节点的分类（见图 4-16）：

（1）MAINNET，代表的是以太坊主网，如果我们使用这个链接来测试，那么所有的资产转换都是真实的资产。对应的区块链浏览器链接是：

https://etherscan.io/，需要科学上网。

https://cn.etherscan.com，国内可访问，下面的举例都以这个进行。

（2）ROPSTEN，代表的是以太坊的测试网络，使用的共识算法是 PoW，意味着可以采用挖矿来获取测试的 ETH。如果使用这个链接来测试，那么资产都是测试的，这些测试的资产可以通过挖矿或申请获得。对应的区块链浏览器链接是 https://ropsten.etherscan.io/。

（3）KOVAN 和 PINKEBY 一样，也是以太坊的测试网络，但是使用的共识算法是 PoA（Proof-of-Authority，权威证明），PoA 是由若干个权威节点来生成区块，其他节点则无权生成，自然地也就不能使用挖矿的形式获取 ETH 测试币，只能够通过申请获得。它们对应的区块链浏览器链接分别是：

https://kovan.etherscan.io/

https://rinkeby.etherscan.io/

图 4-16　获取不同类型的节点

4.4.4　进行测试

在上面的一节中，我们获取了以太坊的节点链接，现在我们来进行一下简单的测试，看看是否可以真的对节点进行访问。

首先选择使用主网的链接进行简单的测试，把链接从 Infura 的管理台页面复制下来，在链接前面加上 https。这点不要漏了，目前 Infura 提供的节点链接都是基于 https 协议的，地址如下：

https://mainnet.infura.io/v3/2e6d9331f74d472a9d47fe99f697ca2b

然后打开 PostMan 工具，如果没有安装 PostMan，也可以在网上找一个在线的模拟请求工具网页进行测试。在 PostMan 中，选好 Post 的请求形式并粘贴好节点链接。这里，你可能会有一个疑问，为什么直接使用 Post 这个 "RESTful API" 的请求方式来进行测试，不是应该使用 RPC 吗？

原因是以太坊的源码中提供了可以选择是否开启 Http 服务选项的功能，而 Infura 的节点都是开启了的，所以我们可以方便地使用 "RESTful API" 的形式进行访问，如图 4-17 所示。

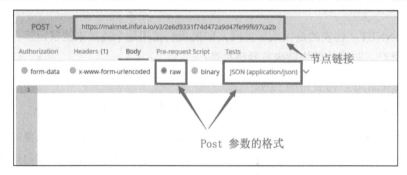

图 4-17　使用 PostMan 工具测试 Infura 提供的节点链接

再到区块链浏览器 "https://cn.etherscan.com/" 中随便找一笔交易，复制它的哈希值，准备到 PostMan 中使用以太坊的 eth_getTransactionByHash 查询这笔交易的详情，如图 4-18 所示。

```
0x7be00cb83d7a3bda70fb8bd06142e6bb121bcdf2f665839d9a65671f5cacb098
```

图 4-18　查询交易详情

回到 PostMan 中，进行请求参数的组装。按照 Json-RPC 的参数格式，组装好如下的参数（参考图 4-19）：

```
{
    "jsonrpc": "2.0",
    "method": "eth_getTransactionByHash",
    "params": [

"0x7be00cb83d7a3bda70fb8bd06142e6bb121bcdf2f665839d9a65671f5cacb098"
    ],
    "id": 23
}
```

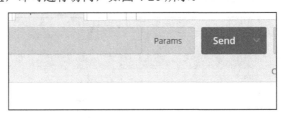

图 4-19 组装好请求参数

然后单击 Send 按钮，即可进行访问，如图 4-20 所示。

图 4-20 单击 PostMan 工具中的发送网络请求按钮

可以看到结果返回了我们要查询的交易的详细信息。由于返回的数据是十六进制格式的字符串，稍做转化后再和上面区块链浏览器：https://cn.etherscan.com/ 中的数据进行对比，就会发现数据是一致的，这也就证明了 Infura 的链接是可以使用的，如图 4-21 所示。

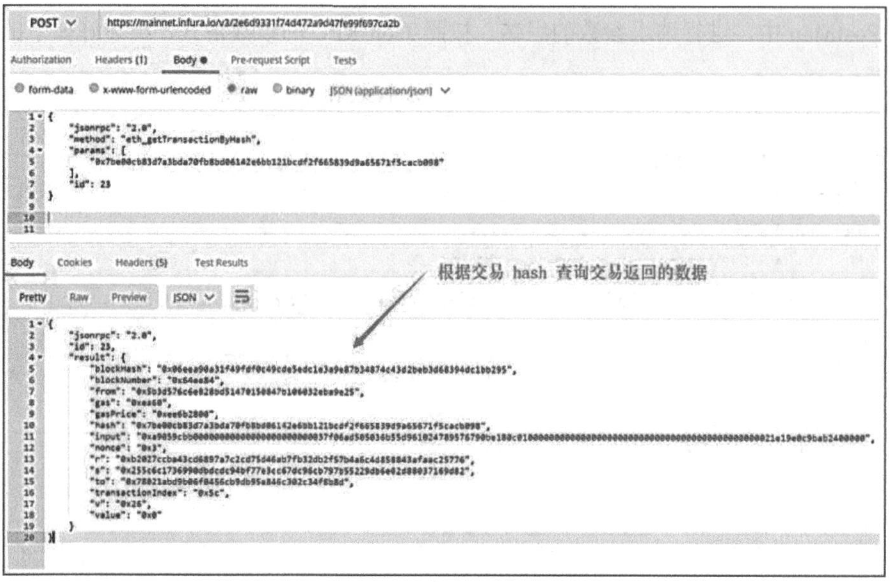

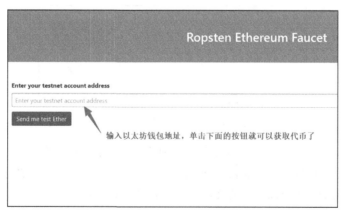

图 4-21　PostMan 工具在请求后显示返回的交易数据

4.4.5　获取测试币

上面一节我们进行的是主网上的非转账类测试，如果要进行转账，就会产生真实的公链上的资产转移。因此一般资产方面的开发测试都是在测试网络中进行的，测试网络有自行搭建的测试节点网络和现在大型公用的 ROPSTEN、KOVAN 和 PINKEBY 测试网络。下面我们以 ROPSTEN 为例来测试获取以太坊 ETH 代币。

首先打开"水龙头"网站 https://faucet.ropsten.be/。Ropsten 测试以太坊 ETH 代币主要是从这个网站进行申请。进入主页后，直接在输入框中输入要接收测试币的以太坊钱包地址，再单击"Send me test Ether"按钮即可，如图 4-22 所示。

图 4-22　在水龙头网站获取测试币

在按钮下面显示出了交易的哈希值，证明已经给我们的地址发送了测试的以太币，如图 4-23 所示。目前在水龙头网站中每个地址每天只能领取一次测试以太币，如果想在短时间内获取多个，可以使用多个钱包地址来领取，然后在测试网络中通过以太坊转账交易来汇总。

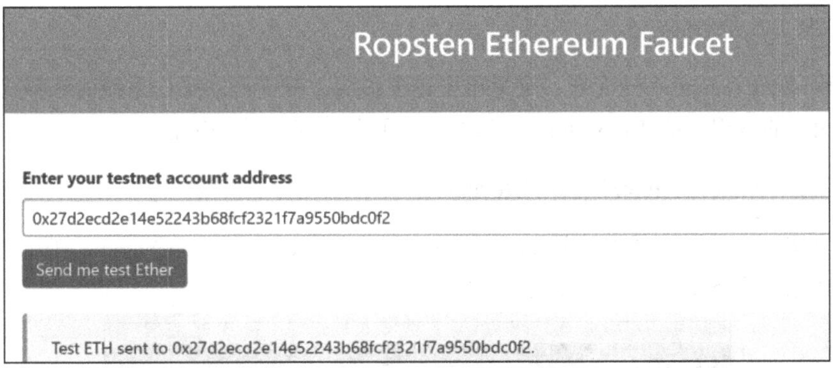

图 4-23　显示交易的哈希值

　　领取了测试以太币，我们到 Ropsten 测试网络的区块链浏览器网页中输入地址 "0x27D2ECD 2E14e52243b68FcF2321f7a9550bdc0f2"，对以太坊 ETH 余额查询进行验证。此外，其他测试网络产生的交易信息也都可以到网页中进行查询，链接为 https://ropsten.etherscan.io/address/0x27d2ecd 2e14e52243b68fcf2321f7a9550bdc0f2，如图 4-24 所示。

图 4-24　在区块链浏览器查看获取了的测试币

4.5　项目准备

　　在对中继有了整体的认识并获取了节点链接的相关准备信息后，我们开始介绍 "以太坊中继" 代码编写的项目准备。

　　本项目将会基于下面的环境及编辑器：

　　（1）使用 Golang 开发语言。

　　（2）编译环境是 go1.9.2，也可以选择更高版本。

（3）开发工具是 GoLand。

Go 编译环境在计算机上的配置，这里不做过多说明。对于不同操作系统的计算机，读者可以到网上搜索相关的教程。例如，Windows 64 位系统可以参考下面的链接：

https://blog.csdn.net/kwame211/article/details/79094695

开发工具 GoLand 的下载地址是 https://www.jetbrains.com/go/?fromMenu。打开链接后，单击 DOWNLOAD 按钮进行下载，如图 4-25 所示。

图 4-25　Goland 开发工具的下载页面

下载好之后，按照常规的软件安装流程进行安装。在欢迎页面直接单击 Next 按钮。在软件的安装路径页面中，也可以直接采取默认设置，单击 Next 按钮，按以下流程操作即可，如图 4-26 所示。

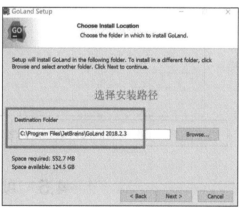

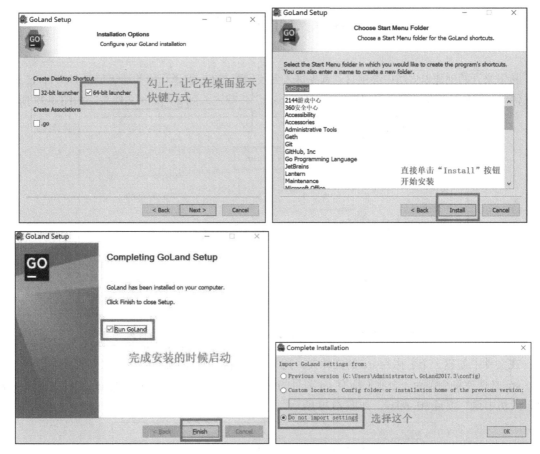

图 4-26　安装 GoLand 的流程

选择了"Do not import settings"后，直接单击 OK 按钮。在看到的界面用鼠标滑动到最下面，再单击 Accept 按钮。在最后的激活页面，目前网上也有一些可用的激活码，如果没找到可用的，可先选择"30 天免费"使用，最后单击 Evaluate 按钮进行激活，如图 4-27 所示。

图 4-27　选择 30 天免费的界面

4.6　创建项目

接下来开始创建以太坊中继项目。首先进入到我们配置 Go 编译环境的环境变量 GOPATH 所在的文件夹，例如计算机的路径是"D:\go_1.9\go_path"，就进入到 go_path 文件夹，如图 4-28 所示。

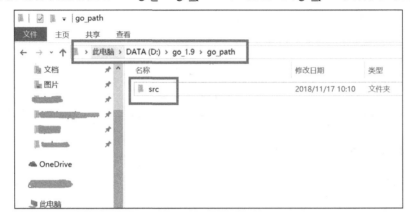

图 4-28　创建 Go 编译环境的 GOPATH 变量所指向的文件夹

在文件中创建一个名称为 src 的文件夹，用来作为后续项目的源代码目录（文件夹）。

src 文件夹将会作为一个我们所有 go 项目的父级文件夹。现在我们进入到 src 文件夹中，创建"以太坊中继"项目 eth-relay，如图 4-29 所示。

图 4-29　在 go_path 下创建项目

现在我们回到安装好的 GoLand 开发工具中，在执行完了"4.4 项目准备"一节的最后一个步骤后，GoLand 会自动打开主页面。

在主页面中，先单击左上角的 File 菜单项，再单击 Open 菜单选项，意图是打开一个项目，在单击 Open 之后所弹出的选择框中找到我们刚刚创建的 eth-relay 项目，然后打开它，如图 4-30 所示。

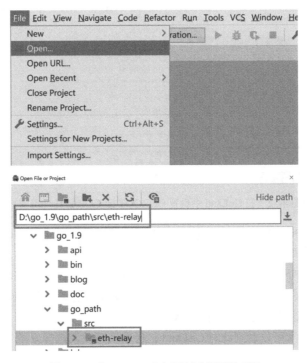

图 4-30　在 GoLand 中打开创建好了的项目

打开后如果看到的是如图 4-31 所示的页面，就说明打开成功了。

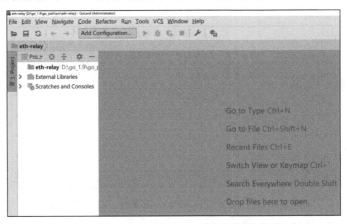

图 4-31　GoLand 中打开创建好了的项目

接下来，在 GoLand 中设置 Go 的环境变量。首先还是单击左上角的 File 菜单项，然后单击 Settings 菜单选项，进入到设置页面后再单击列表栏中的第一项 Go，进入到 Go 相关设置的页面，如图 4-32 所示。

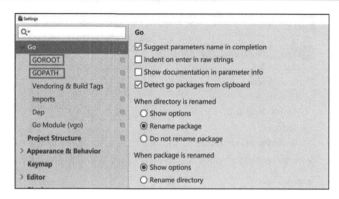

图 4-32　在 GoLand 中设置 GOROOT 或 GOPATH 环境变量

单击图 4-32 中的 GOROOT 选项，进行 GOROOT 的设置；同理，对 GOPATH 选项进行相关的设置，本例保持不变即可。

为什么在一开始的时候下载安装并设置好了 Go 的编译环境后，在这里又要进行一次设置呢？这是因为在 GoLand 开发工具中设置的环境变量，其优先级别是最高的，如果不进行设置，就会使用安装时的默认设置，这并不适合我们的要求。

单击 GOROOT 选项，可以看到此时 GoLand 已经默认帮我们选择好了当初安装时设置的路径，如图 4-33 所示。

如果发现 GOROOT 还没有对应任何 Go 版本的路径，或者想进行自定义修改，需要我们手动选择添加，如图 4-34 所示。

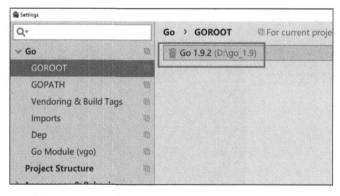

图 4-33　GoLand 默认选择的 GOROOT 环境变量文件夹

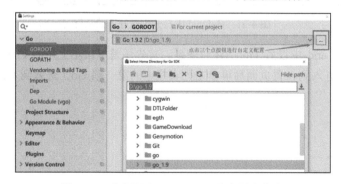

图 4-34　手动设置 GOROOT 环境变量文件夹

同样地，GOPATH 选项也可以通过在 GoLand 中查看当前 GOPATH 环境变量的文件夹来进行设置，即可以在图 4-35 中进行有关设置。

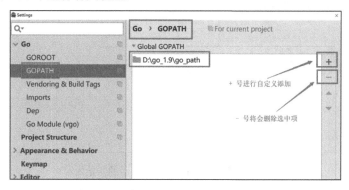

图 4-35　手动设置 GOPATH 环境变量

4.7　第一个 Go 程序

在 GOTOOT 和 GOPATH 环境变量都设置好之后，就可以进行项目的代码编写了。退出所有的设置界面，回到我们刚刚打开了的 eth-relay 项目的主页面中。

首先，将鼠标移动到界面中的项目名称处，用鼠标右击依次单击 New→Go File，创建一个新的 Go 文件，取名为 main.go，如图 4-36 所示。

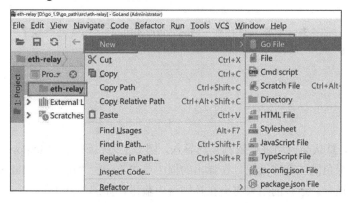

图 4-36　在项目文件夹下创建一个 Go 的代码文件

可以看到 eth-relay 项目文件夹下多出了一个 main.go 文件。".go" 后缀结尾的就是 Go 语言的标准源代码文件，用鼠标双击文件就能在编辑器的右边区域进行代码编辑，如图 4-37 所示。

接下来我们先编写好下面的一段测试代码，尝试编译一下，如图 4-38 所示。代码运行后将会在 GoLand 自带的控制台中输出 "hello ETH" 字符串。先在 main.go 文件中将第一行的 "package eth_relay" 改为 "package main"，表示这个 main.go 文件将是我们整个程序启动时的入口文件，而后再输入代码。其中，代码中出现的 "/** 内容 */" 代表的是注释部分，可以将其删除。

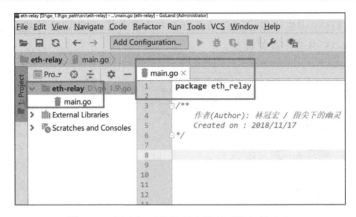

图 4-37 创建好了的代码文件显示的初始内容

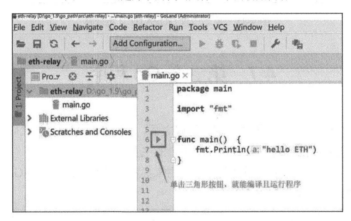

图 4-38 单击 main 函数左边的三角形按钮即可编译并运行程序

```
package main
import "fmt"
func main() {
  fmt.Println("hello ETH")
}
```

在 GoLand 中，默认会自动进行依赖包的导入，例如上述代码中的"import "fmt""就不需要我们手动输入。单击绿色的三角形按钮，在弹出的框中单击第一栏"run go build main.go"就能对整个程序进行编译并运行。运行的结果将会在控制台中输出，如图 4-39 所示。

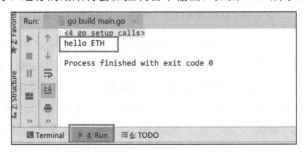

图 4-39 编译并运行程序后，在控制台输出的内容

4.8　封装 RPC 客户端

在中继服务端中所充当的请求客户端角色，其作用是在我们每次请求以太坊节点接口时提供请求的句柄，它的入参应该对应节点链接，如图 4-40 所示。

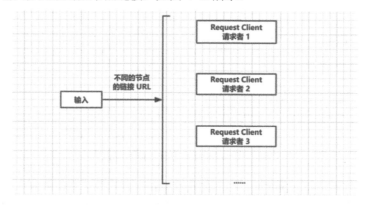

图 4-40　不同节点链接对应的请求客户端

前面谈到，我们访问以太坊节点的接口都是 RPC 接口类型，这就要求我们的客户端属于 RPC 客户端，首先新建一个名为 ETH_RPC_Client.go 文件，如图 4-41 所示。

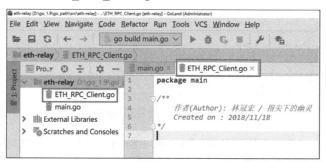

图 4-41　创建以太坊 RPC 客户端代码文件

在接下来的过程中，RPC 客户端内部将会用到以太坊源码中的一个 RPC 依赖库。为什么使用以太坊的依赖库？这个并不是强制要求的，也可以使用其他的依赖库。建议读者在实际开发中使用到各种功能库时，如果能从以太坊 Go 版本源码获取，就尽量不要去引用其他的库，或者自己进行库的编写。

下面我们来介绍依赖库的下载和使用。

4.8.1　下载依赖库

以太坊 Go 版本源码自带的依赖库在 GitHub 上，是开源的，读者需要的话，就可以自己下载。可以使用 Go 编译环境自带的命令下载到 "go path" 文件夹中，下载好之后，就可以直接进行使用了，命令是：

```
go get xxxx
```

其中，xxxx 代表远程依赖库在 GitHub 中的路径，以太坊 Go 版本源码的路径是 github.com/ethereum/go-ethereum。在 GoLand 底部的控制台 Terminal 中输入下面的命令，按回车键，执行命令就可以进行下载了，如图 4-42 所示。

```
go get github.com/ethereum/go-ethereum
```

图 4-42　在 GoLand 命令行控制台输入命令

下载过程中，需要等待一段时间，时间的长度取决于网速等因素，依赖库下载好之后，在控制台能够看到的现象是，命令行的"开始输入行"另起了一行，且没有错误信息输出。如图 4-43 所示。

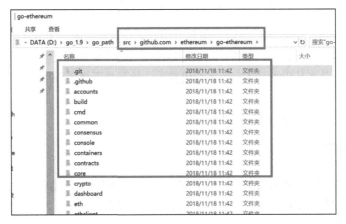

图 4-43　按回车键运行命令结束后控制台的显示

也可以到 go path 文件夹下验证查看，如果 go-ethereum 依赖库已经成功被下载下来，那么它将会存放于 github.com 文件夹中的 ethereum 中，如图 4-44 所示。

图 4-44　通过 Go 的 Get 命令下载的且存放在 GOPATH 文件夹下的以太坊源码

依赖库下载成功后，下面我们来定义并实现 RPC 客户端。

4.8.2 编写 RPC 客户端

在新建的 ETH_RPC_Client.go 文件中输入下面的代码：

```
type ETHRPCClient struct {
    NodeUrl string        // 代表节点的 Url 链接
    client *rpc.Client    // 代表 RPC 客户端句柄实例
}

// NewETHRPCClient 代表的是新建一个 "RPC" 客户端
// 入参 NodeUrl 就是节点的链接，返回的是带有 * 的 ETHRPCClient 对象指针
func NewETHRPCClient(nodeUrl string) *ETHRPCClient {
    // & 符号代表的是取指针
    return &ETHRPCClient{
        NodeUrl:nodeUrl,
    }
}
```

在输入了上面的代码后，会发现在 "client *rpc.Client" 行中 rpc 显示的是红色字体，代表这里有错误。此时，用鼠标单击一下编辑框内的一个区域，就能看到 GoLand 给予我们的错误提示，如图 4-45 所示。这个提示的意思是：依赖库 rpc 的名称有重复，需要手动选择导入，无法自动识别进行包的导入。

提示语中有一个 "Alt+Enter" 组合键文字，在提示框还没有消失的时候，按下这个组合键，就能进入到选择库的弹框中，在选择库的弹框里面可以手动进行库的选择，如图 4-46 所示。共有两个 RPC 库。第一个是 "net/rpc"，代表 Go 环境安装时自带的系统网络库；第二个是 go-ethereum，也就是我们前面所下载的以太坊 go 版本节点源码中的依赖库。理所当然，我们要选择第二个。

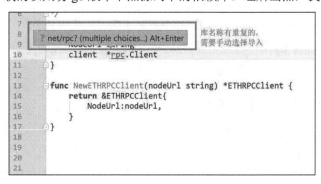

图 4-45　GoLand 提示可以通过 Alt +Enter 组合键把依赖包导入到代码中

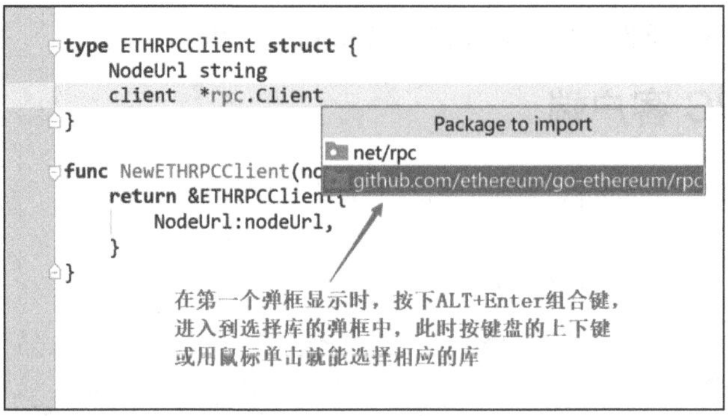

图 4-46　多个同名的依赖包，需要选择导入哪一个

手动选择好了依赖库后，可以看到代码中多出了导入包的一行，如图 4-47 所示。

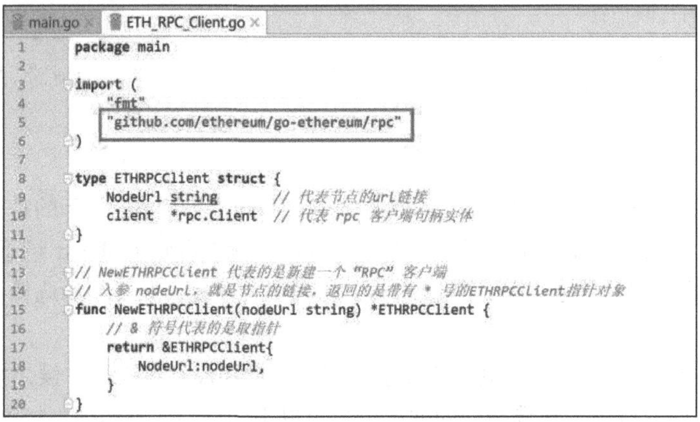

图 4-47　导入依赖包后代码文件显示出对应的路径

接下来我们实现初始化"*rpc.Client"句柄实例，请将必要的函数补充到"ETH_RPC_Client.go"中。到了这一步，我们的 RPC 客户端的封装差不多就完成了。代码如下：

```
// 初始化 RPC 客户端句柄实例
func (erc *ETHRPCClient) initRpc() {
  // 使用 go-ethereum 库中的 RPC 库来初始化
  // DialHTTP 的意思是使用 http 版本的 RPC 实现方式
  rpcClient,err := rpc.DialHTTP(erc.NodeUrl)
  if err != nil {
    // 初始化失败，终结程序，并将错误信息显示到控制台中
    errInfo := fmt.Errorf("初始化 rpcClient 失败%s",err.Error()).Error()
    panic(errInfo)
  }
  // 初始化成功，将新实例化的 RPC 句柄赋值给 ETHRPCClient 结构体里面的 Client
  erc.client = rpcClient
}
```

对于 initRpc()初始化函数，将会在 RPC 客户端创建函数时进行调用，也就是在 NewETHRPCClient 函数内部进行调用，这里我们先修改 NewETHRPCClient 函数为下面的样子。

```
func NewETHRPCClient(nodeUrl string) *ETHRPCClient {
  // & 符号代表的是取指针
  client := &ETHRPCClient{
    NodeUrl:nodeUrl,
  }
  client.initRpc()  // 进行初始化 RPC 客户端句柄实例
  return client
}
```

最后，还要补充一个 GetRpc 函数，以便让 ETHRPCClient 结构体里面的 RPC 请求句柄实例 client 能够被外部引用。

```
// Go 语言语法中，大写字母开头的变量或者函数（方法）才能够被外部引用
// 小写字母的变量或函数（方法）只能内部调用
// GetRpc 函数（方法）是为了方便外部能够获取 client *rpc.Client，以便进行访问
func (erc *ETHRPCClient) GetRpc() *rpc.Client {
  if erc.client == nil {
    erc.initRpc()
  }
  return erc.client
}
```

完整的代码如图 4-48 所示。

图 4-48　完整的代码

4.8.3 单元测试

单元测试在软件编写的过程中是必不可少的，因此在我们所要实现的"以太坊中继"中也需要对某些功能代码进行单元测试。

我们先对 RPC 客户端的初始化函数进行一轮简单的单元测试，这里使用的是 Go 语言自带的单元测试模块。

首先在项目中新建一个名称为 ethrpc_test.go 的文件，Go 的单元测试模块规定了属于单元测试 go 编译文件的名称须符合后缀是_test.go，例如 nihao_test.go，如图 4-49 所示。

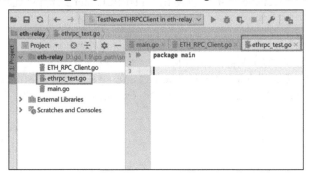

图 4-49 创建 Go 的单元测试代码文件

单元测试文件入口函数的定义规则是，以大写的 Test 单词开头。当然，GoLand 对于在单元测试文件内打出的字母 test 也会给予提示，如图 4-50 所示。在提示出现时直接按回车键就能自动补充为完整的单元测试函数。

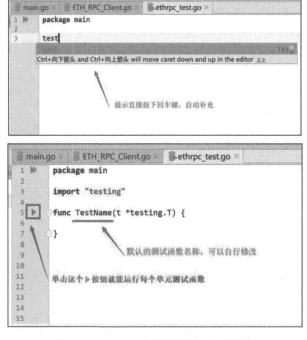

图 4-50 GoLand 的代码提示与自动补全

图 4-50 中有两点比较重要：第一点是每个自动补全的单元测试函数都是默认的 TestName，这里需要我们自行进行名称的修改；第二点是，每个单元测试函数的左边都会显示一个绿色的▶按钮，单击这个按钮即可运行当前的函数。

紧接着我们把 TestName 修改为 TestNewETHRPCClient，这样修改的意思是为了测试 NewETHRPCClient 这个函数，再输入如下的代码：

```
func TestNewETHRPCClient(t *testing.T) {
    // 首先是一个格式正确的链接测试初始化
    client2 := NewETHRPCClient("www.nihao.com").GetRpc()
    if client2 == nil {
        fmt.Println("初始化失败")
    }
    // 接着是 123://456 非法链接测试初始化
    client := NewETHRPCClient("123://456").GetRpc()
    if client == nil {
        fmt.Println("初始化失败")
    }
}
```

上面的代码一共测试了两个链接。最后单击 GoLand 顶部工具栏的绿色▶按钮进行编译及运行，观察控制台中的运行结果。

运行结果如图 4-51 所示。可以看到，在解析链接"123://456"的时候出现了错误，表明这不是一个合法的链接。由于是初始化阶段的错误，因此我们直接采用 panic 的方式让程序崩溃，此时的错误相当于致命错误。如果不想让程序崩溃，可以在 ETH_RPC_Client.go 文件中将 panic(errInfo) 一行代码修改为别的内容。

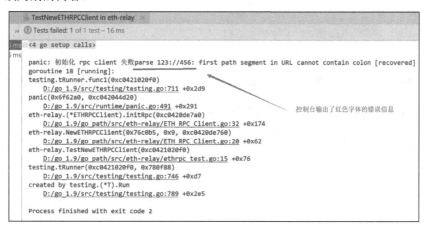

图 4-51　控制台在代码运行错误时的红色提示信息

4.9　编写访问接口代码

接下来开始使用我们前面封装好的 RPC 客户端来对以太坊节点的 RPC 接口进行访问。

接口在名称上的分类主要有两种：一种是参数不需要用到 data 字段的；另一种是需要用到 data 字段的。例如，获取 ERC20 代币的余额，就需要设置好调用 eth_call 函数（方法）的 data 参数字段，而 eth_getTransaction 获取交易信息则不需要传递 data 参数。

4.9.1 认识 Call 函数

标准的 RPC 客户端都应该具备发出请求函数的功能，由于我们所使用的 RPC 依赖库基于以太坊 Go 版本源码，因此自然地依赖库就具备了请求函数。

在 GoLand 中，对于在 Go 源码文件中所引入的依赖库文件，可直接通过按住 Ctrl 键再单击鼠标左键，即可进入到对应源码文件中查看其中的函数。

现在我们进入 ETH_RPC_Client.go 源码文件所引用的 RPC 库文件中，按住 Ctrl 键再用鼠标左键单击源码文件下面一行代码最后边的 rpc 单词。

```
"github.com/ethereum/go-ethereum/rpc"
```

可以看到，在编辑器的主页面中显示出了 rpc 依赖包下的源码文件文件夹，其中有一个 client.go 文件，如图 4-52 所示。

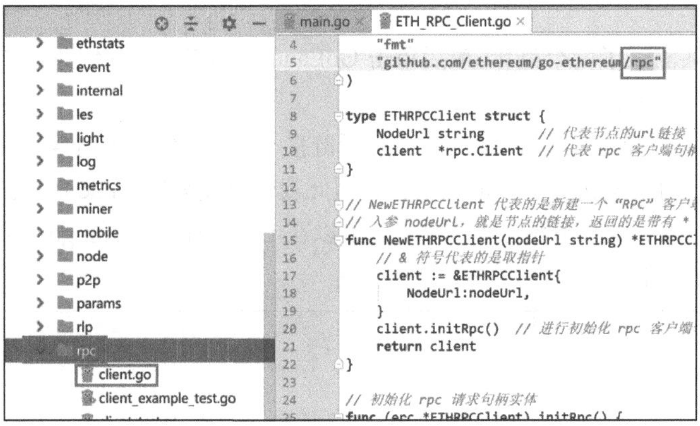

图 4-52　在 GoLand 的代码文件中单击导入后的依赖包名称可以看到对应的源码文件夹

用鼠标双击 client.go 文件，在打开的文件中可以看到每个函数的注释，如图 4-53 所示。

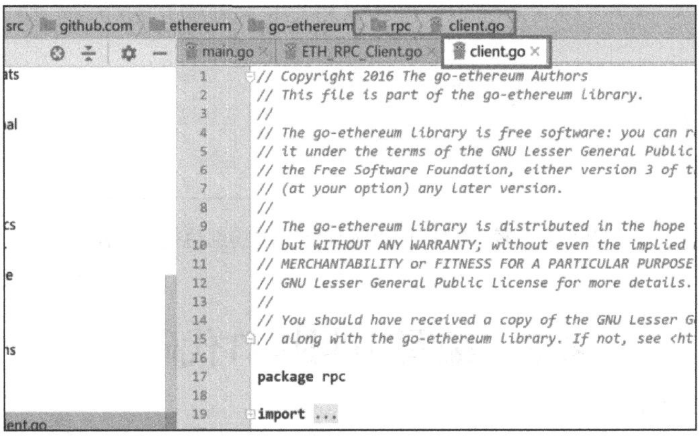

图 4-53　在打开的源码文件夹中双击源码文件来查看源码的内容

通过查看 client.go 源码文件，发现其中有一个名称为 Call 的函数（见图 4-54），该函数允许调用者发起 RPC 请求，这正是我们要找的函数。这个函数非常重要，可以说我们所要实现的绝大部分的以太坊 RPC 接口请求函数都会依赖 Call 函数来达到目的。下面逐个解析该函数所传入的参数含义。

```
237
238   // Call performs a JSON-RPC call with the given arguments and unmarshals into
239   // result if no error occurred.
240   //
241   // The result must be a pointer so that package json can unmarshal into it. You
242   // can also pass nil, in which case the result is ignored.
243   func (c *Client) Call(result interface{}, method string, args ...interface{}) error {
244       ctx := context.Background()
245       return c.CallContext(ctx, result, method, args...)
246   }
247
```

图 4-54 client.go 源码文件中的 Call 函数代码

Call 函数如下：

```
func (c *Client) Call(result interface{}, method string, args ...interface{}) error
{
  ctx := context.Background()
  return c.CallContext(ctx, result, method, args...)
}
```

第一个参数 result 的数据类型是 Go 语言中的 interface{} 类型，它类似 Java 语言中的泛型，可以代表任何类型，作用是接收存储 RPC 请求后得到的结果值。

第二个参数 method 的数据类型是 string 字符串类型，作用是用来标明请求的接口名称，例如获取交易记录的 eth_getTransactionByHash 就是 method 一个可能的取值。

第三个参数 args 的数据类型是 Go 的多泛型参数 "...interface{}"，表示可以传入一个参数或者两个、三个参数等，且每个参数都是一个 interface{}泛型，既可以是 int64 整数类型，也可以是 string 字符串类型。

4.9.2 查找请求的参数

在项目中新建一个名称为 ETH_RPC_Requester.go 的文件，代表使用 RPC 客户端的请求者，此后所要进行封装的、访问以太坊接口的函数都将写在这个文件中。

以下编写根据以太坊交易哈希值来获取交易信息的接口函数，作为示例来介绍接口函数的实现方法。

首先编写下面的代码，进行 RPC 请求者实例化的定义及其函数的初始化。因为每个请求者都需要拥有一个客户端成员，一一对应，请求者从自身绑定的 RPC 客户端发出请求，所以请求者 ETHRPCRequester 内部拥有一个客户端指针类型的变量 "client *ETHRPCClient"。

```
type ETHRPCRequester struct {
  client *ETHRPCClient  // 小写字母开头，私有的 RPC 客户端
}

func NewETHRPCRequester(nodeUrl string) *ETHRPCRequester {
```

```
requester := &ETHRPCRequester{}
// 实例化 rpc 客户端
requester.client = NewETHRPCClient(nodeUrl)
return requester
}
```

代码如图 4-55 所示。

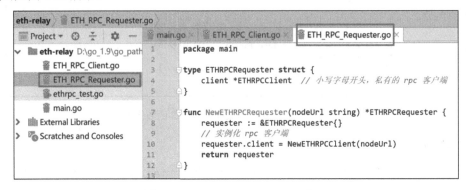

图 4-55　ETH_RPC_Requester.go 代码

接下来实现"获取交易信息"接口函数。根据前文对客户端 Call 函数入参的介绍，"获取交易信息"接口函数的 3 类参数，乃至之后要实现的访问其他以太坊 RPC 接口函数的参数，都可以根据下面的两种方式得知：

（1）查看官方文档，相关信息在"以太坊接口"一节中已经介绍过。

（2）查看本书曾列举并介绍过的接口。

在"获取交易信息"接口函数中，查看官方 RPC 接口文档，其链接是 https://ethereum.gitbooks.io/frontier-guide/。打开文档后，可以看到以太坊所有相关的介绍都完全具备。在主页中找到第 4 小节中的"JSON RPC API"，单击即可，如图 4-56 所示。

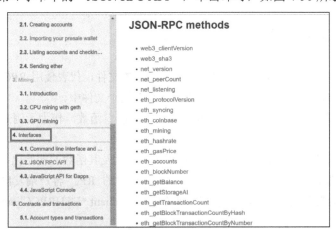

图 4-56　在接口文档中查看接口信息

在左边的 methods 列表中找到 eth_getTransactionByHash 的介绍，便可以很简单地获取我们需要的信息，如图 4-57 所示。

图 4-57　eth_getTransactionByHash 接口的文档介绍页面

　　Parameters 对应的是参数列表，可以看到只需要传入一个 32 字节的交易哈希值，类型是一个字符串。Returns 对应的是返回值列表及其介绍，而 method 就是第一行中的 eth_getTransactionByHash。

　　至此，通过查看文档，我们把要实现的"获取交易信息"接口函数所需要的参数都找到了，接下来开始编写代码。

4.9.3　实现获取交易信息

　　本节我们在 ETH_RPC_Requester.go 文件中完成获取交易信息接口的编写。从上面的一节中可以知道，交易信息接口对应的 method 是 eth_getTransactionByHash，接下来我们在项目中新建一个名称为 model 的文件夹，专门用来存放数据结构体。

　　在 GoLand 中新建文件夹的方式如图 4-58 所示，将鼠标停放到 eth_relay 文件夹名称上，单击鼠标右键即可看到对应的选项列表，然后依次单击 New→Directory 选项。

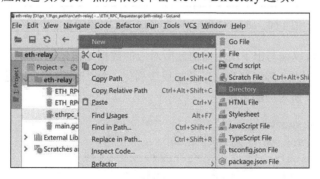

图 4-58　在项目文件夹中创建另一个文件夹

model 文件夹创建好之后，在里面创建一个名称为 "transaction.go" 的文件夹，准备编写交易信息数据所对应的变量值，如图 4-59 所示。

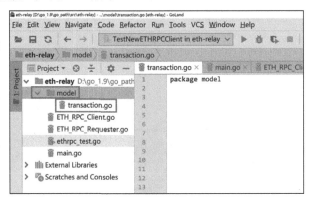

图 4-59   创建 transaction.go 文件

根据 eth_getTransactionByHash 接口对应的返回值，我们逐个在 transaction.go 文件中编写其对应的数据类型。在数据变量类型映射部分，文档中所有标明的无论是 Bytes、DATA 还是 QUANTITY，都可以使用 Go 语言中的 string 字符串类型与之对应。因为即使是数字返回值，其格式实际上也是一个十六进制的字符串，如图 4-60 所示。

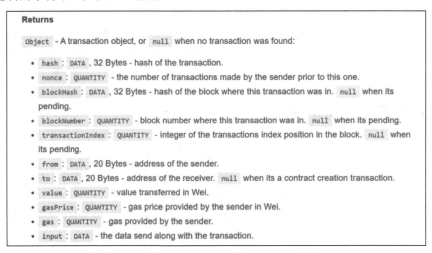

图 4-60   eth_getTransactionByHash 接口的返回值及其介绍

根据对应关系，可以编写出下面交易信息所对应的数据结构体的代码。其中，"json:"xxx""的意思是这个结构体可以被 Json 序列化以及被反序列化，而"xxx"代表的是当结构体被序列化输出的时候在 Json 格式下所对应的名称。

```
type Transaction struct {
  Hash              string      `json:"hash"`
  Nonce             string      `json:"nonce"`
  BlockHash         string      `json:"blockHash"`
  BlockNumber       string      `json:"blockNumber"`
  TransactionIndex  string      `json:"transactionIndex"`
  From              string      `json:"from"`
```

```
To               string        `json:"to"`
Value            string        `json:"value"`
GasPrice         string        `json:"gasPrice"`
Gas              string         `json:"gas"`
Input            string        `json:"input"`
}
```

此外，Transaction 数据结构体中的每个变量必须是大写开头，原因是只有这些变量大写时，Transaction 结构体在文件外被实例化的时候才能被外部引用，可以理解为公有变量，例如像下面的引用形式：

```
Tx := model.Transaction{}
Tx.Hash = "0x123456789"
```

到了这里，当前的获取交易信息接口对应于发起 RPC 请求的 Call 函数所需的参数已经齐全了。

现在我们来完成 getTransactionByHash 函数，代码如下：

```
// 根据交易的哈希值获取对应交易的信息
func (r *ETHRPCRequester) GetTransactionByHash(txHash string)
(model.Transaction,error) {
  methodName := "eth_getTransactionByHash"
  result := model.Transaction{}
  // 下面 call 函数的 result 参数传入的是 model.Transaction 结构体的引用，
  // 这样内部所设置的值在函数执行完之后才能有效果
  err := r.client.GetRpc().Call(&result,methodName,txHash)
  return result,err
}
```

接下来我们使用在"获取链接"一节中所获得的主网以太坊节点链接（https://mainnet.infura.io/v3/2e6d9331f74d472a9d47fe99f697ca2b）来进行获取交易记录的单元测试。

首先到以太坊区块链浏览器"https://cn.etherscan.com/"上随便找一笔交易的哈希值，进行一下查询，如图 4-61 所示。

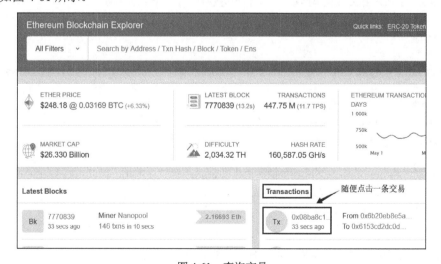

图 4-61　查询交易

要查询的是：

```
0x53c5b03e392d6aa68a0df26b6d466ae8fbd1c2c5b74f9baae05434ec9a18a282
```

它所对应的数据如图 4-62 所示。

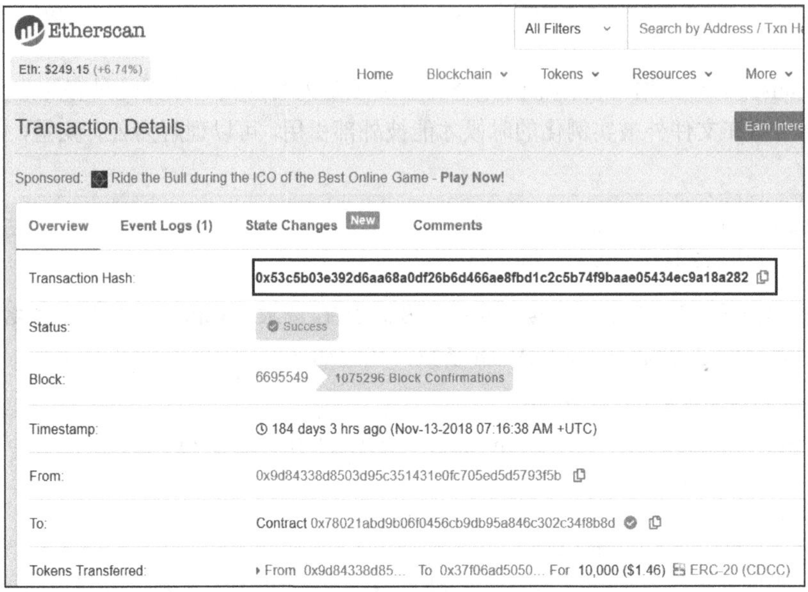

图 4-62　交易数据

编写单元测试代码如下：

```
func Test_GetTransactionByHash(t *testing.T) {
  nodeUrl := "https://mainnet.infura.io/v3/2e6d9331f74d472a9d47fe99f697ca2b"
  txHash :=
"0x53c5b03e392d6aa68a0df26b6d466ae8fbd1c2c5b74f9baae05434ec9a18a282"
  if txHash == "" || len(txHash) != 66 {
    // 这里演示在调用 RPC 接口函数的时候，要先进行入参的合法性判断
    fmt.Println("非法的交易哈希值")
    return
  }
  txInfo,err := NewETHRPCRequester(nodeUrl).GetTransactionByHash(txHash)
  if err != nil {
    // 查询失败，打印出信息
    fmt.Println("查询交易失败，信息是：",err.Error())
    return
  }
  // 查询成功，将 transaction 结果的结构体以 json 格式序列化，再以 string 格式输出
  json,_ := json.Marshal(txInfo)
  fmt.Println(string(json))
}
```

运行后，观察控制台的输出结果，可以看到完整的交易数据已经按照 Json 格式输出了，再与浏览

器中的显示对比，数据完全一致，这表示“获取交易信息”接口函数已经完成，如图 4-63 所示。

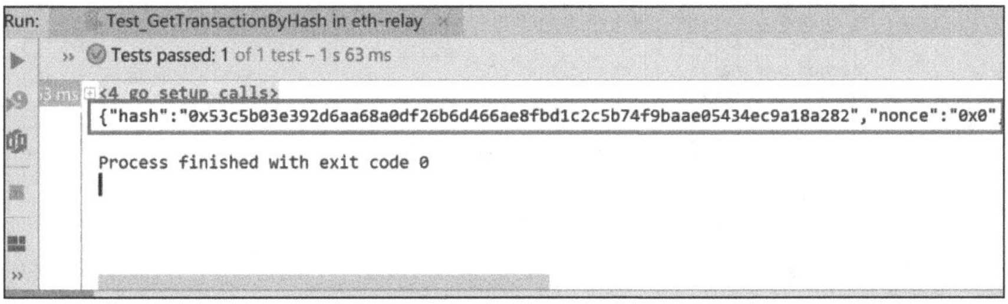


```
{
    "hash": "0x53c5b03e392d6aa68a0df26b6d466ae8fbd1c2c5b74f9baae05434ec9a18a282",
    "nonce": "0x0",
    "blockHash": "0x458ff523a4137ae7e7b60a96dec41e9af30072067f58f8dfdc64bc092bb10884",
    "blockNumber": "0x662a7d",
    "transactionIndex": "0x5b",
    "from": "0x9d84338d8503d95c351431e0fc705ed5d5793f5b",
    "to": "0x78021abd9b06f0456cb9db95a846c302c34f8b8d",
    "value": "0x0",
    "gasPrice": "0x1836e2100",
    "gas": "0xea60",
    "input": "0xa9059cbb00000000000000000000000037f06ad505036b55d961024789576790be180c0100000000000000000000000000000000000000000000000021e19
}
```


图 4-63　Test_GetTransactionByHash 单元测试代码的运行结果

4.9.4　认识 BatchCall 函数

上面我们完成了一个单批次获取交易信息的接口函数，如果要实现根据多笔交易的哈希值来获取多个交易的信息，读者可能会想到，使用循环语法就能达到目的。例如，使用 for 来多次调用单批次的那个接口。这种使用循环的做法是可以的，但不是性能最好的。和 Call 函数（方法）一样，以太坊的 Go 版本节点源码除了在 RPC 依赖包的 client.go 源码文件中提供了 Call 函数（方法）外，还提供了一个能够支持发起批量 RPC 请求的函数，即 BatchCall，如图 4-64 所示。

```go
// BatchCall sends all given requests as a single batch and waits for the server
// to return a response for all of them.
//
// In contrast to Call, BatchCall only returns I/O errors. Any error specific to
// a request is reported through the Error field of the corresponding BatchElem.
//
// Note that batch calls may not be executed atomically on the server side.
func (c *Client) BatchCall(b []BatchElem) error {
    ctx := context.Background()
    return c.BatchCallContext(ctx, b)
}
```

图 4-64　client.go 源码文件中的 BatchCall 函数

BatchCall 函数可以让我们发起批量的 RPC 请求，对于批量的查询，例如交易记录批量查询、批量 ERC20 代币余额查询等，都可以使用这个函数来达到目的。接下来我们认识一下该函数的入参 BatchElem。

BatchElem 是一个结构体类型，其内部的构造如图 4-65 所示。

method 参数代表的意思和 Call 函数中的一样，就是所要请求的以太坊 RPC 接口的名称。Args 代表的是泛型参数数组，数组内的每个元素一一对应每个单次请求所需的参数。Result 对应一次返回的结果，类型是泛型，这个值在传入时一般是数组，即用数组来存储返回的结果，数组内的每个元素对应的也是单次请求所产生的结果。最后的一个 Error 是错误类型，如果该次请求有错误发生，那么将由它来存储和错误有关的内容。

```
66    // BatchElem is an element in a batch request.
67    type BatchElem struct {
68        Method string
69        Args   []interface{}
70        // The result is unmarshaled into this field. Result must be set to a
71        // non-nil pointer value of the desired type, otherwise the response will be
72        // discarded.
73        Result interface{}
74        // Error is set if the server returns an error for this request, or if
75        // unmarshaling into Result fails. It is not set for I/O errors.
76        Error error
77    }
```

图 4-65　BatchElem 结构体在源码中的定义

4.9.5　批量获取交易信息

现在我们来使用 BatchCall 函数实现批量获取交易信息的接口。

首先准备构造入参的 BatchElem 参数。对于 method 来说，我们依然使用根据交易哈希值来获取交易信息的接口方法，所以 method 是 eth_getTransactionByHash。

因为 eth_getTransactionByHash 是根据每笔交易的哈希值来查询的，所以在批量查询的情况下，Args 参数对应的就是哈希值字符串的数组。同样地，此时的 Result 对应的也应该是交易信息结构体 Transaction 数组的指针。

根据上面的分析，编写如下代码，函数名称是 GetTransactions。

```
// 根据交易哈希值字符串的数组批量获取对应的交易信息
func (r *ETHRPCRequester) GetTransactions(txHashs []string)
([]*model.Transaction,error) {
  name := "eth_getTransactionByHash"
  // 结果数组存储的是每个请求的结果指针，也就是引用
  rets := []*model.Transaction{}
  // 获取哈希值数组的长度，方便在循环中逐个实例化 BatchElem
  size := len(txHashs)

  reqs := []rpc.BatchElem{}
  for i:=0;i<size;i++ {
    ret := model.Transaction{}
    // 实例化每个 BatchElem
    req := rpc.BatchElem{
      Method:name,
      Args:[]interface{}{txHashs[i]},
      // &ret 传入单个请求的结果引用，保证它在函数内部被修改值后，回到函数外时仍然有效
      Result: &ret,
    }
    reqs = append(reqs,req)  // 将每个 BatchElem 添加到 BatchElem 数组
    rets = append(rets,&ret) // 每个请求的结果引用添加到结果数组中
  }
  err := r.client.GetRpc().BatchCall(reqs) // 传入 BatchElem 数组，发起批量请求
  return rets,err
}
```

编写单元测试代码。这里我们故意制造一笔不存在的交易，观察查询后返回的结果是什么，有关合法交易哈希值的获取，请参考"实现获取交易信息"一节，测试代码如下：

```go
func Test_GetTransactions(t *testing.T) {
  nodeUrl := https://mainnet.infura.io/v3/2e6d9331f74d472a9d47fe99f697ca2b
  txHash_1:= "0x53c5b03e392d6aa68a0df26b6d466ae8fbd1c2c5b74f9baae05434ec9a18a282"
  txHash_2:= "0x53c5b03e392d6aa68a0df26b6d466ae8fbd1c2c5b74f9baae05434ec9a18a281"
  txHash_3:= "0x711ddd5f223f970aa0ebc32304a880a8c2ec45ee134b4f41dd4da264f72e1afc"

  // txHash_1 是存在的，_2 是伪造的，_3 也是存在的
  txHashs := []string{}
  txHashs = append(txHashs,txHash_1,txHash_2,txHash_3)

  if txHashs == nil || len(txHashs) == 0 {
    // 这里演示在调用 RPC 接口函数的时候，都要先进行入参的合法性判断
    fmt.Println("非法的交易哈希值数组")
    return
  }
  txInfos,err := NewETHRPCRequester(nodeUrl).GetTransactions(txHashs)
  if err != nil {
    // 查询失败，打印出信息
    fmt.Println("查询交易失败，信息是: ",err.Error())
    return
  }
  // 查询成功，将 transaction 结果的结构体先以 json 格式序列化，再以 string 格式输出
  json,_ := json.Marshal(txInfos)
  fmt.Println(string(json))
}
```

最终返回的结果如图 4-66 所示，可以发现，对于不存在的交易查询后的结果信息是，其每个内部的字段值都是空字符串。根据这个特点，我们就能通过判断查询后的结果结构体中的"hash"字段值是不是空字符串来得出对应的交易是否存在。

图 4-66　Test_GetTransactions 单元测试函数返回的数据

4.9.6　批量获取代币余额

相对于交易信息的查询，对钱包地址所拥有的链上 Token 资产余额数量的查询更为重要，这个功能几乎在所有的钱包和交易所应用中都会用到。这里的 Token 现在已被广泛认为是代币，Token 的余额也就被称为是代币的余额了。

本节我们依然使用 BatchCall 函数来实现一个专门用来根据用户的以太坊钱包地址和代币地址进行批量代币余额查询的接口。

首先回顾前面一节，在以太坊中，Token 是一个统称，基于不同智能合约下所发布的 Token 还可以细分为 ERC20 类 Token、ERC721 类 Token 等，但是为了方便记忆，我们统称为代币。

在目前的代币中，主要分两大类，这两大类代币余额的获取在以太坊节点中所对应的 RPC 接口并不相同，它们分别是：

（1）ETH（以太坊），非智能合约类代币，获取 ETH 余额使用的接口名称是 eth_getBalance。

（2）智能合约类代币，例如 CDCC，获取合约类代币余额的接口名称是 eth_call，这个接口的 data 参数 methodId 部分取值为 balanceOf 的哈希规则值。

上面所提到的两个接口包括其参数的详细介绍在"重要接口的含义详解"和"交易参数的说明"中已经讲过，此处不再赘述。

1. 获取 ETH 余额

要编写获取 ETH 余额的代码，可按照获取交易信息接口的编写步骤进行，首先需要确认好 methodName 参数、Args 入参和返回结果的结构字段，对应 ETH 余额的 eth_getBalance 接口，可以直接查询接口文档获得所需信息。如图 4-67 所示，Args 的参数有两个：第一个是所要查询的以太坊地址，即要查询谁的余额；第二个是区块号参数，取值范围是 latest、earliest 或 pending，这 3 个参数的含义在"重要接口的含义详解"一节中已经详细讲解过，关于余额的获取，恒定取值为 latest 即可。

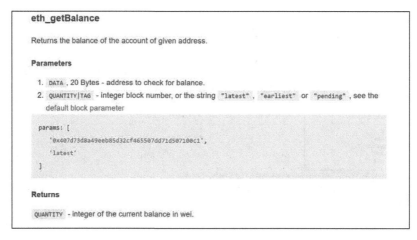

图 4-67　eth_getBalance 在文档中的介绍

以太坊 ETH 余额获取的相关函数如下所示：

```go
// 单笔查询：根据以太坊地址，查询以太坊 eth 的余额
func (r *ETHRPCRequester) GetETHBalance(address string) (string,error) {
  name := "eth_getBalance"
  result := ""
  // 对应文档，第一个参数就是要被查询的以太坊地址，第二个参数就是 latest
  err := r.client.GetRpc().Call(&result,name,address,"latest")
  if err != nil {
    return "",err
  }
  if result == "" {
    return "",errors.New("eth balance is null")
  }
  // 因为查询所返回的结果是一个十进制的字符串，
  // 为了方便阅读，我们在下面使用 go 的大数处理将其转换为十进制数，
  // 并防止数位溢出
  ten,_ := new(big.Int).SetString(result[2:],16)
  return ten.String(),nil
}


// 批量查询：根据以太坊地址数组，查询以太坊 eth 的余额
func (r *ETHRPCRequester) GetETHBalances(addresss []string) ([]string,error) {
  name := "eth_getBalance"
  // 结果数组存储的是每个请求的结果指针，也就是引用
  rets := []*string{}
  // 获取 addresss 数组的长度，方便在循环中逐个实例化 BatchElem
  size := len(addresss)
  reqs := []rpc.BatchElem{}
  for i:=0;i<size;i++ {
    ret := ""
    // 实例化每个 BatchElem
    req := rpc.BatchElem{
      Method:name,
      Args:[]interface{}{addresss[i],"latest"},
      // &ret 传入单个请求的结果引用，保证它在函数内部被修改值后，回到函数外时仍然有效
      Result: &ret,
    }
    reqs = append(reqs,req)  // 将每个 BatchElem 添加到 BatchElem 数组
    rets = append(rets,&ret)  // 每个请求的结果引用添加到结果数组中
  }
  err := r.client.GetRpc().BatchCall(reqs) // 传入 BatchElem 数组，发起批量请求
  if err != nil {
    return nil,err
  }
  // 查询每个请求有没有错误
  for _,req := range reqs {
```

```
    if req.Error != nil {
        return nil,req.Error  // 返回错误
    }
}
finalRet := []string{}
for _,item := range rets {
    ten,_ := new(big.Int).SetString((*item)[2:],16)
    finalRet = append(finalRet,ten.String())
}
return finalRet,err
}
```

代码最后返回的结果处有一个技术要点，由于查询以太坊 eth_getBalance 接口返回的结果是一个十六进制的字符串，且这个数值的十进制格式是乘上了 ETH 的 decimals 位数幂次方，即这个数的十进制形式是很大的，例如 5 个 ETH，它在函数中最终返回的数值转为十进制时是 $5*10^{18}$，其中 18 就是 ETH 的 decimals（以太币单位精确到小数点后的位数），10^{18} 就是位数的次方值。

结果是如此大的数值，在这种情况下，已经无法使用 int 类型存储它，因为超过了 int 可表示的最大数的上限。所以在处理以太坊相关的大数值参数或者结果的时候，必须采用大数来存储，或者使用字符串来表示。

同样地，在获取非 ETH 类的代币余额数值的时候，其最终的十进制格式也是乘上合约中所设置的 decimals 位数的幂次方。记住，并不是所有的代币的 decimals 都是同一个值，在前面"实现 ERC20 代币智能合约"一节中已经介绍过 decimals 值是可以在合约代码中进行自定义设置的。

在编写好函数之后，按照惯例编写它们各自对应的单元测试代码，进行单元测试，将所查询出的 ETH 值和区块链浏览器中所查询出的值进行对比，即可验证结果。单元测试的代码如下，依然是编写在我们前面所创建的 ethrpc_test.go 单元测试文件中。

```
// 单笔交易的单元测试函数
func Test_GetETHBalance(t *testing.T) {
    nodeUrl := "https://mainnet.infura.io/v3/2e6d9331f74d472a9d47fe99f697ca2b"
    address := "0x0D0707963952f2fBA59dD06f2b425ace40b492Fe"
    if address == "" || len(address) != 42 {
        // 这里演示在调用 rpc 接口函数的时候，都要先进行入参的合法性判断
        fmt.Println("非法的交易地址值")
        return
    }
    balance,err := NewETHRPCRequester(nodeUrl).GetETHBalance(address)
    if err != nil {
        // 查询失败，打印出信息
        fmt.Println("查询 eth 余额失败，信息是：",err.Error())
        return
    }
    fmt.Println(balance)
}

// 批量交易的单元测试函数
```

```go
func Test_GetETHBalances(t *testing.T) {
  nodeUrl := "https://mainnet.infura.io/v3/2e6d9331f74d472a9d47fe99f697ca2b"

  address1 := "0x0D0707963952f2fBA59dD06f2b425ace40b492Fe"  // 第一个地址
  address2 := "0xf89260db97765A00a343aba8e5682715804769ca"  // 第二个地址

  address := []string{address1,address2}

  balance,err := NewETHRPCRequester(nodeUrl).GetETHBalances(address)
  if err != nil {
    // 查询失败，打印出信息
    fmt.Println("查询 eth 余额失败，信息是：",err.Error())
    return
  }
  fmt.Println(balance)
}
```

2. eth_call 获取合约类代币余额

以太坊的 eth_call 是一个功能非常丰富的接口，在前面的章节中曾多次提到过它，并在"重要接口的含义详解"一节中对它进行过详细的介绍。本节要介绍的获取合约类代币余额的函数也是通过访问该接口来实现的。

首先确定 eth_call 接口的入参。继续查询文档，如图 4-68 所示。Args 对应的参数共 7 个，每个参数的含义请参考"交易参数的说明"一节，其中第 7 个参数是区块号，对应 3 种取值选择，如果忘记了，请务必先回顾一下。

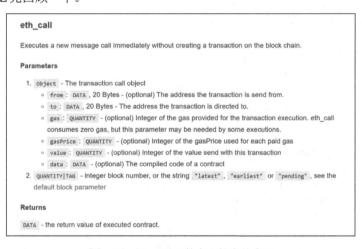

图 4-68　eth_call 函数在文档中的介绍

注意，eth_call 接口在查询代币余额时，data 参数中的 methodId 必须根据当前代币对应智能合约的余额查询函数来定，并没有一个固定的值。

本例我们选定基于 ERC20 标准的智能合约余额函数 balanceOf 来演示在 eth_call 中通过设置 balanceOf 的 methodId 来达到访问代币余额的目的。

根据"交易参数的说明"一节中所谈到的，ERC20 标准余额查询函数 balanceOf 所对应的 methodId 值就是"0x70a08231"，此时 data 的第一个参数就是所要查询余额对应的以太坊地址，参数的格式也在"交易参数的说明"一节做过详细介绍。

相对于 ETH 余额获取函数，合约类代币余额的获取函数相对来说要复杂一些，因为它除了需要被查询地址参数之外，还需要合约的以太坊地址及当前合约所对应代币的 decimals 位数的值。

首先定义好 eth_call 接口所需的参数结构，用来当作以后调用 eth_call 接口的参数结构体，根据上述文档的提示，我们在项目中新建一个 eth_call_arg.go 文件，用来放置该结构体，如图 4-69 所示。

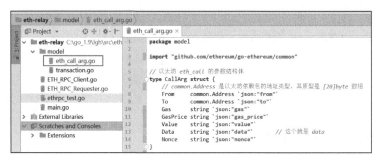

图 4-69　新建 eth_call_arg.go 文件

代码中的 common.Address 数据类型是以太坊依赖包的地址类型，其原型是[20]byte 数组。

```go
// 以太坊 eth_call 的参数结构体
type CallArg struct {
    // common.Address 是以太坊依赖包的地址类型，其原型是 [20]byte 数组
    From     common.Address `json:"from"`
    To       common.Address `json:"to"`
    Gas      string `json:"gas"`
    GasPrice string `json:"gas_price"`
    Value    string `json:"value"`
    Data     string `json:"data"`    // 这个就是 data
    Nonce    string `json:"nonce"`
}
```

ERC20 代币余额批量获取的函数如下所示：

```go
// ERC20BalanceRpcReq是查询 ERC20 代币的参数集合结构体
type ERC20BalanceRpcReq struct {
    ContractAddress string    // 合约的以太坊地址
    UserAddress     string    // 用户的以太坊地址
    ContractDecimal int       // 合约所对应代币单位精确到小数点后的位数
}
// 批量查询：根据以太坊地址数组，查询 ERC20 代币的余额
func (r *ETHRPCRequester) GetERC20Balances(paramArr []ERC20BalanceRpcReq)
([]string,error) {
    name     := "eth_call"
    methodId := "0x70a08231" // 这个就是 balanceOf 的 methodId
```

```
// 结果数组存储的是每个请求的结果指针，也就是引用
rets := []*string{}
// 获取参数数组的长度，方便在循环中逐个实例化 BatchElem
size := len(paramArr)
reqs := []rpc.BatchElem{}
for i:=0;i<size;i++ {
    ret := ""
    arg := &model.CallArg{}
    userAddress := paramArr[i].UserAddress
    // 下面是针对访问 balanceOf 时的必需参数，查询余额是不需要燃料费的，所有不需要设置 Gas
    arg.To  = common.HexToAddress(paramArr[i].ContractAddress)
    // data 参数的组合格式见 "交易参数的说明" 一节中的详解
    arg.Data = methodId+"000000000000000000000000"+userAddress[2:]
    // 实例化每个 BatchElem
    req := rpc.BatchElem{
        Method:name,
        Args:[]interface{}{arg,"latest"},
        // &ret 传入单个请求的结果引用，这样做是为保证它在函数内部被修改值后，
        // 回到函数外部时值仍有效
           Result: &ret,
    }
    reqs = append(reqs,req)    // 将每个 BatchElem 添加到 BatchElem 数组
    rets = append(rets,&ret)   // 每个请求的结果引用添加到结果数组中
}
err := r.client.GetRpc().BatchCall(reqs) // 传入 BatchElem 数组，发起批量请求
if err != nil {
    return nil,err
}
// 查询每个请求有没有错误
for _,req := range reqs {
    if req.Error != nil {
        return nil,req.Error // 返回错误
    }
}
finalRet := []string{}
for _,item := range rets {
    if *item == "" {
        continue
    }
    ten,_ := new(big.Int).SetString((*item)[2:],16)
    finalRet = append(finalRet,ten.String())
}
return finalRet,err
}
```

其中，ERC20BalanceRpcReq 是封装的请求结构体，因为批量获取 ERC20 代币的函数的入参达到了 3 个，为了方便管理和保持代码的可读性，所以将这些参数都放进一个结构体内，各行代码

的含义见注释。在 data 参数行，"00000000000000000000000"和"userAddress[2:]"的拼接组成了"交易参数的说明"一节中所讲到的 64 个字符的参数，前面的 20 个零字符加上去掉了"0x"字符的"userAddress"地址，共 64 个字符。

单元测试代码及其运行结果如下：

```
// 单元测试：批量获取代币值
func Test_GetERC20Balances(t *testing.T) {
  nodeUrl := "https://mainnet.infura.io/v3/2e6d9331f74d472a9d47fe99f697ca2b"

  address   := "0xc58AD8Ff428c354bb849d1dCf1EDCcAC3F102C8E"   // 钱包地址
  contract1 := "0x78021ABD9b06f0456cB9DB95a846C302c34f8b8D"   // 合约地址 1
  contract2 := "0xB8c77482e45F1F44dE1745F52C74426C631bDD52"   // 合约地址 2

  params := []ERC20BalanceRpcReq{}
  item := ERC20BalanceRpcReq{}
  item.ContractAddress = contract1
  item.UserAddress = address
  item.ContractDecimal = 18

  params = append(params,item)

  item.ContractAddress = contract2
  params = append(params,item)

  balance,err := NewETHRPCRequester(nodeUrl).GetERC20Balances(params)
  if err != nil {
    // 查询失败，打印出信息
    fmt.Println("查询 eth 余额失败，信息是：",err.Error())
    return
  }
  fmt.Println(balance)
}
```

查询结果如图 4-70 所示。

图 4-70　Test_GetERC20Balances 单元测试函数获取 ERC20 代币余额的返回结果

以上只是使用 eth_call 接口的例子之一，在实际的开发中，很多智能合约函数的调用都是可以通过访问该接口来达到目的。

4.9.7　获取最新区块号

以太坊区块链上的区块是在不断地被生成的，区块中包含了数据。以太坊中继对区块进行遍历时，需要获取每个区块中的数据，需要在生成的区块胜出之后立刻获取到它的区块号，然后使用获取区块信息相关的接口函数根据区块号来获取到它的内部信息。

以太坊提供的获取链上最新区块号的接口名称是 eth_blockNumber，该接口不需要参数，返回的区块号结果也是一个十六进制的字符串。通过查询接口文档，我们可以看到它的传参及返回结果，如图 4-71 所示。

依然在 ETH_RPC_Requester.go 文件中编写请求代码，我们设置最终返回的结果是一个大整数类型 big.Int。

```
// 获取以太坊最新生成区块的区块号
func (r *ETHRPCRequester) GetLatestBlockNumber() (*big.Int, error) {
  methodName := "eth_blockNumber"
  number := ""  // 存储结果
  err := r.client.client.Call(&number, methodName) // eth_blockNumber 不需要参数
  if err != nil {
    return nil, fmt.Errorf("获取最新区块号失败! %s", err.Error())
  }
  ten,_ := new(big.Int).SetString(number[2:],16) // 十六进制转为十进制大整数
  return ten, nil
}
```

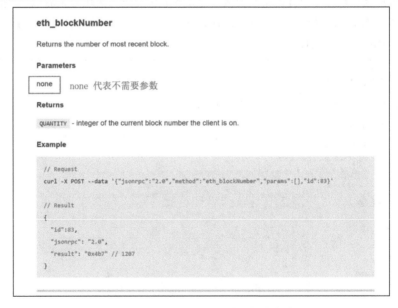

图 4-71　eth_blockNumber 在文档中的介绍

单元测试代码如下：

```
// 单元测试：获取以太坊最新生成区块的区块号
func TestGetLatestBlockNumber(t *testing.T) {
```

```
nodeUrl := "https://mainnet.infura.io/v3/2e6d9331f74d472a9d47fe99f697ca2b"
number, err := NewETHRPCRequester(nodeUrl).GetLatestBlockNumber()
if err != nil {
    // 查询失败，打印出信息
    fmt.Println("获取区块号失败，信息是：", err.Error())
    return
}
fmt.Println("10 进制：", number.String())
}
```

运行后可知，已经获取最新的区块号，这个区块号就是当前刚刚连接上以太坊公链的区块的号码，如图 4-72 所示。

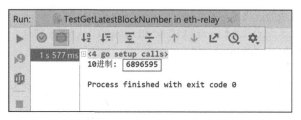

图 4-72　TestGetLatestBlockNumber 单元测试函数的运行结果

4.9.8　根据区块号获取区块信息

对应"获取最新区块号"一节中获取的区块号，本节我们根据区块号来获取区块的数据信息。

以太坊提供的接口名称是 eth_getBlockByNumber，通过查询接口文档，我们可以看到它的传参及返回结果，如图 4-73 所示。

图 4-73　eth_getBlockByNumber 在文档中的介绍

其中，返回结果和另外一个根据区块哈希值来获取区块信息的接口是一样的，而参数则需要两个。第一个参数是用十六进制字符串表示的区块号，刚好对应获取最新区块号接口返回的结果。第二个参数是个布尔值，它的取值可能有：

- true，返回区块中所有被打包进去的交易的完整信息数组。
- false，返回区块中所有被打包进去的交易的哈希值数组。

在接口文档中查询 eth_getBlockByHash 接口的返回结果，我们可以看到能够获取的区块信息，如图 4-74 所示。

信息是比较丰富的，其中的大部分字段，我们在"区块的组成"一节中都做过详细介绍，其中带 root 的字段是默克尔树的根部的"哈希"值，而 transactions 就是被打包进区块中的交易信息数组。

对于上述各个字段，我们需要在代码中定义一个结构体，用来对应的字段来存储它们。在项目的 model 文件夹下创建 full_block.go 文件，如图 4-75 所示。

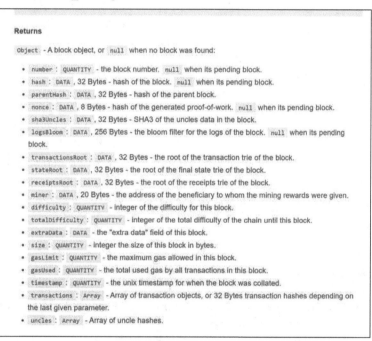

图 4-74　eth_getBlockByHash 函数的返回值及其介绍

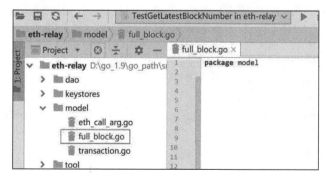

图 4-75　创建 full_block.go 文件

结构体代码如下所示，其中每个字段都添加了注释。

```
// 根据文档定义出区块信息的结构体
```

```
type FullBlock struct {
  Number    string   `json:"number"`    // 区块号
  Hash    string   `json:"hash"`         // 区块的哈希值
  ParentHash      string   `json:"parentHash"`  // 父区块的哈希值
  Nonce    string   `json:"nonce"`        // 区块的序列号
  Sha3Uncles      string   `json:"sha3Uncles"`   // 当前区块如果打包了叔块，
// 那么它是叔块的 SHA3 加密值
  LogsBloom      string   `json:"logsBloom"`       // 当前区块的布隆过滤器日志
  TransactionsRoot      string   `json:"transactionsRoot"`  // 交易默克尔树的根部
hash 值
  ReceiptsRoot    string   `json:"stateRoot"`    // 收据默克尔树的根部的哈希值
  Miner    string   `json:"miner"`           // 挖出此区块的矿工的以太坊地址值
  Difficulty    string   `json:"difficulty"`    // 这个区块的难度值
  TotalDifficulty      string   `json:"totalDifficulty"`  // 这个块的链的总难度
  ExtraData    string   `json:"extraData"`        // 区块的附属数据
  Size    string   `json:"size"`   // 这个区块总数据量的大小
  GasLimit    string   `json:"gasLimit"`        // 区块的 GasLimit，注意它和交易的不一样
  GasUsed    string   `json:"gasUsed"`         // 当前该区块已经打包了的交易的总燃料费
  Timestamp    string   `json:"timestamp"`     // 区块被确认核实的时间戳，单位为秒
  Uncles    []string   `json:"uncles"`          // 叔块的哈希数组
  Transactions    []interface{}   `json:"transactions"`// 所有被打包了的交易的数组
}
```

　　最终根据区块号获取区块信息的接口请求函数如下所示，返回的结果就是上面所定义的
FullBlock 区块结构体。

```
// 根据区块号获取区块信息
func (r *ETHRPCRequester) GetBlockInfoByNumber(blockNumber *big.Int)
(*model.FullBlock, error) {
  number := fmt.Sprintf("%#x", blockNumber)  // 将 big.Int 转为十六进制字符串
  methodName := "eth_getBlockByNumber"
  fullBlock := model.FullBlock{}  // 区块信息结构体
  // eth_getBlockByNumber 的第二个参数：
  // 若是 true，则返回完整的区块信息；若是 false，则 transaction 部分只返回交易哈希数组
  err := r.client.client.Call(&fullBlock, methodName, number, true)
  if err != nil {
    return nil, fmt.Errorf("get block info failed! %s", err.Error())
  }
  if fullBlock.Number == "" {
    return nil, fmt.Errorf("block info is empty %s",blockNumber.String())
  }
  return &fullBlock, nil
}
```

　　单元测试部分需要结合获取最新区块号的接口进行，代码如下：

```
// 单元测试：根据区块号获取区块信息
func TestGetFullBlockInfo(t *testing.T) {
```

```
nodeUrl := "https://mainnet.infura.io/v3/2e6d9331f74d472a9d47fe99f697ca2b"
requester := NewETHRPCRequester(nodeUrl)
number, _ := requester.GetLatestBlockNumber() // 获取区块号
fmt.Println("区块号是:\n",number)
fullBlock, err := requester.GetBlockInfoByNumber(number) // 获取区块信息
if err != nil {
   // 查询失败，打印出信息
   fmt.Println("获取区块信息失败，信息是：", err.Error())
   return
}
// 查询成功，将区块结果的结构体先以 json 格式序列化，再以 string 格式输出
json1, _ := json.Marshal(fullBlock)
fmt.Println("根据区块号获取区块信息:\n", string(json1))
}
```

　　运行后，我们可以看到成功获取区块号后输出的区块 json 数据，数据量是比较多的，且都是十六进制的格式。如图 4-76 所示。

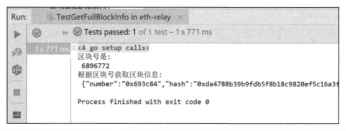

图 4-76　TestGetFullBlockInfo 单元测试函数获取的区块信息

4.9.9　根据区块哈希值获取区块信息

除了可以根据区块号获取区块的数据外，以太坊还提供了一个 eth_getBlockByHash 接口，该接口可根据区块的哈希值获取区块的信息。

它和上一节所介绍的根据区块号获取区块信息的 eth_getBlockByNumber 接口除了第一个参数不一样之外，其他的调用参数和返回结果是一模一样的。在学习 eth_getBlockByHash 接口的实现之前，请务必先掌握"根据区块号获取区块信息"一节的内容，即 eth_getBlockByNumber 接口的实现。

如图 4-77 的文档所示，eth_getBlockByHash 的第一个参数是区块的"hash"值。

```
eth_getBlockByHash

Returns information about a block by hash.

Parameters

  1. DATA , 32 Bytes - Hash of a block.
  2. Boolean - If true it returns the full transaction objects, if false only the hashes of the
     transactions.

params: [
    '0xe670ec64341771606e55d6b4ca35a1a6b75ee3d5145a99d05921026d1527331',
    true
]
```

图 4-77　eth_getBlockByHash 函数在文档中的介绍

接口请求的代码如下：

```
// 根据区块哈希值获取区块信息
func (r *ETHRPCRequester) GetBlockInfoByHash(blockHash string) (*model.FullBlock,
error) {
  methodName := "eth_getBlockByHash"
  fullBlock := model.FullBlock{} // 区块信息结构体
  // eth_getBlockByHash 的第二个参数:
  // 若是 true，则返回完整的区块信息，若是 false，则 transaction 部分只返回交易哈希值数组
  err := r.client.client.Call(&fullBlock, methodName, blockHash, true)
  if err != nil {
    return nil, fmt.Errorf("get block info failed! %s", err.Error())
  }
  if fullBlock.Number == "" {
    return nil, fmt.Errorf("block info is empty %s",blockHash)
  }
  return &fullBlock, nil
}
```

单元测试代码如下，所查询的区块的"hash"（哈希值）对应"根据区块号获取区块信息"一节中所获取的区块的"hash"（哈希值）：

```go
// 单元测试：根据区块哈希获取区块信息
func TestGetFullBlockByBlockHash(t *testing.T) {
  nodeUrl := "https://mainnet.infura.io/v3/2e6d9331f74d472a9d47fe99f697ca2b"
  requester := NewETHRPCRequester(nodeUrl)
  blockHash :=
"0xda4788b39b9fdb5f8b18c9820ef5c16a3fe4bfc621d9208d4676fcf1e75b40a9"
  // 根据区块哈希获取区块信息
  fullBlock, err := requester.GetBlockInfoByHash(blockHash)
  if err != nil {
    // 查询失败，打印出信息
    fmt.Println("获取区块信息失败，信息是：", err.Error())
    return
  }
  json2, _ := json.Marshal(fullBlock)
  fmt.Println("根据区块哈希值获取区块信息\n", string(json2))
}
```

运行结果如图 4-78 所示，对应于区块号"6896772"的信息。

图 4-78　区块号"6896772"的信息

4.9.10　使用 eth_call 访问智能合约函数

在"eth_call 获取合约类代币余额"一节中我们已经学习了如何使用 eth_call，以及运用它来调用智能合约的 balanceOf 函数。在这一节中，我们再使用它来调用在第 3 章中所发布的加法运算智能合约中的加法函数。

调用智能合约中的函数，先要找到以下必需的信息：

（1）被调用的智能合约的以太坊地址。

（2）智能合约中被访问函数的 methodId。

（3）被访问函数的参数。

由"实现加法程序"一节的内容可知，加法智能合约中两数相加的函数定义如下：

```
function add(uint8 arg1,uint8 arg2) public pure returns (uint8)
```

函数名称是 add，接收两个无符号 8 位整型参数，最终返回的结果也是无符号 8 位整型数据。此外加法智能合约发布在以太坊主网上的地址是：

```
0x339dbB357E3BD3c349a912ac3a5A6D4079216911
```

1. 生成 methodId

要使用 eth_call 来访问智能合约的函数，必须根据函数的名称生成对应的 methodId。

methodId 的生成算法比较复杂，一般我们不需要自己编写核心代码来生成，而是直接使用以太坊源码中提供的函数来生成。

这个封装了 methodId 生成函数的源码文件（见图 4-79）是：

```
go_path/src/github.com/ethereum/gp-ethereum/accounts/abi/abi.go
```

可以使用 ABI 结构体中的 Methods 成员变量来选出对应的 Method 对象，然后调用 Method 对象内的 Id()函数来生成 methodId。如图 4-80 所示，Id()就是 Method 对象所在的 method.go 代码文件中的一个函数。

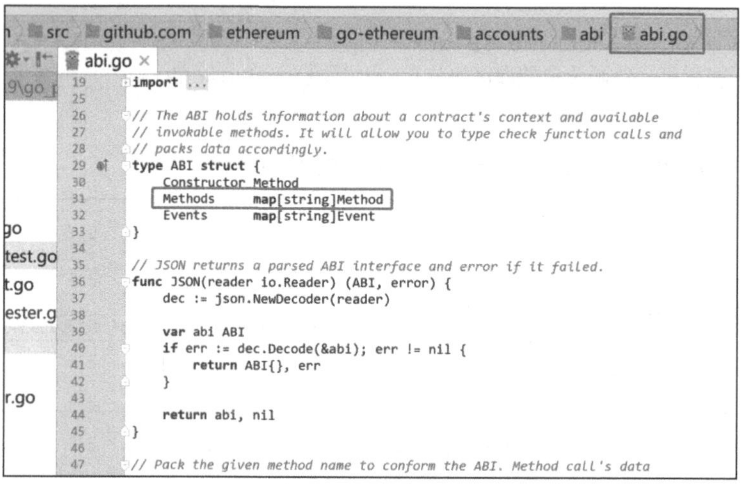

图 4-79　以太坊 Go 版本源码中的 abi.go 代码文件

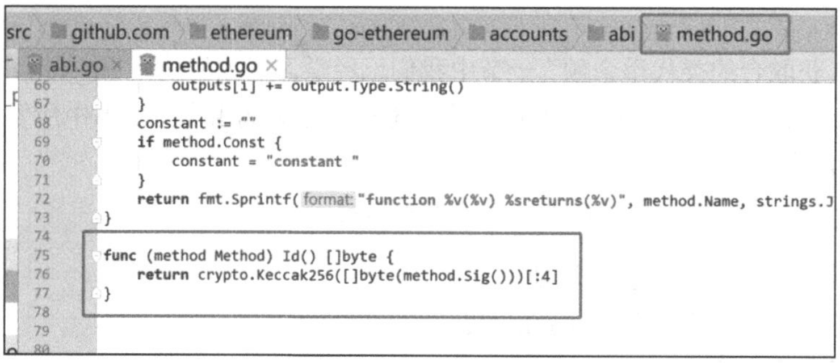

图 4-80　以太坊 Go 版本源码中提供了生成 methodId 的函数

因为生成 methodId 的是一个协助函数，所以我们把它的代码也编写到 tool 文件夹下的 wallet.go 文件中。

代码如下，在实例化 ABI 结构体对象指针后，使用智能合约的 abi 数据来初始化其内部的变量，其中智能合约的 abi 数据的介绍与提取参见 3.9.2 小节和 3.9.3 小节的内容。

```
// 根据函数的名称生成 methodId。abiStr 是智能合约的 abi 数据
func MakeMethoId(methodName string,abiStr string) (string,error) {
```

```
abi  := &abi.ABI{}  // 实例化 ABI 结构体对象指针
err := abi.UnmarshalJSON([]byte(abiStr))
if err != nil {
  return "",err
}
// 根据 methodName 获取对应的 Method 对象
method := abi.Methods[methodName]
methodIdBytes := method.Id() // 调用生成 methodId 的函数
methodId := "0x"+common.Bytes2Hex(methodIdBytes)
return methodId,nil
}
```

加法智能合约的 abi 数据是：

```
[ { "constant": true, "inputs": [ { "name": "arg1", "type": "uint8" }, { "name":
"arg2", "type": "uint8" } ], "name": "add", "outputs": [ { "name": "", "type":
"uint8" } ], "payable": false, "stateMutability": "pure", "type": "function" } ]
```

单元测试代码编写在 tool_test.go 文件中，如下所示：

```
// 单元测试：生成 methodId
func Test_MakeMethodId(t *testing.T) {
  contractABI := // 加法智能合约的 abi 数据
    `[ { "constant": true, "inputs": [ { "name": "arg1", "type": "uint8" },
    { "name": "arg2", "type": "uint8" } ],
    "name": "add", "outputs": [ { "name": "", "type": "uint8" } ],
    "payable": false, "stateMutability": "pure", "type": "function" } ]`;
  methodName := "add" // 加法函数名称
  methodId,err := MakeMethoId(methodName,contractABI)
  if err != nil {
    fmt.Println("生成 methodId 失败",err.Error())
    return
  }
  fmt.Println("生成 methodId 成功",methodId)
}
```

单元测试运行结果如图 4-81 所示。可以看到，最终函数名称为 add 的 methodId 是"0xbb4e3f4d"。

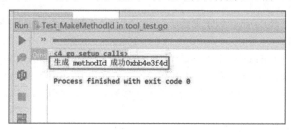

图 4-81　测试运行结果

2. 访问 add 函数

接下来我们使用以太坊提供的接口 eth_call 来访问合约中的 add 函数，并将结果输出。

在编写访问智能合约的 add 函数之前，首先在以太坊请求者 ETH_RPC_Requester.go 文件中完成一个通用请求以太坊 eth_call 接口的函数，代码如下所示。其中，model.CallArg 结构体是 eth_call 参数的集合结构体。

```
// 使用 eth_call 调用智能合约的函数
// 第一个参数是接收结果的结构体，第二个参数是 eth_call 参数集合结构体
func (r *ETHRPCRequester) ETHCall(result interface{},arg model.CallArg) error {
  methodName := "eth_call"
  err  := r.client.client.Call(result, methodName, arg,"latest")
  if err != nil {
    return fmt.Errorf("eth_call failed! %s", err.Error())
  }
  return nil
}
```

在 ETHCall 的单元测试里，我们结合上一节的 MakeMethodId 函数来实现访问加法智能合约的 add 函数。

单元测试代码如下：

```
// 单元测试：使用 eth_call 访问智能合约的函数
func Test_ETHCall(t *testing.T) {
  contractABI := // 加法智能合约的 abi 数据
    `[ { "constant": true, "inputs": [ { "name": "arg1", "type": "uint8" },
    { "name": "arg2", "type": "uint8" } ],
    "name": "add", "outputs": [ { "name": "", "type": "uint8" } ],

    "payable": false, "stateMutability": "pure", "type": "function" } ]`;
  methodName := "add"  // 智能合约中的函数名称
  methodId,err := tool.MakeMethoId(methodName,contractABI) // 生成对应的 methodId
  if err != nil {
    panic(err)
  }
  // 下面要进行的运算是：2+3
  arg1 := common.HexToHash("2").String()[2:] //根据 data 中的参数格式，生成第一个参数
  // arg1 = 0000000000000000000000000000000000000000000000000000000000000002
  arg2 := common.HexToHash("3").String()[2:] //根据 data 中的参数格式，生成第二个参数
  // arg2 = 0000000000000000000000000000000000000000000000000000000000000003
  contractAddress := "0x339dbB357E3BD3c349a912ac3a5A6D4079216911" // 智能合约地址
  args := model.CallArg{
    To  : common.HexToAddress(contractAddress), //  此时的 to 对应的是合约的地址，代表访问该合约
    Data: methodId + arg1 + arg2, // 组合成 data 的完整格式
    // 下面的无关参数可以不进行赋值，让它们使用默认值
    //Gas:"0x0",
```

```
    //GasPrice:"0x0",
    //Value:"0x0",
    //Nonce:"0x0",
}
result  := ""  // 结果是一个十六进制字符串
nodeUrl := https://mainnet.infura.io/v3/2e6d9331f74d472a9d47fe99f697ca2b
requester := NewETHRPCRequester(nodeUrl)
err = requester.ETHCall(&result,args) // 进行调用
if err != nil {
    panic(err)
}
ten,_ := new(big.Int).SetString(result[2:],16)  //将十六进制结果转为十进制
fmt.Println("调用合约两数相加结果是: ",ten.String())
}
```

运行结果如图 4-82 所示。可以看到智能合约已经帮我们计算出了"2+3"的结果，即"5"。

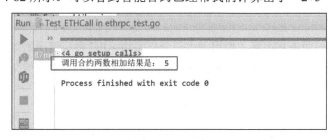

图 4-82　调用链上的加法智能合约后返回的结果

以上就是一个使用以太坊的 eth_call 接口访问智能合约函数的例子。它表明了一般的访问流程，无论智能合约中的函数具备什么功能，都能通过上面的操作流程进行访问。需要注意的是，打包进区块的合约函数不能使用 eth_call 来访问触发，因为这种情况属于以太坊交易，请务必使用以太坊的发送交易接口进行访问触发。

4.10　小　结

本章主要介绍了以太坊节点程序常见的 RPC 接口及其各自的基于 Go 语言的示例函数，本部分是进行以太坊 DApp 开发之前必须掌握的基础内容。

读者需要特别注意的是 4.1 节中所列举出的以太坊区块链上能被监听的事件类型、4.5 节中引入的 GoLand 开发工具的使用，以及 4.9 节接口部分中 eth_call 接口的使用方式，因为该接口是调用自定义智能合约内部函数的核心方法。

在开启第 5 章的实际应用开发之前，建议读者对该章所谈到的接口内容进行编码实操，并深刻理解各个接口的功能。

第5章

中继服务程序的开发

本章将综合运用前面各章内容，使用绝大部分以太坊 RPC 接口请求函数，采用 Go 语言实现在以太坊 DApp 应用中一个很强大的中继服务支持程序，包括钱包、以太坊交易、区块链分叉检测以及分叉区块数据的存储回滚操作等内容。

5.1 创建以太坊钱包

以太坊钱包的创建是我们获取并使用属于自己的以太坊地址的唯一途径。

钱包的创建一般多见于基于移动 App 的软件中，也就是钱包 App 软件。这类钱包 App 软件的钱包创建功能都是脱离服务器端的，也就是可以直接离线断网在 App 中进行钱包生成。之所以脱离网络连接进行钱包的生成，主要有两个原因：

（1）钱包的创建在代码层面涉及大量的数学运算，是比较耗时的，不适合在服务器端进行生成。

（2）可以 100%避免在创建钱包的时候被抓包拦截，导致钱包信息被截取。如图 5-1 所示是钱包由服务器端生成再将信息传递回客户端的一个演示，其间可能会带来风险。

虽然钱包多由 App 生成，但在一些业务场景下也需要由服务器端来帮助用户生成钱包，例如：

- 中心化钱包。为避免小白用户不会操作，让用户一键生成钱包。
- 中心化交易所。用户一个账户对应多币种钱包，这种情况可由服务器端生成并保存私钥等信息。
- 在服务器端生成钱包。可以设计在钱包创建成功时不返回钱包相关的私密信息给客户端，以避免钱包信息被抓包截取的问题。

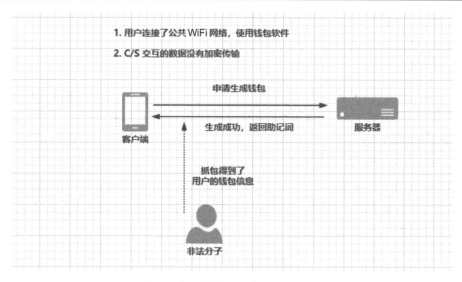

图 5-1　抓包拦截获取钱包信息的演示

5.1.1　以太坊钱包术语

在使用代码创建以太坊钱包之前，一定要先理清楚与以太坊钱包相关的术语。在前面的"地址的含义"一节和"Mist"部分的"创建以太坊钱包"一节我们对以太坊的相关术语已经做过一些介绍，这里我们再做一个全面详细的总结。

（1）钱包，是基于交易所的一种客户端钱包管理软件。我们可以用钱包管理自己基于当前这个交易所的虚拟货币资产，钱包里的所有信息（例如公钥、私钥）都基于我们在这个钱包软件上所注册的账号。

（2）账户地址，又称钱包地址，一般不等于公钥，但不排除用户使用的交易所内部的代码将其设置为公钥。一般账户地址由公钥和特定的算法生成，例如由哈希算法生成。账户地址与算法和公钥的关系如下：

算法+公钥=账户地址

（3）密码，由交易所制定，为保护我们的钱包信息而设置的，主要用于加密私钥。密码的作用如下：

- 登录 App，例如交易所推出的某个 App。
- 加密私钥，使之形成 Keystore 文件。

注　意
当我们在某些交易所的软件上设置好账号后，对应的登录密码还可能用来加密私钥。

（4）公钥，由私钥通过某些算法生成，比如常见的椭圆曲线加密算法。其中，公钥和私钥的关系如下：

- 私钥可以计算出公钥，公钥不能计算出私钥。
- 被公钥锁加密了的数据，只能使用私钥解密。
- 私钥加密数据这个步骤，一般称为数字签名。

（5）私钥，是随机生成的，这个随机数可能有 2^{256} 种。私钥的生成在钱包中的体现是，在我们创建好账号后代码自动生成，并使用我们的账户密码进行加密，形成 keystore 文件，保存在手机本地或交易所的数据库中。

私钥、公钥与账户地址的关系如下：

- 算法步骤。首先根据非对称加密算法中的椭圆曲线算法的要求，生成一个随机数作为私钥，再由私钥根据椭圆曲线算法（ECDSA-secp256k1）生成公钥，从公钥的哈希值中提取部分字符串得出账户地址。
- 生成步骤。
  ✧ 随机产生一个私钥。
  ✧ 私钥通过 ECDSA-secp256K1 算法生成公钥，即计算得到私钥在椭圆曲线上对应的公钥。
  ✧ 对公钥做 SHA3 计算，得到一个哈希值，取这个哈希值的后 20 个字节作为账户地址。
- 私钥保存在交易所里，风险很大，如被黑客盗窃，就会造成财产失窃。
- 私钥签名的数据可以用公钥解签。
- 私钥加密数据，我们称之为数字签名。
- 私钥的导出：账户密码+keystore 文件+加密算法=私钥。

某些中心化交易所 App 或钱包 App 不提供导出功能，此时用户便无法知道私钥。

（6）助记词。当我们忘记了所使用的交易所 App 或钱包 App 的登录密码，可用助记词修改密码。理论上，不是所有的交易所 App 或钱包 App 都提供这个功能。

- 助记词一般由 12 或 24 个单词构成，2 个单词之间由 1 个空格隔开，这些单词都来源于一个固定词库（单词表）。
- 组成助记词的单词根据一定的算法挑选得出。
- 助记词实际上就是私钥的另一种表现形式。
- 重要性和私钥一样。
- 助记词能生成私钥，但不能根据私钥推出助记词。

（7）keystore，一个用来存储私钥数据的被加密了的文件。如果没有对应的加密密码，很难获得该文件的私钥。

- 账户密码+私钥+加密算法=keystore。
- keystore 数据使用 Json 格式存储。
- 使用 keystore 文件恢复私钥时，只需输入加密密码，私钥就能从 keystore 文件恢复出来。

5.1.2 创建钱包

在服务器端创建以太坊钱包，不需要进行以太坊节点接口的访问，可以直接使用以太坊源码提供的依赖库来实现。

如图 5-2 所示，位于 gopath 下的 NewAccount 就是官方提供的可以用来创建以太坊钱包的函数：

github.com/ethereum/go-ethereum/accounts/keystore/keystore.go

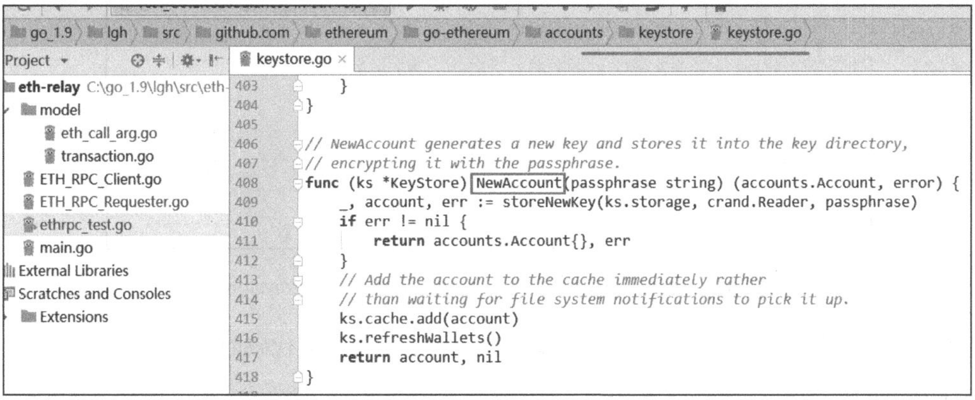

图 5-2　以太坊 Go 版源码中的根据密码生成钱包的函数

```
// NewAccount generates a new key and stores it into the key directory,
// encrypting it with the passphrase.
func (ks *KeyStore) NewAccount(passphrase string) (accounts.Account, error) {
 _, account, err := storeNewKey(ks.storage, crand.Reader, passphrase)
 if err != nil {
    return accounts.Account{}, err
 }
 // Add the account to the cache immediately rather
 // than waiting for file system notifications to pick it up.
 ks.cache.add(account)
 ks.refreshWallets()
 return account, nil
}
```

其中，passphrase 是设置的密码参数，最终会用来结合私钥生成 keystore 文件。创建钱包的步骤是：

（1）根据随机数创建"私钥"。

（2）根据私钥生成"公钥"。

（3）根据公钥生成"钱包地址"。

（4）将"私钥"结合所设置的"密码"生成 keystore 文件，存储起来。

要想使用 NewAccount 函数，首先须实例化一个 KeyStore 对象，因为 NewAccount 函数被定义为"func　(ks* KeyStore)"类型，代表它是实例指针的公有函数。

在钱包创建成功后，所生成的 keystore 文件还要被存储起来，所以需要指定一个存储 keystore 文件的文件夹。我们在项目主文件夹下创建一个子文件夹 keystores，用来存储钱包的 keystore 文件，如图 5-3 所示。

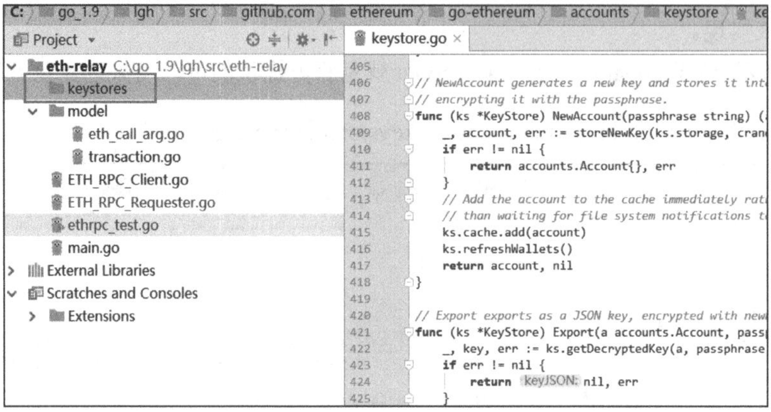

图 5-3　创建一个用来存储钱包文件的子文件夹 keystores

创建钱包的函数依然编写在 ETH_RPC_Requester.go 文件中，代码如下：

```go
// 创建以太坊钱包
func (r *ETHRPCRequester) CreateETHWallet(password string) (string,error) {
  if password == "" {
    return "",errors.New("password cant empty")
  }
  if len(password) < 6 {
    return "",errors.New("password's len must more than 6 words")
  }
  keydir := "./keystores" // 用来存储所创建的钱包的 keystore 文件的文件夹
  // StandardScryptN 是 Scrypt 加密算法的标准 N 参数
  // StandardScryptP 是 Scrypt 加密算法的标准 P 参数
  ks := keystore.NewKeyStore(keydir, keystore.StandardScryptN,
keystore.StandardScryptP)
  wallet, err := ks.NewAccount(password) // 传入密码，创建钱包
  if err != nil {
    return "0x", err
  }
  return wallet.Address.String(),nil
}
```

单元测试代码如下：

```go
// 单元测试：创建以太坊钱包
func Test_CreateETHWallet(t *testing.T) {
  nodeUrl := "https://mainnet.infura.io/v3/2e6d9331f74d472a9d47fe99f697ca2b"
  address1,err := NewETHRPCRequester(nodeUrl).CreateETHWallet("13456")
// 演示密码太短的错误
  if err != nil {
    fmt.Println("第一次，创建钱包失败",err.Error())
  }else{
    fmt.Println("第一次，创建钱包成功，以太坊地址是：",address1)
  }
  address2,err := NewETHRPCRequester(nodeUrl).CreateETHWallet("13456aa")
// 创建成功
```

```
if err != nil {
    fmt.Println("第二次，创建钱包失败",err.Error())
}else {
    fmt.Println("第二次，创建钱包成功，以太坊地址是：", address2)
}
}
```

运行结果如图 5-4 所示。

图 5-4　Test_CreateETHWallet 单元测试函数的运行结果

图 5-4 中，新创建好的以太坊钱包地址是 0x590c3D81B70DdfF32F74E51f14805915a4C0e2eD。

进入 keystores 文件夹，查看是否生成了对应钱包的 keystore 文件，如图 5-5 所示，从中可以看到，已经成功生成了。双击打开生成的文件，还能看到以太坊钱包生成的地址信息。

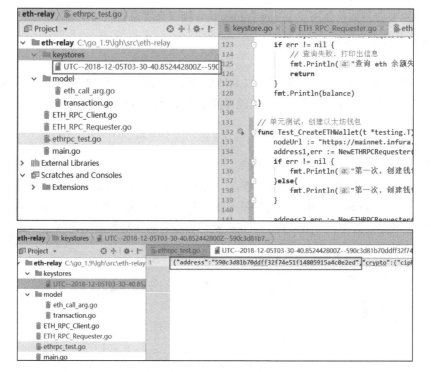

图 5-5　查看所生成钱包对应的 keystore 文件

至此，我们成功地生成了一个以太坊钱包，如果需要将这个钱包导入其他的钱包软件中使用，只需在钱包软件中选择导入 keystore，再将上述 keystore 文件中的内容复制并粘贴进去，最后输入创建钱包时所设置的密码即可。

5.2 实现以太坊交易

要实现"以太坊交易"功能，一般在前端通过编写代码就能达到目的。例如，在移动 App 或者网站上依靠 JavaScript 语言就能实现以太坊的交易功能，而不需要依赖后端服务来实现。但是，在中心化交易所里，一些交易功能往往需要在服务器端实现。例如，"用户提现"功能就是从公链上将资产转账到用户的钱包地址里。当然，通过客服向钱包地址转账也是可以的，但是当用户发起"提现"请求的量很大时，人为操作不仅效率低下，还需要专门招聘交易管理人员。除了交易所的"用户提现"功能之外，在其他 DApp 中还存在很多需要在服务器端实现交易的情况。例如，基于 ERC721 协议标准发布的个体类代币，如以太猫等的转让（转账）功能就是在服务器端进行的，转让是通过触发交易来实现的。

本节我们主要介绍如何使用 sendRawTransaction 接口来实现以太坊交易功能。

5.2.1 以太坊交易的原理

在实现交易函数之前，我们先要了解以太坊整个交易的流程：客户端签名交易、发起交易数据到以太坊节点、服务器端对交易数据的校验以及最终交易被添加到订单池的交易队列。下面我们通过这个流程对交易的原理进行讲解。

1. 发送数据

第一步，从参数组装到发送给以太坊节点，这个过程需要对参数进行私钥签名。这个私钥的提供者对应传参中的 from 地址用户，私钥签名函数在 go-ethereum 源码中的 keystore.go 文件已提供了，如图 5-6 所示。其中，*types.Transaction 就是待签名的交易数据结构体。

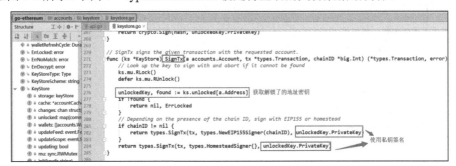

图 5-6 以太坊 Go 版本源码中签名交易的函数

签名成功后，将会对交易结构体（见图 5-7）中的"V""S""R"3 个字段进行赋值，生成的签名数据也是由它们存储的，在交易被提交到了节点后，节点的"验签"阶段，也是根据这 3 个字段进行的。

```
type txdata struct {
    AccountNonce  uint64           `json:"nonce"      gencodec:"required"`
    Price         *big.Int         `json:"gasPrice"   gencodec:"required"`
    GasLimit      uint64           `json:"gas"        gencodec:"required"`
    Recipient     *common.Address  `json:"to"         rlp:"nil"` // nil means contract creation
    Amount        *big.Int         `json:"value"      gencodec:"required"`
    Payload       []byte           `json:"input"      gencodec:"required"`

    // Signature values
    V *big.Int `json:"v" gencodec:"required"`
    R *big.Int `json:"r" gencodec:"required"`         签名时候进行赋值的三个重要字段
    S *big.Int `json:"s" gencodec:"required"`

    // This is only used when marshaling to JSON.
    Hash *common.Hash `json:"hash" rlp:"-"`
}
```

图 5-7　以太坊 Go 版本源码中的 txdata 结构体

第二步，将签好名的结构体数据进行"RLP 序列化"操作。同样地，这个操作所要使用的函数在 go-ethereum 源码中也提供了，对应于 rlp 依赖包下 encode.go 文件的 EncodeToBytes 函数，如图 5-8 所示。其中的 val 参数是一个泛型，在当前的情况中，它是签好名的结构体。

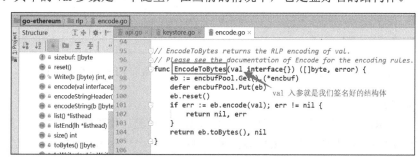

图 5-8　以太坊 Go 版本源码中的 RLP 序列化函数

RLP（递归长度前缀）是一种编码方式，提供了一种适用于任意二进制数据数组的编码，已经成为以太坊中对对象进行序列化的主要编码方式。RLP 的唯一目标是解决结构体的编码问题，对基本数据类型（比如字符串、整数型、浮点型）的编码则交给更高层的协议处理，以太坊中要求数字必须是一个大端字节序的（Big-Endian）、没有零占位的存储格式。例如，"汉"这个字的 Unicode 编码是 6C49，在存储的时候，如果将 6C 放在前面，49 放在后面，就是大端字节序，因为 6C 的十进制形式比 49 的十进制要大。没有零占位就是不出现 0 位。例如，6C049 有一个零，就不满足没有零占位的要求。

关于 RLP 编码，这里有一篇很好的文章可以参考：

https://segmentfault.com/a/1190000011763339

2. 解读数据

上述签名并进行 RLP 编码之后的数据，将会被发送到以太坊的节点程序中。在节点程序中，它会对每一笔提交过来的交易进行数据的一系列校验。整个校验分为有 3 个步骤：RLP 反序列化、参数校验和订单池相关的判断。

（1）RLP 反序列化

第一步，将接收到的校验数据，进行"RLP 反序列化"操作，可以使用 go-ethereum 源码中 rlp 依赖包下 decode.go 文件中的 DecodeBytes 函数来进行。如图 5-9 所示。

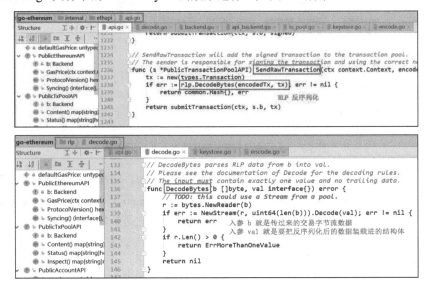

图 5-9　以太坊 Go 版本源码中的交易接收接口函数和 RLP 反序列化函数

（2）参数校验

第二步，对"RLP 反序列化"后恢复的交易数据进行校验。校验又分两部分：第一部分是基础数据的校验，例如燃料费 Gas 不能太低等；第二部分是对"V""S""R"的签名校验。

● 数据的基础校验，主要是一些范围限制及格式限制校验，包含数据量不能太大、防止 DDos 攻击、Gas 值不能超过当前节点所设的最大值和 Nonce 值不能比已经成功过交易的序列值还低等，如图 5-10 所示。初步的校验工作在函数 validateTx 中进行。

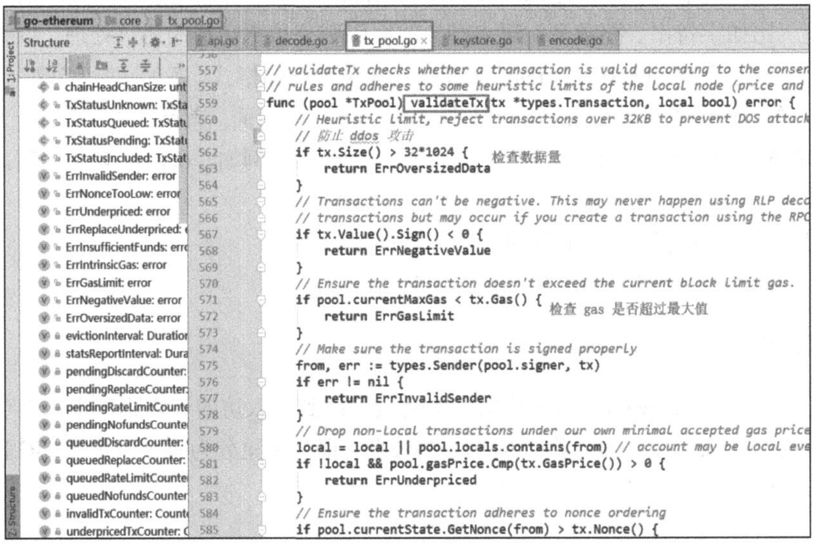

图 5-10　数据的基础校验

在基础数据校验阶段，会抛出以太坊交易的常见错误信息，如果发现有错误信息返回，就可以到对应的检测代码行进行排查。常见的以太坊交易错误信息如图 5-11 所示。

```
var (
	// ErrInvalidSender is returned if the transaction contains an invalid signature.
	ErrInvalidSender = errors.New( text: "invalid sender")

	// ErrNonceTooLow is returned if the nonce of a transaction is lower than the
	// one present in the local chain.
	ErrNonceTooLow = errors.New( text: "nonce too low")

	// ErrUnderpriced is returned if a transaction's gas price is below the minimum
	// configured for the transaction pool.
	ErrUnderpriced = errors.New( text: "transaction underpriced")

	// ErrReplaceUnderpriced is returned if a transaction is attempted to be replaced
	// with a different one without the required price bump.
	ErrReplaceUnderpriced = errors.New( text: "replacement transaction underpriced")

	// ErrInsufficientFunds is returned if the total cost of executing a transaction
	// is higher than the balance of the user's account.
	ErrInsufficientFunds = errors.New( text: "insufficient funds for gas * price + value")

	// ErrIntrinsicGas is returned if the transaction is specified to use less gas
	// than required to start the invocation.
	ErrIntrinsicGas = errors.New( text: "intrinsic gas too low")

	// ErrGasLimit is returned if a transaction's requested gas limit exceeds the
	// maximum allowance of the current block.
	ErrGasLimit = errors.New( text: "exceeds block gas limit")
```

图 5-11　以太坊交易校验阶段的常见错误

- 签名信息的校验。这里所使用的是椭圆曲线算法 secp256k1 提供的方法，椭圆曲线算法 secp256k1 支持根据私钥导出公钥。对应的校验流程如图 5-12 所示，在 validateTx 函数内的 types.Sender 开始签名的校验。

```
// validateTx checks whether a transaction is valid according to the consensus
// rules and adheres to some heuristic limits of the local node (price and size).
func (pool *TxPool) validateTx(tx *types.Transaction, local bool) error {
	// Heuristic limit, reject transactions over 32KB to prevent DOS attacks
	// 防止 ddos 攻击
	if tx.Size() > 32*1024 {
		return ErrOversizedData
	}
	// Transactions can't be negative. This may never happen using RLP decoded
	// transactions but may occur if you create a transaction using the RPC.
	if tx.Value().Sign() < 0 {
		return ErrNegativeValue
	}
	// Ensure the transaction doesn't exceed the current block limit gas.
	if pool.currentMaxGas < tx.Gas() {
		return ErrGasLimit
	}
	// Make sure the transaction is signed properly
	from, err := types.Sender(pool.signer, tx)      进入签名的校验
	if err != nil {
		return ErrInvalidSender
	}
	// Drop non-local transactions under our own minimal accepted gas price
```

图 5-12　validateTx 函数内调用 types.Sender 函数进行交易的校验

types.Sender 函数的机制是先从缓存中检测，判断缓存中是否已经存在相同的签名信息，如图 5-13 所示。如果存在记录，就会直接返回校验结果。如果不存在，就会走完整的校验流程。缓存机制避免了重复操作，能在一定程度上提高代码的执行效率。

```go
// Sender returns the address derived from the signature (V, R, S) using secp256k1
// elliptic curve and an error if it failed deriving or upon an incorrect
// signature.
//
// Sender may cache the address, allowing it to be used regardless of
// signing method. The cache is invalidated if the cached signer does
// not match the signer used in the current call.
func Sender(signer Signer, tx *Transaction) (common.Address, error) {
    if sc := tx.from.Load(); sc != nil {
        sigCache := sc.(sigCache)
        // If the signer used to derive from in a previous
        // call is not the same as used current, invalidate
        // the cache.
        if sigCache.signer.Equal(signer) {
            return sigCache.from, nil
        }
    }

    addr, err := signer.Sender(tx)        进入此处
    if err != nil {
        return common.Address{}, err
    }
    tx.from.Store(sigCache{signer: signer, from: addr})
    return addr, nil
}
```

图 5-13 types.Sender 函数内部的实现代码

在 recoverPlain 函数中将会先由“S”“V”“R”3 个参数组合成签名信息，然后由 crypto.Ecrecover 恢复出私钥对应的公钥，最后由公钥得出地址，如图 5-14 所示。

```go
var big8 = big.NewInt( x: 8)

func (s EIP155Signer) Sender(tx *Transaction) (common.Address, error) {
    if !tx.Protected() {
        return HomesteadSigner{}.Sender(tx)
    }
    if tx.ChainId().Cmp(s.chainId) != 0 {
        // 默认启动节点 s.chainId = 1，也就是主网节点 chanId
        return common.Address{}, ErrInvalidChainId
    }
    V := new(big.Int).Sub(tx.data.V, s.chainIdMul)
    V.Sub(V, big8)                                    传入S V R 三参数
    // 进入 recoverPlain
    return recoverPlain(s.Hash(tx), tx.data.R, tx.data.S, V, homestead: true)
}
```

```go
}

func recoverPlain(sighash common.Hash, R, S, Vb *big.Int, homestead bool) (common.Address
    if Vb.BitLen() > 8 {
        return common.Address{}, ErrInvalidSig
    }
    V := byte(Vb.Uint64() - 27)
    if !crypto.ValidateSignatureValues(V, R, S, homestead) { // 检查 V R S 的格式是否正确
        return common.Address{}, ErrInvalidSig
    }
    // encode the snature in uncompressed format
    r, s := R.Bytes(), S.Bytes()
    sig := make([]byte, 65)
    copy(sig[32-len(r):32], r)
    copy(sig[64-len(s):64], s)
    sig[64] = V
    // recover the public key from the snature              推出公钥
    pub, err := crypto.Ecrecover(sighash[:], sig)
    if err != nil {
        return common.Address{}, err
    }
    if len(pub) == 0 || pub[0] != 4 {
        return common.Address{}, errors.New( text: "invalid public key")
    }
    var addr common.Address                                 由公钥 pub 得出地址
    copy(addr[:], crypto.Keccak256(pub[1:])[12:])
    return addr, nil
}
```

图 5-14 验签过程的函数调用

crypto.Ecrecover 函数中的 secp256k1.RecoverPubkey 就是椭圆曲线算法恢复公钥的实例函数。该函数调用了基于 C 语言的椭圆曲线算法实现库中的 secp256k1_ext_ecdsa_recover 函数,最终达到恢复的目的,如图 5-15 所示。

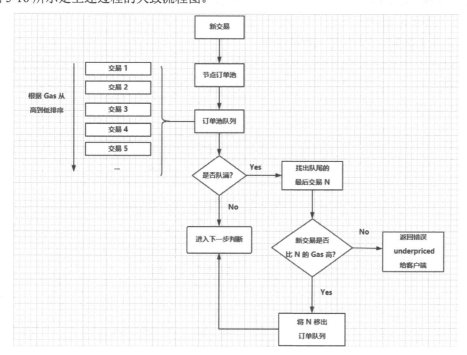

图 5-15　验签操作最终所调用的函数

（3）订单池相关的判断

最后一步是订单池相关的判断。这个校验过程分为两个小步骤,其中涉及的订单队列(Queue)和等待列表(Pending)都是订单池中的组成者成员。在以太坊 Go 版本的源码中,它们对应的数据结构是 Map。

① 判读订单池订单队列(Queue)是否已满,因为订单池的队列是可以被设置长度的,在订单队列满了的情况下,以太坊会将新进来的交易订单和队列中燃料费最低的一笔交易进行比较,然后将燃料费最低的一笔交易从订单池移出并抛弃。

由这一点我们可以知道,以太坊的订单池订单队列中的交易是根据燃料费高低,按照从高到低的顺序排队的,处于队尾的订单容易被抛弃。当以太坊拥堵的时候,如果新交易所设置的燃料费不够高,可能连排队的队列都不能进入。

图 5-16 所示是上述过程的大致流程图。

图 5-16　交易在订单池队列要经历的流程

对应的判断代码以及每个细节的注释已经在图 5-17 中给出。

图 5-17　订单池队列中对新交易入队前的判断源码

② 新交易订单是否已经在 pending（等待或挂起）列表中。以太坊的 pending 列表是用来存储那些已经从交易队列中被取出的交易项，这些交易是区块打包的候选交易。因为位于等待列表的交易处于等待状态，它们有可能会被重新提交过来，对于被重新提交过来的交易，以太坊的做法是将刚提交的和已经存在的交易的燃料费进行比较，如果新交易的燃料费比旧交易的燃料费高，就进行替换，如果不高，就返回错误给客户端。默认的燃料费替换规则是：新交易的燃料费要比旧交易的燃料费大于或等于 110%才可替换。

图 5-18 是上述第②点对应的大致流程图。

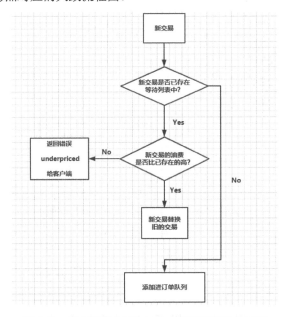

图 5-18　新交易进入到 pending 等待列表时的流程

对应的判断代码如下，每个细节的注释已经在图中给出。

判断一笔交易是否已经处于当前节点的 pending 等待列表的两个条件是：

● 当前交易发送者 from 已经在节点程序中并有其对应的 pending 等待列表。

● 当前交易发送者 from 的等待列表中有和当前新交易相同 nonce 序列号的交易。

图 5-19 所示是 pending 等待列表添加交易的流程源码。

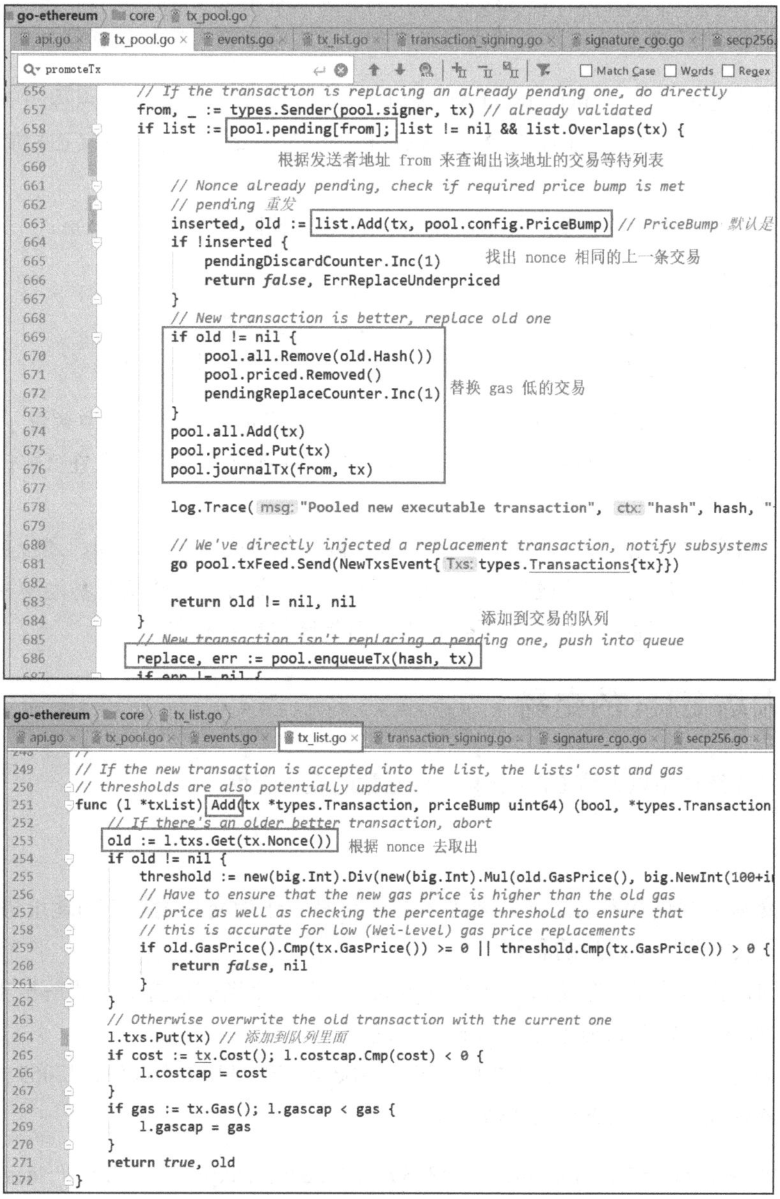

图 5-19　pending 等待列表添加交易的流程源码

（4）解答

在结束交易订单池的两个判断后，如果当前交易是全新的，就将顺利地通过代码行

"pool.enqueueTx(hash, tx)"，被添加到节点程序的订单池交易队列中，等待被添加到 pending 列表中，再被从 pending 列表取出然后广播出去。

在这个过程中，请注意以下两个要点：

- 处于 pending 等待状态的交易，如果有相同的 nonce 序列号，就会引发节点程序对它们做进一步的判断，然后选择出燃料费最高的，替换掉燃料费低的。
- 节点"挂"掉了（断网了或者宕机了），还没被处理的交易就会丢失。当交易还在交易队列时且还没被广播出去，这时节点程序"挂"了，存放在内存的数据就丢失了。

还需要注意的是，对于 sendTransaction 接口而言，因为它本身是在节点程序中直接执行，而非被远程调用执行，相当于用户在控制台直接执行控制台交易命令，这类直接在控制台中发起的交易被称为本地交易，即"local Tx"。

相比于远程交易，本地的交易具有更高的权限，这种权限体现在下面几点：

- 不轻易被替换。
- 在尚未被移除的时候，会被持久地存储于本地一个文件中。
- 在节点启动进行交易数据恢复的时候，优先从本地加载到本地交易。

本地交易在"发送数据"阶段的数据签名，将直接由当前在节点程序中解锁了的账户提供私钥进行签名，不需要编写代码进行签名。同时，也不需要进行 RLP 序列化。在"解读数据"阶段，也没有 RLP 反序列化操作。

此外，对于订单池中处于 pending 列表的交易在被打包进区块中的时候，还没被从 pending 列表中移除，只有这个区块成为合法区块后，区块中打包了的交易才会被从交易池中移除掉，如果交易被写进了分叉块，交易池中的交易也不会减少，而是等待重新打包。

5.2.2 以太坊 ETH 的交易

本节我们来介绍调用以太坊 ETH 交易接口函数的操作流程。

1. 解锁钱包

在实现对交易数据进行签名之前，要先对当前交易中作为交易发起者的地址进行解锁操作。所谓解锁，就是获取到地址对应的私钥。

解锁钱包的操作流程是，将发起地址的 keystore 文件结合当初设置的密码解析出私钥，将私钥数据放在内存中，待需要对数据进行签名的时候使用。

以前面"创建钱包"一节中所创建的钱包"590c3d81b70ddff32f74e51f14805915a4c0e2ed"为例，其对应的 keystore 文件的 Json 数据如下所示：

{"address":"590c3d81b70ddff32f74e51f14805915a4c0e2ed","crypto":{"cipher":"aes-128-ctr","ciphertext":"e5e3ca8af03367e4952e4aabb8d88763ef97e243e9ba4d54c3959c3f7389cefa","cipherparams":{"iv":"88957de75b94cf4d1d40f0b9153b9d74"},"kdf":"scrypt","kdfparams":{"dklen":32,"n":262144,"p":1,"r":8,"salt":"ace2c1f81d594b9e5f034dd355f968c13e1127fbf2c5f539a7ddecfa7ae2d139"},"mac":"d11c4daf4204c7280180029feedf51b8bfe267eb3c9bb4cdfa9e48d7d937b243"},"id":"a6e843d2-067e-4715-bc7a-85b f9d4b8b23","version":3}

密码是：

13456aa

以太坊 go-ethereum 源码中的 keystore.go 文件同样也提供了解锁钱包的函数源代码，该函数名称为 Unlock，记得前面的"创建钱包"一节中所用到的主要函数也是来自于 keystore.go 文件，可以说 keystore.go 源码文件包含了钱包各项操作的源码，如图 5-20 所示。

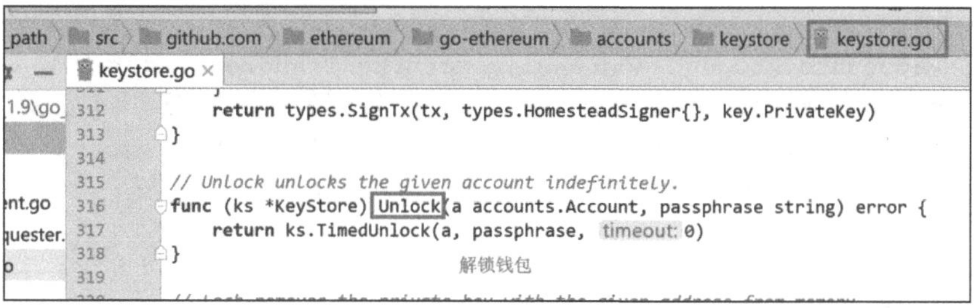

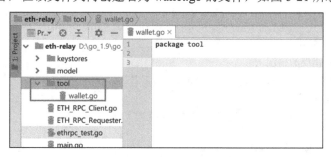

图 5-20　解锁钱包函数的源代码

要使用 keystore.go 中的 Unlock 函数，首先要实例化一个 KeyStore 对象指针，它的实例化步骤和创建钱包是一样的，实例化的时候需要传入当初设置存储 keystore 文件的文件夹。执行解锁时，对应的代码便会进入到这个文件夹寻找对应地址的 keystore 文件，再结合密码完成解锁操作。

因为钱包解锁函数不属于提供给客户端接口的类别，所以在项目中创建一个名称为 tool 的文件夹，代表工具集合，在该文件夹内创建名为 wallet.go 的文件，如图 5-21 所示。

图 5-21　创建 wallet.go 文件

解锁钱包的完整代码如下，需要知道的一点是，所解锁出的私钥将会由 KeyStore 实例中的变量存储。因此在下面代码中需要一个全局变量的 KeyStore 实例变量 UnlockKs 来供程序使用。

```
// 全局地保存了已经解锁成功的钱包 map 集合变量
var ETHUnlockMap map[string]accounts.Account

// 全局地对应 keystore 实例
var UnlockKs *keystore.KeyStore

// 解锁以太坊钱包，传入钱包地址和对应的 keystore 密码
func UnlockETHWallet(keysDir string,address, password string) error {
  if UnlockKs == nil {
    UnlockKs = keystore.NewKeyStore(
```

```
        // 服务器端存储 keystore 文件的文件夹
        // 这些配置类的信息可以由配置文件指定
        keysDir,
        keystore.StandardScryptN,
        keystore.StandardScryptP)
    if UnlockKs == nil {
        return errors.New("ks is nil")
    }
}
unlock := accounts.Account{Address: common.HexToAddress(address)}
// ks.Unlock 调用 keystore.go 的解锁函数，解锁出的私钥将存储在它里面的变量中
if err := UnlockKs.Unlock(unlock, password); nil != err {
    return errors.New("unlock err : " + err.Error())
}
if ETHUnlockMap == nil {
    ETHUnlockMap = map[string]accounts.Account{}
}
ETHUnlockMap[address] = unlock // 解锁成功，存储
return nil
}
```

解锁钱包的单元测试，将编写在与 tool.go 同级的测试文件中，新建 tool_test.go 文件，代表当前工具代码文件的测试文件。测试代码如下（参考图 5-22）：

```
func Test_UnlockETHWallet(t *testing.T) {
    address := "0x590c3d81b70ddff32f74e51f14805915a4c0e2ed"
    keysDir := "../keystores"
    // 第一次演示密码错误的情况
    err1 := UnlockETHWallet(keysDir,address, "789")
    if err1 != nil {
        fmt.Println("第一次解锁错误：", err1.Error())
    } else {
        fmt.Println("第一次解锁成功！")
    }
    // 第二次密码正确，解锁成功
    err2 := UnlockETHWallet(keysDir,address, "13456aa")
    if err2 != nil {
        fmt.Println("第二次解锁错误：", err1.Error())
    } else {
        fmt.Println("第二次解锁成功！")
    }
}
```

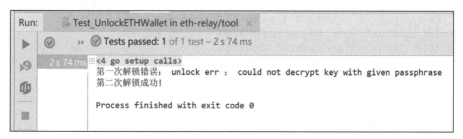

图 5-22　解锁钱包单元测试函数内的测试代码

运行结果如图 5-23 所示。

图 5-23　Test_UnlockETHWallet 解锁钱包单元测试函数的运行结果

2. 对数据进行签名

对数据进行签名所使用的 SignTx 函数也是由 keystore.go 源码文件提供的，如图 5-24 所示。

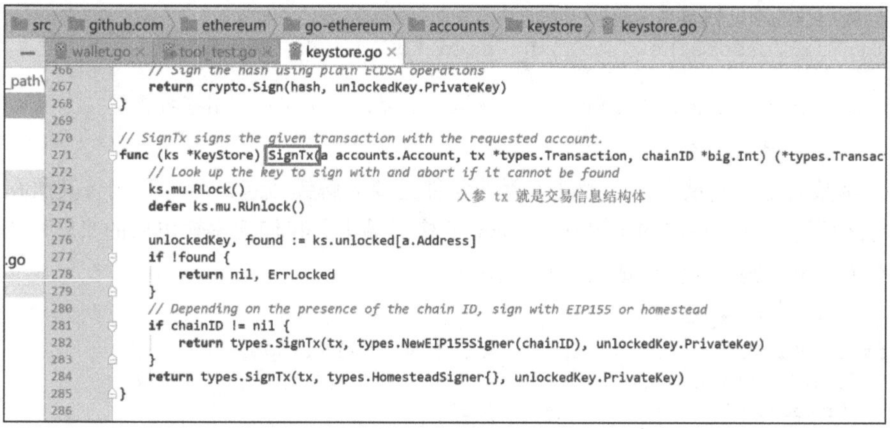

图 5-24　SignTx 函数的 keystore.go 源码

SignTx 函数的第一个参数是传入当前解锁了的钱包地址，其内部的实现步骤是，首先根据钱包的地址获取对应的私钥，再使用私钥对交易信息结构体签名。第三个参数默认传入空值即可，它代表的是节点的 ID。

在 "unlockedKey, found := ks.unlocked[a.Address]" 中，ks 的 unlocked 所保存的就是已经解锁

了的钱包的私钥。

　　签名函数如下，其中 types.Transaction 是源码定义好的交易结构体，里面的每个参数和变量在"交易参数的说明"一节中都做过详细的说明。

```
type txdata struct {
  AccountNonce uint64        `json:"nonce"    gencodec:"required"`  // 交易序列号
  Price        *big.Int      `json:"gasPrice" gencodec:"required"`  // gasPrice
  GasLimit     uint64        `json:"gas"      gencodec:"required"`  // gasLimit
  // to 交易的接收者地址，"nil means contract creation" 的意思是，空意味着创建智能合约
  Recipient    *common.Address `json:"to"       rlp:"nil"` // nil means contract
creation
  Amount       *big.Int      `json:"value"    gencodec:"required"`   // 要交易的
代币数值
  Payload      []byte        `json:"input"    gencodec:"required"`  // data 参数

  // Signature values
  // 下面的 v、r、s 签名时会赋值，其中保存的是签名后生成的数据
  V *big.Int `json:"v" gencodec:"required"`
  R *big.Int `json:"r" gencodec:"required"`
  S *big.Int `json:"s" gencodec:"required"`

  Hash *common.Hash `json:"hash" rlp:"-"`
}

// 对交易数据结构体 types.Transaction 进行签名
func SignETHTransaction(address string,transaction *types.Transaction)
(*types.Transaction, error) {
  if UnlockKs == nil {
    return nil,errors.New("you need to init keystore first!")
  }
  account := ETHUnlockMap[address]
  if !common.IsHexAddress(account.Address.String()) {
    // 判断当前的地址钱包是否解锁了
    return nil,errors.New("account need to unlock first!")
  }
  return UnlockKs.SignTx(account,transaction,nil) // 调用签名函数
}
```

　　在签名函数的单元测试中，因为其前置的条件是要先解锁钱包，所以我们将其放在解锁钱包函数执行完之后再执行，最终的结果使用 json 的格式输出。我们观察输出后的"V""R""S"变量是否有值，有值则代表签名成功。代码如下：

```
func Test_UnlockETHWallet(t *testing.T) {
  address := "0x590c3d81b70ddff32f74e51f14805915a4c0e2ed"
  // 第一次演示密码错误的情况
  err1 := UnlockETHWallet(address,"789")
  if err1 != nil {
    fmt.Println("第一次解锁错误: ",err1.Error())
  }else{
    fmt.Println("第一次解锁成功!")
  }
  // 第二次密码正确，解锁成功
  err2 := UnlockETHWallet(address,"13456aa")
  if err2 != nil {
```

```
      fmt.Println("第二次解锁错误: ",err1.Error())
   }else{
      fmt.Println("第二次解锁成功!")
   }
   // 下面是签名的测试
   tx := types.NewTransaction(    // 创建一个测试用的交易数据结构体
      123,                         // nonce 交易序列号
      common.Address{},            // to 接收者地址
      new (big.Int).SetInt64(10),  // value 数值
      1000,                        // gasLimit
      new (big.Int).SetInt64(20),  // gasPrice
      []byte("交易"))              // data
   signTx,err := SignETHTransaction(address,tx)
   if err != nil {
      fmt.Println("签名失败!",err.Error())
      return
   }
   data,_ := json.Marshal(signTx)
   fmt.Println("签名成功\n",string(data))
}
```

运行结果如图 5-25 所示。

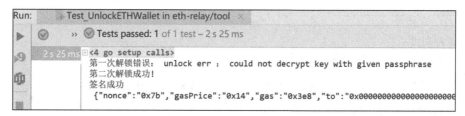

图 5-25　解锁钱包并对数据进行签名的运行结果

完整的 Json 数据如下:

```json
{
    "nonce": "0x7b",
    "gasPrice": "0x14",
    "gas": "0x3e8",
    "to": "0x0000000000000000000000000000000000000000",
    "value": "0xa",
    "input": "0xe4baa4e69893",
    "v": "0x1c",
    "r":
"0x79583c15bc3464bb86e3e28aaf13e222025d7ef4744a270d44ce5d9d6e1629f",
    "s":
"0x5accb4bf5c8961b7e2adf922048d78da5fe3fd8e8444e62ba441fa793fa519dd",
    "hash":
"0xe449560dc61e79203fd5aaca4d197548e670477635834710276a22c5818af37f"
}
```

3. 发送交易

在签名完成之后,调用以太坊的 eth_sendRawTransaction 接口发送交易数据,将交易发送到节点中去。

最后的一步是 RLP 序列化，根据我们前面"发送数据"一节讲到的，我们知道该序列化数据的函数在源码 rlp 依赖包下的 encode.go 文件中，函数名称是 EncodeToBytes。直接将签名好的交易数据进行传参调用，即可一步到位，如图 5-26 所示。

```
// 进行 rlp 序列化
txData, err := rlp.EncodeToBytes(tx)
if nil != err {
    return tx, err
}
```

图 5-26　调用 rlp 序列化函数

在 RLP 序列化后，就可以使用 RPC 客户端请求者向以太坊节点进行 RPC 请求了，完整的交易函数如下：

```
// 发送交易，根据入参 transaction 的不同变量设置，达到发送不同种类的交易
func (r *ETHRPCRequester) SendTransaction(address string,transaction
*types.Transaction) (string,error) {
  // 对交易数据进行签名
  signTx,err := tool.SignETHTransaction(address,transaction)
  if err != nil {
    return "",fmt.Errorf("签名失败! %s",err.Error())
  }
  // rlp 序列化
  txRlpData, err := rlp.EncodeToBytes(signTx)
  if nil != err {
    return "", fmt.Errorf("rlp 序列化失败! %s",err.Error())
  }
  // 下面调用以太坊的 rpc 接口
  txHash := ""
  methodName := "eth sendRawTransaction"
  err = r.client.client.Call(&txHash,methodName, common.ToHex(txRlpData))
  if err != nil {
    return "", fmt.Errorf("发送交易失败! %s",err.Error())
  }
  return txHash,nil // 返回交易 hash
}
```

实现代码存放在 ETH_RPC_Requester.go 文件中，之后就可以根据传入的交易结构体内部参数不同的设置而达到发起不同种类的交易。

下面我们根据上面完成的 SendTransaction 函数来分别封装实现以太坊 ETH 的转账交易函数以及非 ETH 类的代币转账函数。

4. nonce 管理器

发起交易的数据中需要传递 nonce 序列号参数，而且每笔新交易的 nonce 要求必须要比当前交易发起者最近一笔成功交易的 nonce 值要大。

下面再次列出 nonce 的作用，详细介绍见"Nonce 的作用"一节中的讲解。

（1）作为交易接口的参数。

（2）代表每次交易的序列号，方便节点程序处理被重复发起的交易。

（3）如果 nonce 比最近一笔成功交易的 nonce 要小，转账出错。

（4）如果 nonce 比最近一笔成功交易的 nonce 大了不止 1，那么这笔发起的交易就会长久处于队列之中，此时不是等待（pending）状态！在补齐了此 nonce 值到最近成功的那笔交易的 nonce 值之间的 nonce 值后，此笔交易就可以被执行。

（5）还处于队列中的交易，不考虑其他节点缓存广播的情况下，如果此时节点"挂"了，那么尚未被处理的交易将会丢失。

（6）处于 pending 等待状态的交易，如果具有相同的 nonce，就会引发节点程序对它们进一步的判断，然后选择出燃料费最高的，替换掉燃料费低的。

因为 nonce 在交易中起到了上述十分重要的作用，而以太坊源码中并没有帮助我们管理 nonce，所以需要我们自己实现一个 nonce 管理器，来计算当前交易发起者发起交易的时候应该将 nonce 的值设为多少才正确。这就是 nonce 管理器的主要作用。

实现 nonce 管理器主要使用以太坊接口中的 eth_getTransactionCount 接口，该接口的相关介绍见"重要接口的含义详解"一节。

查看以太坊的 RPC 接口文档可知，eth_getTransactionCount 接口需要传入两个参数：第一个是当前要获取的 nonce 的以太坊地址值，在交易中，这个参数就是交易发起者的地址；第二个参数是区块号参数，该参数返回的结果是一个十六进制的 nonce 值，如图 5-27 所示。

图 5-27 eth_getTransactionCount 接口的文档介绍

根据文档中提供的信息，我们到 ETH_RPC_Requester.go 文件中先实现 eth_getTransactionCount 接口的请求函数，代码如下：

```go
// 获取地址的 nonce 值
func (r *ETHRPCRequester) GetNonce(address string) (uint64,error) {
  methodName := "eth_getTransactionCount"  // 指定接口名称
  nonce := ""
  // 因为我们要查询最新的，根据基于 etTransactionCount 情况下的区块号关系，选取 pending
  err := r.client.client.Call(&nonce,methodName, address,"pending")
  if err != nil {
    return 0, fmt.Errorf("发送交易失败! %s",err.Error())
  }
  n,_ := new(big.Int).SetString(nonce[2:],16) // 采用大数类型将十六进制的结果值转为十进制的结果值
  return n.Uint64(),nil // 返回交易的哈希值
}
```

其中为什么第二个参数要选择 pending，原因在"重要接口的含义详解"一节讲解 eth_getTransactionCount 接口时已有说明，下面再做一点补充。

eth_getTransactionCount 接口根据以太坊钱包地址获取基于当前钱包地址的交易序列号 nonce。第二个传入的参数 genesis、pending 和 latest，分别对应下面的效果：

- 取 genesis 时，获取当前以太坊地址第一次发起交易时的 nonce 序列号。
- 取 pending 时，获取当前以太坊地址提交的正处于 pending 状态等待被区块打包的交易订单所对应的 nonce 序列号。请注意，如果当前所查询的地址没有处于 pending 的交易状态，那么它将返回与 latest 一样的 nonce 号。
- 取 latest 时，获取当前以太坊地址当前提交了且被区块成功打包了的交易订单所对应的 nonce 序列号加 1 的值。举个例子，地址 A 最后一笔成功交易对应的 nonce 为 4，那么当调用接口传入该参数的时候，获取的结果是 5。

在 eth_getTransactionCount 中，Nonce 查询满足：pending≥latest≥genesis。

单元测试代码如下：

```go
// 单元测试：获取 nonce
func Test_GetNonce(t *testing.T) {
  nodeUrl := "https://mainnet.infura.io/v3/2e6d9331f74d472a9d47fe99f697ca2b"
  address := "0x0D0707963952f2fBA59dD06f2b425ace40b492Fe"
  if address == "" || len(address) != 42 {
    // 这里演示在调用 RPC 接口函数时要先进行入参的合法性判断
    fmt.Println("非法的交易地址值")
    return
  }
  nonce,err := NewETHRPCRequester(nodeUrl).GetNonce(address)
  if err != nil {
    // 查询失败，打印出信息
    fmt.Println("查询 nonce 失败，信息是: ",err.Error())
    return
  }
```

```
    fmt.Println(nonce)
}
```

运行结果如图 5-28 所示。

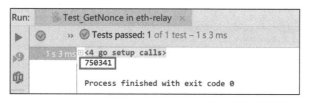

图 5-28　Test_GetNonce 单元测试函数的运行结果

在 GetNonce 函数的基础上，我们开始设计和实现 nonce 管理器。其原理是，假设 nonce 值不做"硬"存储则不会存放到数据库或者文件中，那么在程序首次运行发起交易时，会调用一次 GetNonce 函数，从以太坊节点网络中获取当前合理的 nonce 值。当发起了一笔交易，且成功获取了以太坊节点返回的交易哈希之后，我们就将 nonce 值进行加 1 的操作，并存放在内存中。接下来发起的其他交易中的 nonce 值会直接从内存中获取出来。当某次交易发送错误的时候，我们再次使用 GetNonce 函数获取一次节点中的 nonce 值，重发一次当前失败的交易，以此循环。大致流程如图 5-29 所示。

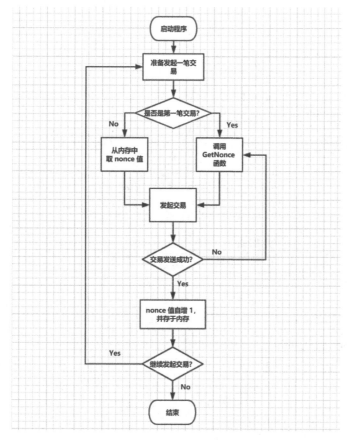

图 5-29　nonce 管理器的设计流程图

接下来在项目主文件夹下创建一个 nonce_manager.go 文件，用来存储 nonce 的管理实现代码，如图 5-30 所示。

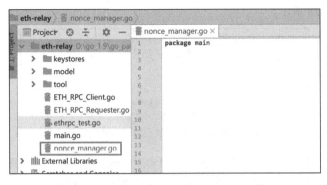

图 5-30　创建一个 nonce_manager.go 文件

代码如下：

```go
// 管理器结构体
type NonceManager struct {
    // lock 是互斥锁，go 的 map 类型不是协程安全的，
    // 在读写 map 的时候，我们要考虑多协程并发的情况
    lock sync.Mutex

    // 采用整型大数来存储 nonce
    nonceMemCache map[string]*big.Int
}

func NewNonceManager() *NonceManager {
    return &NonceManager{
        lock: sync.Mutex{}, // 实例化互斥锁
    }
}
// 设置 nonce
func (n *NonceManager) SetNonce(address string,nonce *big.Int) {
    if n.nonceMemCache == nil {
        n.nonceMemCache = map[string]*big.Int{}
    }
    n.lock.Lock()          // 加锁
    defer n.lock.Unlock() // 当该函数执行完毕，进行解锁
    n.nonceMemCache[address] = nonce
}

// 根据以太坊地址获取 nonce
func (n *NonceManager) GetNonce(address string) *big.Int {
    if n.nonceMemCache == nil {
        n.nonceMemCache = map[string]*big.Int{}
    }
    n.lock.Lock()          // 加锁
    defer n.lock.Unlock() // 当该函数执行完毕，进行解锁
    return n.nonceMemCache[address]
}

// nonce 进行加 1 的操作
```

```
func (n *NonceManager) PlusNonce(address string) {
    if n.nonceMemCache == nil {
        n.nonceMemCache = map[string]*big.Int{}
    }
    n.lock.Lock()           // 加锁
    defer n.lock.Unlock() // 当该函数执行完毕，进行解锁
    oldNonce := n.nonceMemCache[address]
    newNonce := oldNonce.Add(oldNonce, big.NewInt(int64(1)))
    n.nonceMemCache[address] = newNonce
}
```

然后，对之前的 RPC 请求者进行部分修改，把 nonce 管理器的对象指针添加进去，作为请求者的一个变量，这样在使用请求者交易函数的时候才能使用对应的管理器，同时在请求者初始化的时候初始化 nonce 管理器。修改代码，如图 5-31 所示。

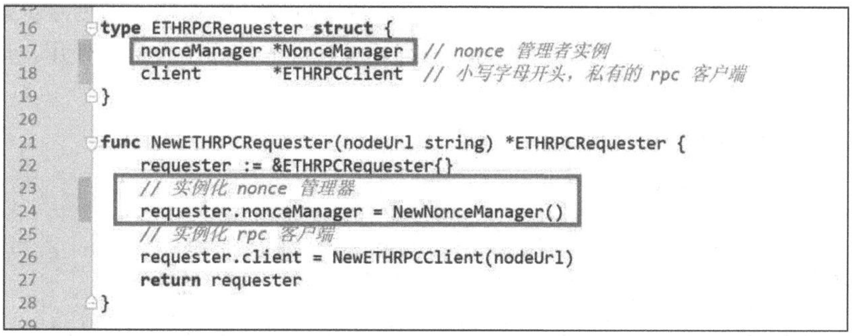

```
type ETHRPCRequester struct {
    nonceManager *NonceManager // nonce 管理者实例
    client       *ETHRPCClient  // 小写字母开头，私有的 rpc 客户端
}

func NewETHRPCRequester(nodeUrl string) *ETHRPCRequester {
    requester := &ETHRPCRequester{}
    // 实例化 nonce 管理器
    requester.nonceManager = NewNonceManager()
    // 实例化 rpc 客户端
    requester.client = NewETHRPCClient(nodeUrl)
    return requester
}
```

图 5-31　修改 RPC 请求者的代码

最后在“发送交易”的函数后面，加上当交易的“hash”值正确返回时当前发起交易的地址 nonce 值加 1，这样才能确保在批量发起交易的业务场景中实现 nonce 值的正确增加。修改代码如下：

```
err = r.client.client.Call(&txHash, methodName, common.ToHex(txRlpData))
if err != nil {
    return "", fmt.Errorf("发送交易失败! %s", err.Error())
}
oldNonce := r.nonceManager.GetNonce(address)
if oldNonce == nil {
    r.nonceManager.SetNonce(address,new(big.Int).SetUint64(transaction.Nonce()))
}
r.nonceManager.PlusNonce(address)  // 成功后，当前用户内存的 nonce 值加 1
return txHash, nil // 返回交易的哈希值
```

下面将按照图 5-29 的流程图实现对 nonce 管理器。

5. 发送 ETH 交易

综合前面各节的讲解，就可以实现专门用于进行以太坊 ETH 交易的转账函数了。

首先在 tool.go 文件中实现一个 value 与代币的 decimal 乘积函数，代码如下：

```
// 根据代币的 decimal 得出乘上 10^decimal 后的值
// value 是包含浮点数的，例如 0.5 个 ETH
func GetRealDecimalValue(value string,decimal int) string {
```

```go
if strings.Contains(value, ".") {
  // 小数
  arr := strings.Split(value, ".")
  if len(arr) != 2 {
    return ""
  }
  num := len(arr[1])
  left := decimal - num
  return arr[0] + arr[1] + strings.Repeat("0", left)
} else {
  // 整数
  return value + strings.Repeat("0", decimal)
}
}
```

之所以采用如上的函数实现，是因为代币的交易数值可以是浮点数。当为浮点数的时候，需要乘上"$10^{decimals}$"再转为大数形式，目前 Go 语言还没有现成的库函数可以使用，所以要自己编写函数。

最后是 ETH 交易函数的实现代码：

```go
// 发送 ETH 交易，或称转账 ETH
// 参数分别是交易发起地址、交易接收地址、ETH 数量、燃料费设置
func (r *ETHRPCRequester) SendETHTransaction(fromStr, toStr, valueStr string,
gasLimit, gasPrice uint64) (string, error) {

  if !common.IsHexAddress(fromStr) || !common.IsHexAddress(toStr) {
    return "", errors.New("invalid address")
  }

  to := common.HexToAddress(toStr) // 将字符串类型的转为 address 类型的
  gasPrice  := new(big.Int).SetUint64(gasPrice)

  // value 乘上 10^decimal，得出真实的转账值，ETH 单位精确到小数点后18 位
  realV := tool.GetRealDecimalValue(valueStr, 18)
  if realV == "" {
    return "", errors.New("invalid value")
  }
  amount,   := new(big.Int).SetString(realV, 10)

  // 获取 nonce
  nonce := r.nonceManager.GetNonce(fromStr)
  if nonce == nil {
    // nonce 不存在，开始访问节点来获取
    n, err := r.GetNonce(fromStr)
    if err != nil {
      return "", fmt.Errorf("获取 nonce 失败 %s", err.Error())
    }
    nonce = new(big.Int).SetUint64(n)
    r.nonceManager.SetNonce(fromStr,nonce) // 为当前的地址设置 nonce
  }

  // 构建 data，因为 eth 是交易转账类型，所以data 是空的，我们设置空字符串即可
  data := []byte("")

  // 构建交易结构体
  transaction := types.NewTransaction(
    nonce.Uint64(),
```

```
    to,
    amount,
    gasLimit,
    gasPrice ,
    data)

  return r.SendTransaction(fromStr, transaction)
}
```

　　接下来进行 ETH 交易转账的单元测试，在测试中，我们使用之前在"获取链接"一节中的 Infura 所申请的测试节点 https://ropsten.infura.io/v3/2e6d9331f74d472a9d47fe99f697ca2b，以及"获取测试币"一节中在水龙头网站所申请到的 ETH 测试代币进行测试。当然，如果读者具备可以使用的以太坊主网钱包且钱包里拥有 ETH 代币，当然也就可以使用主网的 ETH 代码进行测试。

　　此外，不要忘记了在发起交易之前，还要对发起者的钱包进行解锁，所以我们先得把代码中充当发起者的地址对应的 keystore 文件放入项目中的 keystores 文件夹中。如图 5-32 所示，新建一个 mykey.json 文件，并粘贴到交易发起者的 keystore 的 Json 文件中。

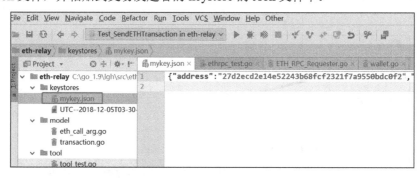

图 5-32　添加钱包的 keystore 文件到项目中

　　最终发送 ETH 交易的单元测试代码如下：

```
// 单元测试: 转账 ETH
func Test SendETHTransaction(t *testing.T) {
  nodeUrl := "https://ropsten.infura.io/v3/2e6d9331f74d472a9d47fe99f697ca2b"
// ropsten 测试网络的节点链接
  from := "0x27d2ecd2e14e52243b68fcf2321f7a9550bdc0f2"  // 这个地址就是当初获取测试
代币的地址
  if from == "" || len(from) != 42 {
    // 这里演示在调用 rpc 接口函数时要先进行入参的合法性判断
    fmt.Println("非法的交易地址值")
    return
  }
  to := "0xd8CCEFDac5F30f06C62ed13383e9563C482630Bc"
  value := "0.2"  // 发送 0.2 个 ETH
  gasLimit := uint64(100000)
  gasPrice := uint64(36000000000)
  // 当前这笔交易消耗的燃料费最大值是 (gasLimit * gasPrice)/10^18 ETH
  err := tool.UnlockETHWallet("./keystores",from,"123aaaaa")  // 解锁钱包
  if err != nil {
    fmt.Println(err.Error())
    return
  }
  // 下面发起交易转账
  txHash, err :=
NewETHRPCRequester(nodeUrl).SendETHTransaction(from,to,value,gasLimit,gasPrice)
```

```
if err != nil {
    // 转账失败，打印出信息
    fmt.Println("ETH 转账失败，信息是：", err.Error())
    return
}
fmt.Println(txHash)  // 打印出当前交易的哈希值
}
```

运行结果如图 5-33 所示。

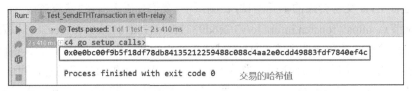

图 5-33　发送 ETH 交易后节点返回的 txHash

根据交易的哈希值，可以到以太坊区块链浏览器中查询验证这笔交易，查询链接及其结果如图 5-34 所示。

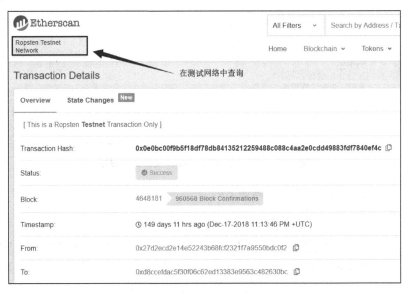

图 5-34　查询链接及其验证结果

可以看到，交易已经成功发送到以太坊的测试节点去了，对应的转账数值也是所设置的 0.2 个代币。

6. 发送 ERC20 代币交易

ERC20 代币的转账函数和 ETH 的不同主要在于交易结构体参数中的 value 和 data 参数。

根据之前的"交易参数的说明"一节中的讲解，在 senRawTransaction 接口中要实现非 ETH 的交易，需要满足下面几个条件：

● to 参数是对应的智能合约的地址。
● value 参数为 0。

● data 参数由 transfer 的 methodId 加上合约参数的特定的十六进制格式组成。

在上面的条件中，第一、二点容易实现，第三点需要编写一个转换函数，用来专门构建符合 ERC20 标准的 transfer 合约函数的 data 入参。转换函数的代码如下：

```
// 构建符合 ERC20 标准的 transfer 合约函数的 data 入参
func BuildERC20TransferData(value,receiver string,decimal int) string {

    realValue := GetRealDecimalValue(value,decimal)//将 value 乘上 10^decimal 的格式
    valueBig,   := new(big.Int).SetString(realValue, 10)

    // 按照 "交易参数的说明"小节中的讲解进行构建
    methodId := "0xa9059cbb" // "0xa9059cbb" 是 transfer 的 methodId
    param1 := common.HexToHash(receiver).String()[2:]  // 第一个参数，收款者地址
    param2 := common.BytesToHash(valueBig.Bytes()).String()[2:]
// 第二个参数，交易的数值
    return methodId + param1 + param2
}
```

要注意的是，上面的构建函数仅符合 ERC20 标准，对于非 ERC20 标准的每一份智能合约内的代币转账函数，要具体情况具体分析。例如，一个合约的转账代币的函数名称是 SendToken，那么构建 data 的时候，要针对这份合约构建出符合该函数的 data。

ERC20 代币转账函数的代码如下：

```
// 发送 ERC20 代币交易，或称转账 ERC20 代币
// 参数分别是：
// 交易的发起地址，代币的合约地址，交易接收地址，代币数量，燃料费设置，代币的 decimal 值
func (r *ETHRPCRequester) SendERC20Transaction(
    fromStr, contact, receiver, valueStr string, gasLimit, gasPrice uint64, decimal
int) (string, error) {

    if !common.IsHexAddress(fromStr) ||
       !common.IsHexAddress(contact) ||
       !common.IsHexAddress(receiver) {
       return "", errors.New("invalid address")
    }

    to := common.HexToAddress(contact) // 将合约 contact 字符串类型转为 address 类型
    gasPrice  := new(big.Int).SetUint64(gasPrice)

    // 结构体中的 value 字段为 0
    amount := new(big.Int).SetInt64(0)

    // 获取 nonce
    nonce := r.nonceManager.GetNonce(fromStr)
    if nonce == nil {
       // nonce 不存在，开始访问节点获取
       n, err := r.GetNonce(fromStr)
       if err != nil {
          return "", fmt.Errorf("获取 nonce 失败 %s", err.Error())
       }
       nonce = new(big.Int).SetUint64(n)
       r.nonceManager.SetNonce(fromStr,nonce) // 为当前的地址设置 nonce
    }

    // 构建 data，真实的 value 转账数值由 data 携带
    data := tool.BuildERC20TransferData(valueStr, receiver, decimal)
    dataBytes := common.FromHex(data) // 使用以太坊提供的函数将十六进制数据转为字节
```

```
// 构建交易结构体
transaction := types.NewTransaction(
    nonce.Uint64(),
    to,
    amount,
    gasLimit,
    gasPrice ,
    dataBytes)

return r.SendTransaction(fromStr, transaction)
}
```

ERC20 代币转账的测试需要用到一份代币合约，根据第 3 章"智能合约的编写、发布和调用"中学到的知识，我们首先在以太坊测试网络中发布一份 ERC20 代币合约，要发布的合约是"实现 ERC20 代币智能合约"一节中的 MyToken.sol 示例，代币名称是 MFTC。在 Mist 中先切换节点的网络到 Ropsten 测试网络模式，再到 Remix 提取合约的 Bytecode，而后粘贴到 Mist 中进行发布。

当然也可以使用已经在测试网络 Ropsten 中发布了的测试 ERC20 智能合约，合约地址是 0x99BD856a01210D3B4b76A6f8c6fFf3eCdC485758。

单元测试代码如下：

```
// 单元测试：转账 ERC20 代币
func Test SendERC20Transaction(t *testing.T) {
    // ropsten 测试网络的节点链接
    nodeUrl := "https://ropsten.infura.io/v3/2e6d9331f74d472a9d47fe99f697ca2b"
    from   := "0x27d2ecd2e14e52243b68fcf2321f7a9550bdc0f2"
// 这个地址就是当初获取测试代币的地址
    if from == "" || len(from) != 42 {
        // 这里演示在调用 RPC 接口函数时先进行入参的合法性判断
        fmt.Println("非法的交易地址值")
        return
    }
    to := "0x99BD856a01210D3B4b76A6f8c6fFf3eCdC485758"
// 在测试网络上发布的 MFTC 代币智能合约
    amount   := "10" // 转账 ERC20 代币的数值，10 个 MFTC
    decimal  := 18   // MFTC 代币单位精确到小数点后的位数
    receiver := "0xd8CCEFDac5F30f06C62ed13383e9563C482630Bc" // 接收者的以太坊地址
    gasLimit := uint64(50000)
    gasPrice := uint64(24000000000)
    // 当前这笔交易消耗的燃料费最大值是 (gasLimit * gasPrice) / 10^18 ETH
    err := tool.UnlockETHWallet("./keystores", from, "123aaaaa") // 解锁钱包
    if err != nil {
        fmt.Println(err.Error())
        return
    }
    // 下面发起转账交易
    txHash, err :=
        NewETHRPCRequester(nodeUrl).
        SendERC20Transaction(from, to,receiver,amount, gasLimit, gasPrice,decimal)
    if err != nil {
        // 转账失败，打印出信息
        fmt.Println("ETH 转账失败，信息是：", err.Error())
        return
    }
    fmt.Println(txHash) // 打印出当前交易的哈希值
}
```

运行单元测试转账后，可以看到控制台输出了交易的"hash"值（见图 5-35）：

0x2bfb41beab942f88cace64d2d4f8b85ad6b07468e22cb92db244443567adfaff

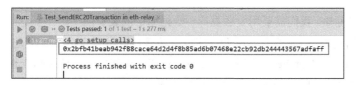

图 5-35　控制台输出了交易的"hash"值

根据这个"hash"值到以太坊测试网络 Ropsten 的区块链浏览器中查询，从页面中可以看到已经转账成功了，如图 5-36 所示。

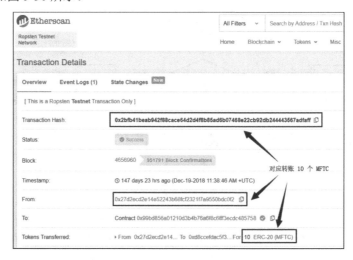

图 5-36　转账成功

至此，ERC20 转账请求函数成功运行。

5.3　区块事件监听

在本节中，我们将实现"以太坊中继"中最重要，也是最复杂的一部分功能，即通过遍历区块内部的交易记录来实现区块事件的监听，其必要性以及实现原理见"区块遍历"一节。

代码的实现步骤如下：

（1）从数据库中获取上一次成功遍历的非分叉状态的区块，得到区块号 A，或通过以太坊接口 eth_blockNumber 获取新生成区块的区块号 A。

（2）调用以太坊接口 eth_blockNumber，获取最新生成区块的区块号 B。

（3）比较 A 和 B 的大小关系，得出目标区块号 target。

（4）得到 target 后，调用以太坊接口 eth_getBlockByNumber 获取区块的数据。

（5）数据库保存 target 对应的区块信息。

（6）检测是否存在区块分叉，这个步骤可以得出分叉事件。

（7）解析区块内的数据，读取内部的 transactions 交易信息，分析得出各种合约事件。

（8）数据库保存每笔交易信息。

从上面的步骤可知，我们需要用到数据库。数据库中的表有两个，一个是存储区块信息的表；另一个是存储区块内交易信息的表。所涉及的以太坊接口调用有 3 个：一个是 eth_blockNumber；另一个是 eth_getBlockByNumber；最后一个是 eth_getBlockByHash，该接口在检测区块分叉的时候会用到。这 3 个接口的访问代码请参考"编写访问接口代码"一节。

对应上述步骤，我们给出遍历区块实现事件监听的流程图，如图 5-37 所示。

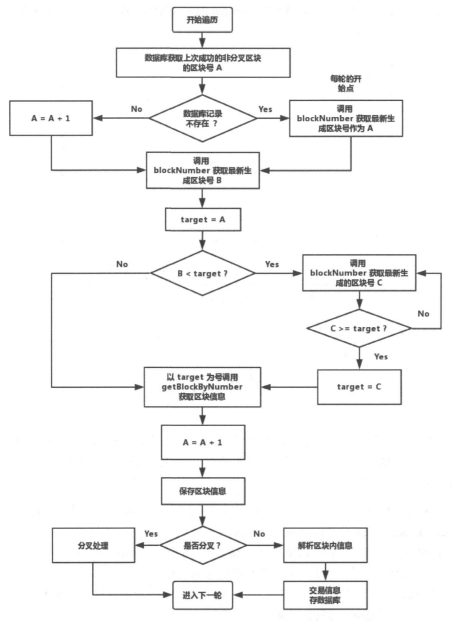

图 5-37　以太坊遍历区块遍历实现流程图

完成上面的整体遍历代码比较多，下面将分几个小节进行详细讲解。

5.3.1　创建数据库

区块遍历的存储采用 MySQL 数据库，在安装好了 MySQL 并启动之后，进入到数据库控制台创建数据库，以供以太坊中继程序使用，可以参考下面的 SQL 语句创建一个名为 eth_relay、字符集编码为 utf8 的数据库，使用 utf8 字符集编码是因为 utf8 字符集可以让数据库中的表兼容中文。

在控制台输入下面的代码并按回车键：

CREATE DATABASE eth_relay DEFAULT CHARACTER SET utf8 COLLATE utf8_general_ci;

创建完数据库后，输入下面的代码，可看到刚刚创建的数据库（见图 5-38）：

```
Show databases;
```

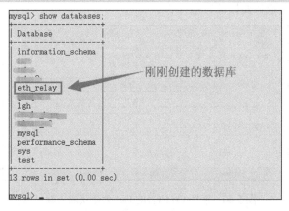

图 5-38　在数据库控制台输入命令查看创建的数据库

5.3.2　实现数据库的连接器

创建完数据库后，我们需要在代码中完成一个专门用来管理数据库连接的对象。

首先在项目主文件夹下创建一个 dao 文件夹，专门用来存放数据库相关的代码文件，再到该文件夹下创建一个名称为 mysql.go 的文件。接下来在这个文件中编写数据库连接器相关的代码，如图 5-39 所示。

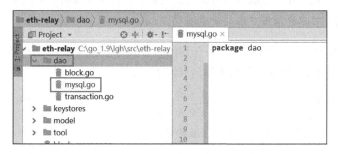

图 5-39　创建一个名称为 mysql.go 的文件

要想在 Golang 语言中使用 MySQL 的功能，目前有两种选择：

（1）自己动手写一个 MySQL 操作库。

（2）使用第三方开源的支持 MySQL 的数据库操作库。

对于上面的两种选择，我们采用第二种，学有余力的开发者也可以尝试自己编写数据库操作库。目前第三方开源的数据库操作库有很多，例如 gorm、xorm 等，在下面的示例中，我们选择 xorm 作为项目的数据库操作库。xorm 库的官方技术文档链接是 http://www.xorm.io/docs/。

在 GoLand 界面的底部打开 Terminal 控制台，然后使用 Golang 的 "go get" 命令下载远程依赖包。我们需要下载两个，对应的命令（见图 5-40）分别是：

（1）go get github.com/go-sql-driver/mysql（下载 MySQL 操作库）。

（2）go get github.com/go-xorm/xorm（下载 xorm 数据库操作库）。

上面之所以还要下载 "go-sql-driver/mysql" 库，是因为 xorm 内部的代码中依赖到它，这也是代码库与代码库之间互相依赖要做的常规操作。

图 5-40　使用 Go 语言的 Get 命令获取依赖包

1. 定义连接器

MySQL 数据库的连接需要通过一系列参数来完成，必需的参数有下面 5 个：

- 数据库域名，就是数据所在计算机的通信 IP 地址。
- 数据库端口，数据库程序在启动成功后监听计算机的应用程序端口，默认的端口是 3306。
- 数据库名称，程序连接数据库软件的时候所要使用的数据库名称，例如我们前面一节所创建的 eth_relay。
- 数据库用户，就是在安装数据库时设置的用户，数据库登录用户名默认是 root。
- 数据库密码，对应登录用户名的登录密码。

除了上面的参数外，数据库设置方面还有其他的参数可以选择。为了方便管理，我们在 mysql.go 文件中定义了一个 MySQL 配置信息结构体，代码如下：

```go
// MySQL 连接配置信息
type MysqlOptions struct {
    Hostname     string  // 数据库服务器域名
    Port         string  // 端口
    User         string  // 数据库用户
    Password     string  // 数据库密码
    DbName       string  // 数据库名称
    TablePrefix  string  // 数据库表前缀
```

```
    MaxOpenConnections int      // 数据库最大连接数
    MaxIdleConnections int      // 数据库最大空闲连接数
    ConnMaxLifetime    int      // 空闲连接多长时间被回收，单位为秒
}
```

连接的配置信息是连接器所拥有的属性，因此我们可以在定义连接器结构体的时候将配置信息结构体添加到里面，作为它的一项属性。此外，最为重要的是连接器中需要拥有 xorm 框架的实例，这样才能使用 xorm 来操作数据库。最终连接器的结构体代码如下：

```
// MySQL 连接器结构体
type MySQLConnector struct {
    options *MysqlOptions   // 数据库配置结构体指针
    tables  []interface{}   // 数据库表的结构体集合
    Db      *xorm.Engine    // xorm 框架指针
}
```

2. 连接数据库

在定义好了连接器后，现在来实现数据库的连接。实现连接的代码将会编写在连接器初始化的函数内，由于第三方框架封装好了数据库连接及增、删、改、查的数据库操作，使得我们在使用这些数据库功能的时候不需要编写很多代码。

初始化函数的整体逻辑分为 4 步：

（1）连接数据库。

（2）设置数据库配置。

（3）不存在则创建数据表。

（4）同步表格的结构变化。

整体代码如下所示，NewMqSQLConnector 函数负责实例化数据库连接器，createTables 负责创建和同步数据表。在 xorm 中，当数据库域名与本地计算机相关时，数据库连接可以省略域名与端口设置。

```
// tables 是数据表的结构体实例数组
func NewMqSQLConnector(options *MysqlOptions, tables []interface{})
MySQLConnector {
    var connector MySQLConnector
    connector.options = options
    connector.tables = tables
    // 设置数据库连接的 url
    url := ""
    if options.Hostname == "" || options.Hostname == "127.0.0.1" {
        url = fmt.Sprintf(
            "%s:%s@/%s?charset=utf8&parseTime=True",
            options.User, options.Password, options.DbName)
    } else {
        url = fmt.Sprintf(
            "%s:%s@tcp(%s:%s)/%s?charset=utf8&parseTime=True",
```

```
        options.User, options.Password, options.Hostname, options.Port,
options.DbName)
    }
    db, err := xorm.NewEngine("mysql", url) // 以 MySQL 数据库类型实例化
    if err != nil {
        panic(fmt.Errorf("数据库初始化失败 %s", err.Error()))
    }
    tbMapper := core.NewPrefixMapper(core.SnakeMapper{}, options.TablePrefix)
    db.SetTableMapper(tbMapper)
    db.DB().SetConnMaxLifetime(time.Duration(options.ConnMaxLifetime) *
time.Second)
    db.DB().SetMaxIdleConns(options.MaxIdleConnections)
    db.DB().SetMaxOpenConns(options.MaxOpenConnections)
    // db.ShowSQL(true) // 是否开启打印 SQL 日志到控制台
    if err = db.Ping();err != nil {
        panic(fmt.Errorf("数据库连接失败 %s", err.Error()))
    }
    connector.Db = db
    // 创建数据表，策略是不存在则创建
    if err := connector.createTables(); err != nil {
        panic(fmt.Errorf("创建数据表失败 %s", err.Error()))
    }
    return connector
}


// 创建数据表，策略是不存在则创建
func (s *MySQLConnector) createTables() error {
    if len(s.tables) == 0 {
        // 没有数据表则需要创建
        return nil
    }
    if err := s.Db.CreateTables(s.tables...); err != nil {
        return fmt.Errorf("create mysql table error:%s", err.Error())
    }
    // 同步数据表的修改
    if err := s.Db.Sync2(s.tables...); err != nil {
        return fmt.Errorf("sync table error:%s", err.Error())
    }
    return nil
}
```

在 dao 文件夹下新建一个 MySQL 单元测试文件 mysql_test.go，编写单元测试代码如下：

```
// 测试连接数据库
func Test_NewMqSQLConnector(t *testing.T) {
    option := MysqlOptions{
        Hostname:        "127.0.0.1",  // 本地数据库
```

```
     Port:              "3306",          // 默认端口
     DbName:            "eth_relay",     // 数据库名称
     User:              "root",          // 用户名
     Password:          "123456",        // 密码
     TablePrefix:       "eth_",          // 数据表前缀
     MaxOpenConnections: 10,
     MaxIdleConnections: 5,
     ConnMaxLifetime:   15,
  }
  tables := []interface{}{} // 不创建数据表
  mysql := NewMqSQLConnector(&option, tables)
  if mysql.Db.Ping() == nil {
     fmt.Println("数据库连接成功")
  }else{
     fmt.Println("数据库连接失败")
  }
}
```

测试结果如图 5-41 所示，可以看到数据库连接成功了。

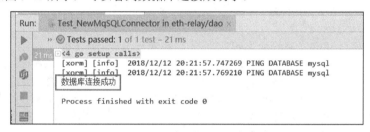

图 5-41　连接数据库单元测试函数的运行结果

5.3.3　生成数据表

在 MySQL 中创建数据表的方式有两种：第一种是直接在 MySQL 的控制台中输入创建数据表的 SQL 语句进行创建；第二种是在代码中使用数据库 ORM 框架进行创建。第二种方式的操作往往比较方便。本项目使用的 xorm 数据库操作库就支持第二种方式。

1. 定义数据表

根据 xorm 文档的介绍，我们可以在代码文件中以定义数据结构体的形式来对应要创建的数据表，如下代码所示为存储区块信息数据表的数据结构体。需要注意的是，目前定义的结构体不需要存储完以太坊区块的所有数据字段，只挑选重要的部分进行存储即可。

```
// 存储区块信息的区块结构体
type Block struct {
  Id          int64  `json:"id"`             // 主键
  BlockNumber string `json:"block_number"`   // 区块号
  BlockHash   string `json:"block_hash"`     // 区块的哈希值
  ParentHash  string `json:"parent_hash"`    // 父区块的哈希值
```

```
CreateTime  int64  `json:"create_time"`   // 区块的生成时间
Fork        bool   `json:"fork"`           // 是否为分叉区块
}
```

区块结构体的代码编写在 dao 文件夹下的新建文件 block.go 中，如图 5-42 所示。

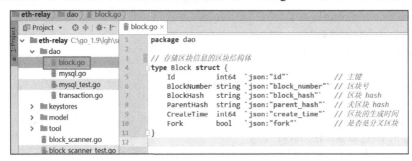

图 5-42　区块结构体代码

同样地，在 dao 文件夹下创建 transaction.go 文件，用来编写代码以便从存储区块中解析出交易信息结构体。代码如下所示：

```
// 对应于数据库表的交易数据结构体
type Transaction struct {
    Id               int64  `json:"id"`                  // 主键
    Hash             string `json:"hash"`                // 交易的哈希值
    Nonce            string `json:"nonce"`               // 交易的序列号
    BlockHash        string `json:"blockHash"`           // 当前交易被打包的区块的哈希值
    BlockNumber      string `json:"blockNumber"`         // 当前交易被打包在的区块的区块号
    TransactionIndex string `json:"transactionIndex"`
// 当前交易在区块已打包交易数组中的下标
    From             string `json:"from"`                // 交易发起者的地址
    To               string `json:"to"`                  // 交易接收者的地址
    Value            string `json:"value"`               // 交易的数值
    GasPrice         string `json:"gasPrice"`            // gasPrice
    Gas              string `json:"gas"`                 // gasLimit
    Input            string `xorm:"text" json:"input"`   // data
}
```

其中，input 变量在数据表中的数据类型是 text。text 在 MySQL 中是文本存储类型，因为 input 的内容比较多，所以将该变量设为 text 类型，以存储较多的数据。根据 xorm 技术文档的介绍，如果在 Go 代码中的变量使用默认的 string 类型，而不在创建数据表的时候指定类型，那么默认将会使用 varchar(255)类型，这种类型的变量是不能存储过多数据的，此时如果在进行插入操作的时候超出了数据量，就会出现数据库错误。

2. 创建数据表

使用 xorm 库来创建数据表是比较简单的，直接调用我们前面在数据库连接器代码中实现的 NewMqSQLConnector 函数，对定义好的 Block 和 Transaction 结构体传入参数即可。

修改之前的连接数据库的测试函数，添加创建表格的代码，让测试函数在连接数据库成功后进行数据表的创建，测试代码如下：

```
// 测试连接数据库，同时创建数据表
func Test_NewMqSQLConnector(t *testing.T) {
  option := MysqlOptions{
      Hostname:            "127.0.0.1",    // 本地数据库
      Port:                "3306",         // 默认端口
      DbName:              "eth_relay",    // 数据库名称
      User:                "root",         // 用户名
      Password:            "123456",       // 密码
      TablePrefix:         "eth_",         // 数据表前缀
      MaxOpenConnections: 10,
      MaxIdleConnections: 5,
      ConnMaxLifetime:    15,
  }
  tables := []interface{}{}
  tables = append(tables,Block{},Transaction{}) // 添加数据表的数据结构体
  NewMqSQLConnector(&option, tables)
// 传参进去，对应的结构体将会被 xorm 自动解析并创建数据表
  fmt.Println("创建数据表成功")
}
```

xorm 根据数据结构体创建数据表名称的方式是，在所设置的数据表前缀 TablePrefix 上加上"_"，再加上结构体名称的小写字母。如果没有设置数据表前缀，那么将会直接使用结构体名称的小写，例如 Block 数据表在数据库里面对应的数据表名称是 eth_block。

运行上述的测试函数后，可以在 MySQL 数据库控制台输入如下命令组来查看数据表是否生成：

```
use eth_relay;
show tables;
```

测试与检验结果如图 5-43 所示。

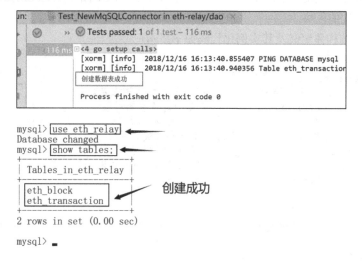

图 5-43　在数据库控制台输入命令查看创建好的数据表

5.3.4 区块遍历器

创建好数据库和数据表之后，在项目文件夹 eth-relay 下创建文件 block_scanner.go，如图 5-44 所示。

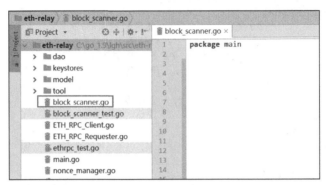

图 5-44 创建的 block_scanner.go 文件

区块扫描器的代码将编写在该文件中，由于扫描器的实现代码比较多，因此下面将按照功能进行分模块讲解。

1. 定义遍历器

因为要通过访问以太坊接口来获取区块内的数据，所以区块遍历器结构体中需要定义一个以太坊的 RPC 请求者，即我们前面内容中所编写的 ETHRPCRequester。此外，区块遍历后获取的数据要存放到数据库中，那么遍历器结构体中还需要定义数据库连接器对象。

区块遍历是一个循环过程，为达到区块分叉检测，需要在每次成功遍历后，在内存中存储上一次遍历的区块，以便在新一轮的遍历中把当前轮次区块的哈希值与上次的哈希值进行比较，判断它们是否一致，如果不一致，就证明出现了分叉。因此在遍历器的结构体中还需要定义用来存储每次遍历成功后上一次的区块。

区块遍历器的结构体定义及其实例化代码如下所示：

```
// 区块遍历器
type BlockScanner struct {
  ethRequester ETHRPCRequester      // 以太坊 RPC 请求者对象
  mysql        dao.MySQLConnector   // 数据库连接器对象
  lastBlock    *dao.Block           // 用来存储每次遍历后上一次的区块
  lastNumber   *big.Int             // 上一次区块的区块号
  fork         bool                 // 区块分叉标记位
  stop         chan bool            // 用来控制是否停止遍历的管道
  lock         sync.Mutex           // 互斥锁，控制并发
}

func NewBlockScanner(requester ETHRPCRequester, mysql dao.MySQLConnector)
*BlockScanner {
  return &BlockScanner{
    ethRequester: requester,
    mysql:        mysql,
    lastBlock:    &dao.Block{},
    fork:         false,
```

```
    stop:            make(chan bool),
    lock:            sync.Mutex{},
  }
}
```

2. 区块分叉检测

在以太坊中，分叉区块中打包了的交易是不算数的，也就是无效的，所以我们在遍历区块时要过滤掉分叉区块，对这些区块不做交易读取处理。

以太坊区块分叉在代码层面主要是通过区块父子关系的哈希值进行判断。举个例子，在区块高度为 15 的时候，我们获取到区块 A 的哈希值是 "0x123"，此时高度累加 1 变为 16，我们根据 16 的高度去获取对应的区块 B，然后判断区块 B 的父块哈希值（parent hash）是否是区块 A 的哈希值。因为高度 15 的区块必须是高度 16 区块的父区块，所以 A 区块的哈希值必须要等于 B 区块的父块哈希值，否则就是分叉了。

根据上述区块分叉的判断条件结合"区块遍历器"结构体中上一次的区块变量，我们可以编写如下判断是否分叉的代码：

```go
// 判断是否分叉的函数，若返回 true，则是分叉
func (scanner *BlockScanner) isFork(currentBlock *dao.Block) bool {
  if currentBlock.BlockNumber == "" {
    panic("invalid block")
  }
  // scanner.lastBlock.BlockHash == currentBlock.ParentHash 判断上一次的区块哈希值
是否是当前区块的父区块哈希值
  if scanner.lastBlock.BlockHash == currentBlock.BlockHash ||
scanner.lastBlock.BlockHash == currentBlock.ParentHash {
    scanner.lastBlock = currentBlock // 没有发生分叉，更新上一次区块为当前被检测的区块
    return false
  }
  return true
}
```

3. 获取分叉点区块的思路

分叉点区块的意思是某个区块分叉是从它开始的。在检测出存在分叉区块后，需要在数据库中找到当前分叉区块的"分叉点区块"。然后将从该"分叉点区块"的区块号开始到分叉块区块号之间的区块全部标记为分叉，标志位对应 block 区块结构体中的 fork 变量，如图 5-45 所示。

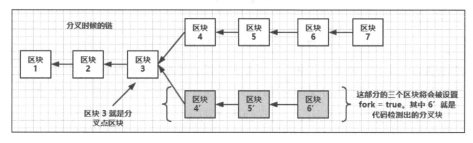

图 5-45　分叉点区块

寻找"分叉点区块"需要理解下面的知识点：

- 寻找所依赖的是"父块哈希值"，即父区块的哈希值。
- 寻找算法是递归算法，不断地递归直至找到分叉区块之前在本地数据库中存在的区块时，再跳出递归。
- 寻找区块的步骤是先从本地的数据库中寻找，因为我们在每次成功获取一个区块的信息后都会把它存储于本地的数据库中，如果本地数据库没有寻找到，就再访问以太坊接口 eth_getBlockByHash 来获取。

整体的流程图如图 5-46 所示。

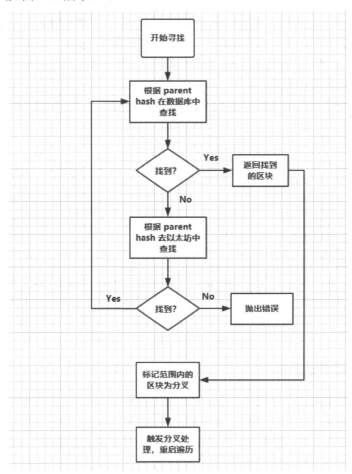

图 5-46　寻找分叉点区块的设计流程图

综合流程图和上面的"检测分叉图"，下面我们再通过图文进行理解。

假设此时区块遍历没有出现分叉的情况，正常地进行到了 3A 区块，如图 5-47 所示。

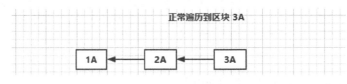

图 5-47　区块正常遍历（1）

区块遍历继续进行，此时遍历到 5A，发现没有出现分叉，然后将遍历器中的 lastBlock 变量设置为 5A，在下一次的循环中将继续检测分叉，如图 5-48 所示。

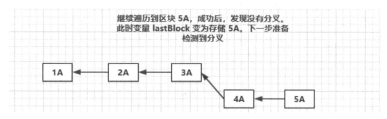

图 5-48　区块正常遍历（2）

当获取到以太坊最新生成（latest）的区块时，此时节点中刚好同步好了一条最优链（4B，5B，6B 所在链），最优链中，6B 区块是最新的，因此节点便将 6B 区块返回给客户端。客户端一旦发现 6B 区块的父块哈希值（parent hash）和 lastBlock 的哈希值不相等，就证明检测到了分叉。此时到本地数据库查找分叉点区块，由于 5B 和 4B 区块还没有存储到本地，自然就不可能获取到，这样在查找的过程中只能通过访问以太坊的 eth_getBlockByHash 接口来获取 4B 和 5B 区块。最终在获取到 4B 区块的时候，根据 4B 区块的父块哈希值（parent hash）从数据库中获取到了 3A 区块，3A 区块就是分叉点区块，然后程序将 3A 区块到 6B 区块中间的 4A 和 5A 区块都标记为分叉块。最后程序进行遍历重启，从 3A 区块开始，补充完 4B 和 5B 区块。整个遍历过程如图 5-49 所示。

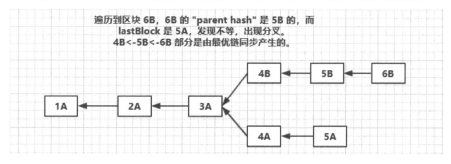

图 5-49　遍历出现分叉情况

4．编写获取分叉点区块的代码

根据前面的思路分析，我们可以给出实现获取分叉点区块代码的思路：

（1）根据检测出的分叉块的父块哈希值（parent hash）进行本地数据库的查找，若存在则直接返回。

（2）如果本地数据库不存在，那么调用请求以太坊接口获取父区块（简称为父块）信息。

（3）在获取到了父区块后，继续往上递归查看该父区块的父区块，直到在本地数据库找到分叉点区块。

```
// 获取分叉点区块
func (scanner *BlockScanner) getStartForkBlock(parentHash string) (*dao.Block,
error) {
  // 获取当前区块的父区块，分叉从父区块开始
  parent := dao.Block{} // 定义一个 block 结构体实例，用来存储从数据库查询出的区块信息
```

```
    // 下面使用 xorm 框架提供的函数，根据 block_hash 去数据库获取区块信息，等同于 SQL 语句：
    // select * from eth_block where block_hash=parentHash limit 1;
    _, err := scanner.mysql.Db.Where("block_hash=?", parentHash).Get(&parent)
    if err == nil && parent.BlockNumber != "" {
        return &parent, nil  // 本地存在，直接返回分叉点区块
    }
    // 数据库没有父区块记录，准备从以太坊接口获取
    parentFull, err := scanner.retryGetBlockInfoByHash(parentHash)
    if err != nil {
        return nil, fmt.Errorf("分叉严重错误，需要重启区块扫描 %s", err.Error())
    }
    // 继续递归往上查询，直到在数据库中有它的记录
    return scanner.getStartForkBlock(parentFull.ParentHash)
}


// 输出日志
func (scanner *BlockScanner) log(args ...interface{}) {
    fmt.Println(args...)
}
```

其中，retryGetBlockInfoByHash 函数是一个带有重试策略的 eth_getBlockByHash 的改版函数，之所以带重试策略，是为了防止因为网络或节点原因导致一次获取出错而使整个程序被中止。对于远程服务导致的错误，可给予请求重试。图 5-50 就是由于远程服务错误后重试获取成功的截图。

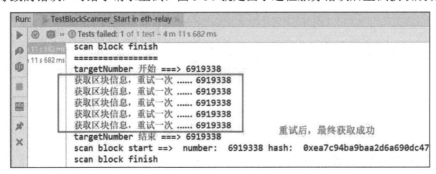

图 5-50　区块信息获取的重试策略

重试策略函数有两个，包括根据区块号获取信息的函数以及根据区块哈希值获取信息的函数。它们的实现代码分别如下：

```
// 区块号存在，信息获取为空，可能是以太坊网络延时问题，重试策略函数
func (scanner *BlockScanner) retryGetBlockInfoByNumber(targetNumber *big.Int)
(*model.FullBlock, error) {
Retry:
    // 下面调用以太坊请求者 ethRequester 的 GetBlockInfoByNumber 函数
    fullBlock, err := scanner.ethRequester.GetBlockInfoByNumber(targetNumber)
    if err != nil {
        errInfo := err.Error()
        if strings.Contains(errInfo, "empty") {
```

```
        // 区块号存在，信息获取为空，可能是以太坊网络延时问题，直接重试
        scanner.log("获取区块信息，重试一次......", targetNumber.String())
        goto Retry
    }
    return nil, err
  }
  return fullBlock, nil
}


// 区块哈希值存在，信息获取为空，可能是以太坊网络或节点问题，重试策略函数
func (scanner *BlockScanner) retryGetBlockInfoByHash(hash string)
(*model.FullBlock, error) {
Retry:
  // 下面调用我们以太坊请求者 ethRequester 的 GetBlockInfoByHash 函数
  fullBlock, err := scanner.ethRequester.GetBlockInfoByHash(hash)
  if err != nil {
    errInfo := err.Error()
    if strings.Contains(errInfo, "empty") {
        // 区块号存在，信息获取为空，可能是以太坊网络延时问题，直接重试
        scanner.log("获取区块信息，重试一次......", hash)
        goto Retry
    }
    return nil, err
  }
  return fullBlock, nil
}
```

5. 获取要进行扫描的区块号

区块号在整个遍历流程中充当了数据请求的前置条件，需要根据不同的情况正确设置区块号的值。一般要考虑的情况有：

（1）程序首次启动时，应该如何赋值。

（2）程序第 N（N≥1 时）次启动时区块号的取值。

（3）程序运行中，区块号的值应该如何变化。

结合前面"区块事件监听"的整体流程图可知，首先需要从数据库中查找出上一次成功遍历的且不是分叉的区块，然后判断是否存在区块的数据：如果区块有数据，那么对应上述的第（2）点，这是程序的第 N 次启动；如果区块没有数据，是空区块，那么证明程序是首次启动。

实现上述第（1）与（2）点的代码如下，请务必跟随代码中的注释进行理解：

```
// 初始化：内部在开始遍历时赋值 lastBlock
func (scanner *BlockScanner) init() error {
  // 下面使用 xorm 提供的数据库函数来从
  // 数据库中寻找出上一次成功遍历的且不是分叉的区块
  // 等同于 SQL: select * from eth_block where fork=false order by create_time desc
limit 1;
```

```go
    _, err := scanner.mysql.Db.
       Desc("create_time"). // 根据时间降序
       Where("fork = ?", false).
       Get(scanner.lastBlock)
    if err != nil {
       return err
    }
    if scanner.lastBlock.BlockHash == "" {
       // 区块哈希值为空，证明是整个程序的首次启动，那么从节点中获取最新生成的区块
       // GetLatestBlockNumber 获取最新区块的区块号
       latestBlockNumber, err := scanner.ethRequester.GetLatestBlockNumber()
       if err != nil {
          return err
       }
       // GetBlockInfoByNumber 根据区块号获取区块数据
       latestBlock, err :=
scanner.ethRequester.GetBlockInfoByNumber(latestBlockNumber)
       if err != nil {
          return err
       }
       if latestBlock.Number == "" {
          panic(latestBlockNumber.String())
       }
       // 下面是给区块遍历器的 lastBlock 变量赋值
       scanner.lastBlock.BlockHash = latestBlock.Hash
       scanner.lastBlock.ParentHash = latestBlock.ParentHash
       scanner.lastBlock.BlockNumber = latestBlock.Number
       scanner.lastBlock.CreateTime = scanner.hexToTen
(latestBlock.Timestamp).Int64()
       scanner.lastNumber = latestBlockNumber
    } else {
       // 区块哈希值不为空，证明不是首次启动，而是后续的启动
       scanner.lastNumber, _ =
new(big.Int).SetString(scanner.lastBlock.BlockNumber, 10)
       // 下面加 1，因为上一次数据库存的是已经遍历完了的区块，接下来是它的下一个区块
       scanner.lastNumber.Add(scanner.lastNumber, new(big.Int).SetInt64(1))
    }
    return nil
}

// 定义一个将十六进制数转为十进制大数的函数
func (scanner *BlockScanner) hexToTen(hex string) *big.Int {
    if !strings.HasPrefix(hex,"0x") {
       ten, _ := new(big.Int).SetString(hex, 10) // 本身就是十进制字符串，直接设置
       return ten
    }
```

```
   ten, _ := new(big.Int).SetString(hex[2:], 16)
   return ten
}
```

第（3）点的情况，需要每次和最新区块号进行比较。在代码中首先要获取公链上当前最新生成区块的区块号，假设它是 A，然后使用 A 和在初始化时设置 lastBlock 中的区块号 B 进行比较，可能会出现的情况有：

- A＜B，说明 B 过大，此时要循环获取最新的 A，直到 A≥B 才开始遍历。一般来说，这种情况很少出现，除非特定地设置要从某个高度开始遍历。例如，当前最新区块高度是 5，那么故意设置从 8 高度才开始遍历就会出现这种情况。
- A≥B，证明 B 恰好等于当前的最新区块高度或者比最新区块高度要小，可以继续从 B 开始遍历区块。

第 3 点的代码实现如下：

```
// 获取要扫描的区块号
func (scanner *BlockScanner) getScannerBlockNumber() (*big.Int,error) {
   // 调用以太坊请求者 ethRequester 获取公链上最新生成的区块的区块号
   newBlockNumber, err := scanner.ethRequester.GetLatestBlockNumber()
   if err != nil {
      return nil,err
   }
   latestNumber := newBlockNumber
   // 下面使用 new 的形式初始化并设置值，不要直接赋值，
   // 否则会和 lastNumber 的内存地址一样，影响后面的获取区块信息
   targetNumber := new(big.Int).Set(scanner.lastNumber)
   // 比较区块号大小
   // -1 if x <  y, 0 if x == y, +1 if x >  y
   if latestNumber.Cmp(scanner.lastNumber) < 0 {
      // 最新的区块高度比设置的要小，则等待新区块高度 >= 设置的
      Next:
         for {
            select {
            case <-time.After(time.Duration(4 * time.Second)): // 延时 4 秒重新获取
               number, err := scanner.ethRequester.GetLatestBlockNumber()
               if err == nil && number.Cmp(scanner.lastNumber) >= 0 {
                  break Next // 跳出循环
               }
            }
         }
   }
   return targetNumber,nil // 返回目标区块高度
}
```

需要注意的是，函数 init 的调用要比 getScannerBlockNumber 早，因为后者依赖前者设置好的 lastNumber。

6. 实现区块扫描

扫描区块使用权函数就是上述我们实现每个功能的集合，其执行流程请参照"区块事件监听"的整体流程图。

扫描函数的完整代码如下所示：

```
// 扫描区块
func (scanner *BlockScanner) scan() error {
  // 获取要进行扫描的区块号
  targetNumber,err := scanner.getScannerBlockNumber()
  if err != nil {
    return err
  }
  // 使用具有重试策略的函数获取区块信息
  fullBlock, err := scanner.retryGetBlockInfoByNumber(targetNumber)
  if err != nil {
    return err
  }
  // 区块号加 1，在下次扫描的时候，指向下一个高度的区块
  scanner.lastNumber.Add(scanner.lastNumber, new(big.Int).SetInt64(1))

  // 因为涉及两张数据表的更新，我们需要采用数据库事务处理
  tx := scanner.mysql.Db.NewSession()  // 开启事务
  defer tx.Close()

  // 准备保存区块信息，先判断当前区块记录是否已经存在
  block := dao.Block{}
  _, err = tx.Where("block_hash=?", fullBlock.Hash).Get(&block)
  if err == nil && block.Id == 0 {
    // 不存在，进行添加
    block.BlockNumber = scanner.hexToTen(fullBlock.Number).String()
    block.ParentHash = fullBlock.ParentHash
    block.CreateTime = scanner.hexToTen(fullBlock.Timestamp).Int64()
    block.BlockHash = fullBlock.Hash
    block.Fork = false
    if _, err := tx.Insert(&block); err != nil {
      tx.Rollback() // 事务回滚
      return err
    }
  }
  // 检查区块是否分叉
  if scanner.forkCheck(&block) {
    data, _ := json.Marshal(fullBlock)
    scanner.log("分叉! ", string(data))
    tx.Commit()  // 即使分叉了，也要把保存区块的事务提交
    scanner.fork = true // 发生分叉
    return errors.New("fork check")  // 返回错误，让上层处理并重启区块扫描
```

```
    }
    // 解析区块内的数据，读取内部的 transactions 交易信息，分析得出各种合约事件
    scanner.log(
        "scan block start ==> ", "number: ",
        scanner.hexToTen(fullBlock.Number), "hash: ", fullBlock.Hash)
    for index, transaction := range fullBlock.Transactions {
        // 下面的打印操作模拟自定义处理。对于每笔 tx，我们是完全可以进一步从里面提取信息的！
        scanner.log("tx hash ==> ", transaction.Hash)
        if index == 5 {
            // 因为每个区块打包的交易数目是不同的，为了减少显示的信息，这里控制只打印 5 笔
            break
        }
    }
    scanner.log("scan block finish \n=================")
    // 数据库保存交易信息
    if _, err = tx.Insert(&fullBlock.Transactions); err != nil {
        tx.Rollback()  // 事务回滚
        return err
    }
    return tx.Commit()  // 提交事务
}
```

因为获取的区块数据要保存到数据库中，在区块遍历完成后，必须将所有交易记录的数据保存到数据库。这个过程涉及两张不同数据表的插入操作，为了防止一方插入失败而导致数据不对称，在代码中使用了 MySQL 事务操作进行数据插入。这样做的好处是在错误发生的时候可以及时地进行数据回滚。

7. 启动区块扫描

在完成了最后的区块扫描函数 scan 后，还需要一个启动整个扫描流程的函数，即启动函数 Start()。

启动函数的执行步骤如下：

（1）首先为互斥锁上锁，防止多协程操作同一个 BlockScanner 实例去启动多次 Start 函数扫描。

（2）进行前置数据的初始化，例如获取上一次遍历成功的非分叉区块的区块号。

（3）启动 Go 协程。在内部调用 Scan 扫描函数，因为扫描动作不能阻塞在 main 函数的主协程中。

（4）在进行扫描的同时，还要监听 stop 管道，以捕获停止扫描的动作指示，以及在检测到分叉事件的时候，重新进行初始化前置数据，随后继续进行扫描。

Start()函数的完整代码如下：

```
// 整个区块扫描的启动函数
func (scanner *BlockScanner) Start() error {
    scanner.lock.Lock()  // 互斥锁加锁，在 stop 函数内有解锁步骤
```

```
  // 首先调用 init 进行数据初始化，内部主要是初始化区块号
  if err := scanner.init(); err != nil {
    scanner.lock.Unlock() // 因为出现了错误，所以我们要进行解锁
    return err
  }
  execute := func() {
    // scan 函数，就是区块扫描函数
    if err := scanner.scan(); nil != err {
      scanner.log(err.Error())
      return
    }
    time.Sleep(1 * time.Second) // 延迟一秒开始下一轮
  }
  // 启动一个 go 协程来遍历区块
  go func() {
    for {
      select {
      case <-scanner.stop: // 监听是否退出遍历
        scanner.log("finish block scanner!")
        return
      default:
        if !scanner.fork {
          // 进入这个 if 证明没有检测到分叉，正常地进行每一轮的遍历
          execute()
          continue
        }
        // 若 fork = true，则监听到有分叉，重新初始化
        // 重新从数据库获取上次遍历成功且没有分叉的区块号
        if err := scanner.init(); err != nil {
          scanner.log(err.Error())
          return
        }
        scanner.fork = false
      }
    }
  }()
  return nil
}

// 公有函数，可以供外部调用来停止区块遍历
func (scanner *BlockScanner) Stop() {
  scanner.lock.Unlock()  // 解锁
  scanner.stop <- true
}
```

至此，整个区块遍历器的代码都已经编写完成，全部编写在 block_scanner.go 文件中。接下来

我们进行遍历器代码的测试。

8. 测试区块扫描器

关于区块扫描器的测试代码，我们在项目中单独新建一个 block_scanner_test.go 文件来编写。如图 5-51 所示。

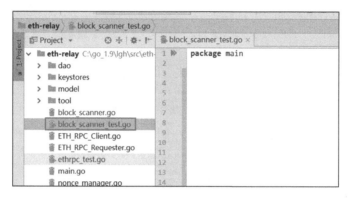

图 5-51　新建测试代码文件 block_scanner_test.go

根据区块扫描器结构体的定义，测试代码中首先要定义好一个以太坊 RPC 请求者和数据库连接器，再根据它们去初始化区块扫描器。整体的测试代码如下：

```go
// 单元测试：区块扫描器，开始扫描区块
func TestBlockScanner_Start(t *testing.T) {
    // 初始化以太坊 RPC 请求者
    mainNet := "https://mainnet.infura.io/v3/2e6d9331f74d472a9d47fe99f697ca2b"
    requester := NewETHRPCRequester(mainNet)

    // 初始化数据库连接器的配置对象，记得修改为本地数据库的参数
    option := dao.MysqlOptions{
        Hostname:           "127.0.0.1",
        Port:               "3306",
        DbName:             "eth_relay",
        User:               "root",
        Password:           "123456",
        TablePrefix:        "eth_",
        MaxOpenConnections: 10,
        MaxIdleConnections: 5,
        ConnMaxLifetime:    15,
    }
    // 添加数据表
    tables := []interface{}{}
    tables = append(tables, dao.Block{}, dao.Transaction{})

    // 根据上面定义的配置，初始化数据库连接器
    mysql := dao.NewMqSQLConnector(&option, tables)

    // 初始化区块扫描器
    scanner := NewBlockScanner(*requester, mysql)
    err := scanner.Start() // 开始扫描
    if err != nil {
```

```
    panic(err)
}
// 使用 select 模拟阻塞主协程，等待上面的代码执行，因为扫描是在协程中进行的
select {}
}
```

运行单元测试，可以看到控制台开始输出遍历区块的数据，如图 5-52 所示。

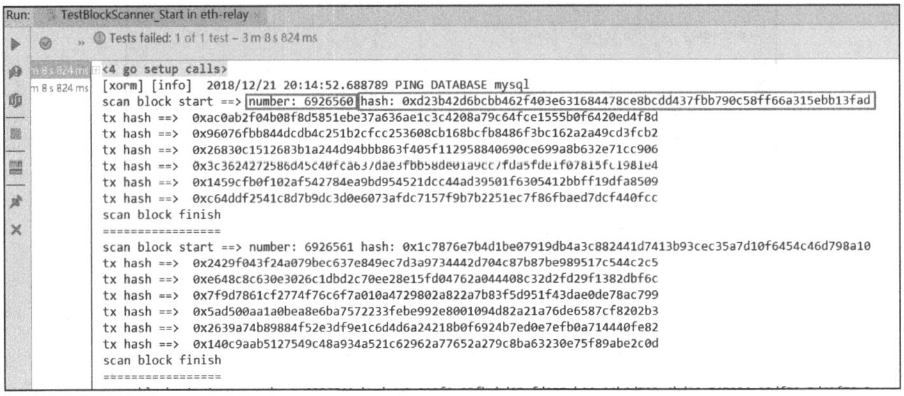

图 5-52 测试区块扫描器时，控制台输出的日志

对应地，通过 GoLand 底部的 Terminal 进入到 MySQL 数据库终端，查询 eth_block 数据表的数据，我们也能看到区块数据已经成功存储进去了（见图 5-53），查询命令是：

```
select * from eth_block;
```

图 5-53 在数据库控制台输入命令查看数据表中被遍历了的区块信息

继续观察程序的运行，一段时间后，就会看到检测到的分叉区块的日志输出。如图 5-54 所示，"69b0ec"的十进制是"6926572"，在读取"6926572"号区块的时候检测到分叉，然后往上递归找到分叉点区块是"6926570"，那么在"6926570"到"6926572"范围内的区块就是分叉区块，即"6926571"是分叉区块。此时程序跳出遍历，开始重新初始化，从数据库中获取出上次遍历成功的且没有分叉的区块"6926570"，然后"6926570"累加 1，为"6926571"，程序便从"6926571"继续开始往下遍历。

图 5-54　区块遍历检测到分叉块后的重新纠正扫描所产生的日志

　　打开以太坊区块链浏览器，查询"6926571"号区块的哈希值是否是以"d7"结尾，以验证以"54"结尾的是分叉区块，查询链接为：https://cn.etherscan.com/block/6926571，结果如图 5-55 所示。

Block #6926571

Overview

⑦ Block Height:	**6926571** ‹ ›
⑦ Timestamp:	⊙ 530 days 3 hrs ago (Dec-21-2018 12:16:24 PM +UTC)
⑦ Transactions:	53 transactions and 113 contract internal transactions in this block
⑦ Mined by:	0xea674fdde714fd979de3edf0f56aa9716b898ec8 (**Ethermine**) in 2 secs
⑦ Block Reward:	3.035733937255479594 Ether (3 + 0.035733937255479594)
⑦ Uncles Reward:	0
⑦ Difficulty:	2,288,024,306,787,618
⑦ Total Difficulty:	8,367,864,932,747,902,168,292
⑦ Size:	8,323 bytes
⑦ Gas Used:	7,995,596 (99.85%)
⑦ Gas Limit:	8,007,836
⑦ Extra Data:	ethermine-eu5 (Hex:0x65746865726d696e652d657535)
⑦ Hash:	0xcc1ba15d8062191d7ae3f312891958927f24d3828ab376d73e076409dd3f79d7

图 5-55　到区块链浏览器查询以验证区块扫描出的分叉区块是否正确

　　同时查看 eth_block 数据表，验证是否已经将分叉的区块标记为分叉状态，图 5-56 所示是已经成功将哈希值结尾为"54"的"6926571"号区块标记为分叉区块的情况。

　　此外，我们再通过 MySQL 命令来查看 eth_transaction 数据表中是否存储了交易信息（见图 5-57）。具体命令是：

select * from eth_transaction limit 5;　// limit 5 的意思是只选出 5 条，因为交易信息比较多。

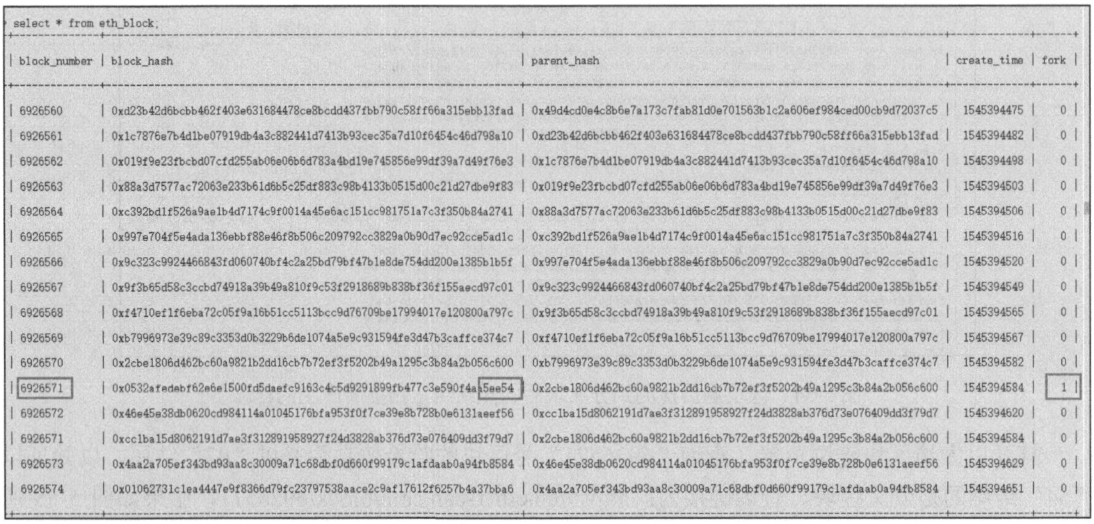

```
select * from eth_block;
+--------------+--------------------------------------------------------------------+--------------------------------------------------------------------+-------------+------+
| block_number | block_hash                                                         | parent_hash                                                        | create_time | fork |
+--------------+--------------------------------------------------------------------+--------------------------------------------------------------------+-------------+------+
| 6926560      | 0xd23b42d6bcbb462f403e631684478ce8bcdd437fbb790c58ff66a315ebb13fad | 0x49d4cd0e4c8b6e7a173c7fab81d0e701563b1c2a606ef984ced00cb9d72037c5 | 1545394475  | 0    |
| 6926561      | 0x1c7876e7b4d1be07919db4a3c882441d7413b93cec35a7d10f6454c46d798a10 | 0xd23b42d6bcbb462f403e631684478ce8bcdd437fbb790c58ff66a315ebb13fad | 1545394482  | 0    |
| 6926562      | 0x019f9e23fbcbd07cfd255ab06e06b6d783a4bd19e745856e99df39a7d49f76e3 | 0x1c7876e7b4d1be07919db4a3c882441d7413b93cec35a7d10f6454c46d798a10 | 1545394498  | 0    |
| 6926563      | 0x88a3d7577ac72063e233b61d6b5c25df883c98b4133b0515d00c21d27dbe9f83 | 0x019f9e23fbcbd07cfd255ab06e06b6d783a4bd19e745856e99df39a7d49f76e3 | 1545394503  | 0    |
| 6926564      | 0xc392bd1f526a9ae1b4d7174c9f0014a45e6ac151cc981751a7c3f350b84a2741 | 0x88a3d7577ac72063e233b61d6b5c25df883c98b4133b0515d00c21d27dbe9f83 | 1545394506  | 0    |
| 6926565      | 0x997e704f5e4ada136ebbf88e46f8b506c209792cc3829a0b90d7ec92cce5ad1c | 0xc392bd1f526a9ae1b4d7174c9f0014a45e6ac151cc981751a7c3f350b84a2741 | 1545394516  | 0    |
| 6926566      | 0x9c323c9924466843fd060740bf4c2a25bd79bf47b1e8de754dd200a1385b1b5f | 0x997e704f5e4ada136ebbf88e46f8b506c209792cc3829a0b90d7ec92cce5ad1c | 1545394520  | 0    |
| 6926567      | 0x9f3b65d58c3ccbd74918a39b49a810f9c53f2918689b838bf36f155aecd97c01 | 0x9c323c9924466843fd060740bf4c2a25bd79bf47b1e8de754dd200a1385b1b5f | 1545394549  | 0    |
| 6926568      | 0xf4710ef1f6eba72c05f9a16b51cc5113bcc9d76709be17994017e120800a797c | 0x9f3b65d58c3ccbd74918a39b49a810f9c53f2918689b838bf36f155aecd97c01 | 1545394565  | 0    |
| 6926569      | 0xb7996973e39c89c3353d0b3229b6de1074a5e9c931594fe3d47b3caffce374c7 | 0xf4710ef1f6eba72c05f9a16b51cc5113bcc9d76709be17994017e120800a797c | 1545394567  | 0    |
| 6926570      | 0x2cbe1806d462bc60a9821b2dd16cb7b72ef3f5202b49a1295c3b84a2b056c600 | 0xb7996973e39c89c3353d0b3229b6de1074a5e9c931594fe3d47b3caffce374c7 | 1545394582  | 0    |
| 6926571      | 0x0532afedebf62e6a16e1500fd5daefc9163c4c5d9291899fb477c3e590f4a5ee54 | 0x2cbe1806d462bc60a9821b2dd16cb7b72ef3f5202b49a1295c3b84a2b056c600 | 1545394584  | 1    |
| 6926572      | 0x46e45e38db0620cd984114a01045176bfa953f0f7ce39e8b728b0e6131aeef56 | 0xcc1ba15d8062191d7ae3f312891958927f24d3828ab376d73e076409dd3f79d7 | 1545394584  | 0    |
| 6926572      | 0xcc1ba15d8062191d7ae3f312891958927f24d3828ab376d73e076409dd3f79d7 | 0x2cbe1806d462bc60a9821b2dd16cb7b72ef3f5202b49a1295c3b84a2b056c600 | 1545394584  | 0    |
| 6926573      | 0x4aa2a705ef343bd93aa8c30009a71c68dbf0d660f99179c1afdaab0a94fb8584 | 0x46e45e38db0620cd984114a01045176bfa953f0f7ce39e8b728b0e6131aeef56 | 1545394629  | 0    |
| 6926574      | 0x01062731c1ea4447e9f8366d79fc23797538aace2c9af17612f6257b4a37bba6 | 0x4aa2a705ef343bd93aa8c30009a71c68dbf0d660f99179c1afdaab0a94fb8584 | 1545394651  | 0    |
+--------------+--------------------------------------------------------------------+--------------------------------------------------------------------+-------------+------+
```

图 5-56　在数据库控制台查看分叉区块是否被正确地打上了标记

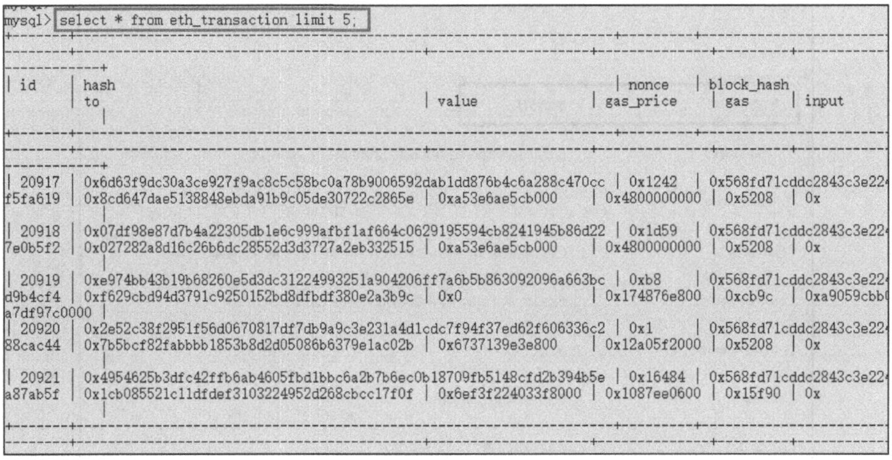

```
mysql> select * from eth_transaction limit 5;
+-------+----------------------------------------------------------------------+----------+--------------+------------+-------+
| id    | hash                                                                 |          |              | nonce      | block_hash |
|       | to                                                                   | value    |              | gas_price  | gas  | input |
+-------+----------------------------------------------------------------------+----------+--------------+------------+-------+
| 20917 | 0x6d63f9dc30a3ce927f9ac8c5c58bc0a78b9006592dab1dd876b4c6a288c470cc   | 0x1242   | 0x568fd71cddc2843c3e22 |
| f5fa619 | 0x8cd647dae5138848ebda91b9c05de30722c2865e                        | 0xa53e6ae5cb000 |        | 0x4800000000 | 0x5208 | 0x |
| 20918 | 0x07df98e87d7b4a22305db1e6c999afbf1af664c0629195594cb8241945b86d22   | 0x1d59   | 0x568fd71cddc2843c3e22 |
| 7e0b5f2 | 0x027282a8d16c26b6dc28552d3d3727a2eb332515                        | 0xa53e6ae5cb000 |        | 0x4800000000 | 0x5208 | 0x |
| 20919 | 0xe974bb43b19b68260e5d3dc31224993251a904206ff7a6b5b863092096a663bc   | 0xb8     | 0x568fd71cddc2843c3e22 |
| d9b4cf4 | 0xf629cbd94d3791c9250152bd8dfbdf380e2a3b9c                        | 0x0      |        | 0x174876e800 | 0xcb9c | 0xa9059cbb0 |
| a7df97c0000 |
| 20920 | 0x2e52c38f2951f56d0670817df7db9a9e3e231a4d1cdc7f94f37ed62f606336c2   | 0x1      | 0x568fd71cddc2843c3e22 |
| 88cac44 | 0x7b5bcf82fabbbb1853b8d2d05086b6379e1ac02b                        | 0x6737139e3e800 |        | 0x12a05f2000 | 0x5208 | 0x |
| 20921 | 0x4954625b3dfc42ffb6ab4605fbd1bbc6a2b7b6ec0b18709fb5148cfd2b394b5e   | 0x16484  | 0x568fd71cddc2843c3e22 |
| a87ab5f | 0x1cb085521c11dfdef3103224952d268cbcc17f0f                        | 0x6ef3f224033f8000 |    | 0x1087ee0600 | 0x15f90 | 0x |
+-------+----------------------------------------------------------------------+----------+--------------+------------+-------+
```

图 5-57　在数据库控制台查看交易保存表是否有数据

　　由图 5-57 可以看到，交易信息完整地被存储了下来。其中的 input 字段就含有交易的参数数据，进一步分析它，可以实现很多需求的功能。

　　至此，整个区块遍历器测试通过。

5.3.5　理解监听区块事件

　　在实现了区块扫描器后，我们已经能够从区块中成功地获取到每笔交易的数据。

　　我们前面提到的要实现的监听区块事件，包含 transfer 等，主要就是从交易数据的 input 字段中解析出来的，input 其实就是 data。我们知道，data 字段的前 10 个字符是由智能合约的函数名称转化而来的 methodId，这就意味着，从 input 提取前 10 个字符来和对应函数的 methodId 进行对比，就能找出当前交易所调用的智能合约函数，从而实现事件的监听。与此同时，对应函数的参数就是input 后面的部分数据，对应转换即可。

例如，我们知道 transfer 的 methodId 是"0xa9059cbb"，此时遍历区块的交易数据时获取到一笔交易的 input 数据：

```
0xa9059cbb0000000000000000000000003faa6c0794b47100aaef42ea93cc03e3f1c991f7
0000000000000000000000000000000000000000035af1c0cba270aea800000
```

截取上面这个 input 的前 10 个字符，即"0xa9059cbb"，再与 transfer 的 methodId 对比，发现是一样的，即证明这笔交易调用了智能合约的 transfer 函数，是一笔转账交易。

图 5-58 所示是从交易数据中解析出监听事件的整体流程图。

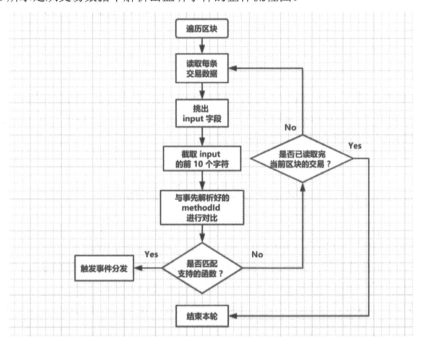

图 5-58　从交易数据中解析出事件的设计流程图

5.4　小　结

本章使用第 4 章中所实现的绝大部分以太坊 RPC 接口请求函数，采用 Go 语言实现了一个强大的中继服务支持程序。

本章内容也可以说是前几章内容的综合运用，其中还介绍了如何通过编程实现区块的分叉检测，同时拓展性地讲解了分叉区块数据的存储回滚。

由于以太坊中继是偏向于后端服务的，因此在整体实现过程中涉及了 MySQL 数据库的知识以及一些后端框架的使用，但是并不复杂。在真实的业务场景中，中继内部还可以加入其他中间件服务，比如将区块解析的事件存储到消息队列中，让其他微服务读取或使用等，以实现更复杂的功能。读者可自行尝试。

第6章

比特币技术基础

前面的5章内容，我们充分地认识了区块链的基础知识和以太坊公链的相关知识与应用开发。在本章中，我们将开始介绍目前区块链公链阵容中最经典的公链——比特币公链，重点介绍其基础知识，为后续的基于比特币公链研发 DApp 做准备。

6.1　比特币的架构

首先，我们要清楚，比特币（Bitcoin）和以太坊一样，都是公链应用，但它并不等同于区块链。若要基于比特币公链进行应用开发，需要对比特币的技术架构有个整体的认知，这里我们从技术架构的层面来介绍，可以很快地看出比特币公链与其他公链的技术差别。

整个比特币的技术栈可分为应用层、网络层、共识层、激励层和数据层，共 5 层，如图 6-1 所示。

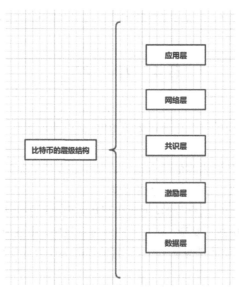

图 6-1　比特币的层级结构

对比 2.2 节中的以太坊技术栈，可以看出比特币少了合约层，这也是比特币公链和以太坊的主要差别之一。比特币是不支持智能合约的，意味着我们不能像使用以太坊智能合约那样的技术在比特币公链上开发 DApp，虽如此，但要想在比特币中使用类似于智能合约的技术，还是有技术方案的，这个内容会在第 7 章讲解。

下面我们来看一下比特币每一个层级所对应的不同功能。

- 应用层：主要是基于比特币公链衍生出的应用，比如比特币客户端控制台和基于 OP_RETURN 操作码研发的应用等。
- 网络层：主要是比特币的点对点通信和 RPC 接口服务。这里的 RPC 接口和以太坊的 RPC 接口在技术和原理上是一样的，具体的名称与参数也类似。
- 共识层：主要是节点使用的共识机制，比特币采用的共识机制也是 PoW 工作量共识，但要注意的是，比特币的 PoW 的具体代码实现方式和以太坊的是不一样的，在 1.3 节 "常见的共识算法" 中讲解过，共识算法的名称可能一样，但实现方式并不相同，就好像都是从家里去超市，小明可以走路去，小红可以骑自行车去。
- 激励层：和以太坊一样，比特币会给予节点挖矿奖励。
- 数据层：用于整体的数据管理，包含但不限于区块数据、交易数据、事件数据以及 LevelDB 存储技术模块等。

比特币的技术细分架构如图 6-2 所示，从上到下，越底部代表越底层。

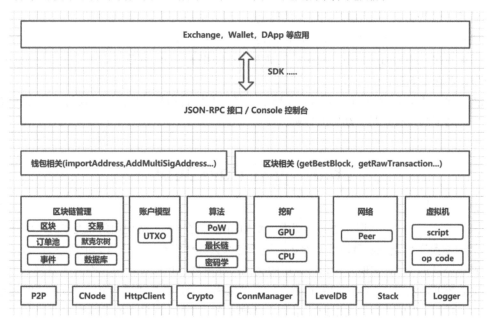

图 6-2　比特币的技术架构

CNode 是比特币中点对点通信中比较重要的一个部分，不仅包含了节点间各自链接的信息，还承担了对节点之间通信消息的发送和解析功能。

Crypto 是比特币的密码学加解密模块，和以太坊的有些不同，比特币的哈希算法主要是 SHA256、hash160，而编码算法是 Base58，但最后的加解密部分与以太坊类似，使用的也是椭圆曲线系列算法。

ConnManager 主要是维护节点通信的链接，包含节点的允许名单、禁止名单链接和节点种子（seedNode）表的维护。

这里的 LevelDB 和以太坊一样，所使用的也是键值对数据库。区块与交易的数据都采用该数据库存储。

Stack 是比特币的虚拟机实现方式，基于栈的模式，对交易脚本中的指令进行各种栈操作，比如入栈、出栈等。同时，根据每个栈内的指令，比如 OP_HASH160，对应地执行它所属的处理函数。关于这部分的详细内容会在后面的"操作码虚拟机"一节中进行讲解。

Logger 是比特币的日志模块，为常规的代码级别的运行日志，比特币没有和以太坊类似的事件（Event）日志。

6.2 奖励机制

在比特币的激励层中，对于矿工的挖矿奖励和以太坊是大不相同的，体现在下面两点：

（1）比特币的区块奖励没有叔块的概念。

（2）比特币的区块奖励之一即固定奖励会随着被挖出的区块数而减半。

比特币的区块奖励 = 当前时期固定的奖励 + 区块中的交易总手续费之和

减半规则是当每挖出 210000 个区块，固定奖励就减半，截至 2020 年 6 月，比特币的减半已经进行了第四次，奖励的历史中，最初的奖励为 50 个比特币，之后是 25 个比特币，然后是 12.5 个比特币，现在是 6.25。

此外，比特币的总量是 2100 万枚，意味着，当所有比特币都被挖出了，比特币的固定奖励也就没有了，剩下的只有交易手续费的奖励。

6.3 再看 PoW 共识

在第 1 章关于 PoW 共识算法的介绍中，我们知道了比特币公链使用的就是 PoW 共识算法。PoW 共识算法是工作量证明算法的总概述，至于怎么去具体实现以工作量为证明，方式有很多。

比特币公链的 PoW 实现方式和以太坊的类似：在所谓的挖矿过程中，不断地调整 Nonce 值，对区块头的数据做双重 SHA256 哈希运算，使得结果满足给定数量"前导 0"的哈希值的过程。

其中"前导 0"的个数取决于挖矿难度，"前导 0"的个数越多，挖矿难度越大。

6.3.1 比特币区块头

比特币的源码链接地址是 https://github.com/bitcoin/bitcoin，基于 0.18.1 版本的源码分析，区块头中变量的定义如下：

```
class CBlockHeader
```

```
{
    public:
        // header
        int32_t nVersion;              //版本号
        uint256 hashPrevBlock;         //上一个区块的哈希值
        uint256 hashMerkleRoot;        //交易列表的默克尔（Merkle）的根哈希值
        uint32_t nTime;                //挖出时的时间戳
        uint32_t nBits;                //当前挖矿难度, nBits 越小难度越大
        uint32_t nNonce;               //随机数 Nonce 值
}
```

其中，uint32_t 占 4 个字节，uint256_t 占 32 个字节，上述所有变量共占 80 字节，这 80 的字节量，就是比特币 PoW 算法的输入数据量。而"交易列表"附加在区块头之后，它并没有参与 PoW 的算法运算。

6.3.2　比特币 PoW 的源码实现

比特币的 PoW 代码实现过程分为 3 大步骤，具体说明如下：

（1）准备进行挖矿产生区块的时候，首先准备好要被打包进区块的交易，使用它们组成交易列表，再由交易数据生成默克尔树（Merkle）的根哈希值。

（2）将第一步骤生成的 Merkle 根哈希值，与区块头其他字段组成区块头，然后将整个区块头作为 PoW 算法的输入。

（3）不断地以累加的方式修改区块头中的随机数 Nonce，对变更后的区块头做双重 SHA256 哈希运算，与当前难度的目标值做比对，如果小于目标难度，即挖矿成功。

PoW 完成后，当前节点将区块向全网广播，由其他节点验证其是否符合规则，如果验证有效，其他节点将接收此区块，并附加在自己已同步了的最长链之后，然后各自进入下一轮挖矿。

下面是源码中负责进行 PoW 实现的函数：

```
    static UniValue generateBlocks(const CScript& coinbase_script, int nGenerate,
uint64_t nMaxTries)
{
    int nHeightEnd = 0;
    int nHeight = 0;

    {   // Don't keep cs_main locked
        LOCK(cs_main);
        nHeight = ::ChainActive().Height();
        nHeightEnd = nHeight+nGenerate;
    }
    unsigned int nExtraNonce = 0;
    UniValue blockHashes(UniValue::VARR);
    while (nHeight < nHeightEnd && !ShutdownRequested())
    {
        std::unique_ptr<CBlockTemplate>
pblocktemplate(BlockAssembler(Params()).CreateNewBlock(coinbase_script));
```

```
    if (!pblocktemplate.get())
        throw JSONRPCError(RPC_INTERNAL_ERROR, "Couldn't create new block");
    CBlock *pblock = &pblocktemplate->block;
    {
        LOCK(cs_main);
        IncrementExtraNonce(pblock, ::ChainActive().Tip(), nExtraNonce);
    }
    while (nMaxTries > 0 && pblock->nNonce < std::numeric_limits<uint32_t>::max()
&&
    !CheckProofOfWork(pblock->GetHash(),pblock->nBits,Params().GetConsensus())
&& !ShutdownRequested()) {
        ++pblock->nNonce;
        --nMaxTries;
    }
    if (nMaxTries == 0 || ShutdownRequested()) {
        break;
    }
    if (pblock->nNonce == std::numeric_limits<uint32_t>::max()) {
        continue;
    }
    std::shared_ptr<const CBlock> shared_pblock = std::make_shared<const
CBlock>(*pblock);
    if (!ProcessNewBlock(Params(), shared_pblock, true, nullptr))
        throw JSONRPCError(RPC_INTERNAL_ERROR, "ProcessNewBlock, block not
accepted");
    ++nHeight;
    blockHashes.push_back(pblock->GetHash().GetHex());
    }
    return blockHashes;
}
```

在上述函数中，nMaxTries 是要进行尝试的次数，即循环次数。"++pblock->nNonce;"表示的是不断地变更区块头中的随机数 Nonce，"pblock->GetHash()"是把区块头的数据执行哈希算法运算，以生成哈希值，这个算法就是执行两次的 SHA256。

最后，须使用"CheckProofOfWork(pblock->GetHash(), pblock->nBits,...)"将生成的哈希值和 nBits 难度值进行比较，符合条件就代表挖矿成功了。下面是 CheckProofOfWork 函数的源码。

```
    bool CheckProofOfWork(uint256 hash, unsigned int nBits, const
Consensus::Params& params)
{
    bool fNegative;
    bool fOverflow;
    arith_uint256 bnTarget;
    bnTarget.SetCompact(nBits, &fNegative, &fOverflow);
    // Check range
    if (fNegative || bnTarget == 0 || fOverflow || bnTarget >
UintToArith256(params.powLimit))
        return false;
    // Check proof of work matches claimed amount
```

```
    if (UintToArith256(hash) > bnTarget)  // 这里进行了比较
        return false;
    return true;
}
```

由上面的内容可以看出，整个 PoW 的实现就是"简单粗暴"地不断运算哈希值并与某个值进行大小的比较。同样地，如果我们修改这里的难度比较方式，那么就是另外一种实现方式了。实际上，只要满足了工作量的操作方式，它就是一种 PoW 共识的实现。

6.3.3　比特币难度值的计算

当一个区块被成功挖出后，需要更新难度值 nBits 以进行下一轮的挖矿，因为上一个值已经被使用过了，所以必须要生成新的，那么这个值的计算固然也是很重要的。

目前比特币的难度值计算步骤如下：

（1）首先找到当前最新区块往前数 2016 个块排第一的块，用最新的块的时间与第一个块的时间进行求差运算。时间差不小于 3.5 天，不大于 56 天。

（2）累计前 2016 个块的难度总和，计算方式是：单个块的难度乘上 2016 个块的总时间值。

（3）随后计算新的难度，用第二步骤的难度总和除以 14 天的秒数，得到每秒的难度值。这里的 14 天和 2016 定义在同一个文件里面。

（4）最后还要求新的难度，其值不低于参数定义的最小难度。

为什么是 2016 呢？这是为了防止难度的变化过快，每个周期的调整幅度必须小于一个因子（值为 4），如果要调整的幅度大于 4 倍，则按 4 倍调整。由于在下一个 2016 区块的周期不平衡的情况会继续存在，所以进一步的难度调整会在下一周期进行。因此平衡哈希计算能力和难度的巨大差异有可能需要花费几个 2016 区块周期才会完成。

2016 被以硬编码的形式写在了 chainparams.cpp 文件中，如图 6-3 所示。

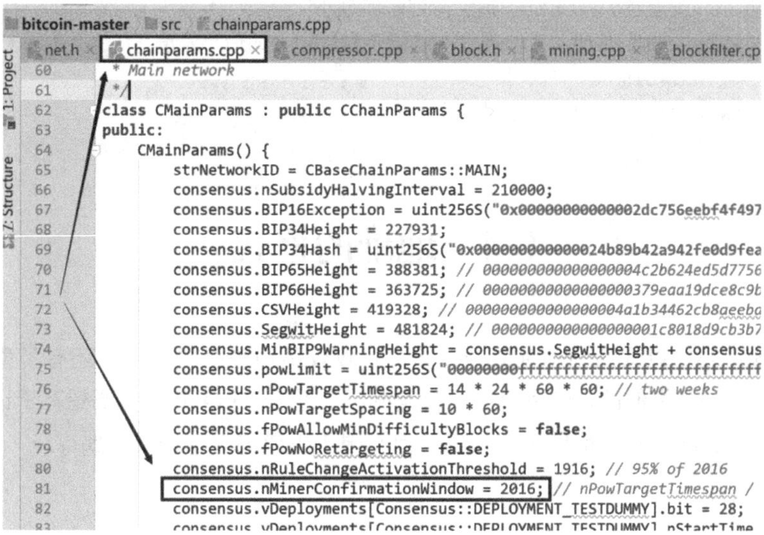

图 6-3　2016 标量

接下来我们来看看难度计算的源码。

```
// nFirstBlockTime 即前 2016 个块的第一个块的时间戳
unsigned    int CalculateNextWorkRequired(constCBlockIndex*
pindexLast,int64_t nFirstBlockTime, const Consensus::Params& params)
{
    if (params.fPowNoRetargeting)
        return pindexLast->nBits;

    // 计算生成这 2016 个块花费的时间总和，就是一个求差运算，最后的减去 2016 排第一的
    int64_t nActualTimespan = pindexLast->GetBlockTime() - nFirstBlockTime;
    // 不小于 3.5 天
    if (nActualTimespan < params.nPowTargetTimespan/4)
        nActualTimespan = params.nPowTargetTimespan/4;
    // 不大于 56 天
    if (nActualTimespan > params.nPowTargetTimespan*4)
        nActualTimespan = params.nPowTargetTimespan*4;

    // Retarget
    const arith_uint256 bnPowLimit = UintToArith256(params.powLimit);
    arith_uint256 bnNew;
    bnNew.SetCompact(pindexLast->nBits);

    // 计算前 2016 个块的难度总和，即单个块的难度*总时间
    bnNew *= nActualTimespan;

    // 计算新的难度，即 2016 个块的难度总和/14 天的秒数
    // nPowTargetTimespan = 14 * 24 * 60 * 60; // two weeks
    bnNew /= params.nPowTargetTimespan;
    // bnNew 越小，难度越大，bnNew 越大，则难度越小
    if (bnNew > bnPowLimit)    // 难度不能低于参数定义的最小难度
        bnNew = bnPowLimit;
    return bnNew.GetCompact();
}
```

6.4　地址的格式

比特币的地址要比以太坊的地址复杂得多，不仅仅体现在格式方面，还有类型的区分，但是它们的整体生成算法是类似的，使用的主要也是椭圆曲线 ECDSA 算法。要想基于比特币进行相关的开发，必须先了解清楚它的地址知识，包含但不限于生成过程、种类等要点。

6.4.1　私　钥

比特币的私钥和以太坊的私钥的生成方式是一样的，原理也很简单，就是一个 256 位的随机

整数，拥有 256 个 0 和 1，其代表的所有私钥的可能性在 2.4.2 小节也提到过，为 2 的 256 次方。

但 256 位的二进制字符串并不是它最终显示的形式，因为如果要记住一个 256 位二进制组成的私钥是很困难的，即使记错了某些位置的某个位，比如把 0 记作了 1，记错了的这个 256 位整数依然是一个合法的私钥，因为它依然是 256 位，这样就会出现问题。

因此，一般情况，我们还要使用一些编码算法把它转化为另外一种更易读的格式，比如十六进制格式的私钥字符串，如下面的样子：

```
e33a4e0aa029e3447c3ce211cdcbde51508f3ced16b27407afdc1ac0a831496b
```

因为十六进制的编码格式是每 4 位为一个值，那么 256/4 的结果就是 64，所以十六进制格式的私钥字符串长度是 64，即字符个数是 64 个，位数缩减了不少。此外，也可以不转为十六进制的字符串，使用 Base64 等编码方式来进行编码。当要导入私钥使用的时候，按照对应的解码方式还原即可。但目前最为常用的标准的私钥编码算法是 Base58，这是比特币核心开发团队建议的方式，又称为钱包的导入格式，英文全称是 Wallet Import Format，简称 WIF。下面就是一个以 Base58 标准编码格式编码后的私钥样子：

```
5HueCGU8rMjxEXxiPuD5BDku4MkFqeZyd4dZ1jvhTVqvbTLvyTJ
```

其中对私钥进行 Base58 编码有两种方式，一种是非压缩的私钥格式，一种是压缩的私钥格式，压缩与非压缩的格式，使得它们又分别产生了非压缩的公钥格式和压缩的公钥格式。

6.4.1.1　WIF 压缩版私钥

在源码里面，常见代表压缩版私钥相关处理的函数会带有单词 compress（压缩）。

在上面的小节中，我们知道了私钥的二进制长度是 256，对于压缩版私钥的生成，步骤如下：

（1）首先计算私钥的字节表示形式，以 8 位为 1 字节计算，那么 256/8=32 字节。

（2）在私钥的 32 个字节前面补上一个十六进制的 0x80 字节，二进制是 1000 0000，这个补充在前面的字节被称为 WIF 的版本号，注意，这是 WIF 格式的私钥独有的版本号！

（3）再在私钥的 32 个字节后面补上一个十六进制的 0x10 字节，二进制是 0001 0000。

（4）上面三个步骤共得到了 32+1+1=34 字节的数据，现在对这 34 字节数据进行校验码计算操作，目的是为了得出 4 个字节长度的校验码 checkCode。

（5）最后把 checkCode 添加到这 34 个字节后面，那么此时整个压缩版私钥的字节长度是 38 个字节。

（6）再根据这 38 字节执行其他操作，比如转十六进制字符串私钥，或者使用 Base58 编码。

关于校验码 checkCode 的计算是这样的，在上面的第（4）个步骤，将得到的 34 字节私钥数据运行两次 SHA256 哈希运算，得到哈希数据，再把这个哈希数据转为字节的形式，然后提取其前 4 个字节作为 checkCode。

压缩版私钥的生成流程如图 6-4 所示。

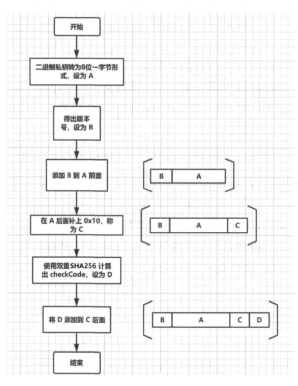

图 6-4　压缩版私钥的生成流程

6.4.1.2　WIF 非压缩版私钥

非压缩版私钥的生成步骤和压缩版的类似，唯一的不同点在于非压缩版私钥少了 6.4.1.1 小节流程中的第（3）个步骤，即在私钥字节后面添加 0x10 字节，其余的步骤和压缩版私钥是一样的，其流程如图 6-5 所示。

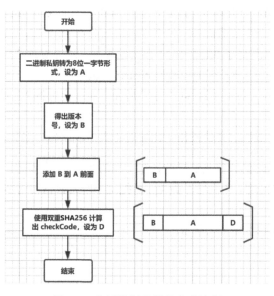

图 6-5　非压缩版私钥的生成流程

随着比特币的版本更新，目前非压缩版格式的私钥已经不建议使用，很多的第三方库在帮开发者实现私钥相关导出函数的时候，默认的也是采用压缩版的私钥。

6.4.1.3　代码实现

上面我们认识了比特币私钥相关的基础知识，在本小节，我们尝试编写代码来实现生成私钥以及私钥的导出和导入操作。代码还是基于本书所用的 Golang 语言，使用的代码编辑器也是第 4 章介绍的 GoLand 开发工具。

首先，我们使用 GoLand 新建一个名称为 btc_book 的项目和一个 btc_wallet.go 文件，如图 6-6 所示。

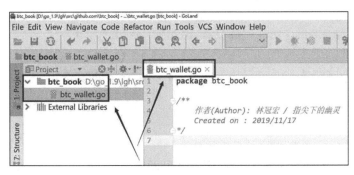

图 6-6　新建 btc_book 项目

btc_wallet.go 文件就是我们接下来要编写私钥相关操作代码的地方。

为了方便编程，对于一些已经实现了的共用结构体对象或函数，我们采用从开源库中获取的方式，首先通过 "go get" 命令获取比特币的 Go 版本源码：

go get github.com/btcsuite/btcd，版本为 0.20.0。

go get github.com/btcsuite/btcutil。

如果命令获取的方式太慢或失败，可以通过浏览器打开 GitHub 网站，搜索到 btcd 项目，将其 zip 压缩包的源码下载下来，再解压到 go_path 的 github.com/btcsuite 目录下。

然后到与 btc_wallet.go 文件同级的目录下创建一个 model 目录，并在 model 目录中创建一个 base58.go 文件，用来存放和 Base58 编码相关的代码。

base58.go 的代码如下：

```
    package model
import (
  "bytes"
  "math/big"
)
// 编码表 b58table
var b58table =
[]byte("123456789ABCDEFGHJKLMNPQRSTUVWXYZabcdefghijkmnopqrstuvwxyz")

// Base58 编码，input 是字节流
func Base58Encode(input []byte) []byte {
```

```go
    var result []byte
    x := big.NewInt(0).SetBytes(input)
    base := big.NewInt(int64(len(b58table)))
    zero := big.NewInt(0)
    mod := &big.Int{}
    for x.Cmp(zero) != 0 {
        x.DivMod(x, base, mod)
        result = append(result, b58table[mod.Int64()])
    }
    ReverseBytes(result)
    for _, b := range input {
        if b == 0x00 {
            result = append([]byte{b58table[0]}, result...)
        } else {
            break
        }
    }
    return result
}
```

btc_wallet.go 的源码如下（请参照内部注释进行阅读）：

```go
    package btc_book

import (
    "crypto/ecdsa"
    "crypto/elliptic"
    "crypto/rand"
    "crypto/sha256"
    "github.com/btcsuite/btcd/btcec"
    "github.com/btc_book/model"
    "github.com/btcsuite/btcutil"
    "github.com/btcsuite/btcd/chaincfg"
)

// 比特币钱包结构体
type BtcWallet struct {
    PrivateKey ecdsa.PrivateKey      // 私钥
    PublicKey  *btcec.PublicKey      // 公钥
    chainType  *chaincfg.Params      // 链的类型参数，比如主网，测试网
}

// 根据链的类型创建钱包指针对象
func CreateBtcWallet(chainType *chaincfg.Params) *BtcWallet {
    private, public := newKeyPair()  // 使用椭圆曲线生成私钥和公钥
    wallet := BtcWallet{PrivateKey:private, PublicKey:public}
    wallet.chainType = chainType
```

```
    return &wallet
}


// 使用椭圆曲线生成私钥和公钥
func newKeyPair() (ecdsa.PrivateKey, *btcec.PublicKey) {
    curve := elliptic.P256()
    // ecdsa 是椭圆曲线数字签名算法的英文简称
    // GenerateKey 函数帮助我们生成了私钥的二进制数据，封装好了返回
    private, err := ecdsa.GenerateKey(curve, rand.Reader)
    if err != nil {
        panic(err)  // 如果有错误，中断程序
    }
    _, pubKey := btcec.PrivKeyFromBytes(btcec.S256(), private.D.Bytes())
    return *private, (*btcec.PublicKey)(pubKey)
}


// 导入 WIF 格式的私钥，恢复钱包
func CreateWalletFromPrivateKey(wifPrivateKey string,chainType *chaincfg.Params)
*BtcWallet {
    wif, err := btcutil.DecodeWIF(wifPrivateKey)
    if err != nil {
        panic(err)
    }
    privKeyBytes := wif.PrivKey.Serialize()
    privKey, pubKey := btcec.PrivKeyFromBytes(btcec.S256(), privKeyBytes)
    return &BtcWallet{
        chainType:chainType,
        PrivateKey:(ecdsa.PrivateKey)(*privKey),
        PublicKey:pubKey}
}


func (w *BtcWallet) GetWIFPrivateKey(compress bool) string {
    if w.PrivateKey.D == nil {
        return ""
    }
    var combine = []byte{}
    // 0x80 是 WIF 的版本号
    if compress {
        // 压缩版本
        combine = append([]byte{0x80},w.PrivateKey.D.Bytes()...)
        combine = append(combine,0x01)
    }else{
        combine = append([]byte{0x80},w.PrivateKey.D.Bytes()...)
    }
    checkCodeBytes := doubleSha256F(combine)
    combine = append(combine,checkCodeBytes[0:4]...)
```

```
    return string(model.Base58Encode(combine)) // 引用 Base58 编码函数输出 WIF 格式的私
钥
}

// 进行两次 SHA256 哈希运算
func doubleSha256F(payload []byte) []byte {
    sha256H := sha256.New()
    sha256H.Reset()
    sha256H.Write(payload)
    hash1 := sha256H.Sum(nil)
    sha256H.Reset()
    sha256H.Write(hash1)
    return sha256H.Sum(nil)
}
```

编写好代码后，进行一下测试，分别创建钱包和输出钱包对应的压缩版和非压缩版的 WIF 格式私钥。和之前一样，我们新建一个单元测试文件 btc_wallet_test.go，该文件和 btc_wallet.go 同级，将测试代码编写其中，如下所示：

```
func TestCreateWallet(t *testing.T) {
    // 创建主链版本的钱包 MainNetParams
    btcWallet := CreateBtcWallet(&chaincfg.MainNetParams)
    t.Log("压缩版:",btcWallet.GetWIFPrivateKey(true))    // 输出压缩版 WIF 私钥
    t.Log("非压缩版:",btcWallet.GetWIFPrivateKey(false)) // 非压缩版
}
```

运行单元测试函数，观察控制台输出，结果如图 6-7 所示。

```
CreateWallet in btc_wallet_test.go
»                                                    1 test passed - 30ms
ms <4 go setup calls>
    btc wallet test.go:16: 输出压缩版 wif 私钥: KyuhxrsH8XJNjzE5jPQjkbjkehQsYcKYRzXqP3Exe35YsugYF5Lf
    btc wallet test.go:17: 输出非压缩版 wif 私钥 5JRdUA2snCrFSbiUom3fEWAgo9hkdAMy4Q1Bxk6t82qA32AqYKY

Process finished with exit code 0
```

图 6-7　单元测试输出 WIF 格式私钥

6.4.2　公　钥

公钥是"秘钥对"中由私钥导出的，该过程是单向的，即私钥可以导出公钥，而公钥不能逆推出私钥。其背后依赖的是 ECDSA 椭圆曲线数字签名算法。

有了私钥，计算出公钥，在代码中只需要直接调用库函数帮我们处理即可，如果想要深入了解椭圆曲线生成密钥原理的读者，可以自行查看相关资料，椭圆曲线类加解密算法需要比较深入的数学知识，这里就不再说明了。

在比特币中，公钥主要用作下面两个用途：

● 生成比特币的地址，也就是说，地址是由公钥生成的。

● 进行验签，当数据被私钥签名了，要验证数据是否被篡改，需要验证签名，验签的时候就
需要用到公钥。

在代码中，往往在生成私钥的时候，第三方库已帮助我们同时生成了公钥，像上面的创建钱
包函数 CreateBtcWallet 一样，btcec 库的 PrivKeyFromBytes 函数就帮助我们生成了公钥 pubKey。

同样地，公钥也有压缩版和非压缩版的形式，意味着同一个私钥生成的公钥可以有两种形式。

由于公钥的本质是椭圆曲线上的一个点，该点拥有坐标 x 和 y，而 x 和 y 都是整数，通常情
况下，这两个整数都很大。在 Go 的 SDK 代码文件 crypto\ecdsa\ecdsa.go 中，ECDSA 公钥的定义
如下：

```
// PublicKey represents an ECDSA public key.
type PublicKey struct {
    elliptic.Curve
    X, Y *big.Int   // x 和 y 坐标
}
```

公钥的压缩及生成，遵循下面的规则：

（1）压缩版公钥，如果 y 是一个偶数，那么在 x 的字节流前面加上 0x2 字节，如果 y 是一个
奇数，那么在 x 的字节流前面加上一个 0x3 字节。这里的字节拼接操作和私钥的压缩版本是类似的。

（2）非压缩版公钥则分别在 x 和 y 的字节流前面加上 0x4 字节。

对应上面的规则，源码中的实现如图 6-8 所示，路径是 github.com\btcsuite\btcd\btcec\pubkey.go。

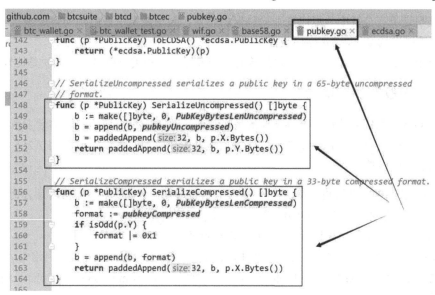

图 6-8　公钥的压缩字节操作

接下来，我们在 btc_wallet.go 文件中，补充一个生成十六进制公钥字符串的函数
GetPubKeyHexStr。

```
func (w *BtcWallet) GetPubKeyHexStr(compress bool) string {
```

```
    if compress {
        // 压缩版
        return hex.EncodeToString(w.PublicKey.SerializeCompressed())
    }
    // 非压缩
    return hex.EncodeToString(w.PublicKey.SerializeUncompressed())
}
```

单元测试结果如图 6-9 所示。

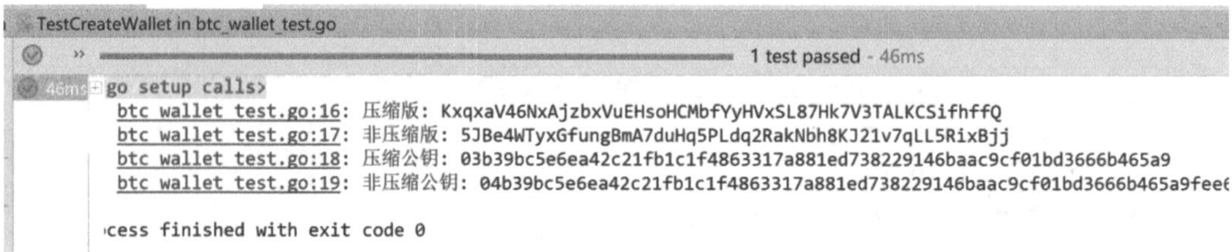

图 6-9 单元测试公钥的压缩形式

从单元测试的结果可以看出，压缩版的公钥的十六进制最终的字符串长度是 66 个字符。而非压缩版的就比较长，一共是 130 个字符，长度几乎是压缩版的两倍。这也对应了图 6-8 源码中的返回情况，非压缩版的公钥返回了 x 和 y 被操作后总的字节流。

6.4.3 地 址

地址几乎是所有公链中与用户交互最频繁的元素，无论是发生最基础的转账操作还是在研发中做一些特殊的过滤操作，都用到了地址。

在比特币公链中，其地址比以太坊公链的更加多样化，种类也很多，可以说是比较复杂的。

6.4.3.1 一般的比特币地址

首先要知道从私钥到公钥，再到现在的地址，每一步都是不可逆的，即知道了地址不能推出公钥，知道了公钥不能逆推出私钥。常用的比特币地址生成用到的算法中也有 SHA256 和 Base58，下面是它们的生成步骤：

（1）使用公钥的字节流进行第一次 SHA256 哈希运算，这里的字节流可以是公钥的压缩版或非压缩版，不同的版本会导致不同的结果。

（2）将第（1）步的结果进行一次 RIPEMD160 哈希运算。

（3）将版本字节添加到第（2）步的结果中，添加到头部，该字节根据不同的网络类型进行添加，比如主网的是 0x00，各网络类型的版本号，在源码文件 github.com\btcsuite\btcd\chaincfg\params.go 中可以查看。

（4）在添加完了版本号后，将字节流进行两次 SHA256 哈希运算，以计算出检验码，即地址的 checkCode。

（5）将 checkCode 添加到第（1）步的字节流的后面。

（6）最后使用 Base58 对字节流编码，得出比特币地址。

上面的流程中，需要注意到，不同的比特币网络类型，地址是不一样的，即使公钥一样。下面我们来看看其生成流程，如图 6-10 所示。

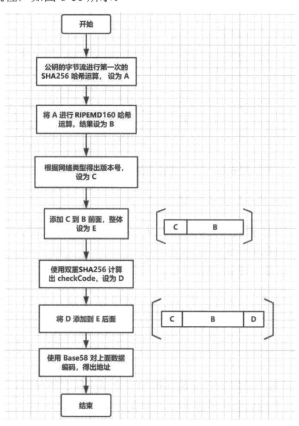

图 6-10　比特币一般地址的生成流程

接下来，我们在 btc_wallet.go 文件中，补充一个比特币一般地址的函数 GetPubKeyHexStr。

```go
// 生成比特币地址
func (w *BtcWallet) GetBtcAddress(compress bool) string {
    var buf []byte
    if compress {
        buf = w.PublicKey.SerializeCompressed()     // 压缩版
    }else {
        buf = w.PublicKey.SerializeUncompressed()   // 非压缩版
    }
    if  buf == nil {
        return ""
    }
    // Hash160 内部做了 SHA256 和 RIPEMD160 操作
    pubKeyHash := btcutil.Hash160(buf)
    addr, err := btcutil.NewAddressPubKeyHash(pubKeyHash,w.chainType)
    if err != nil {
        fmt.Println(err) // 打印出错误信息
        return ""
    }
```

```
// addr.String 内部进行了 checkCode 的计算和 Base58 编码
return addr.String()
}
```

运行的单元测试结果如图 6-11 所示。

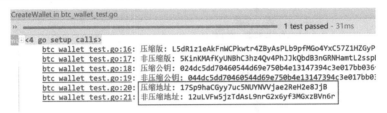

图 6-11　生成比特币地址单元测试结果

因网络类型版本号导致的地址开头有下面几种情况：

（1）主网类型，P2PKH 类型的地址以 1 开头，P2SH 类型的地址以 3 开头。

（2）测试网网络，2 或 m 或 n 开头。

（3）私人测试网，也是 2 或 m 或 n 开头。

其中，只要是测试网类型，P2PKH 类型的地址就是以 m 或 n 开头，P2SH 类型或 p2sh-segwit 的地址以 2 开头。

6.4.3.2　多签地址

多签地址，也称为多重签名地址，这是比特币一个很有特色的技术，它的基本原理是使用多个公钥生成一个地址，这个地址就是多签地址，多签地址有下面的特点：

（1）多签地址没有一个特定的私钥对应它。

（2）多签地址没有一个特定的公钥对应它。

（3）多签地址拥有一个特定的地址。

（4）使用 M 个公钥生成了多签地址，在要解锁这个多签地址交易的时候，需要当初 M 个公钥中的 N 个私钥才能解锁消费该地址的余额，其中 N≤M。

（5）在生成多签地址的时候，要指定 N 的值。

在上面的第（4）点中，提到了创建多签地址所需要的是 M 个公钥，不是地址，然而在一些比特币的客户端中，我们却可以却使用多个钱包地址来创建一个多签地址，而不是使用多个公钥来创建一个多签地址。这其实是一种假象，之所以能在比特币的客户端使用地址来创建多签地址，是因为这个客户端所连接的比特币节点已经记录了这些地址的公钥，因此在生成多签地址的时候，只需在内部根据地址找多个公钥来参与生成多签地址即可。下面举例说明。

比特币客户端 C，连接了比特币节点 N，在 C 中使用地址 A1、A2、A3 来生成多签地址 A4。那么在输入 A1、A2、A3 的时候，程序会在 N 中根据地址先找到公钥，即 A1、A2、A3 的公钥 P1、P2、P3。如果没找到，就会出错，否则就创建成功了。之所以节点有时候会记录一个地址的公钥，是因为这个钱包连接了这个节点，同时在客户端里创建了这个钱包，或使用导入钱包的命令导入到了这个客户端。

　　一般来说，我们用一些钱包软件创建钱包的时候，默认的都是一般的地址，那么比特币为什么要拓展一个多签地址呢？其好处之一就是，它在要消费 UTXO 的时候，或通俗来说，消费币的时候，需要当初参与生成的 N 个私钥来解锁，缺一不可。可以看出，多签地址适合多方来共同管理一个钱包的愿景。

　　对于多签地址的生成，可以直接调用比特币节点程序提供的 RPC 接口或编写代码米生成。

　　多签地址生成后，虽然没有私钥这一数据，但是在这个机制里，它使用了一个名称为 redeemScript 的十六进制脚本数据代替了私钥，这个脚本也是很重要的，当我们要给一个多签地址发送交易的时候，就需要用到这个脚本数据了。

　　下面我们来自己编写代码实现创建比特币多签钱包地址。

　　根据对多签地址的描述，我们接着在 btc_wallet.go 文件中拓展一个用来生成多签钱包地址的函数。

　　源码如下（内含详细的注释）：

```go
    // MultiWallet 创建多签钱包的结果结构体
type MultiWallet struct {
  Address       string `json:"address"`
  RedeemScript  string `json:"redeemScript"`
}
// n 就是 N 个私钥来解锁
// pubKeyStrs 是参与生成多签地址的公钥数组
// chainType 是指定要生成何种节点网络的多签地址，有主网的、测试网的和私人网的
func CreateMultiWallet(n int,pubKeyStrs []string, chainType *chaincfg.Params)
(*MultiWallet, error) {
  pubKeyList := make([]*btcutil.AddressPubKey, len(pubKeyStrs))
  // 在循环里面逐个添加参与生成多签地址的公钥
  for index, pubKeyItem := range pubKeyStrs {
    // DecodeAddress 把字符串类型的公钥解码成 address 对象
    addressObj, err := btcutil.DecodeAddress(pubKeyItem, chainType)
    if err != nil {
      return nil,fmt.Errorf("invalid pubkey %s: decode failed err %s", pubKeyItem,
err.Error())
    }
    if !addressObj.IsForNet(chainType) { // 判断该公钥是否对应当前的链类型
      return nil,fmt.Errorf("invalid pubkey %s: not match chain type %s",
pubKeyItem, err.Error())
    }
    switch pubKey := addressObj.(type) {
    case *btcutil.AddressPubKey:
      pubKeyList[index] = pubKey
      continue
    default:
      // 出现了不符合要求的地址数据，直接返回错误，比如传参的不是公钥
      return nil, fmt.Errorf("address contains invalid item")
    }
  }
```

```
  script, err := txscript.MultiSigScript(pubKeyList, n)
  if err != nil {
    return nil, fmt.Errorf("failed to parse scirpt %s", err.Error())
  }
  address, err := btcutil.NewAddressScriptHash(script, chainType)
  if err != nil {
    return nil, err
  }
  return &MultiWallet{
    Address: address.EncodeAddress(), // 地址
    // 这里使用 EncodeToString 编码返回十六进制 redeemScript
    RedeemScript: hex.EncodeToString(script),
  }, nil
}
```

对上述 CreateMultiWallet 函数进行单元测试，单元测试代码同样编写在 btc_wallet_test.go 文件内。

```
func Test_CreateMultiWallet(t *testing.T) {
// pubkeys 是公钥数组，公钥的生成可以使用我们之前学习到的创建钱包函数
    pubkeys := []string{

"03a622ed8e4b310a4f9065ef27cad4d77c510fed442c990f05ad0405fb5390c76b",

"027c5412c9385dd30e03f50dae946e2742e589ae67fa8b89b1c41214a33008f226",

"03e8ab2e68ad2c03df978c0233e69d21a14378bedd9d2404b73b685da173e918d7"}
    mutil,err := CreateMultiWallet(2,pubkeys,&chaincfg.MainNetParams)
    t.Log(err)
    if err == nil {
        t.Log(mutil.Address)
    }
}
```

其运行结果如图 6-12 所示。

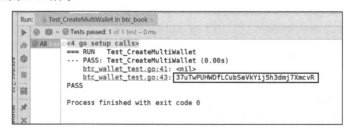

图 6-12　生成多签地址

6.4.3.3　隔离见证地址

隔离见证源于比特币的一次升级，这次升级涉及了共识的层面，它支持了一种交易模式——隔

离见证交易，也因此导致了一次软分叉。

隔离见证交易出现的背景是为了解决下面两个问题：

● 因为椭圆曲线签名算法 ECDSA 的漏洞导致的比特币"延展性攻击"问题。

● 在一定程度上达到比特币区块扩容的目的。

1. 地址协议

要注意的是，"隔离见证地址"是比特币"隔离见证体系"中的一部分，整个隔离见证体系由多个部分组成。完整体系的介绍在比特币的改进协议（BIP）里，主要由下面的协议文档组成：

（1）BIP-141，链接：https://github.com/bitcoin/bips/blob/master/bip-0141.mediawiki，141 文档是关于隔离见证的详细介绍，包含它的定义和用途。

（2）BIP-143，链接：https://github.com/bitcoin/bips/blob/master/bip-0143.mediawiki，143 文档详细介绍了版本号为 0 的隔离见证、在交易中的签名和验签的整体流程。

（3）BIP-144，链接：https://github.com/bitcoin/bips/blob/master/bip-0144.mediawiki，144 文档详细介绍了隔离见证在点对点（P2P）网络中是如何参与其中的。

（4）BIP-173，链接：https://github.com/bitcoin/bips/blob/master/bip-0173.mediawiki，173 文档对隔离见证地址做了介绍，包括它使用什么编码格式、校验码是怎样的，等等。

其他的更多关于隔离见证的官方介绍，可以自行查看所有完整的改进协议，文档所在的网址为 https://github.com/bitcoin/bips。

2. 地址的生成

下面我们来认识一下隔离见证地址是如何生成的。

在前面的地址生成介绍中，我们知道，地址的生成步骤从公钥开始进行，需要经过多个字节拼凑再进行哈希算法和编码的过程。同样地，隔离见证地址的生成流程也是类似的，参照 BIP-173 协议，我们可以总结出它的生成流程如下：

（1）准备好比特币中解锁脚本中的十六进制哈希字节流，目前主要有两种，分别是 P2WPKH 和 P2WSH，对于这些脚本在后面小节会做专门的讲解。这两类脚本的区别是：P2WPKH 中的哈希占了 20 个字节，而 P2WSH 中的哈希是 32 个字节，对应的脚本结构分别是：

P2WPKH：OP_0 <20-byte 哈希>
P2WSH：OP_HASH160 <32-byte 哈希> OP_EQUAL

（2）选择好不同比特币网络所对应的 hrp 字符串，分别有，主网：bc，测试网络：tb，私人 regtest 网络：bcrt。这些信息定义在源码中的配置文件里面，比如 Go 版本的路径是 github.com\btcsuite\btcd\chaincfg\params.go。

（3）将步骤（1）的字节流使用 5 位一个字节进行编码，原本的是 8 位一个字节，结果设为 B。

（4）将 0x00 字节添加到 B 前面，结果设为 C。

（5）使用 bech32 的生成校验码算法对 hrp 和 C 的字节流生成校验码 D。

（6）将 D 添加到 C 后面，结果设为 E。

（7）组装：hrp + "1" + E 结合编码表的映射字符串，得到地址。

其中，步骤（1）虽然不是公钥直接参与生成，但其中的哈希数据也是由公钥经过演变得来的。第（2）步的 bech32 的编码表字符组合是：qpzry9x8gf2tvdw0s3jn54khce6mua7l。因为不同的脚本中的哈希结构的字节数不一样，所以结果也是不一样的。如图 6-13 所示是上面生成步骤对应的流程图。

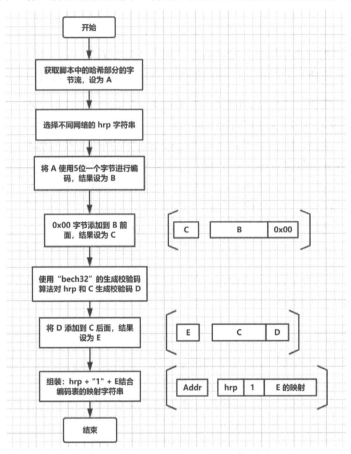

图 6-13 隔离见证地址的生成流程

地址生成的代码实现可以直接使用源码中提供的函数，如图 6-14 所示。

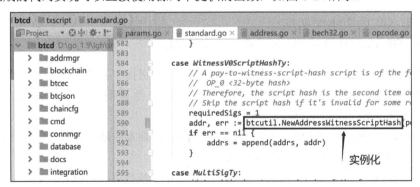

```
rc    github.com    btcsuite  btcutil  address.go
      params.go ×    standard.go ×    address.go ×    bech32.go ×    opcode.go ×  hash
  Q▾    encodeSegWitAddress              ← ⊗    ↑ ↓ ⚲ | ⇥ ⇤ ⇥ | ▽            ☐ Match Cas
637
638   ⌐ // EncodeAddress returns the bech32 string encoding of an
639     // AddressWitnessScriptHash.
640     // Part of the Address interface.
641  ◦↑ func (a *AddressWitnessScriptHash) EncodeAddress() string {
642        str, err := encodeSegWitAddress(
643            a.hrp,
644            a.witnessVersion,
645            a.witnessProgram[:])
646        if err != nil {
647            return ""
648        }
649        return str
650  ⌐ }
651
```

图 6-14　隔离见证地址生成的源码

3. 扩容原理

在比特币交易的一般打包流程里，会把每一笔交易的签名数据也包含进去，如图 6-15 所示。

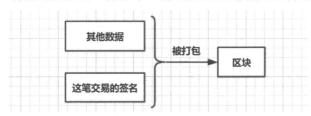

图 6-15　比特币交易哈希的生成组成

我们知道，一个区块所能容纳的数据量大小是有限的，这意味着一个区块所能打包的交易数也是有限的,如果我们能够想办法把交易里面的数据量减少,那么就能间接地达到区块扩容的目的。

隔离见证的本质含义就是在区块打包交易的时候，不打包签名的数据，而是把签名数据放到另外一个地方去。如果是这样，那么怎样验证交易的签名是否正确，以保证数据没被篡改呢？具体做法请看下面的内容。

4. 隔离见证交易的验签

做法是这样的，在将要发起交易，构造脚本的输入 Vin 时，把输入的解锁脚本数据放置到另外一个字段处，在源码中，这个字段的名称是 Witness。当交易被发送到交易节点的时候，节点代码中会从这个字段里面提取出数据，恢复出解锁脚本，接着在节点进行验签操作。验签通过后，签名的数据就不再被打包进区块中,后续要执行这个交易的时候,解锁脚本可从 Witness 字段中恢复。

若不是隔离见证的交易类型，Witness 字段则没有数据，由于解锁脚本的数据包含在签名中，需要恢复这些数据，就只能从签名中恢复，这意味着签名数据必须被打包在区块里面，与之相关的 Vin 结构如下：

```
type Vin struct {
// 省略无关字段
```

```
        ScriptSig *ScriptSig  `json:"scriptSig"`
        Witness   []string    `json:"txinwitness"`
}
```

ScriptSig 放置的就是签名数据，Witness 放置的是解锁脚本数据。源码中的脚本恢复函数包含在比特币操作码虚拟机部分，如图 6-16 所示。

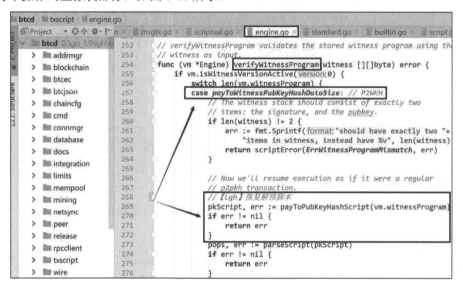

图 6-16　Go 版比特币源码的隔离验证交易解锁脚本的恢复

5. 延展性攻击

上面介绍了隔离见证的出现背景之一是为了解决"延展性攻击"，这个攻击又被称为"可锻性攻击"，英文名称：transaction malleability attack。

2014 年，MT.GOX 交易所（门头沟）发生的 85 万个比特币丢失事件，事后当事人把此次事故归罪于比特币的交易延展性攻击。下面我们来看看这种攻击是怎样达到目的的。

在比特币中，区分一笔交易的凭据是交易的 id，即 TxId。如果两笔交易的 TxId 不一样，那么会被认为是两笔不同的交易。在我们日常使用区块链浏览器查看交易的时候，也会根据 TxId 去查询交易，两个不同的 TxId，就肯定不是同一笔交易。

现在假设这么一个场景：

A 使用椭圆曲线签名算法 ECDSA 发送了一笔交易 T 去比特币节点 N，此时 N 会根据 T 的 id 校验 T 是否已经存在于交易池中，如果发现已经存在且不满足替换条件，那么就会返回错误信息给 A。如果不存在，就会被放置到交易池中，等待被处理，同时把 T 的 id 返回给 A。

此时假设 B 自己编写了一个程序，对比特币节点交易池进行了监听，发现了交易 T，便将 T 提取了出来，并获取了 Vin 结构中的 ScriptSig 字段。

上面场景对应的流程如图 6-17 所示。

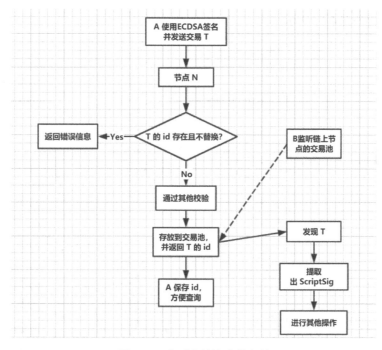

图 6-17   监听交易池中的交易

B 获取了 T 的 ScriptSig 后，要做什么呢？首先可以肯定的是，B 肯定不能篡改 T 的数据，那么它该怎样进行"延展性攻击"？

B 接下来这样做：

B 将 ScriptSig 使用 ECDSA 的相关代码恢复出签名信息的 R 和 S 整数类型的大数。然后根据椭圆曲线加密算法的漏洞修改了 S，再重新生成签名的 ScriptSig，然后将这笔交易重放。注意，这里重放的时候，节点 N 会重新根据整笔交易的信息，包含 ScriptSig 生成一个 TxId_2，但是因为 ScriptSig 被改过了，所以导致了 TxId 不一样，因为 TxId 是使用哈希算法生成的，哈希算法在不同的输入情况下，输出肯定是不一样的。

B 操作部分有以下两个疑问：

（1）相同的交易发到链上，输入部分（UTXO）不会被检测吗？

（2）为什么 ScriptSig 被改过了，还能验签成功？

回答：

（1）因为比特币的账户模型是基于 UTXO 的，关于 UTXO 的详细介绍，可参考 2.5.1 小节。执行的逻辑是这样的：如果某笔 UTXO 还没被消费，那么可以尝试双花；而当它已经被消费了，此时再消费，就会出错。在上面的例子中，交易 T 及被 B 修改过的复制版本中的 UTXO 虽然是一样的，但是它们都处于未被花费的状态，所以可以被多次引用。也就是说，会被检测，只检测是否已被上链花费了。

（2）之所以能验签成功，是因为在椭圆曲线的签名算法 ECDSA 中，对于 S 和 R 可以验签，负 S 和 R 也可以验签成功。但一个负 S 却导致了 TxId 的不一样。

B 的攻击流程如图 6-18 所示。

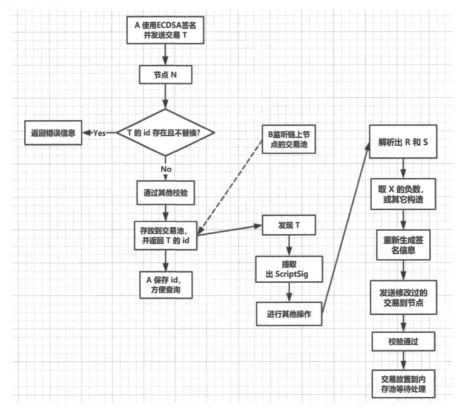

图 6-18　B 的攻击流程

至此，节点中同样的交易内容，却出现了不同的 TxId，交易的手续费和收款人完全相同。这意味着，这两笔交易都有被打包的可能。当其中一笔被打包了，另一笔就不会被打包，因为其中涉及的 UTXO 已经被花费了。

假设 A 是某交易所，它正在帮用户提现，而 B 是这个用户，A 在对账的时候，会根据自己发送交易时拿到的 TxId 去核对，但它并不知道此时还有一个 TxId_2 做了同样的提现操作，而 TxId_2 被打包了，B 作为攻击者，发现自己攻击成功了，就会去向交易所说，自己的提现怎么还没成功。而 A 会进行核实，发现自己的 TxId 失败了，然后就会重新为用户发起提现操作。

至此，B 就收到了两笔或多笔链上的转账。

上面的整个过程，就是一次"延展性攻击"。在代码中的具体实现也是很简单的，只需要添加一行代码就能修改签名中的 S，使得验签依然有效。如图 6-19 所示是笔者实现的一个可行的函数，为了不被滥用，关键代码行已打上马赛克。

```
89      // 测试, 延展性攻击
90      func RawTxInSignatureTest(tx *wire.MsgTx, idx int, subScript []byte,
91          hashType SigHashType, key *btcec.PrivateKey) ([]byte,[]byte,error) {
92
93          hash, err := CalcSignatureHash(subScript, hashType, tx, idx)
94          if err != nil {
95              return nil, nil, err
96          }
97          signature, err := key.Sign(hash)
98          if err != nil {
99              return nil, nil, fmt.Errorf(format:"cannot sign tx input: %s", err)
100         }
101         fmt.Println( a:"before change:",signature.S.String())
102         firstByts := append(signature.Serialize(), byte(hashType))
103         // 尝试修改
104         temp :=
105         signature.S = temp
106         fmt.Println( a:"after change:",signature.S.String())
107         secondBytes := append(signature.Serialize(), byte(hashType))
108         return firstByts,secondBytes, nil
109     }
```

图 6-19　修改签名中的 S

6.5　比特币虚拟机

比特币虚拟机又称操作码虚拟机，是一个以数据结构"栈"的模型，来对数据按照不同的命令，进行对应不同代码操作的功能模块。

简单地进行类比，一个具备加减乘除的计算器，当我们按了"＋"号，就把两数相加，并输出结果，与此同理，减号、乘号也有对应的操作代码片段。比特币虚拟机就具有类似的功能。当然，它所涉及的功能远比计算器要复杂。

6.5.1　虚拟机的特点

上面简述了比特币虚拟机。整个虚拟机的数据操作是基于"栈"的模型，因而它拥有栈的基本操作，比如入栈、出栈，数据后进的会先被操作。从源码来看，比特币虚拟机具备下面的特点：

（1）虚拟机部分的代码，对数据的操作顺序，具备栈的特点。

（2）数据源是交易结构中的相关脚本转成的字节流。

（3）拥有很多的操作码，且每一个操作码对应一个操作函数。

（4）操作码也存在于数据源中，执行流程从栈顶开始。

（5）当某部分数据被操作码对应的函数处理完成后，它可以再次被放入数据栈中，等待下一轮操作；

（6）无状态交互，过程发生错误，则返回错误。

（7）当操作码都执行完了，输出最终的结果。

形象地，我们来看如图 6-20 所示的模拟图。

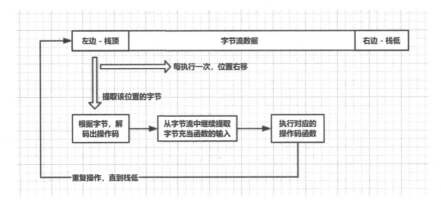

图 6-20　比特币虚拟机对栈数据的操作

6.5.2　数据源

虚拟机中所操作的数据来源于交易中的签名和作为输入的锁定脚本。如下所示，基于比特币主网交易的哈希值为："e613c1a927f2e065595d6941c8dad49cd0f7eac147c0b770b6ddc67fbcd78e34"，调用节点 RPC 接口以获取交易详情，就能返回这个哈希值。

我们观察其中 index=0，即下标是 0 的 vout 输出部分。

```
{
    "result": {
        "txid": "e613c1a927f2e065595d6941c8dad49cd0f7eac147c0b770b6ddc
67fbcd78e34",
        "hash": "e613c1a927f2e065595d6941c8dad49cd0f7eac147c0b770b6ddc
67fbcd78e34",
        "version": 2,
        "size": 1348,
        "vsize": 1348,
        "weight": 5392,
        "locktime": 0,
        "vin": [
            ...
        ],
        "vout": [
            {
                "value": 0.00023165,
                "n": 0,
                "scriptPubKey": {
                    "asm": "OP_DUP OP_HASH160 47c70dcc6e0f683bfddcba2772d48d
809a6f8c39 OP_EQUALVERIFY OP_CHECKSIG",
                    "hex": "76a91447c70dcc6e0f683bfddcba2772d48d809a6f8c
3988ac",
                    "reqSigs": 1,
                    "type": "pubkeyhash",
                    "addresses": [
                        "17YXS8PhqRsSRK5hy2L66yqSUsLBQNKHBD"
                    ]
                }
            },
            ...
```

```
        ],
        "hex": "...",
        "blockhash": "0000000000000000000024e5e9baaa61631c0f413da4f6a8d5d
4dbcfa079b134a",
        "confirmations": 16597,
        "time": 1566284191,
        "blocktime": 1566284191
    },
    "error": null,
    "id": 1
}
```

在上述内容中，scriptPubKey 就是"锁定脚本"，其结构内部的 asm 所对应的内容："OP_DUP OP_HASH160 47c70dcc6e0f683bfddcba2772d48d809a6f8c39 OP_EQUALVERIFY OP_CHECKSIG" 就是虚拟机的数据源之一。当这个输出被消费时，它就会在代码里面被组装到发送交易的结构字段中，作为新交易的输入，完成它作为 UTXO 的功能。

scriptPubKey 中的 asm 是虚拟机的数据源之一，如上面的代码中所示，asm 是在 scriptPubKey 被序列化为 Json 时，显示出的数据字段之一，如图 6-21 的左图。

此外，另一个数据源在 UTXO 被使用时作为新交易的输入，就是在新输入的结构中使用私钥签名生成的 scriptSig 字段，如图 6-21 的右图。

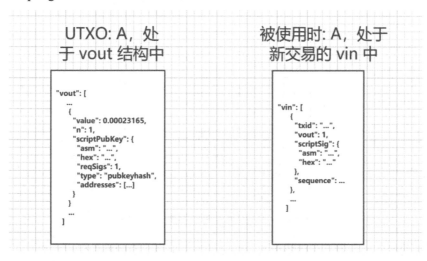

图 6-21　scriptPubKey 和 scriptSig

那么问题来了，当交易被发送到了节点程序的时候，节点如何验签呢？这个问题会在后面的 6.7 节中做详细的解答。

回到数据源来，节点程序所接收到的数据其实已经是字节流的形式，虚拟机会把新交易中的 vin 部分的 scriptSig 和这个 vin 所引用的 UTXO 里面的 scriptPubKey 对应的字节流提取出来，作为数据源，压入到栈中，等待被调用。

在上面的例子中，我们所看到的是：

```
OP_DUP, OP_HASH160, OP_EQUALVERIFY, OP_CHECKSIG
```

它们就是操作码，之所以在接口调用时返回这种形式，是为了便于读取，OP 的意思就是

Operator，中文意思是操作员。横线后面的 DUP 或 HASH160 代表具体怎样去操作，比如 HASH160 的意思表示会 "先进行 SHA256 哈希运算，再进行 RIPEMD160 哈希运算" 的函数调用。

例子中间的 "47c70dcc6e0f683bfddcba2772d48d809a6f8c39" 就是十六进制的数据，操作码所对应的函数要进行操作的数据就是上述这些了。

既然虚拟机的数据源来自于 UTXO 中，而 UTXO 又是我们在发送交易的时候构建的，那么也就是说虚拟机的数据源其实就是由我们自己构建的，这样的话，对应的操作码在 asm 字符串中所处的位置是不是可以被调整？答案是可以，但是我们并不能随便调整，因为比特币规范中规定了每一种类型的交易，它的解锁脚本的构建都是规定好的。

6.5.3　常见的操作码

比特币虚拟机的操作码一共有几百个，有些属于保留操作码，还没被启用，有些已经被应用了。
下面我们来认识一下常见的操作码有哪些，对应的 Go 版本源码文件是：

```
btcsuite\btcd\txscript\opcode.go
```

如图 6-22 所示，展示的是源码中的一部分操作码的定义。

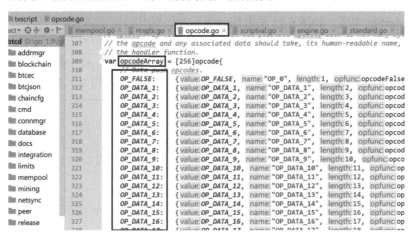

图 6-22　Go 版本源码中的部分操作码

所谓常见的操作码，就是在比特币的一般交易类型中会出现的操作码，它们有：

OP_0…OP_1…OP_10…OP_16：这些操作都是将操作码表示的数值（从 1 到 16）推送到数据堆栈上。

● OP_DUP：复制数据堆栈上的顶部项，并压入栈中。
● OP_ADD：将数据堆栈上的前两项视为整数，并用它们的和替换它们，即相加后压入栈中。
● OP_EQUAL：弹出栈顶元素和栈顶第二项元素，比较是否相等，相等则将 1 压入栈中，否则将 0 压入栈中。
● OP_SHA256：弹出栈顶元素，进行 SHA256 哈希运算，并将结果压入栈中。
● OP_HASH160：弹出栈顶元素，先进行 SHA256 哈希运算，再进行 RIPEMD160 哈希运算，再将结果压入栈中。值得注意的是，这是比特币钱包体系中基于公钥生成地址过程的一部分。

- OP_CHECKSIG：这个操作码是进行验签操作时必不可少的。它会弹出栈顶前两项元素，一般分别是签名数据（Signature）和公钥（Pubkey），在代码中的 VerifySignature 函数用于验证签名和公钥是否匹配。
- OP_CHECKMULSIG：栈内压入 m 个签名，n 个公钥，逐一校验 m 个签名是否对应 n 个公钥的某个子集。出现在多签类型的交易中。
- OP_EQUALVERIFY：是 opcodequal 和 opcodeVerify 的组合。具体来说，它删除数据堆栈的前两项，并对它们进行比较，并将编码为布尔值的结果压回到堆栈中。然后判断这个结果是不是为 true，如果不是就返回错误。

除了上面介绍的操作码功能，如果还想要去看看其他操作码的功能，直接去看源码的注释即可。在"btcsuite\btcd\txscript\opcode.go"源码文件中，每一种的操作码所对应的函数都有完整的注释，比如操作码 OP_EQUALVERIFY 对应的函数（见图 6-23），在 GoLand 中查看函数 opcodeEqualVerify，它的顶部就有介绍这个函数具体作用的丰富注释。

图 6-23 在源码中查看操作码函数的作用

6.5.4 虚拟机源码解析

在前面的小节中，我们对比特币虚拟机有了大致的认识，下面从源码的角度来看看一笔比特币交易被发送到节点后，是怎样一步步进入到虚拟机的校验范围内。

这里主要以源码截图的形式来阐述虚拟机运行字节码的整个调用链流程。

在比特币源码中，当交易发送到节点的时候，负责接收处理交易的函数位于"btcd/rpcserver.go"文件中的 handleSendRawTransaction 函数中，如图 6-24 所示，在这个函数中，首先会对数据进行反序列化操作，恢复出交易结构，然后进入到核心的 ProcessTransaction 函数，进行更深入的处理。

图 6-24　节点中接收处理交易的函数

ProcessTransaction 函数位于 memepool 文件中，如图 6-25 所示，在这里面需要关注的是 maybeAcceptTransaction 这个函数，单击之以进去查看源码。

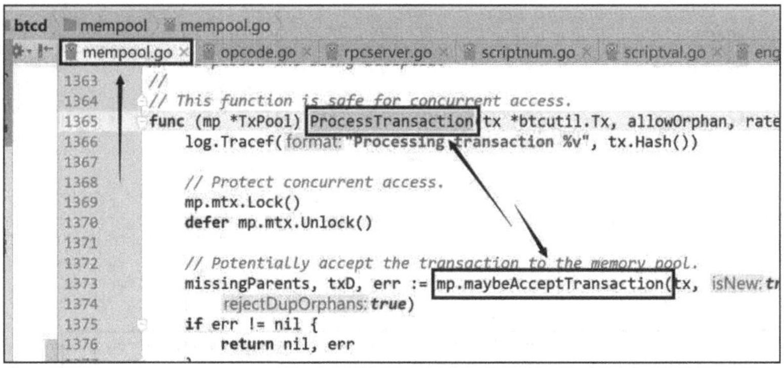

图 6-25　ProcessTransaction 函数

如图 6-26 所示，在 maybeAcceptTransaction 函数中，一开始的代码会对交易进行一系列的常规检测，比如交易燃料费的限制、交易是否被双花等。这些细节不在我们的讨论范围内，我们需要查看其内部对 ValidateTransactionScripts 这个函数的调用，该函数将会对交易中的脚本信息 scripts 进行处理。

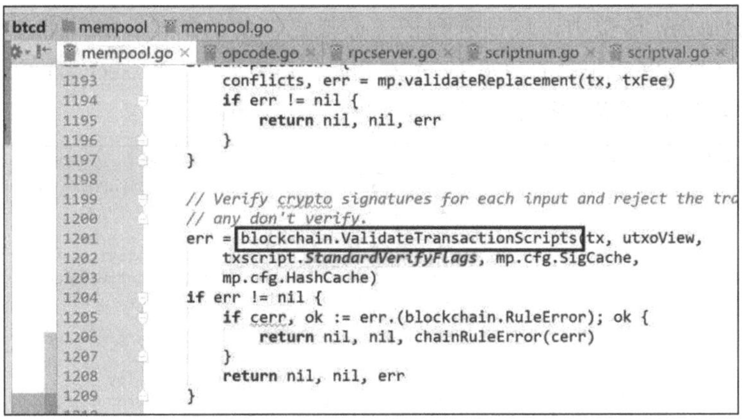

图 6-26　ValidateTransactionScripts 函数

　　如图 6-27 所示，ValidateTransactionScripts 函数位于文件 scriptval.go 内，我们需要进入最后一行 validator.Validate(txValItems)调用的函数中，去查看源码是如何处理的。

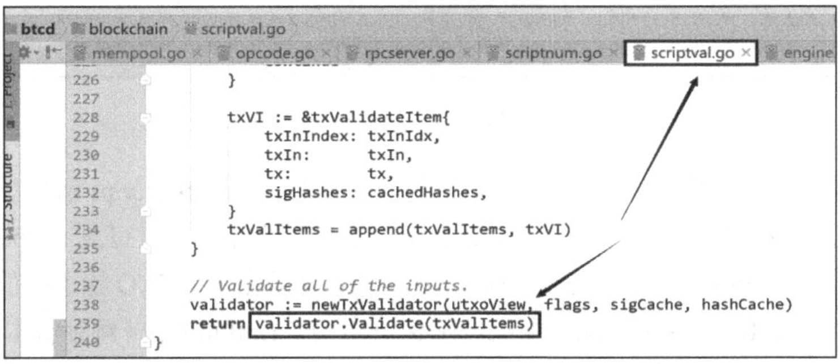

图 6-27　validator.Validate(txValItems)代码行

　　如图 6-28 所示，在 Validate 函数中，会先启动当前设备所对应 CPU 核数的 3 倍数目的 Go 协程数目来"并发"运行 v.validateHandler 校验函数，单击这个函数，进去查看它的源码。

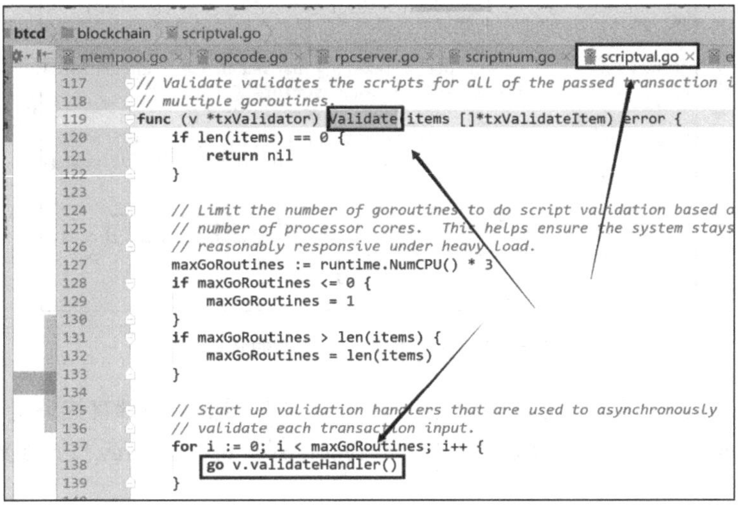

图 6-28　Validate 函数的内部

在 validateHandler 函数中，我们看到了"虚拟机"的初始化，如图 6-29 所示，代码行 txscript.NewEngine 进行了虚拟机的初始化，并在初始化后启动了 vm.Execute()。在初始化中，我们要知道虚拟机所操作的字节流数据是怎样被装载的。

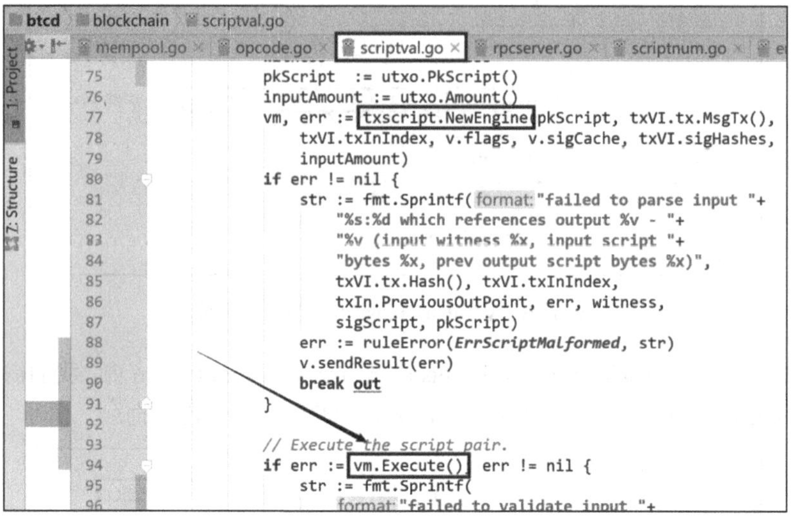

图 6-29　虚拟机的初始化

进入到 NewEngine 函数里面，如图 6-30 所示，在这里面的 parseScript 函数对虚拟机 vm 对象内部的 scripts 变量进行了赋值，函数的入参是 scripts 字节流数据，同时可见 scripts 字节数据[]byte 的来源是 scriptSig 和 scriptPubKey，它们分别是当前这笔交易作为 UTXO 输入中的 scriptSig（签名数据）和这笔交易 UTXO 对应于它原始所在交易输出中的 scriptPubKey（解锁脚本）。scriptPubKey 也即是之前 6.5.2 小节中举例的 asm 参数所对应的内容。

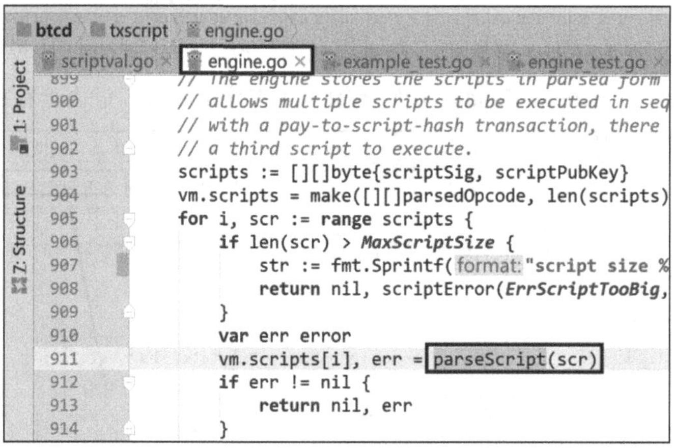

图 6-30　虚拟机字节流数据的装载-1

进入到 parseScript 函数里面，如图 6-31 所示，我们看到其内部直接调用了另外一个函数 parseScriptTemplate，同时把所定义好的所有字节码操作列表 opcodeArray 作为参数传递了进去。

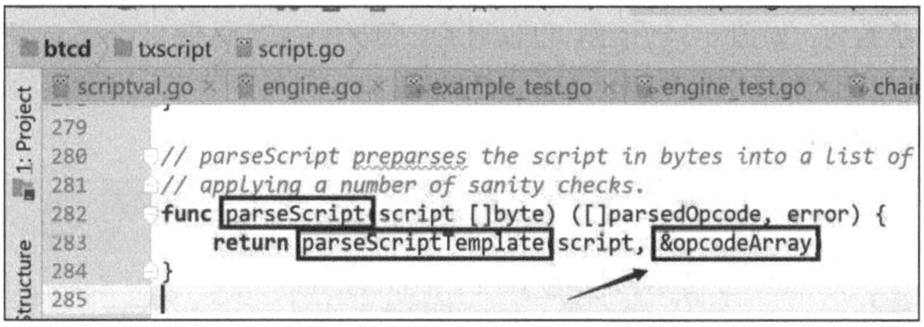

图 6-31　虚拟机字节流数据的装载-2

　　如图 6-32 所示，在 parseScriptTemplate 函数里面，首先根据传参进来的 script 数据进行字节长度的循环，并以循环变量 i 所对应的字节值 script[i] 作为 opcodeArray 的下标，读取 opcodeArray 的值并赋值给 op 变量。同时在每次的循环中实例化了一个 parsedOpcode 对象，得到了一个完整的操作码 pop。顺着这个函数往下看，看到最后可知，该函数最终返回了字节码对象数组[ ]parsedOpcode，从而使得虚拟机 vm 对象内部的 scripts 得到了对应的字节码数据。

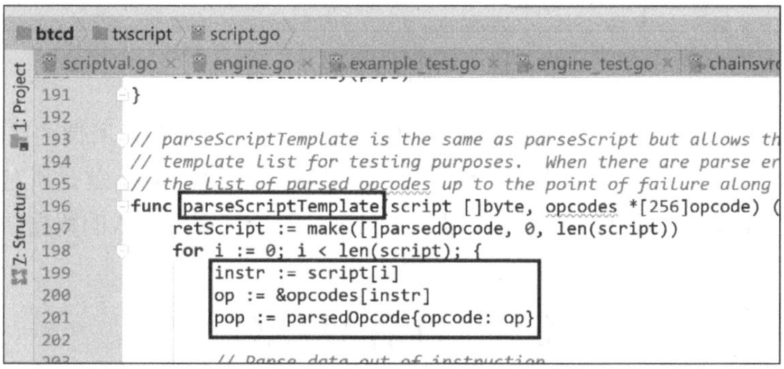

图 6-32　为虚拟机变量 scripts 装载字节码数据

　　运行至此，虚拟机 vm 对象内部的 scripts 在经历了 parseScript 函数后，一共得到了两部分的字节码数据，一部分来源于 scriptSig 数据的解析，另一部分来源于 scriptPubKey。

　　最终在装载好了数据后，虚拟机的执行函数 Execute 内部会执行一个 for 循环，并按照栈的形式，逐步骤（step）地执行字节码命令，如图 6-33 所示。

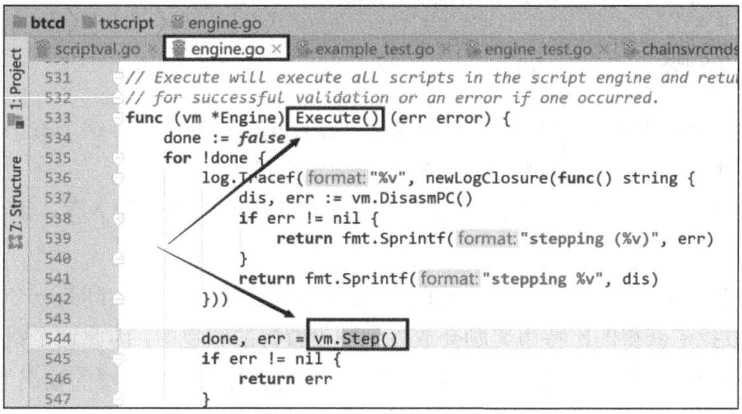

图 6-33　虚拟机准备执行字节码指令的入口函数

进入到 step 函数内，如图 6-34 所示，可以看到，每一个字节码指令 opcode 都是来源于前面初始化的 vm.scripts 变量。最终由函数 vm.executeOpcode 来运行每个字节码所对应的函数，也即是在 6.5.3 小节所介绍的那些函数。

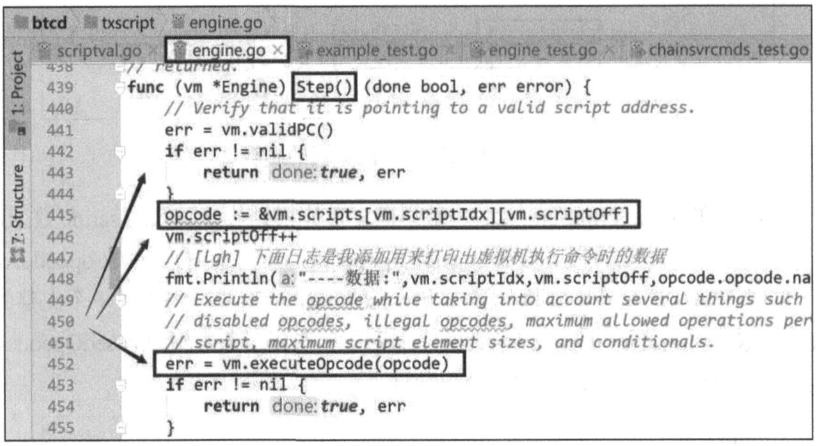

图 6-34 虚拟机执行字节码函数

以上就是比特币虚拟机对一笔交易的完整执行流程，可以体会到，所谓的比特币虚拟机也是类似 <key,value> 的一种"键-值对"函数编程，key 是操作码，而 value 就是所对应的函数，同时在每个 value 运行完成后，还要对执行结果进一步处理。整个流程遵循栈的数据结构模型。

6.6 再看 UTXO

在 2.5.1 小节中，我们完整地介绍了什么是 UTXO 模型，虽然 UTXO 是一种账户模型，但它和共识算法的宏观定义是差不多的，即在实际的公链应用中，UTXO 是一个大的方向，只是各条链根据这个方向所进行的具体实现是不一样的。在比特币公链中，UTXO 是最早被应用的，因此现在的一般技术文章对 UTXO 的介绍，几乎都是基于比特币公链来进行的。

下面我们从比特币中具体的实现来看看是怎样应用 UTXO 模型的。

6.6.1 输入转换

我们知道，一笔基于 UTXO 模型的交易包含"没被花费的输出"，这个输出会被当作该次交易的输入。与此对应，还有一个输出部分。输入和输出组成了一笔交易。

这里不要忘记，如果输出已经被花费了，那么它就不能再被当作输入了，即它不再是"未被花费的输出"。

在比特币公链一开始运行时，即创世的时候，公链里所谓的矿工（实际是一个代码功能模块）会进行挖矿，通过挖矿获得的比特币奖励会放置到被设置好的钱包中，因此这个钱包得到了第一笔比特币，同时这笔比特币还未被花费，意味着有了一个创世的"未被花费的输出"。

在比特币公链中，这种专门用来设置接收挖矿奖励的钱包被称为 coinbase，当 coinbase 中有了比特币，它的主人就能够使用它给其他人转账比特币，从而使比特币得到了流通。

6.6.2　交易的结构

当比特币被从 coinbase 钱包中扩散出去后，就能制造更多钱包地址拥有"未被花费的输出"，此后这些钱包地址再互相转账，就形成了比特币的整个交易转账体系。如图 6-35 所示是交易输入的整体交互流向。

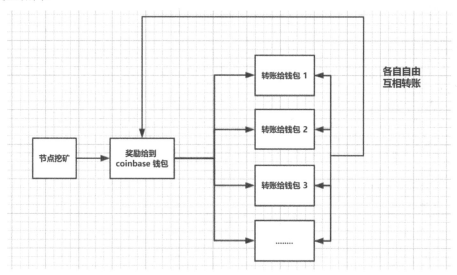

图 6-35　交易输入的整体交互流向

在 2.5.1 小节中，我们知道上一笔交易的输出可以被当作是下一笔交易的输入。现在我们来看看在比特币中，一笔交易在转账中，它的数据结构以 Json 来看是怎样的，如下所示，是比特币主网上，交易 id 为 "e613c1a927f2e065595d6941c8dad49cd0f7eac147c0b770b6ddc67fbcd78e34" 的交易详情，我们主要观察其中的" vin"和" vout"。

```
  {
"result": {
  "txid": "e613c1a927f2e065595d6941c8dad49cd0f7eac147c0b770b6ddc67fbcd78e34",
  "hash": "e613c1a927f2e065595d6941c8dad49cd0f7eac147c0b770b6ddc67fbcd78e34",
  "version": 2,
  "size": 1348,
  "vsize": 1348,
  "weight": 5392,
  "locktime": 0,
  "vin": [
   {
     "txid":
"05fec19ae758b97a1666ddaa14b0885a96e96de2c5087bcf8ebfe18196874942",
     "vout": 1,
     "scriptSig": {
      "asm":
"304402205786e953e810ed89eb07ddcb1b63be3e52c19faee1dac6ad548060b955b2f46602201
eceaa9b8a9791dfb95ffc4ab28201828e06ed7fb10de2ac453db1b9e24a8d36[ALL]
03e15811defc6ea968d8da302e563ee144393c380f5891f3bda22f7535988651cc",
      "hex":
```

"47304402205786e953e810ed89eb07ddcb1b63be3e52c19faee1dac6ad548060b955b2f466022
01eceaa9b8a9791dfb95ffc4ab28201828e06ed7fb10de2ac453db1b9e24a8d36012103e15811d
efc6ea968d8da302e563ee144393c380f5891f3bda22f7535988651cc"
        },
        "sequence": 4294967295
    },
    ...
  ],
  "vout": [
    {
      "value": 0.00023165,
      "n": 0,
      "scriptPubKey": {
        "asm": "OP_DUP OP_HASH160 47c70dcc6e0f683bfddcba2772d48d809a6f8c39
OP_EQUALVERIFY OP_CHECKSIG",
        "hex": "76a91447c70dcc6e0f683bfddcba2772d48d809a6f8c3988ac",
        "reqSigs": 1,
        "type": "pubkeyhash",
        "addresses": [
          "17YXS8PhqRsSRK5hy2L66yqSUsLBQNKHBD"
        ]
      }
    },
    {
      "value": 0.00001072,
      "n": 1,
      "scriptPubKey": {
        "asm": "OP_DUP OP_HASH160 7567fa5af3fb2ee614edb311ec3be4c026ef80cc
OP_EQUALVERIFY OP_CHECKSIG",
        "hex": "76a9147567fa5af3fb2ee614edb311ec3be4c026ef80cc88ac",
        "reqSigs": 1,
        "type": "pubkeyhash",
        "addresses": [
          "1BhncxcQsotjHurgwZpjtsqVfjXRabNwhW"
        ]
      }
    },
    {
      "value": 0,
      "n": 2,
      "scriptPubKey": {
        "asm":"OP_RETURN
020004676966674010001010000030ed2ac81330528763b1d0429efd2f54dee65cb7c7bedc833d17
7250753b1e38c32f12b46074865cd2471c22b08d485460010001000100040000000101000040000
0003",
        "hex":
"6a4c500200046769667401000101000030ed2ac81330528763b1d0429efd2f54dee65cb7c7bed
c833d177250753b1e38c32f12b46074865cd2471c22b08d485460010001000100040000000101010
00400000003",
        "type": "nulldata"

```
        }
      }
    ],
    ...
  },
  "error": null,
  "id": 1
}
```

6.6.2.1　输入

在上一小节的交易结构中，"vin"如下所示：

```
"vin": [
  {
    "txid":
"05fec19ae758b97a1666ddaa14b0885a96e96de2c5087bcf8ebfe18196874942",
    "vout": 1,
    "scriptSig": {
      "asm":
"304402205786e953e810ed89eb07ddcb1b63be3e52c19faee1dac6ad548060b955b2f46602201
eceaa9b8a9791dfb95ffc4ab28201828e06ed7fb10de2ac453db1b9e24a8d36[ALL]
03e15811defc6ea968d8da302e563ee144393c380f5891f3bda22f7535988651cc",
      "hex":
"47304402205786e953e810ed89eb07ddcb1b63be3e52c19faee1dac6ad548060b955b2f466022
01eceaa9b8a9791dfb95ffc4ab28201828e06ed7fb10de2ac453db1b9e24a8d36012103e15811d
efc6ea968d8da302e563ee144393c380f5891f3bda22f7535988651cc"
    },
    "sequence": 4294967295
  },
  ...
]
```

它对应的是一个 Json 数组，代表的是这笔交易的输入数据，因为交易的输入可以使用多个"未被花费的输出"数据，所以它对应的是一个数组，数组的长度代表了这笔交易使用的"未被花费的输出"的个数，即 UTXO 个数。

现在我们来认识一下它每个子项中字段的含义，为方便理解，这里假设例子中的这笔交易是 A，vin 数组第一个下标对应的"json object"来自于交易 B。

（1）txid，代表的是"未被花费的输出"所处交易的交易 id，因为每笔交易的输入是上笔交易的输出，所以这个交易 id 就指明了当前这笔交易中的输入是属于哪笔交易的输出。

（2）vout，除了 vin 是一个数组外，在交易中对应的输出 vout 也是一个数组，因此在交易 A 的 vin 数组中某项 vout 代表的是交易 B 中的下标。图 6-36 演示了它们的关系，下标对下标，vout →n。

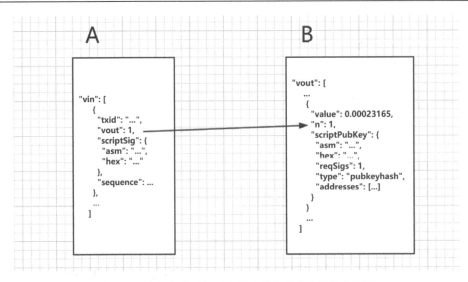

图 6-36　输入中的下标对应输出的上笔交易的输出下标

（3）scriptSig，是指签名脚本信息，字段 asm 里面在[all]字符串后面的一般是公钥哈希数据，我们可以使用它来做一些验证交易发送者的校验工作。在发送交易时，我们要使用自己的私钥签名 UTXO 来生成此 scriptSig，它的主要功能是在虚拟机验签的时候作为数据入参，它和该 UTXO 原始交易中输出的 scriptPubKey 一起参与验签。

上述 3 个字段，在开发过程中用得最多的是 txid 和 vout，常常被用来找出作为当前交易的输入的上一笔交易的输出信息，我们使用 txid 来找出用作输入的输出信息所在的交易，再根据 vout 定位这条输出信息的具体位置，进而得到这笔交易的信息。

6.6.2.2　输出

交易结构中的输出部分对应的也是一个数组，意味着在一笔交易中可以构造多笔输出，换句话说，就是给多个人转账。

```
"vout": [
  {
    "value": 0.00023165,
    "n": 0,
    "scriptPubKey": {
      "asm": "OP_DUP OP_HASH160 47c70dcc6e0f683bfddcba2772d48d809a6f8c39
OP_EQUALVERIFY OP_CHECKSIG",
      "hex": "76a91447c70dcc6e0f683bfddcba2772d48d809a6f8c3988ac",
      "reqSigs": 1,
      "type": "pubkeyhash",
      "addresses": [
        "17YXS8PhqRsSRK5hy2L66yqSUsLBQNKHBD"
      ]
    }
  },
  ...
]
```

请注意，一笔新的交易中的 vout 数组里面的项总是还未被花费的项，即都是 UTXO，当被花费了，就不再是 UTXO 了，所以 vout 中的项是具备消费属性的。当它们被消费了，就会对应到某笔交易结构中 vin 数组里的某项了。

我们来认识一下输出部分的字段。

（1）value，顾名思义，它的数值代表的就是这条输出的转账数值，单位是比特币。

（2）n（见图 6-33），它代表的是这条输出在 vout 数组中的下标，对应 vin 中的 vout。

（3）scriptPubKey 是锁定脚本，它也是比特币虚拟机的运行数据来源之一，其中内容的操作码就是 6.5 节中谈到的内容，此外关于它的细节，将会在下一章节中介绍。

（4）scriptPubKey 里面的 addresses 是一个地址数组，代表接收这笔输出的钱包地址，也就是收款地址。

6.6.3　统计余额

关于比特币的余额统计在 2.5.1 小节中也介绍过，就是 UTXO 中的累计数值，结合 6.5.2 小节中介绍的 value 字段来看，所统计的数值就是这个 value。

因此一般统计余额的时候，我们要通过代码找出每笔交易中的 vout 里面 scriptPubKey 中的 addresses，再判断目标统计地址是否在 addresses 中，存在的话，就进行下一步的判断。

需要判断这笔交易的 vout 是否被消费了，没被消费的话，才累计 value 字段，从而得出最终的余额，如图 6-37 所示。

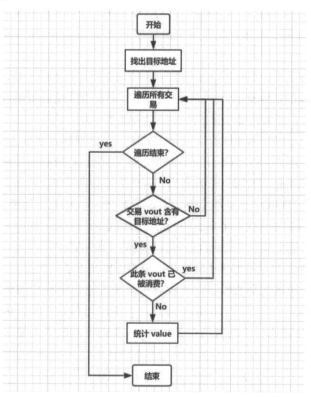

图 6-37　统计比特币余额的流程

这里存在一个问题，就是统计时间复杂度很长，因为全网的比特币交易很多，如果从头统计一个地址的余额，需要很长的时间，所以一般的做法是采用增量更新。即先从某个区块高度把目标地址的余额获取好了，然后从此区块高度监听这个地址，当新的交易到来时，再执行如图 6-34 所示的流程，只是把"遍历所有交易"改成"遍历新交易"，这样的话就能避免遍历巨量的交易数据。

要实现这一目标，需要自己维护一个区块遍历器，同时维护一个地址与余额的映射表。

此外，比特币节点程序也提供了一个 RPC 接口来方便我们通过调用接口得出一个地址的 UTXO 列表，接口名称是 ListUnspent，关于它的具体使用，会在后面有关接口的章节中进行介绍。

上面是统计余额的方式，实际上，如果要直接获取一个地址的余额，可以使用"getbalance" RPC 接口。

6.6.4 构建交易

在代码中如果要构建一笔比特币交易，最主要的是构建其中的输入和输出部分，具体步骤如下：

（1）准备交易的输入，即 UTXO。
（2）根据交易的数值选择好输入的条数。
（3）给自己找零。
（4）构建好交易的输出。
（5）发送交易。

第（1）步中，对于输入部分，如果我们自己没有维护一个钱包地址及其 UTXO 的映射表，那么最快的方案就是通过第三方接口或调用节点程序的 ListUnspent 接口来获取一个钱包地址的 UTXO 列表。

在输入部分准备好之后，要根据交易的数值大小来选择好输入的条数，为什么这里要选择条数呢？因为每条 UTXO 的数值是不一样的，就像零钱一样，如果交易要转账的目标数值是 10，而每条 UTXO 都是 1 或 2，那么就要选择多条 UTXO 来凑够 10。

找零的意思是给自己的钱包地址构建一条 UTXO，可以理解为给自己转账。那么为什么要给自己找零呢？找零并不是必须的，只有下面这种情况下需要给自己找零。比如目标转账数值是 10，我们的转出钱包地址有 4 条 UTXO，假设它们拥有的数值分别是 2、5、6、7，那么为了凑够 10，至少要选择其中的 3 条 UTXO，比如组合 2、5、6 或 2、5、7，但是无论哪一种组合，它们加起来都比 10 大，于是我们需要通过找零把多出的一部分数值返回给自己，比如 2+5+6-10 = 3，3 这个数值将会是我们要发的这笔交易中发送给自己钱包地址的一条 UTXO。

当 UTXO 累加起来的数值刚好等于转账值，就不需要找零了。

在第（4）步中，构建交易的输出，其实就是组装好输出结构中的锁定脚本，即 6.5.2 小节中介绍的 scriptPubKey 字段里面的 asm 部分，由操作码和钱包的公钥等信息所组成。这一步的封装锁定脚本信息在比特币的源码中都做好了，我们可以轻松地使用源码中的函数即可达到目的。

接下来我们使用 Go 语言来实现一个完整的比特币发送交易的函数。

6.6.4.1　获取 UTXO

在 6.5.4 小节中，提到如果要获取一个钱包地址的 UTXO，可以使用比特币节点程序提供的 ListUnspent 接口，这种方式需要我们拥有一个比特币节点，如果不是公司性质，一般不建议自己出资搭建节点，因为对于个人而言这是费时费钱的事情。

除了自己搭建节点的方式外，可以使用一些免费的第三方平台所提供的 API 接口来获取 UTXO 列表，在本例的发送交易函数中，将使用 blockCypher 网站提供的接口来实现之一的目标。

blockCypher 的 API 网址如下：

https://www.blockcypher.com/dev/bitcoin/#blockcypher-supported-language-sdks

注意，在调用 blockCypher 接口的时候，根据要求，必须自己在该网站上注册一个开发者账号，在注册完账号后，网站会为我们分配一个请求通证（access_token），之后在每次接口请求中都要携带上该通证。下面的代码定义是笔者已经申请好了的一个通证，大家在代码中可以直接使用：

```
const (
// blockCypher 的请求通证
blockCypherAccessToken = "60f554d6fbad4dcd8ba1cb42cd1d3178"
)
```

下面在 btc_book（在 6.4.1.3 小节中创建过的）源码项目中，实现一个函数来获取钱包地址"未花费的交易"列表（UTXO）。

首先在项目中创建一个 transaction.go 文件，如图 6-38 所示。

图 6-38　创建 transaction.go 文件

我们需要用到的是"/addrs/$ADDRESS"接口，介绍它的相关网页如图 6-39 所示。此接口的请求方式是 HTTP 协议的 GET 方式，返回的对象是 address，在网页上单击 Address 链接可跳转到它的定义网页：https://www.blockcypher.com/dev/bitcoin/#address。

在请求的参数中，当 unspentOnly 被设置为 true 时，返回的数据结构中就只会包含 UTXO，而不会包含其他非 UTXO 的数据。至于其他的参数，网页上都列出了相应的定义。

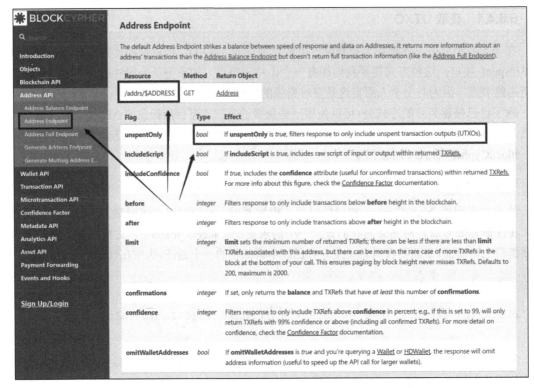

图 6-39　blockcypher 获取 UTXO 的接口

根据文档 address 中关于获取 UTXO 接口的说明，我们需要定义一个请求接口成功后的数据结构体：

```
// 接收请求接口成功后返回的结构体
type UTXORet struct {
  Balance          int64 `json:"balance"`
  FinalBalance     int64 `json:"final_balance"`
  Txrefs []struct{
    TxHash         string `json:"tx_hash"`
    BlockHeight    int64 `json:"block_height"`
    TxInputN       int64 `json:"tx_input_n"`
    TxOutputN      int64 `json:"tx_output_n"`
    BtcValue       int64 `json:"value"`
    Spent          bool  `json:"spent"`
  } `json:"txrefs"`
}
```

编写请求接口的函数代码如下所示（请留意代码中的注释）：

```
// 使用第三方平台 blockCypher 提供的 API 来获取 UTXO
func getUTXOListFromBlockCypherAPI(address,netType string) (*UTXORet,error) {
  number := 1000 // 限制最多获取这个地址的 1000 条 UTXO
  url :=
    fmt.Sprintf(
    "https://api.blockcypher.com/v1/%s/addrs/%s?unspentOnly=true&limit=%d" +
      "&includeScript=false&includeConfidence=false",
```

```
         netType,address,number) // 组装好 blockCypher 网站 API 链接
   url = url + "&" + blockCypherAccessToken // 携带上 blockCypher 的 access token
   req,err := http.NewRequest("GET",url,strings.NewReader(""))
   if err != nil {
      return nil,err
   }
   resp,err := (&http.Client{}).Do(req)        // 开始请求
   if err != nil {
      return nil,err
   }
   data,err := ioutil.ReadAll(resp.Body)       // 读取数据
   defer resp.Body.Close()
   if err != nil {
      return nil,nil
   }
   // 把数据解析到接收结构体中
   utxoList := UTXORet{}
   if err = json.Unmarshal(data,&utxoList);err != nil {
      return nil,err
   }
   return &utxoList,nil
}
```

接下来创建单元测试文件 transaction_test.go，对我们上面获取的 UTXO 的函数进行单元测试，
该单元测试文件中的代码及其运行结果如图 6-40 所示。

```
func TestGetUTXO(t *testing.T) {
    ret,err := getUTXOListFromBlockCypherAPI(
        "mq5kKXGw8ERWJQ2HLLunkh3FTBk281ZC47",
        "btc/test3")
    t.Log(err) // 打印是否有错误信息
    t.Log(ret) // 打印出结果
}
```

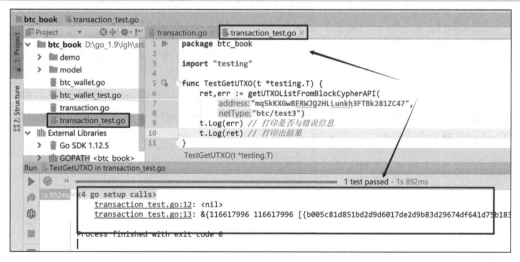

图 6-40　getUTXOListFromBlockCypherAPI 函数的单元测试

6.6.4.2 编写代码来构建交易并发送

发送交易所用的 API 接口也是第三方平台 blockCypher 提供的，如图 6-41 所示。我们需要用到的是"/txs/push"接口，它的请求方式是 POST，参数只需要交易的十六进制哈希值。

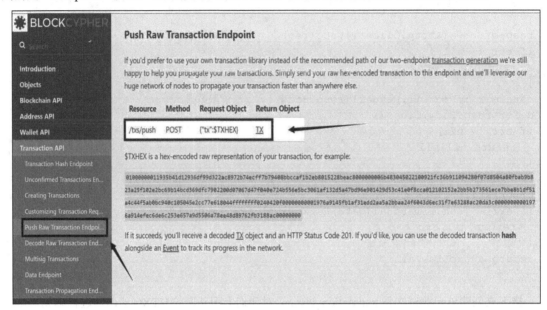

图 6-41 blockCypher 的发送交易接口

接口中所返回的 TX 结构体，有关它的说明可参考网址 https://www.blockcypher.com/dev/bitcoin/#tx。我们暂时只需要把发送交易成功后的交易哈希值打印出来，因此在代码中定义下面的结构体来接收交易哈希值即可。

```
// 接收交易结果
type SendTxRet struct {
    Tx struct{
        Hash string `json:"hash"`
    } `json:"tx"`
}
```

然后编写如下的请求发送交易接口的函数代码，函数中的入参 netType 代表的是节点网络类型，因为我们要在测试网络上运行，所以这个参数总会传值"btc/test3"，其他节点网络的定义值在 blockCypher 文档中都有说明，如图 6-42 所示。

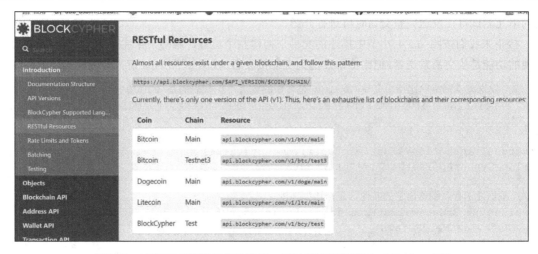

图 6-42　不同节点网络类型的说明，通过链接跳转到 blockCypher 文档

```
    // 使用第三方平台 blockCypher 提供的 API 来发送交易
func sendRawTransactionHexToNode_BlockCypherAPI(txHex,netType string)
(string,error) {
  // 下面是发送交易的 API 链接
  url := fmt.Sprintf("https://api.blockcypher.com/v1/%s/txs/push",netType)
  url = url + "?" + blockCypherAccessToken // 携带上 blockCypher 的 access token
  // {"tx":$TXHEX}
  jsonStr := fmt.Sprintf("{\"tx\":\"%s\"}",txHex) // 构造参数，把交易的哈希值放进去
  req, err := http.NewRequest("POST", url,strings.NewReader(jsonStr))
  if err != nil {
    return "",err
  }
  req.Header.Set("Content-Type", "application/json")
  resp,err := (&http.Client{}).Do(req)
  if err != nil {
    return "",err
  }
  data,err := ioutil.ReadAll(resp.Body)
  defer resp.Body.Close()
  if err != nil {
    return "",nil
  }
  fmt.Println("请求发送交易结果：\n",string(data))
  ret := SendTxRet{}
  if err = json.Unmarshal(data,&ret);err != nil {
    return "",nil
  }
  return ret.Tx.Hash,nil
}
```

上面的 sendRawTransactionHexToNode_BlockCypherAPI 函数就是我们发送交易时要用到的，

它的单元测试将在发送完整交易时再进行介绍。

接下来我们按照 6.5.4 小节中描述的交易来构建整个流程，编写一个完整的发送交易的函数，实现的功能是从交易发送者，把比特币发送到交易接收者。代码如下所示（请务必阅读其中的注释）：

```go
// 发送测试网络的比特币交易，value 是转账的数值，1 代表的是 0.000000001 BTC
func SendTestNet_BTCNormalTransaction(senderPrivateKey,toAddress string,value
int64) error {

    targetTransactionValue := btcutil.Amount(value)
    blockCypherApiTestNet := "btc/test3"

    // 根据发送者私钥得出它的其他信息，比如地址
    wallet := CreateWalletFromPrivateKey(senderPrivateKey,
&chaincfg.TestNet3Params)
    if wallet == nil {
        return errors.New("invalid private key") // 恢复钱包失败，非法私钥
    }
    // 1. ----------- 准备交易的输入，即 UTXO -----------
    // 使用第三方平台 blockCypher 提供的 API 来获取发送者的 UTXO 列表
    senderAddress := wallet.GetBtcAddress(true)
    utxoList,err := getUTXOListFromBlockCypherAPI(senderAddress,
blockCypherApiTestNet)
    if err != nil {
        return err
    }

    //2. ----------- 根据交易的数值选择好输入的条数，utxoList 是候选 UTXO 列表 -----------
    tx := wire.NewMsgTx(wire.TxVersion) // 定义一个交易对象
    var (
        totalUTXOValue btcutil.Amount
        changeValue btcutil.Amount
    )
    // SpendSize 是 BTC 建议的数值，用于参与手续费计算
    // which spends a p2pkh output: OP_DATA_73 <sig> OP_DATA_33 <pubkey>
    SpendSize := 1 + 73 + 1 + 33
    for _, utxo := range utxoList.Txrefs {
        totalUTXOValue += btcutil.Amount(utxo.BtcValue) // 统计可用的 UTXO 数值
        hash := &chainhash.Hash{}
        if err := chainhash.Decode(hash,utxo.TxHash);err != nil {
            panic(fmt.Errorf("构造哈希值错误 %s",err.Error()))
        }

        // 以上一笔交易的哈希值作为参数来构建出本次交易的输入，即 UTXO
        preUTXO  := wire.OutPoint{Hash:*hash,Index:uint32(utxo.TxOutputN)}
        oneInput := wire.NewTxIn(&preUTXO, nil, nil)

        tx.AddTxIn(oneInput) // 添加到要使用的 UTXO 列表中

        // 根据交易的数据量大小来计算手续费
        txSize := tx.SerializeSize() + SpendSize * len(tx.TxIn)
        reqFee := btcutil.Amount(txSize * 10)
```

```
      // 候选 UTXO 总额减去需要的手续费再和目标转账值比较
      if totalUTXOValue - reqFee < targetTransactionValue {
         // 若尚未达到要转账的值就继续循环
         continue
      }
      // 3. ----------- 给自己找零，计算好找零金额值 -----------
      changeValue = totalUTXOValue - targetTransactionValue - reqFee
      break // 如果已经达到了转账值，就跳出循环，不再累加 UTXO
   }
   // 4. ----------- 构建交易的输出 -----------
   // 实现普通的给个人钱包地址转账，直接使用源码中提供的 PayToAddrScript 函数即可
   toPubkeyHash := getAddressPubkeyHash(toAddress)
   if toPubkeyHash == nil {
      return errors.New("invalid receiver address") // 非法钱包地址
   }
   toAddressPubKeyHashObj,err:= btcutil.NewAddressPubKeyHash
(toPubkeyHash,&chaincfg.TestNet3Params)
   if err != nil {
      return err
   }
   // 下面的 toAddressLockScript 是锁定脚本，PayToAddrScript 函数是源码提供的
   toAddressLockScript, err := txscript.PayToAddrScript(toAddressPubKeyHashObj)
   if err != nil {
      return err
   }
   // receiverOutput 对应收款者的输出

receiverOutput:=&wire.TxOut{PkScript:toAddressLockScript,Value:int64(targetTra
nsactionValue)}
   tx.AddTxOut(receiverOutput) // 添加到交易结构体中
   var senderAddressLockScript []byte
   if changeValue > 0 { // 如果数值大于 0，那么我们需要给自己 sender 找零
      // 首先计算自己的锁定脚本值，计算方式和上面的一样
      senderPubkeyHash := getAddressPubkeyHash(senderAddress)
      senderAddressPubKeyHashObj,err:= btcutil.NewAddressPubKeyHash
(senderPubkeyHash,&chaincfg.TestNet3Params)
      if err != nil {
         return err
      }
      // 下面的 toAddressLockScript 是锁定脚本，PayToAddrScript 函数是源码提供的
      senderAddressLockScript, err = txscript.PayToAddrScript
(senderAddressPubKeyHashObj)
      if err != nil {
         return err
      }
      // senderOutput 对应发送者的找零输出
      senderOutput := &wire.TxOut{PkScript: senderAddressLockScript, Value:
int64(changeValue)}
      tx.AddTxOut(senderOutput) // 添加到交易结构体中
   }
   // 对于每条输入，使用发送者私钥生成签名脚本，以标明这是发送者可用的
   btcecPrivateKey := (btcec.PrivateKey)(wallet.PrivateKey)
```

```
  txInSize := len(tx.TxIn)
  for i := 0; i<txInSize; i++ {
    sigScript, err :=
      txscript.SignatureScript( // 签名脚本生成函数由源码提供
        tx,
        i,
        senderAddressLockScript,
        txscript.SigHashAll,
        &btcecPrivateKey,
        true)
    if err != nil {
      return err
    }
    tx.TxIn[i].SignatureScript = sigScript // 赋值签名脚本
  }

  // 5. ----------- 发送交易 -----------
  // 首先得出交易的哈希格式的值，发送交易给节点，发的是哈希值
  buf := bytes.NewBuffer(make([]byte, 0, tx.SerializeSize()))
  if err = tx.Serialize(buf); err != nil {
    return err
  }
  txHex := hex.EncodeToString(buf.Bytes())
  // 发送交易数据到节点
  txHash,err:= sendRawTransactionHexToNode_BlockCypherAPI(txHex,
blockCypherApiTestNet)
  if err != nil {
    return err
  }
  fmt.Println("交易的哈希值是:",txHash)
  return nil
}

// 获取一个地址的 pubkeyHash
func getAddressPubkeyHash(address string) []byte {
  pubKeyHash := model.Base58Decode([]byte(address))
  pubKeyHash = pubKeyHash[1 : len(pubKeyHash)-4]
  return pubKeyHash
}
```

下面来运行这个发送转账交易函数的单元测试，单元测试的代码编写在 transaction_test.go 文件中：

```
func TestSendTestNet_BTCNormalTransaction(t *testing.T) {
  err := SendTestNet_BTCNormalTransaction(
    "KzZkYh62v6xq2SdMaYbuR6yhbbav1Pq9cXGU6M8Ci8m6J6qc23r3",
    "1KFHE7w8BhaENAswwryaoccDb6qcT6DbYY",
    2000)
  t.Log(err)
}
```

在这个单元测试函数中，使用下面的私钥：

```
"KzZkYh62v6xq2SdMaYbuR6yhbbav1Pq9cXGU6M8Ci8m6J6qc23r3"
```

作为交易发送者给钱包地址"1KFHE7w8BhaENAswwryaoccDb6qcT6DbYY"转账 0.000002 个比特币。运行函数的结果如图 6-43 所示。

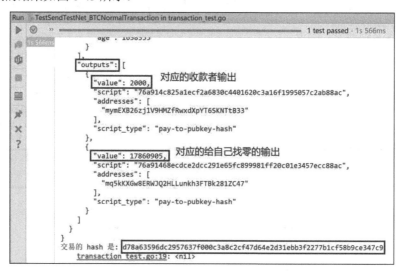

图 6-43　发送交易的单元测试结果

这笔测试交易的交易哈希值是：

d78a63596dc2957637f000c3a8c2cf47d64e2d31ebb3f2277b1cf58b9ce347c9

接下来到比特币测试网浏览器中去查询这笔交易是否已经成功了，浏览器链接为 https://www.blockchain.com/search?。进入到页面后，要先选择好测试网络 Testnet，再进行查询，如图 6-44 所示。

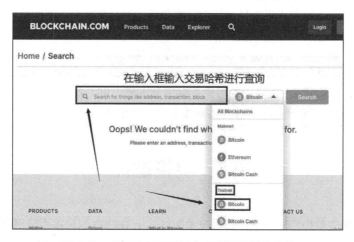

图 6-44　在区块链浏览器中查询测试网的交易

查询结果如图 6-45 所示，可以看出上面发送的交易已经发送到节点网络了，且通过了节点程序的校验，正在等待区块打包，因此它的交易状态此时是"UNCONFIRMED"。

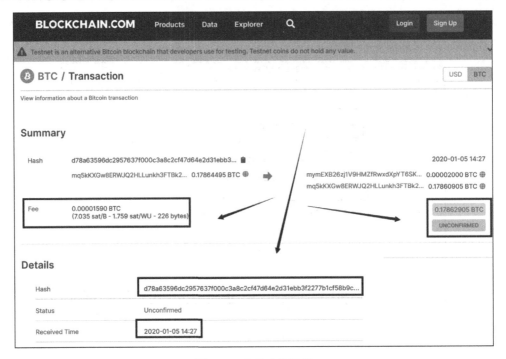

图 6-45 交易查询结果

以上便是一个比特币交易发送函数完整的执行过程，它包含了所必须的一些步骤，但并不是最完美的，比如说我们还可以在实现代码中添加一个 UTXO 管理器，负责管理整个交易流程中用到的 UTXO。由于交易的成功有时间延迟，因此如果我们的上一笔交易还在节点中处理时，就发送了一笔新的交易，那么新的这笔交易就不能使用上一笔交易中所使用的 UTXO，不然的话会导致"双花"问题。即使会被节点程序拦截其中一笔交易，因为此时上一笔交易还没被确认，依然会引起这个问题。

提　示
"双花"问题，即双重支付问题，指的是在数字货币中，由于数据的可复制性，使得系统可能存在同一笔数字资产因不当操作而被重复使用的情况。

6.7　验签过程

本节中，我们来完整地回顾一下比特币技术如何基于 UTXO 这种模型使用交易数据进行验签。

在之前的以太坊技术一章中，我们学习了以太坊的验签技术，但比特币的验签技术与以太坊的验签技术并不相同，虽然使用的算法一样——都是椭圆曲线签名算法，但验签参数的携带方式却有天壤之别，这是因为不同的账户模型导致了这样的结果。

结合 6.4.2 小节中提到的 scriptPubKey 和 scriptSign 数据字段，比特币的验签流程是这样的：

（1）接收到了新交易，从新交易的数据中获取到 vin 结构中的 scriptSign、txId、n 参数。

（2）使用步骤（1）中获取的 txId、n 参数找出 txId 所对应的上一笔交易，设为交易 A，再根据 n 从这个交易 A 中的 vout 部分获取到对应下标的 scriptPubKey。

（3）获取步骤（2）中 scriptPubKey 数据。

（4）从 scriptPubKey 得出 pubkeyHash，即公钥哈希值。

（5）从 scriptSign 得出签名信息 signature。

（6）使用椭圆曲线签名算法，验签 signature 和 pubkeyHash，以达到校验交易的发送者有权花费作为 vin 的 UTXO。

以上便是比特币使用椭圆曲线签名算法验签时各个入参参数的提取方式，相比于以太坊直接从单个交易中获取参数的方式，比特币的方式存在着一个上下关联性，虽然有点绕，但也是一种匹配 UTXO 账户模型的操作方式。

6.8　比特币锁定脚本

比特币锁定脚本的本质功能就是在交易验证时和签名数据一起进行验签操作，进而判断出交易的发送者是否真的具备花费当前 UTXO 的权利。

不同种类的锁定脚本除了能够达到向不同类型的比特币钱包地址转账的效果之外，还能达到不同的验签方式，比如前文介绍的隔离见证地址的验签。

在 6.5.4.2 小节中所实现的发送交易函数中，我们使用了一行代码"txscript.PayToAddrScript"来构造输出中的锁定脚本，在这个函数里面包含了目前比特币公链系统中常用的 5 种锁定脚本类型，下面我们从源码分析的角度，学习了解这 5 种经典的锁定脚本。

PayToAddrScript 函数的代码位于文件"btc/txscript/standard.go"中，如图 6-46 所示。

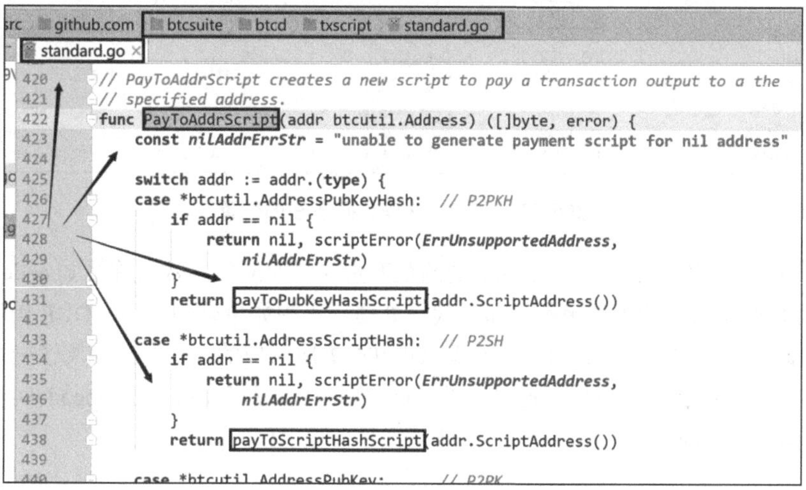

图 6-46　PayToAddrScript 函数的定义

在该函数内一共列出了下面 5 种锁定脚本类型，它们在函数中的业界简称术语如下：

（1）payToPubKeyHashScript，取 pay 首写字母 p、To 数字谐音 2、PubKeyHash 的首写字母，

得出业界术语的简称组合 P2PKH，下面的 4 种简称来源也是如此。

（2）payToPubKeyScript，业界术语简称 P2PK。

（3）payToScriptHashScript，业界术语简称 P2SH。

（4）payToWitnessPubKeyHashScript，业界术语简称 P2WPKH。

（5）payToWitnessScriptHashScript，业界术语简称 P2WSH。

下面我们来逐个了解这些解锁脚本的特点。

6.8.1 P2PKH

P2PKH 是最基本的解锁脚本，在 6.5.4.2 小节中所实现的发送转账交易函数中使用的就是这类解锁脚本，它的一般格式如下：

```
OP_DUP OP_HASH160 PubKeyHash OP_EQUALVERIFY OP_CHECKSIG
```

OP 开头的字符串，代表的是比特币虚拟机操作码，在 6.5.3 小节中已介绍了常用的操作码。如果想要了解一个操作码的背后到底做了什么，最好的方式是查看源码。下面我们来看看 OP_DUP 到底是不是像之前所描述的一样，复制了一份栈顶的数据然后压入到栈中。

在 GoLand 开发工具中进入到 Go 版本比特币源码 btcd 中的 opcode.go 文件，它所在的路径是 github.com\btcsuite\btcd\txscript\opcode.go，然后在该代码页面搜索关键词 OP_DUP，找到如图 6-47 所示的部分。

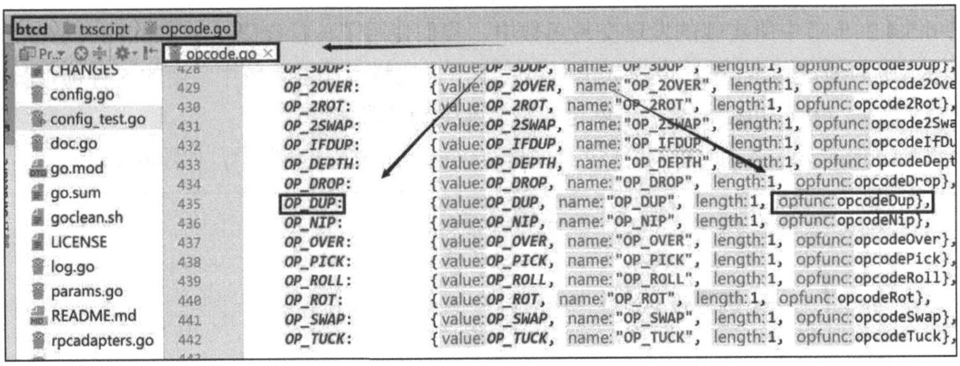

图 6-47 OP_DUP 操作码所在的位置

在图 6-47 中，可以看到有一个 opfunc 的函数变量，它对应的函数名称是 opcodeDup，这个就是 OP_DUP 操作码所对应的处理函数，即在代码处理过程中如果碰到了 OP_DUP 操作码，就执行这个函数。因此，我们要想明确地知道操作码 OP_DUP 所对应的操作，直接阅读函数 opcodeDup 的具体实现即可。此时我们可以按住键盘上的 Ctrl 键，再用鼠标左键单击 opcodeDup 即可跳转到该函数的定义处，如图 6-48 所示。

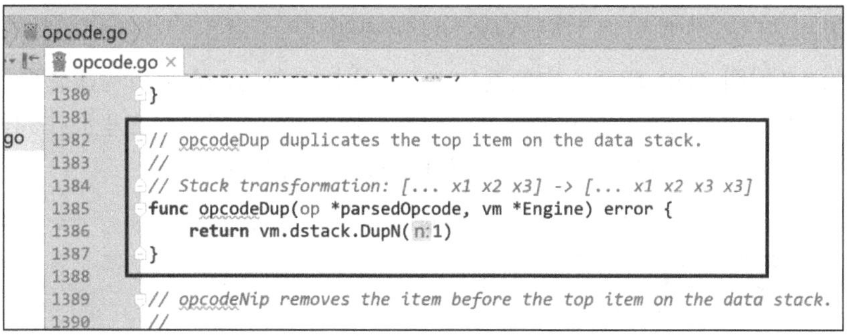

图 6-48　opcodeDup 函数的具体实现

可以看到函数 opcodeDup 的官方注释与示例内容：

```
    // opcodeDup duplicates the top item on the data stack.
// Stack transformation: [... x1 x2 x3] -> [... x1 x2 x3 x3]
```

它的意思是复制栈顶的数据再压入栈中。至此，我们就了解了操作码 OP_DUP 所对应的幕后操作。

除了 OP_DUP 操作码之外，如果我们要查看其他的操作码，比如 OP_HASH160，也可以使用上述同样的方式去查找。在这个过程中，我们会发现在源码中，几乎所有的操作码都有功能的注释说明以及示例，非常便于我们对操作码功能的学习。当然，如果要深入了解各个对应函数的实现细节，可以尝试进入函数去阅读其内部更深层次的源码。

OP_EQUALVERIFY 是 opcodequal 和 opcodeVerify 的组合，它的作用是删除栈顶的两项，并对它们进行比较，然后将比较得到的布尔值结果压回堆栈中，最后验证是否为 true，如果不是就返回错误。

PubKeyHash 是公钥哈希值，它可以从钱包的公钥推导出，按照示例中的代码生成之。

在锁定脚本的构建方面，我们可以按照脚本的操作码顺序，逐个拼接十六进制字符，因为每个操作码的本质其实就是某个数，比如 OP_DUP，在源码中对应的数是 118，用十六进制表示就是 0x76，如图 6-49 所示，操作码在 opcode.go 文件中。

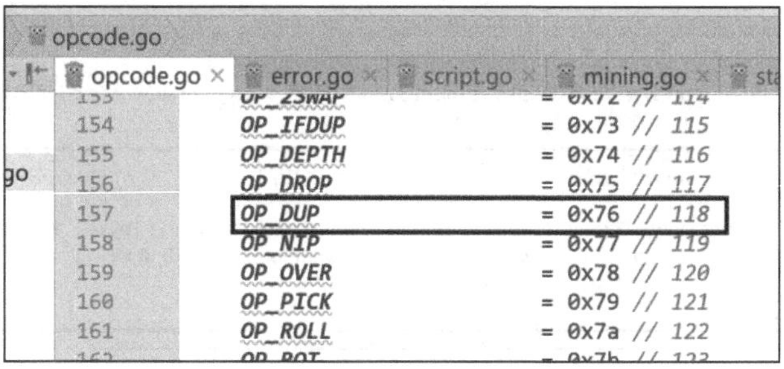

图 6-49　操作码的本质是一个数

当我们要在代码中使用这种锁定脚本来转账时，不建议在代码中使用手动拼接出锁定脚本的方式，而应该使用源码提供好的函数来达到这个目的。回到如图 6-43 所示 PayToAddrScript 函数所在源码的定义中，可以看到，P2PKH 的脚本生成所对应的函数是 payToPubKeyHashScript，该函数所在源码文件的路径为：

```
github.com\btcsuite\btcd\txscript\standard.go
```

该函数的定义如图 6-50 所示，它的具体实现是比较形象的，它应用构建者模式，调用多个 AppOp (add opcode)函数完成脚本的构建，从中也能直接看到每个操作码在里面作为传参使用，并直接提取出这些操作码组合出文本，得到的刚好就是锁定脚本的格式：

```
OP_DUP OP_HASH160 PubKeyHash OP_EQUALVERIFY OP_CHECKSIG
```

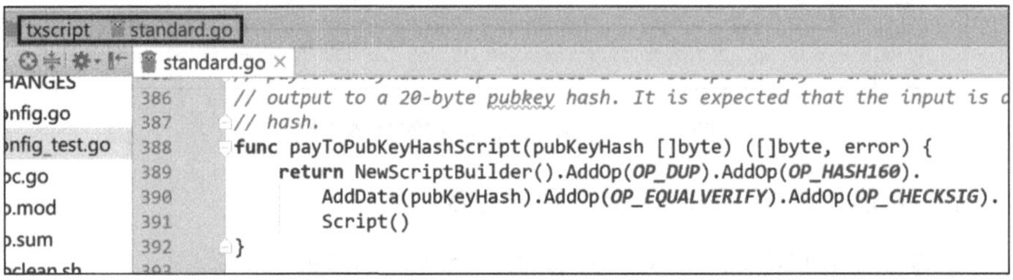

图 6-50　构建 P2PKH 锁定脚本的源码

这意味着，我们能够直接通过锁定脚本的源码构建函数看出它的格式。

最终，该类锁定脚本的 PubKeyHash 数据段在验签阶段就会和交易输入中的 sigScript 在虚拟机中一起执行。

6.8.2　P2PK

在 6.8.1 小节的基础上，再来理解第二种锁定脚本 P2PK 就简单得多了。现在我们可以直接从该脚本的源码构建函数中得出其格式：

```
PubKey OP_CHECKSIG
```

构建函数是 payToPubKeyScript，源码文件的路径依然是：

```
github.com\btcsuite\btcd\txscript\standard.go
```

它的具体实现如图 6-51 所示。

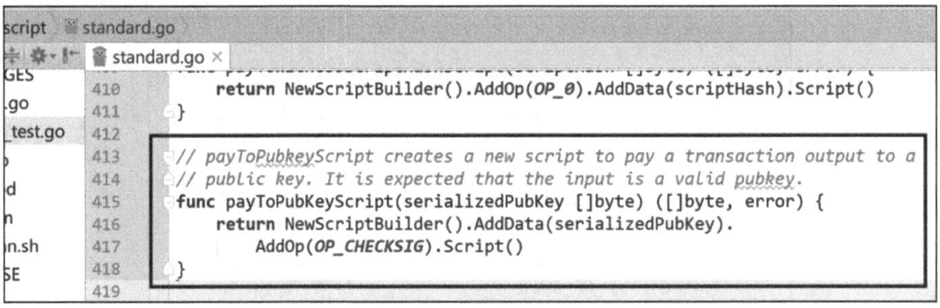

图 6-51　构建 P2PK 锁定脚本的源码

因为这类脚本中直接使用了公钥数据，而不是公钥哈希值，所以它不像 P2PKH 一样需要过多的前置操作，直接就可以提取出公钥数据，然后和 sigScript 数据进行验签。

6.8.3　P2SH

第三类 P2SH 脚本类型几乎只用于发送交易给多签钱包地址，它用到了多签地址中的 redeemScript 字段，关于多签地址与 redeemScript 的介绍见 6.4.3.2 小节。

P2SH 全称是"Pay To Script Hash"，即支付给脚本哈希，它的格式是：

```
OP_HASH160 scriptHash OP_EQUAL
```

同 6.8.1 和 6.8.2 小节一样，我们可以在源码中直接看到它的具体实现，对应的构建函数是 payToScriptHashScript，源码文件所处的路径依然是：

```
github.com\btcsuite\btcd\txscript\standard.go
```

具体代码如图 6-52 所示。

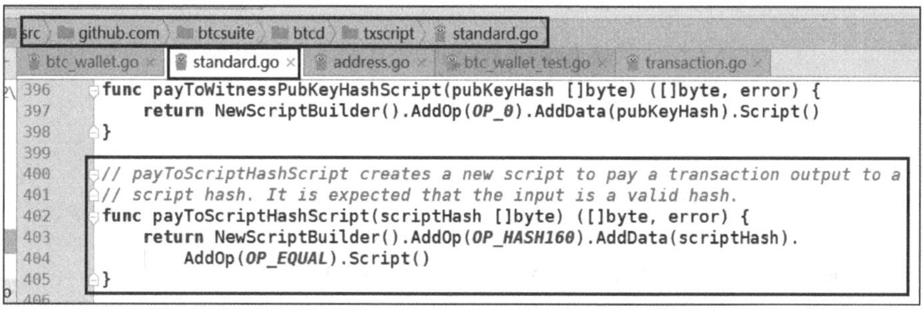

图 6-52　构建 P2SH 锁定脚本的源码

这里需要理解一个新的操作码 OP_EQUAL，它的功能是把栈顶的两个数据项提取出来，然后进行比较，最后把比较的布尔值结果压入栈中。如果要查看它的具体实现，可以参考 6.8.1 小节中介绍的查看 OP_DUP 操作码的方法。

scriptHash 代表的是多签地址中 redeemScript 字段的前 20 个字节所组成的十六进制哈希数据。即 scriptHash ＝ hash(20 of redeemScript's byte)。

一定要记住，这类锁定脚本只有在发送交易给多签钱包地址的时候才使用，一般的发送交易给普通的钱包地址，使用 P2PKH 或 P2PK 即可。

6.8.4　P2WPKH 与 P2WSH

P2WPKH 和 P2WSH 都是被应用于发送隔离见证交易的锁定脚本，不同的是，P2WPKH 是发送给非多签地址的，可以留意到 P2WPKH 比 P2PKH 多了一个 W，其含义就是 Witness，即见证人。同样地，P2WSH 去掉了 W 就是 P2SH，即它用于给多签地址发送隔离见证交易。关于"隔离见证"的介绍，请见 6.4.3.3 小节。

在脚本格式方面，P2WPKH 和 P2WSH 都是以操作码 OP_0 开头，不同的是第二个字段参数，前者是 pubKeyHash，后者是 scriptHash，对应的构建函数分别是 payToWitnessPubKeyHashScript 和 payToWitnessScriptHashScript，源码文件所处的路径依然是：

```
github.com\btcsuite\btcd\txscript\standard.go
```

它们的具体实现如图 6-53 所示。

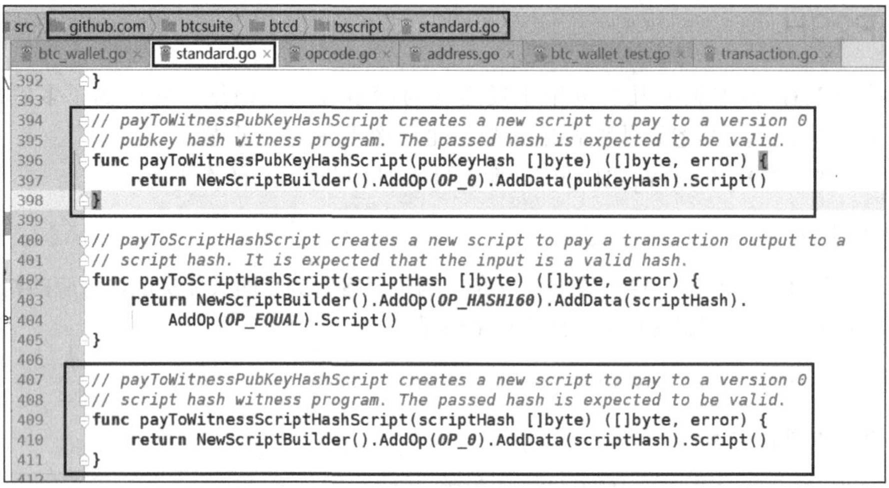

图 6-53　构建 P2WPKH 与 P2WSH 锁定脚本的源码

脚本格式如下：

```
OP_0 pubKeyHash
OP_0 scriptHash
```

它的应用场景就是发送隔离见证类交易给一般钱包地址或多签钱包地址。

6.9　小　结

本章提取了当前比特币公链技术中最为核心的几个部分，并结合源码、自编码与图片的方式，进行了拆分式的讲解。内容包含但不限于比特币挖矿共识的本质原理，各地址种类及其生成方式与特点，虚拟机与操作码，交易验签原理和穿梭于整个比特币交易结构的锁定脚本。如果读者是按照书本顺序阅读学习的话，那么可以尝试把以太坊公链和比特币公链的一些同类技术模块进行对比，比如地址模块或交易验签模块。

在一般的基于比特币公链的应用开发中，掌握该章的知识点就已足够了，这也是比特币必备的基础技术知识。

第7章

基于比特币公链的 DApp 案例

本章将结合第 6 章的比特币基础内容和比特币节点所提供的 RPC 接口来进行实际开发两个全面的链上 DApp 项目。

7.1　搭建比特币私有链

因为比特币不像以太坊那样，拥有较多的支持返回原生接口数据格式的第三方节点平台，大部分的比特币第三方节点平台提供的接口所返回的数据格式都是经过二次结构化的，这是什么意思呢？意思就是数据的返回格式已经不是官方原始文档或源码中所展示的格式，而是有了第三方平台自己所做的改变在里面。这一现象，导致了对比特币技术开始的学习并不是很友好，所以在使用比特币节点接口上，我们采用了搭建私有节点的方式，这种方式的节点资源成本最低，同时也保证了数据结构的原始性。同时，也能更好地通过命令行的形式对比特币公链程序进行一定程度的操作。

7.1.1　下载节点源码

要搭建一条比特币私链，即运行比特币节点程序，只需要直接从比特币开源项目中下载已经被编译好的可执行文件即可。当然，也可以选择下载比特币源码来自己进行编译，但是不建议初学阶段使用这种方法，因为其编译过程所依赖的库环境很复杂。当然，在掌握了基础知识后，如果要深入研究比特币源码，下载源码并编译比特币程序的步骤是必不可少的。

因为笔者当前所使用的计算机操作系统是 Windows，所以这里直接给出 Windows 系统下的比特币二进制文件的下载链接：https://bitcoincore.org/bin/bitcoin-core-0.19.1/，下面的操作介绍也将基于 Windows 版本进行。

打开链接后，可以看到如图 7-1 所示的所有可执行文件的下载列表界面，也可以看到，当前的版本是 Bitcoin Core 0.19.1。我们要选择下载的文件是 bitcoin-0.19.1-win64-setup.exe。

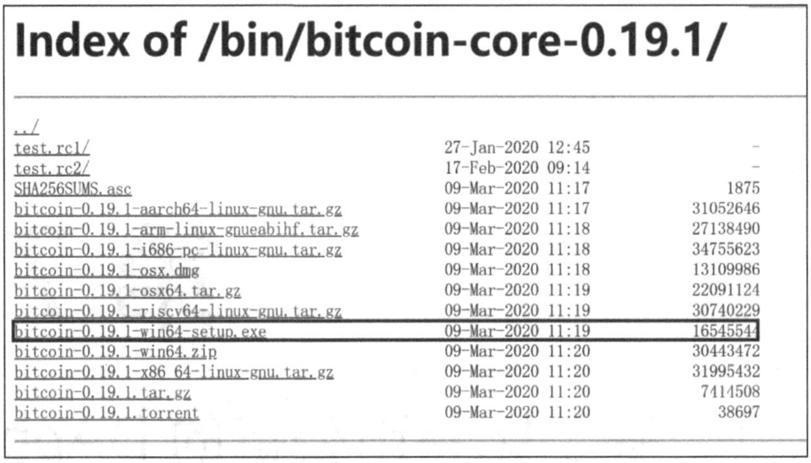

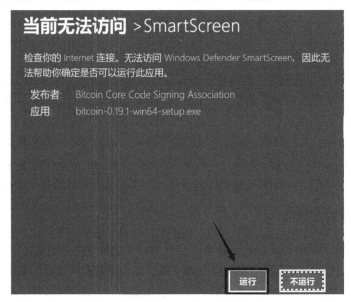

Index of /bin/bitcoin-core-0.19.1/

```
../
test.rc1/                                   27-Jan-2020 12:45        -
test.rc2/                                   17-Feb-2020 09:14        -
SHA256SUMS.asc                              09-Mar-2020 11:17     1875
bitcoin-0.19.1-aarch64-linux-gnu.tar.gz     09-Mar-2020 11:17 31052646
bitcoin-0.19.1-arm-linux-gnueabihf.tar.gz   09-Mar-2020 11:18 27138490
bitcoin-0.19.1-i686-pc-linux-gnu.tar.gz     09-Mar-2020 11:18 34755623
bitcoin-0.19.1-osx.dmg                      09-Mar-2020 11:19 13109986
bitcoin-0.19.1-osx64.tar.gz                 09-Mar-2020 11:19 22091124
bitcoin-0.19.1-riscv64-linux-gnu.tar.gz     09-Mar-2020 11:19 30740229
bitcoin-0.19.1-win64-setup.exe              09-Mar-2020 11:19 16545544
bitcoin-0.19.1-win64.zip                    09-Mar-2020 11:20 30443472
bitcoin-0.19.1-x86_64-linux-gnu.tar.gz      09-Mar-2020 11:20 31995432
bitcoin-0.19.1.tar.gz                       09-Mar-2020 11:20  7414508
bitcoin-0.19.1.torrent                      09-Mar-2020 11:20    38697
```

图 7-1　bitcoin 可执行文件的下载列表

其他系统及源码的下载可以到以下链接页面下载对应的版本：

https://github.com/bitcoin/bitcoin/releases。

下载好之后，进入到安装程序"bitcoin-0.19.1-win64-setup.exe"的所在页面，鼠标双击后，如果看到如图 7-2 所示的"无法访问>SmartScreen"的提示，直接使用鼠标单击"运行"按钮即可。

图 7-2　"无法访问>SmartScreen"的提示

接下来根据界面的提示单击 Next 按钮，直至看到如图 7-3 所示的 Choose Install Location 页面。在 Destination Folder（安装目标目录）中，要慎重选择好一个空间比较大的磁盘来安装比特币程序。

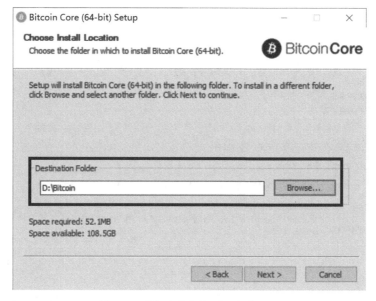

图 7-3　选择安装比特币程序的目录

选择好安装目录后，直接单击 Next 按钮，进入下一步，在下一步的界面中单击 Install 按钮即可开始安装。待所有文件下载并安装完成后，继续单击界面中的 Next 按钮，直到出现如图 7-4 所示的界面。勾选 Run Bitcoin Core（64-bit）复选框，最后单击 Finish 按钮就能完成整个比特币程序的安装并启动它。

图 7-4　比特币程序安装完成

在首次安装完成并启动比特币程序时，会出现让用户选择比特币公链区块数据的存储目录，即出现如图 7-5 所示的界面。在这一步中，因为我们的目的不是要连接到比特币公链主网，所以直接单击 Cancel 按钮退出。

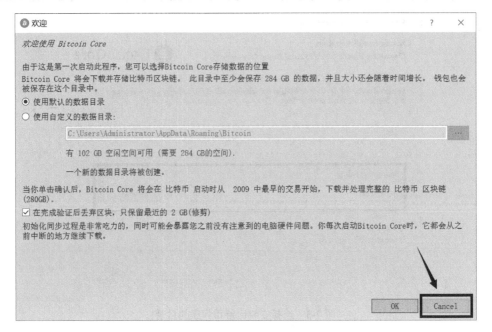

图 7-5 要求用户选择比特币公链区块数据的存储目录

如果选择要下载主网区块数据，那么需要注意下面的两点：

（1）现在比特币主网的区块数量已经很大，全区块累计的数据体积非常庞大，需要磁盘有足够的空余空间。

（2）同步比特币主网区块数据的过程将会很漫长，且整个过程需要让程序一直保持在运行状态，网络也不能中断。

7.1.2 目录结构

在退出了"要求用户选择主网数据存储目录"的界面后，我们需要进入到比特币程序的安装目录，比如笔者的安装目录是"D:\Bitcoin-core"，即 D 盘的 Bitcoin-core 目录，这里的目录等同于我们在图 7-3 中选择的安装目录。

进入到安装目录，可以看到如图 7-6 所示的文件列表界面。

名称	修改日期	类型	大小
daemon	2020/4/5 16:49	文件夹	
doc	2019/11/16 11:13	文件夹	
bitcoin-qt.exe	2019/8/3 4:32	应用程序	32,694 KB
COPYING.txt	2019/8/3 4:32	TXT 文件	2 KB
readme.txt	2019/8/3 4:32	TXT 文件	1 KB
uninstall.exe	2019/11/16 11:13	应用程序	145 KB

图 7-6 Bitcoin 的文件列表

其中，daemon 目录是所有比特币的可执行程序所在的目录，其中包含 bitcoin-cli.exe 控制台程序、bitcoind.exe 节点程序以及 bitcoin-wallet.exe 钱包程序等。

doc 是文档所在的目录，单击进去可以看到很多以 markdown 语法编写的英文文档。

bitcoin-qt.exe 是客户端窗口程序，如果我们要启动比特币程序用户交互窗口，那么直接单击它即可。

uninstall.exe 是卸载程序。

7.1.3　配置文件

在命令行控制台启动比特币的可执行程序，需要在运行程序的时候输入一些参数或通过引入配置文件。下面我们来认识一下比特币程序的配置文件。

通过链接 https://github.com/bitcoin/bitcoin/blob/master/doc/bitcoin-conf.md 可以看到关于配置文件的简介，同时也告知了我们如果按照常规的安装流程进行到最后，那么基于不同操作系统的计算机，比特币的配置文件的后缀以及配置文件默认的存放目录是不一样的，如图 7-7 所示。

Default configuration file locations

Operating System	Data Directory	Example Path
Windows	%APPDATA%\Bitcoin\	C:\Users\username\AppData\Roaming\Bitcoin\bitcoin.conf
Linux	$HOME/.bitcoin/	/home/username/.bitcoin/bitcoin.conf
macOS	$HOME/Library/Application Support/Bitcoin/	/Users/username/Library/Application Support/Bitcoin/bitcoin.conf

图 7-7　比特币默认的配置文件存放目录

由于在 7.1.1 小节最后的部分，我们并没有按照安装提示走完整个安装的过程，如果我们按照图 7-6 所提示的目录去查看比特币的配置文件，是找不到的。

下面我们通过官方的配置文件示例来学习比特币的配置文件，官方配置示例文件的链接：

https://github.com/bitcoin/bitcoin/blob/master/share/examples/bitcoin.conf

打开上面的链接后，在网页上可以看到完整的 bitcoin.conf 配置文件的内容，在该配置文件中，以"#"号开头的行代表的是注释。下面通过中文注释的内容来认识一下常用的比特币设置项。

```
#testnet=0 # 如果设置为1，那么节点的网络类型是测试网络

#regtest=0 # 如果设置为1，那么节点的网络类型是私有网络

#proxy=127.0.0.1:9050  # 如果机器使用了代理，那么使用这个选项配置代理的信息

#bind=<addr> # 绑定到指定的地址，并一直监听它，使用 host:port 格式

#whitebind=<addr> # 绑定到指定的地址，并一直监听它，同时将它列入白名单列表。使用
host:port 格式

#############################################################
##            addnode 与 connect 的区别
```

```
##    假设使用了 addnode=4.2.2.4 参数，那么 addnode 便会与
##    你的节点连接，并且告知你的节点所有与它相连接的其他节点。
##    另外，它还会将你的节点信息告知与其相连接的其他节点，这样
##    这些也可以连接到你的节点。
##
##    connect 在你的节点"连接"到某节点的时候并不会做上述的信息告知工作。它仅
##    会与你连接，而其他节点不会。
##    因此如果你位于防火墙后，或者因为其他原因无法找到节点，那么
##    使用 addnode 添加一些节点。
##
##    如果你想保证隐私，使用 connect 连接到那些你可以"信任"的节点。
##    如果你在一个局域网内运行了多个节点，则不需要为它们建立许多连接。
##    只需要使用 connect 让它们统一连接到一个端口转发并拥有多个连接
##    的节点。
##################################################################

# 在下面使用多个 addnode= 设置连接到指定的、同网络类型的比特币节点，实现 p2p 通信。共享节
点信息
#addnode=69.164.218.197
#addnode=10.0.0.2:8333

# 或使用多个 connect= 设置仅连接到指定的节点，且不共享节点信息
#connect=69.164.218.197
#connect=10.0.0.1:8333

#listen=1    # 是否启用监听模式，如果没有设置 proxy 或 connect，则默认为 1

#port=       # 监听指定的端口以便用来进行节点连接

#maxconnections= # 外部连接与内部连接加起来允许的最多连接数目

# 下面是 JSON-RPC 配置项

#server=0   # 是否开启接收 RPC 请求，1 代表是，0 为否

#rpcbind=<addr>  # 绑定指定地址以监听 JSON-RPC 连接。除非选项为-rpcallowip，否则将忽
略此选项。端口是可选项，并覆盖-rpcport，IPv6 使用[host]:port 来表示，可以多次指定此选项。（默
认值：127.0.0.1 和::1，即 localhost。如果指定了 -rpcallowip，则为 0.0.0.0 和::。即所有地
址）

# 下面是 RPC 连接时需要验证的信息
#rpcuser=alice   # RPC 连接的账号
#rpcpassword=rpcpassword+ # RPC 连接的密码

#rpcclienttimeout=30 # 连接的超时秒数
#rpcallowip 允许来自指定源的 JSON-RPC 请求。对<ip>有效的是单个 IP（例如 1.2.3.4）、网络/
```

网络掩码（例如 1.2.3.4/255.255.255.0）或网络/CIDR（例如 1.2.3.4/24），可以多次指定此选项。

```
#rpcallowip=10.1.1.34/255.255.255.0
#rpcallowip=1.2.3.4/24
#rpcallowip=2001:db8:85a3:0:0:8a2e:370:7334/96

#rpcport=8332 # 指定 RPC 服务要监听的端口，当设置了 rpcbind，那么以 rpcbind 的设置为主

#rpcconnect=127.0.0.1

# 下面是比特币钱包客户端的配置选项

#wallet=</path/to/dir> # 指定当前客户端生成的钱包数据所要保存到的目录

#txconfirmtarget=n       # 交易的目标区块最小确认数，默认值：6

#paytxfee=0.000x     # 每次发送比特币交易的燃料费是多少，如果不指定，那么就会采用默认值

#keypool=100         # 密钥池的大小

# 通过启用修剪（删除）旧区块来降低存储需求。这允许调用 pruneblockchain RPC 来删除特定的
区块，如果提供的 MiB 中的目标太小，则允许对旧缺口进行自动修剪。此模式与-txindex 和-rescan 不
兼容。警告：恢复此设置需要重新下载整个区块链。（默认值：0=禁用修剪区块，1=允许通过 RPC 手动修
剪，>550 = 自动修剪区块文件以保持在 MiB 中指定的目标大小）

#prune=550 # 剪枝留存数量，超过此数量的历史区块将从内存中删除

#min=1       # 启用或禁用最小化比特币客户端，1 为启用，0 为关闭

#minimizetotray=1 # 启用或禁用最小化系统托盘，1 为启用，0 为关闭

# 下面使用 [ ] 来对特定的节点网络类型设置对应的配置项，在它内部所设置的配置项只会对当前网络
类型生效

[main]

[test]

[regtest]
```

7.1.4　启动比特币节点

在认识了比特币配置文件中的配置项后，接下来就进入到启动私有网络节点的环节。在启动
私有网络节点时，不需要使用那么多配置项，只需要用到其中的一部分即可。

回到 7.1.2 小节的 daemon 目录，进入这个目录，可以看到有如图 7-8 所示的可执行文件列表。

图 7-8　daemon 可执行文件目录

其中，每个文件的功能说明如下：

- bitcoin-cli 是比特币控制台客户端，使用的时候可以指定连接到某个比特币节点，然后对控制节点执行一些操作。
- bitcoind 是比特币的节点程序，像出块、挖矿、打包交易等都在该文件中进行。
- bitcoin-tx 是比特币的交易处理工具程序，具有创建一笔交易或更新一笔交易数据的功能，当我们不通过钱包客户端来创建交易时，就可以使用这个工具来创建交易的十六进制数据。
- bitcoin-wallet 是比特币的钱包客户端程序，主要负责钱包的功能，比如创建钱包、导入导出私钥等。

启动比特币节点程序需要执行 bitcoind 程序，如果直接使用鼠标双击这个程序，它也能运行，但是会使用默认数据目录中已经配置好的文件来启动，而无法以自定义控制的方式来运行。

建议以命令行方式来运行这个程序。如图 7-9 所示，在当前目录的路径输入框中输入 cmd，然后按 Enter 键（回车键），于是会启动 Windows 系统自带的 cmd 终端（即命令行运行窗口）。

图 7-9　启动 cmd 终端

接着在启动的 cmd 命令行控制台内，输入命令"bitcoind.exe --help"来查看 bitcoind 程序的设置项，其中"bitcoind.exe"与"--help"中间有一个空格，通过"--help"命令参数可以查看程序启动配置项基础操作的说明。通过 cmd 命令行窗口来启动程序，就可以使用"--help"参数来查看这个程序启动时可以配置什么参数。当然，如果程序开发时没有支持"--help"命令，就无法查看了。

通过"--help"参数可以看到 bitcoind 程序支持很多启动参数，而且每个参数项都有详细的解释说明，如图 7-10 所示。

```
D:\Bitcoin-core\daemon>bitcoind.exe --help
Bitcoin Core Daemon version v0.18.1

Usage:  bitcoind [options]                    Start Bitcoin Core Daemon

Options:

  -?
       Print this help message and exit

  -alertnotify=<cmd>
       Execute command when a relevant alert is received or we see a really
       long fork (%s in cmd is replaced by message)

  -assumevalid=<hex>
       If this block is in the chain assume that it and its ancestors are valid
       and potentially skip their script verification (0 to verify all,
       default:
       0000000000000000000000f1c54590ee18d15ec70e68c8cd4cfbadb1b4f11697eee,
       testnet:
       0000000000000037a8cd3e06cd5edbfe9dd1dbcc5dacab279376ef7cfc2b4c75)

  -blocknotify=<cmd>
       Execute command when the best block changes (%s in cmd is replaced by
       block hash)

  -blockreconstructionextratxn=<n>
       Extra transactions to keep in memory for compact block reconstructions
       (default: 100)

  -blocksdir=<dir>
       Specify blocks directory (default: <datadir>/blocks)

  -blocksonly
       Whether to reject transactions from network peers. Transactions from the
       wallet or RPC are not affected.  (default: 0)

  -conf=<file>
       Specify configuration file. Relative paths will be prefixed by datadir
       location. (default: bitcoin.conf)

  -datadir=<dir>
       Specify data directory
```

图 7-10　bitcoind 程序的启动参数项

在众多的参数项中，我们只需要关注两项：-conf 与-datadir，其中-conf 用于指定 bitcoin.conf 配置文件的路径，而-datadir 用于指定区块数据放置的目录。要留意的是，如果-conf 指的是相对路径，那么这个相对路径的文件必须位于-datadir 目录中。

接下来在 daemon 目录下创建一个名称为 data 的文件夹，用来存储私链的区块数据与启动配置文件，同时进入到该文件内创建一个 bitcoin.conf 文件，如图 7-11 所示。

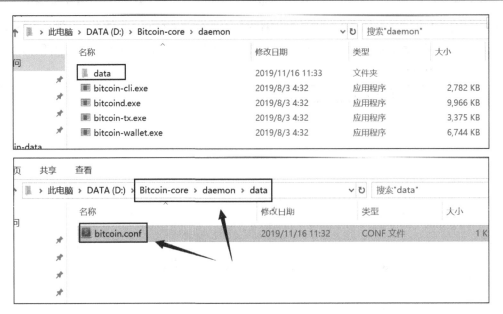

图 7-11　创建节点数据目录

然后打开 bitcoin.conf 文件（使用 Windows 自带的"记事本"来编辑也可以），输入下面的内容，保存后退出：

```
# 启动接收 RPC 请求
server=1

# 当前的节点网络是私有链
regtest=1

[regtest]
# 指定 RPC 连接的用户名
rpcuser=mybtc

# 指定 RPC 连接的密码
rpcpassword=mypassword

# 允许所有 IP 连接 RPC 服务
rpcallowip=::/0

# RPC 服务监听在 8332 端口
rpcport=8332
```

此时回到我们打开的 cmd 终端中，输入下面的命令启动 bitcoind 节点程序。

```
bitcoind.exe -datadir=D:\Bitcoin-core\daemon\data -conf=bitcoin.conf
```

需要注意的是，在上面的启动命令中，datadir 指定的是绝对路径。输入命令后按回车键，可以看到终端控制台输出了很多执行日志，并能看到很多的节点模块成功启动了，如图 7-12 所示。

图 7-12　节点成功启动的日志

我们回到 daemon 的 data 文件夹中看看，可以发现多出了一个名为 regtest 的文件夹，它的内部有如图 7-13 的一些文件夹。

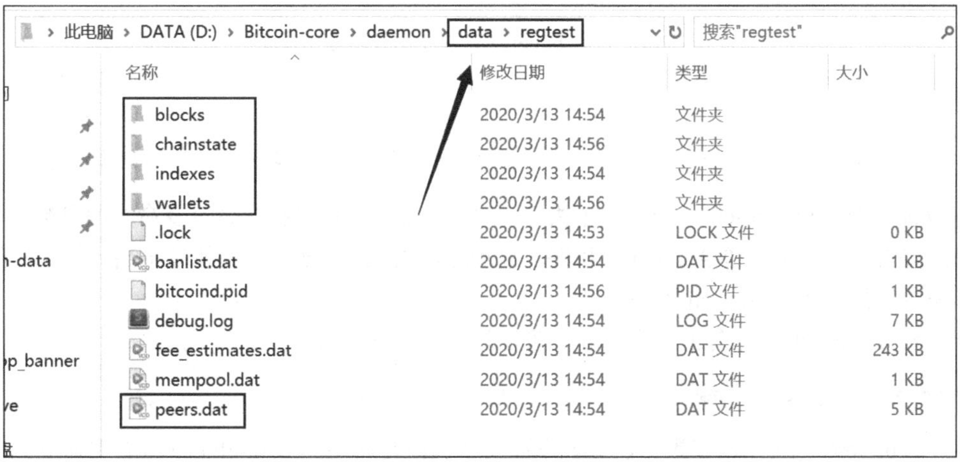

图 7-13　节点数据目录的文件列表

其中，blocks 文件夹存放的是区块数据，chainstate 存放的是链状态相关的数据，而 indexes 存放的交易数据，最后的 wallets 存放的是在当前节点解锁过的钱包数据，而 peers.dat 记录的是 P2P 通信时的节点数据。

7.1.5　启动终端控制程序

比特币终端控制程序的名称为 bitcoin-cli，它的主要作用是连接到 bitcoind 程序，然后发送命令来达到控制或访问数据的目的，比如获取区块信息或获取交易的信息等。

首先我们模仿在 cmd 命令行启动 bitcoind 节点程序，在 daemon 目录里启动一个 cmd 命令行控制台（也称为命令行终端窗口），然后使用 "--help" 参数来运行 bitcoin-cli 程序，看看它会输出什么内容。

```
bitcoin-cli.exe --help
```

运行结果如图 7-14 所示，我们可以看到类似于 bitcoind 程序的参数项：-conf 与-datadir。因此当我们启动 bitcoin-cli 程序时，可以参照启动 bitcoind 程序时所使用的输入各项参数。

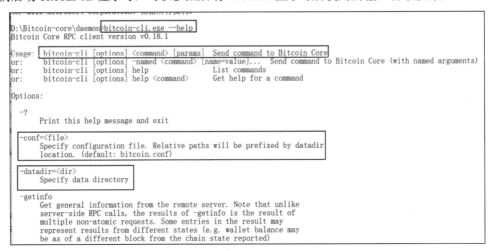

图 7-14　查看 bitcoin-cli 程序的各项启动参数

注意 Usage 行的说明：

```
bitcoin-cli [options] <command> [params] Send command to Bitcoin Core
```

这段说明表示 bitcoin-cli 是一个命令执行程序，它运行时可以指定命令及命令的参数，并会把输入的内容当作是命令发送给 bitcoind 程序，最后显示由 bitcoind 返回的执行结果。每一次的命令发送都需要执行一次 bitcoin-cli 程序。

要查看 bitcoin-cli 能执行的命令列表，可以执行以下终端命令：

```
bitcoin-cli [options] help
```

其中，options 就是启动参数项，比如下面的示例就是启动 bitcoin-cli.exe 来查看命令列表：

```
bitcoin-cli.exe -datadir=D:\Bitcoin-core\daemon\data -conf=bitcoin.conf help
```

执行上述命令行的时候，要保证 bitcoind 程序处于正常运行状态，否则会在控制台出现无法连接的错误信息，比如下面的信息：

```
error: Could not connect to the server 127.0.0.1:8332 (error code 1 - "EOF
reached")
Make sure the bitcoind server is running and that you are connecting to the
correct RPC port.
```

正常运行 bitcoin-cli.exe 的 help 命令后，可以看到如图 7-15 所示的 bitcoin-cli.exe 完整可用的

命令列表及其参数。

```
D:\Bitcoin-core\daemon>bitcoin-cli.exe -datadir=D:\Bitcoin-core\daemon\data -conf=bitcoin.conf help
== Blockchain ==
getbestblockhash
getblock "blockhash" ( verbosity )
getblockchaininfo
getblockcount
getblockhash height
getblockheader "blockhash" ( verbose )
getblockstats hash_or_height ( stats )
getchaintips
getchaintxstats ( nblocks "blockhash" )
getdifficulty
getmempoolancestors "txid" ( verbose )
getmempooldescendants "txid" ( verbose )
getmempoolentry "txid"
getmempoolinfo
getrawmempool ( verbose )
gettxout "txid" n ( include_mempool )
gettxoutproof ["txid",...] ( "blockhash" )
gettxoutsetinfo
preciousblock "blockhash"
pruneblockchain height
savemempool
scantxoutset "action" [scanobjects,...]
verifychain ( checklevel nblocks )
verifytxoutproof "proof"

== Control ==
getmemoryinfo ( "mode" )
getrpcinfo
help ( "command" )
logging ( ["include_category",...] ["exclude_category",...] )
stop
uptime

== Generating ==
generate nblocks ( maxtries )
generatetoaddress nblocks "address" ( maxtries )

== Mining ==
getblocktemplate "template_request"
getmininginfo
getnetworkhashps ( nblocks height )
prioritisetransaction "txid" ( dummy ) fee_delta
submitblock "hexdata" ( "dummy" )
submitheader "hexdata"

== Network ==
addnode "node" "command"
clearbanned
disconnectnode ( "address" nodeid )
getaddednodeinfo ( "node" )
getconnectioncount
getnettotals
```

图 7-15　查看 bitcoin-cli.exe 完整可用的命令列表

7.1.6　创建比特币钱包

与我们在第 6 章中介绍的使用代码方式创建比特币钱包不同，此处使用比特币程序集合中的 bitcoin-cli 终端控制程序来创建钱包。

在 7.1.5 小节中，在 bitcoin-cli.exe 的完整可用命令列表的钱包 wallet 部分可以看到一个名为 getnewaddress 的命令，它的实际名称是 "get new address"，含义是创建一个新比特币地址，功能其实就是创建比特币钱包。

下面我们在 bitcoin-cli.exe 中运行 getnewaddress 命令。

首先通过 "help <command>" 来查看一下运行 getnewaddress 命令需要什么参数，以及这些参数的含义。在 cmd 命令行控制台输入如下的 bitcoin-cli 命令：

```
bitcoin-cli.exe -datadir=D:\Bitcoin-core\daemon\data -conf=bitcoin.conf help
getnewaddress
```

得到如图 7-16 所示的内容，其中的 Arguments 部分代表的就是参数的名称及其含义，address_type 代表的是地址的类型，它支持 bech32 及隔离见证类的 p2sh-segwit 类地址。这条命令返回的结果是钱包的地址 address，同时附带了运行 getnewaddress 完整命令的示例说明。

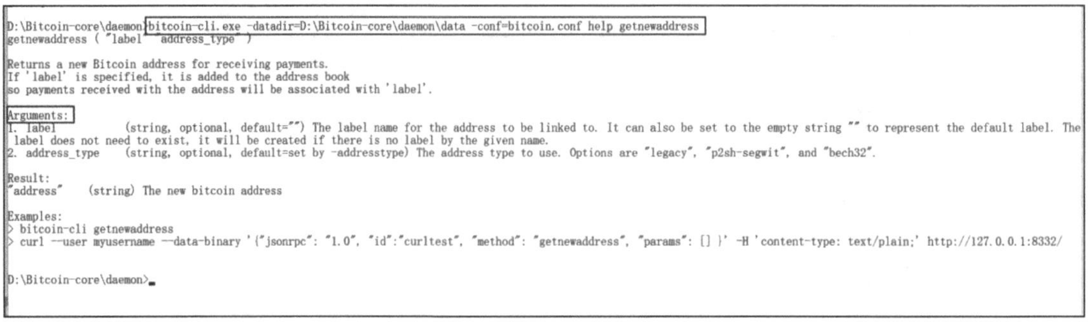

```
D:\Bitcoin-core\daemon>bitcoin-cli.exe -datadir=D:\Bitcoin-core\daemon\data -conf=bitcoin.conf help getnewaddress
getnewaddress ( "label" "address_type" )

Returns a new Bitcoin address for receiving payments.
If 'label' is specified, it is added to the address book
so payments received with the address will be associated with 'label'.

Arguments:
1. label          (string, optional, default="") The label name for the address to be linked to. It can also be set to the empty string "" to represent the default label. The
   label does not need to exist, it will be created if there is no label by the given name.
2. address_type   (string, optional, default=set by -addresstype) The address type to use. Options are "legacy", "p2sh-segwit", and "bech32".

Result:
"address"         (string) The new bitcoin address

Examples:
> bitcoin-cli getnewaddress
> curl --user myusername --data-binary '{"jsonrpc": "1.0", "id":"curltest", "method": "getnewaddress", "params": [] }' -H 'content-type: text/plain;' http://127.0.0.1:8332/

D:\Bitcoin-core\daemon>
```

图 7-16　使用 bitcoin-cli 查看命令的使用说明

接下来我们直接使用下面的命令生成一个普通的比特币钱包。

```
bitcoin-cli.exe -datadir=D:\Bitcoin-core\daemon\data -conf=bitcoin.conf
getnewaddress
```

运行命令后，控制台输出了地址结果，可以发现地址的开头总是以 2 开头，比如：

```
2Mz1dN58MAxumVJBAcN53Hyr6VWSuWhsUAe
```

这里对应了在 6.4.3.1 小节谈到的不同网络类型地址的开头，现在所运行的网络环境是 regtest 私人测试网，根据 getnewaddress 命令的参数提示，它是 p2sh-segwit 类型的地址，因此地址的开头是 2。

此外，凡是在终端直接输入命令生产的钱包都是默认已解锁了的。

7.1.7　导出或导入钱包私钥

在 7.1.6 小节中，创建好钱包后，在命令行控制台看到的只是钱包的地址数据，却没有私钥数据，那么怎样导出私钥呢？

导出私钥的方法也是执行 bitcoin-cli 程序来运行导出私钥的命令，使用 help 参数查看命令列表时，可以看到一个名为 dumpprivkey 的命令，它接收的参数是 address 地址，可以执行下面的 bitcoin-cli 命令来导出私钥。

```
bitcoin-cli.exe -datadir=D:\Bitcoin-core\daemon\data -conf=bitcoin.conf
dumpprivkey
    2Mz1dN58MAxumVJBAcN53Hyr6VWSuWhsUAe
```

注意，最后的那个参数就是我们要导出私钥信息所对应的比特币地址。执行命令后，可以在命令行控制台中看到对应的私钥数据，如图 7-17 所示。

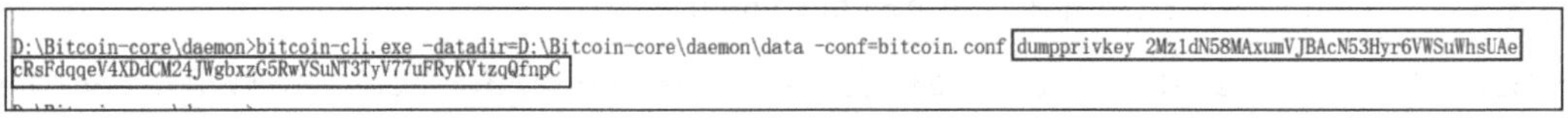

```
D:\Bitcoin-core\daemon>bitcoin-cli.exe -datadir=D:\Bitcoin-core\daemon\data -conf=bitcoin.conf dumpprivkey 2Mz1dN58MAxumVJBAcN53Hyr6VWSuWhsUAe
cRsFdqqeV4XDdCM24JWgbxzG5RwYSuNT3TyV77uFRyKYtzqQfnpC
```

图 7-17　执行 bitcoin-cli 程序和相关命令导出地址对应的私钥

即：2Mz1dN58MAxumVJBAcN53Hyr6VWSuWhsUAe

地址对应的私钥数据为：cRsFdqqeV4XDdCM24JWgbxzG5RwYSuNT3TyV77uFRyKYtzqQfnpC。
就是经过 Base58 编码后的结果。如果要导入私钥，则可使用 importprivkey 命令。

7.1.8　主网的挖矿操作

在前面的小节中，我们启动了比特币的节点程序 bitcoind 并执行了一些与节点交互的操作，但
还没开始挖矿。挖矿可以说是区块链中最具有价值的操作，因为只有进行了挖矿，节点才能产生区
块，区块才能打包交易，矿工也因此才能获取收益。

如果我们使用 bitcoind 节点程序启动的是主网类型的节点，那么是不能直接通过它来执行挖矿
操作的，也就是说在主网情况下，不能直接通过 bitcoind 节点程序来挖矿。这一点和以太坊是不同
的，因为以太坊可以在启动节点程序后，给节点程序发送指令来让它进行挖矿，而比特币节点程序
却不可以。

在早期的 bitcoind 程序中，是可以在主网执行挖矿操作的，但是因为之后参与进来挖矿的节点
越来越多，"比特币核心"开发团队便把主网挖矿操作从 bitcoind 节点程序中移除了，那么应该怎
样参与到主网挖矿呢？比特币区块链生态中，要参与到主网挖矿中，需要借助另外的软件程序，比
如最受欢迎的 p2pool。

p2pool 是比特币区块链生态中的一个分布式矿池，使用它提供的客户端程序参与到比特币主
网挖矿中的节点而形成了矿机节点网络。p2pool 也是一个开源软件，其源码链接为：
https://github.com/p2pool/p2pool。客户端的下载链接为：http://p2pool.in/#download。

p2pool 的运行必须连接到 bitcoind 节点程序，每个由 p2pool 挖出的区块都会同步到 bitcoind，
bitcoind 除了从其他的 bitcoind 节点同步到区块信息之外，还会把和自己连接的 p2pool 挖出的区块
进行广播。

在主网的环境下，p2pool 和 bitcoind 的关系可以用图 7-18 来表示。

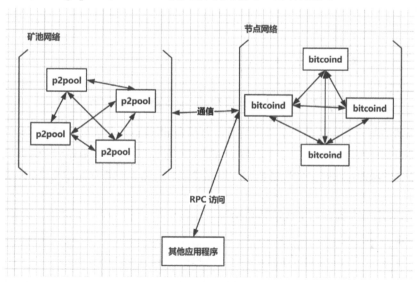

图 7-18　p2pool 与 bitcoind 的关系

p2pool 主要负责的是挖矿操作，它不接受或响应其他应用程序的 RPC 请求访问，而 bitcoind 节点程序除了和其他的节点程序进行通信以同步信息之外，还要响应其他应用程序的 RPC 请求，比如查询区块信息或交易信息。

7.1.9　私有网络挖矿

在 7.1.8 小节中，我们知道如果要在比特币网络的主网执行获取比特币的挖矿操作，需要借助其他的挖矿软件，但在私有网络中，挖矿操作却不需要借助其他软件，可以直接通过 bitcoin-cli 程序挖矿即可。

下面我们基于私有网络来介绍比特币挖矿，这样便于体验挖矿出块和对相关数据进行观察。

7.1.9.1　生成区块

在保持 bitcoind 节点程序正常运行的情况下，通过 bitcoin-cli 执行下面的命令生成一个区块，区块生成后会到节点的交易池中寻找可打包的交易，如果有则打包进去，如果没有，那么它不会等待有交易了再生成区块，而是会直接出块，这意味着区块可以打包 0 笔交易。

生成一个区块的命令是：generatetoaddress。

使用参数 help 加上 generatetoaddress 命令就可以看到 generatetoaddress 命令的完整用法，如图 7-19 所示。

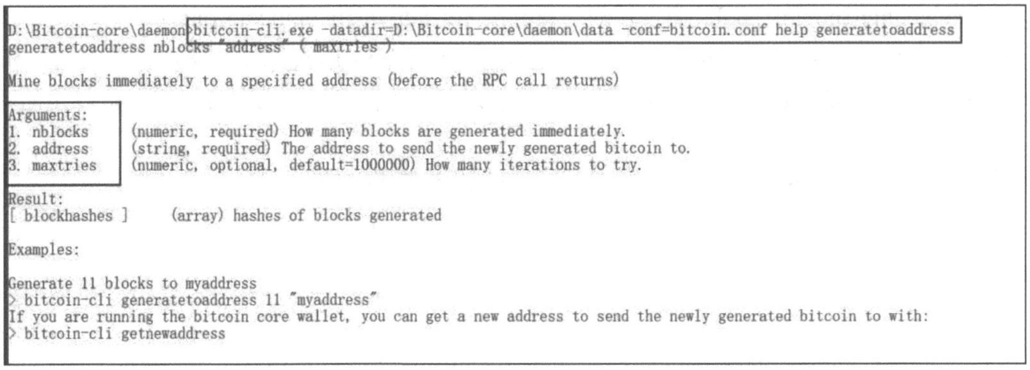

```
D:\Bitcoin-core\daemon>bitcoin-cli.exe -datadir=D:\Bitcoin-core\daemon\data -conf=bitcoin.conf help generatetoaddress
generatetoaddress nblocks "address" ( maxtries )

Mine blocks immediately to a specified address (before the RPC call returns)

Arguments:
1. nblocks      (numeric, required) How many blocks are generated immediately.
2. address      (string, required) The address to send the newly generated bitcoin to.
3. maxtries     (numeric, optional, default=1000000) How many iterations to try.

Result:
[ blockhashes ]       (array) hashes of blocks generated

Examples:

Generate 11 blocks to myaddress
> bitcoin-cli generatetoaddress 11 "myaddress"
If you are running the bitcoin core wallet, you can get a new address to send the newly generated bitcoin to with:
> bitcoin-cli getnewaddress
```

图 7-19　使用 help 查看 generatetoaddress 的参数

命令后跟随的第一个参数是一个整型数组，名称是 nblocks，代表要生成的区块个数，比如我们上面运行的 generatetoaddress 1，这个时候 nblocks 就是 1。第二个参数是一个地址值，代表是哪个地址挖出这个区块的，同时也会把区块奖励给这个地址。第三个参数是个可选值，重试次数，使用默认值即可。

结合在 7.1.6 小节中为自己生成的钱包地址，现在使用它来生成一个区块，完整的命令如下：

```
bitcoin-cli.exe -datadir=D:\Bitcoin-core\daemon\data -conf=bitcoin.conf
generatetoaddress 1 2Mz1dN58MAxumVJBAcN53Hyr6VWSuWhsUAe
```

执行完命令后，可以看到命令行控制台输出了一个 Json 数组，内部的数据项是字符串类型的区块哈希值，即

```
[
```

```
    "7a52ede30e295b5a647c0afc708054dcb46b940b6deef90682c3bf01aa1af594"
  ]
```

因为我们生成的区块个数是 1，所示数组内部的区块哈希值也只有一项。

7.1.9.2　查看区块

在 7.1.9.1 小节中，我们在私人测试网络中生成了一个区块，现在通过命令行控制台来查看这个区块的信息。在 bitcoin-cli 程序中查看区块的命令是：getblock "blockhash"，其中 blockhash 就是要被查看的区块的哈希值。

在命令行控制台输入下面的命令：

```
bitcoin-cli.exe -datadir=D:\Bitcoin-core\daemon\data -conf=bitcoin.conf
getblock
    7a52ede30e295b5a647c0afc708054dcb46b940b6deef90682c3bf01aa1af594 1
```

要注意的是，7a52ede30e295b5a647c0afc708054dcb46b940b6deef90682c3bf01aa1af594 是笔者的计算机运行程序所生成的区块的哈希值，记得要替换成你的计算机在 7.1.9.1 小节中生成的区块的哈希值。最后的参数 1 代表的是要将数据按照 Json 格式解码返回，如果填 0，那么看到的就是原始的十六进制数据。

待命令执行完，可以看到控制台输出了完整的区块头部数据以及这个区块打包了的一笔测试交易的交易 id。

```
{
  "hash":
"7a52ede30e295b5a647c0afc708054dcb46b940b6deef90682c3bf01aa1af594",
  "confirmations": 1,
  "strippedsize": 214,
  "size": 250,
  "weight": 892,
  "height": 1,
  "version": 536870912,
  "versionHex": "20000000",
  "merkleroot":
"ab3cd8fc0169523c0e919688166ec8cd10bfbca198fd3eb5a4f053b190d336c4",
  "tx": [
    "ab3cd8fc0169523c0e919688166ec8cd10bfbca198fd3eb5a4f053b190d336c4"
  ],
  "time": 1584714080,
  "mediantime": 1584714080,
  "nonce": 0,
  "bits": "207fffff",
  "difficulty": 4.656542373906925e-010,
  "chainwork":
"0000000000000000000000000000000000000000000000000000000000000004",
  "nTx": 1,
  "previousblockhash":
```

```
"0f9188f13cb7b2c71f2a335e3a4fc328bf5beb436012afca590b1a11466e2206"
  }
```

以下对上面的 Json 数据结构进行说明：

- confirmations 代表的是区块的确认数，可以看到是 1，因为我们的私人测试网只有自己一个节点，所以是 1。
- strippedsize 代表的是剔除"隔离见证数据"后的区块字节数。在我们的例子中，没有打包任何的隔离见证交易，因此数值 214 就是整个区块的字节数。
- weight 代表的是区块的权重。
- merkleroot 是默克尔树的根哈希值，和以太坊的 merkleroot 是一样的。
- time 是区块创建的时间戳，单位是秒。
- mediantime 是区块中值时间戳，一般和 time 是等值的。
- nonce 区块经过 PoW 计算目标哈希值的次数，即挖了多少次才挖出这个区块，和以太坊区块头的 nonce 的意思也是一样的。

其他的字段解析可以参照 6.3.1 小节关于区块头部的介绍。

7.1.10 获得挖矿奖励

要在 bitcoin-cli 查看自己奖励的余额及钱包的一些信息，除了需要知道所要查询的钱包地址对应的钱包名称之外，还要知道比特币的挖矿奖励规则。

在比特币客户端中所创建的钱包地址都有一个对应的钱包名称。在 7.1.6 小节中，我们创建的钱包账户并没有指定钱包名称，此时，程序会分配一个默认的名称，即空字符串："""。

下面是一些查看地址信息及其余额的命令，"<>"内的是参数名称：

- getnewaddress <名称>，生成钱包的时候，指定钱包的名称。
- getbalance *，查看当前解锁了的所有地址的总余额。
- getaddressinfo <address>，查看一个钱包地址的详细信息，但是没有余额。
- listaddressgroupings，查看所有参与过出块或有余额的地址（即钱包）的余额。
- getaddressesbylabel <名称>，查看某个名称下所有的钱包地址。

在 7.1.9 小节中，我们尝试使用了 generatetoaddress 命令来生成区块，并把生成的区块地址指向了我们的钱包地址，现在尝试运行 listaddressgroupings 来看看有没有获取区块奖励，即有没有获得比特币余额。

在命令行控制台输入以下命令：

```
bitcoin-cli.exe -datadir=D:\Bitcoin-core\daemon\data -conf=bitcoin.conf
listaddressgroupings
```

输出显示的内容如下：

```
[
  [
    [
```

```
        "2Mz1dN58MAxumVJBAcN53Hyr6VWSuWhsUAe",
        0.00000000,
        ""
      ]
    ]
  ]
```

可以看到，我们当初参与挖矿产生区块的钱包地址的比特币余额是 0，这就奇怪了，怎么没有区块奖励呢？

原因是比特币公链的挖矿规则限制了只有当链中的区块达到了 100 个之后，挖矿才会有区块奖励，在 100 个之内都是没奖励的。

因此我们再到命令行控制台中输入下面的命令来多生产 100 个区块，如图 7-20 所示，加上之前生成的，就超过 100 个了，再去查看余额就会有对应的挖矿奖励。

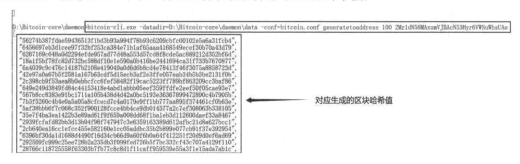

图 7-20　生成 100 个区块

在命令行控制台输入下面的命令，再次查看地址余额：

```
bitcoin-cli.exe -datadir=D:\Bitcoin-core\daemon\data -conf=bitcoin.conf
listaddressgroupings
```

如图 7-21 所示，可以看到我们的挖矿地址已经有了 450 个比特币了。在私人测试网中，100个区块之后，每个区块奖励 50 个比特币，450 个比特币意味着本地使用这个钱包地址在 100 个区块之后生成了 9 个区块。

```
D:\Bitcoin-core\daemon>bitcoin-cli.exe -datadir=D:\Bitcoin-core\daemon\data -conf=bitcoin.conf listaddressgroupings
[
  [
    [
      "2Mz1dN58MAxumVJBAcN53Hyr6VWSuWhsUAe",
      450.00000000,
      ""
    ]
  ],
  [
```

图 7-21　查看挖矿奖励

7.1.11　发送交易

当我们的钱包有了比特币余额后，就可以尝试转账操作。

在 bitcoin-cli 中可以使用多条命令发起转账交易，这些命令包括：

- sendrawtransaction <hexString>，参数是已经签名了的交易内容，为十六进制形式的哈希数据。成功签名后，交易将会被发送到节点网络中。
- signrawtransactionwithkey <hexString> <privateKey...>，使用指定的私钥对交易的十六进制数据进行签名，注意 privateKey 部分接收的是一个数组，意味着可以进行多重签名，每个私钥的格式是 Base58 编码后的字符串。这一点可以通过“help signrawtransactionwithkey”查看到相关描述。成功签名后，交易不会被发送到节点网络中，此时可以借助 sendrawtransaction 来进行交易发送。
- sendtoaddress <address> <amount>，直接转账。address 是收款者对应当前节点网络类型的比特币钱包地址，不能跨网络，比如在主网转账给测试网的地址。amount 是转账的数值，为浮点数类型，比如 0.1 代表的是 0.1 个比特币。该命令只能在本地的节点控制台或钱包客户端使用，不能够由外部访问 RPC 接口调用。

上面的 sendtoaddress 是比特币 bitcoin-cli 程序中转账命令中最简单的一个，调用者不需要关心交易数据的构造与签名以及被发送到的节点（这些都在程序内部封装好了）。此外，sendtoaddress 的完整参数列表一共有 8 个参数，通过运行“help sendtoaddress”命令就可以看到如图 7-22 所示的完整参数列表。

```
D:\Bitcoin-core\daemon>bitcoin-cli.exe -datadir=D:\Bitcoin-core\daemon\data -conf=bitcoin.conf help sendtoaddress
sendtoaddress "address" amount ( "comment" "comment_to" subtractfeefromamount replaceable conf_target "estimate_mode" )

Send an amount to a given address.

Arguments:
1. address                (string, required) The bitcoin address to send to.
2. amount                 (numeric or string, required) The amount in BTC to send. eg 0.1
3. comment                (string, optional) A comment used to store what the transaction is for.
                          This is not part of the transaction, just kept in your wallet.
4. comment_to             (string, optional) A comment to store the name of the person or organization
                          to which you're sending the transaction. This is not part of the
                          transaction, just kept in your wallet.
5. subtractfeefromamount  (boolean, optional, default=false) The fee will be deducted from the amount being sent.
                          The recipient will receive less bitcoins than you enter in the amount field.
6. replaceable            (boolean, optional, default=fallback to wallet's default) Allow this transaction to be replaced by a transact
ion with higher fees via BIP 125
7. conf_target            (numeric, optional, default=fallback to wallet's default) Confirmation target (in blocks)
8. estimate_mode          (string, optional, default=UNSET) The fee estimate mode, must be one of:
                          "UNSET"
                          "ECONOMICAL"
                          "CONSERVATIVE"
```

图 7-22　使用 help 参数查看 sendtoaddress 命令

除了 address 和 amount 之后，另外的 6 个参数都是可选项。comment 和 comment_to 代表的都是备注，前者备注这笔交易的用途，后者备注收款人的信息，它们都不会参与到最终的交易结构数据中，只会存放在客户端本地，供节点使用者查看。

subtractfeefromamount 参数如果设置为 true，那么该笔交易的手续费将会从转账的 amount 中扣除，收款者最终接收到的比特币数组是减去手续费后的值，默认是 false。

replaceable 代表该笔交易是否可以被更高手续费的同笔交易替换，默认值采用配置文件的设置，如果没设置，那么就是 false。

conf_target 是区块的确认数，它允许被设置在发送交易中，指定当这笔交易达到所设置的区块确认数后，自身变成不可逆交易。

estimate_mode 是燃料费的档次，在计算交易应该扣除多少燃料费时，程序会根据这个值来进行不同梯度的计算，可选的有 unset、economical、conservative，分别对应使用默认的、经济的和快速的。

下面我们在 bitcoin-cli 中使用 sendtoaddress 发送比特币交易，执行下述命令：

```
bitcoin-cli.exe -datadir=D:\Bitcoin-core\daemon\data -conf=bitcoin.conf
sendtoaddress
2NFYbX88u9RJ7r7R6b5aWk6ZcPvvmbdHct8 1
```

注意，上述命令中的收款地址"2NFYbX88u9RJ7r7R6b5aWk6ZcPvvmbdHct8"是笔者的比特币节点创建的，读者可替换成自己节点生成的钱包地址。

运行完命令后，控制台会输出对应交易的哈希值，比如下面的哈希值：

```
df760a7c35f43648320de8a99f5d903c895d793c7b2c8f0c86e6c99e7f3f35cc
```

7.1.11.1　查看发送交易后的余额

以上，我们使用 sendtoaddress 命令成功地发送出了一个比特币，现在通过查看余额的方式来看看当前节点内的各个地址及其余额的变化。

首先使用"getbalance *"来查看总的余额，不出意外的话，我们会发现总的余额少了 0.000xx 个，但没有达到 1 个比特币，原因是我们的转账发生在内部的节点里面，转账时所转给的收款者也是我们创建的钱包，相当于自己转账给自己，而"getbalance *"命令查看的是整个节点由当前节点操作者所创建或解锁钱包的余额总和，因此我们看到的总余额几乎没有变化，少去的那部分则是充当了手续费，当交易被区块打包的时候，这部分手续费会给到区块的矿工钱包。

下面再运行命令 listaddressgroupings 查看各个账户的变化。运行 listaddressgroupings 命令后，将会在控制台中看见一个不是由我们在控制台创建的钱包地址冒出来了，而且它还拥有比特币余额，比如图 7-23 所示的地址列表。

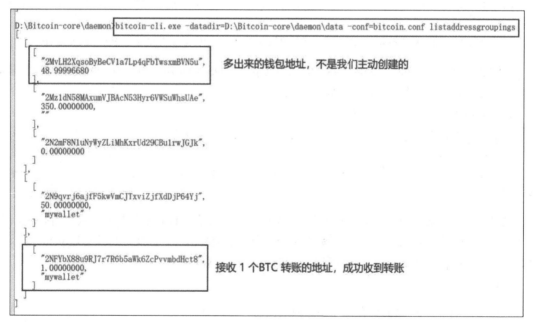

图 7-23　发送交易后，查看钱包地址余额详情

在图 7-23 中，地址 2MvLH2XqsoByBeCV1a7Lp4qFbTwsxmBVN5u 是由节点程序生成的，而

且在每一次转账之后，都会有新的地址出现。仔细观察还能发现每个地址的比特币余额都携带了很多不为 0 的小数点。

其实，这些地址都是系统产生的"找零地址"，因为我们直接使用 sendtoaddress 命令来转账，在数据里面并没有指定找零地址，这个时候在代码内部就会帮助我们生成一个找零地址，就好像帮助我们创建了一个钱包。

那么我们怎么知道这个找零地址的私钥呢？

系统帮助创建的找零地址，其导出私钥的方式和我们主动创建的钱包地址的操作是完全一样的，也可以使用 dumpprivkey 命令来导出它们的私钥，即这些找零地址也是属于节点运行者的。

7.1.11.2　sendtoaddress 的发送地址

在前面的章节，我们并没有看到 sendtoaddress 的币是从哪个钱包转出的，其实 sendtoaddress 的转出钱包就是当前节点操作者所创建或解锁的钱包，发送交易的时候，会从这些钱包中随机找出一个拥有 UXTO 且满足余额的钱包进行发送。

通过在 bitcoin-cli 程序里多次执行 sendtoaddress 命令后，再使用 listaddressgroupings 查看地址余额变化来证明这一点，可以发现每次减少余额的钱包地址是不一样的。

7.1.11.3　打包交易

在我们发送了交易之后，再通过运行命令 generatetoaddress 生成一个区块，就能把交易打包进去，交易被打包成功之后，可以使用命令 getrawtransaction <txId>来查看被打包交易的详细信息，完整的命令如下：

```
bitcoin-cli.exe -datadir=D:\Bitcoin-core\daemon\data -conf=bitcoin.conf
getrawtransaction
    df760a7c35f43648320de8a99f5d903c895d793c7b2c8f0c86e6c99e7f3f35cc
```

要注意的是，"df760a7c35f43648320de8a99f5d903c895d793c7b2c8f0c86e6c99e7f3f35cc"是笔者本机的交易 id，请读者在实践的时候替换成自己的交易 id。

执行完命令后，这个时候控制台应该会输出如下错误信息：

```
error code: -5
error message:
No such mempool or blockchain transaction. Use gettransaction for wallet
transactions.
```

这是因为在启动 bitcoind 节点程序时并没有选择把参数项"-txindex"打开，只有当 txindex 设置为 1 时，才能通过 getrawtransaction 命令来查看所有的交易信息。因此，只能通过 gettransaction 命令查看，但是 gettransaction 并不能查看交易被打包后的区块信息。

总结如下：

（1）gettransaction 只能查看节点钱包内的交易，且没有区块信息。

（2）getrawtransaction 默认只查询交易池中的交易，但是如果开启了-txindex=1，则会查询节点钱包内以及区块链中的交易。

因此，我们从 bitcoind 的终端中先退出，再执行下面的命令重新启动：

```
bitcoind.exe -datadir=D:\Bitcoin-core\daemon\data -conf=bitcoin.conf
-txindex=1
```

重新启动 bitcoind 成功后，回到 bitcoin-cli 的命令行控制台中，输入查看交易的命令：

```
bitcoin-cli.exe -datadir=D:\Bitcoin-core\daemon\data -conf=bitcoin.conf
getrawtransaction
    df760a7c35f43648320de8a99f5d903c895d793c7b2c8f0c86e6c99e7f3f35cc true
```

可以看到控制台此时输出了完整详情的交易信息，内容如下所示（其中一些字段我们在之前的小节中都已经学习过，比如 vin 和 vout 等）：

```
{
    "txid":
"df760a7c35f43648320de8a99f5d903c895d793c7b2c8f0c86e6c99e7f3f35cc",
    "hash":
"13a93e7c61a1d7154be33e4ee4d7fc94f864b25b8cdeeb0238618bca91cd31b7",
    "version": 2,
    "size": 247,
    "vsize": 166,
    "weight": 661,
    "locktime": 110,
    "vin": [
      {
        "txid":
"7fb92fbf6bcb079ad3fd8a3a05b5d19c051b9b89269d3a49711631eda4d8a94e",
        "vout": 0,
        "scriptSig": {
          "asm": "0014b2ac499aa0a42ce38ee870908554a08c5138dcc7",
          "hex": "160014b2ac499aa0a42ce38ee870908554a08c5138dcc7"
        },
        "txinwitness": [
"304402206bc07466113fce4cba65938f525c8bfc1908831061e97c13e7b063f6df73f8b702200
26082008bbc58081ea7c69bddc2d7e95de87967a70b1186105fc90c4cc9674301",
          "021726a92d0abaf25a23582c1cc09821b8f8027ecd7a7742d8776d91030baedf00"
        ],
        "sequence": 4294967294
      }
    ],
    "vout": [
      {
        "value": 48.99996680,
        "n": 0,
        "scriptPubKey": {
          "asm": "OP_HASH160 68668fdb996d4008035538ad7e390941b58474e3
```

```
OP_EQUAL",
            "hex": "a91468668fdb996d4008035538ad7e390941b58474e387",
            "reqSigs": 1,
            "type": "scripthash",
            "addresses": [
                "2N2mF8N1uNyWyZLiMhKxrUd29CBu1rwJGJk"
            ]
        }
    },
    {
        "value": 1.00000000,
        "n": 1,
        "scriptPubKey": {
            "asm": "OP_HASH160 f49bcff77f8e317171c996d991a5309bb27485b9
OP_EQUAL",
            "hex": "a914f49bcff77f8e317171c996d991a5309bb27485b987",
            "reqSigs": 1,
            "type": "scripthash",
            "addresses": [
                "2NFYbX88u9RJ7r7R6b5aWk6ZcPvvmbdHct8"
            ]
        }
    }
    ],
    "hex": "....",
    "blockhash":
"41ad699dd008dd6a5c5f0bea1c21d58924f2167c3fd4b43e82a0648fe418737e",
    "confirmations": 1,
    "time": 1584790315,
    "blocktime": 1584790315
}
```

blockhash 就是这笔交易被打包到区块的哈希值。

7.2 OP_RETURN 与智能合约

7.2.1 公链存储数据的需求

使用区块链公链，除了要实现基础的转账功能之外，更多时候考虑的是往链上存储数据，这样才能更好地应用区块链不可篡改的特性。

在以太坊公链中，智能合约是其特色功能，利用智能合约可以方便地开发各种应用，并在应用中存储各种类型的数据。

比特币作为第一代公链，也是公链之祖，虽然它不具备智能合约的功能，但是它可以通过在发送比特币交易的时候，在交易结构体里面携带上一定字节数量的数据，这部分数据能充当交易的附属数据，从而实现在链上存储数据的目标。

7.2.2　比特币的存储数据之法

目前，将数据存储到比特币公链中的方法主要有以下两种：

（1）将数据存储到交易结构 output 里的"pubKey hash"。
（2）使用比特币提供的操作码 OP_RETURN。

我们先来看看方法（1）的操作说明。

在比特币的每一笔交易信息中，包含 input 和 output 两个部分。当在代码里面构造交易时——将 output 部分的收款者的"pubKey hash"改成我们想要存储的数据的哈希值，那么当这笔交易发送到节点网络并被区块打包后，我们精心构造的哈希数据就会被永久地存储到区块链网络中。

明显地，如果使用上面的方式，那么这笔交易的 output 作为一个 UTXO，近乎于不能再被花费，因为很难再找到恰好满足与我们所构造的数据相同的一个合法比特币钱包的"pubKey hash"。也即要满足下面的偶然关系，这笔交易才能被花费：

故意构造的"pubKey hash"数据 ＝ 比特币钱包的"pubKey hash"

此外，这种方法还有一个严重的缺点，比特币除了保存链上的区块与交易数据之外，它还会把 UTXO 集合存储于"bitcoin/chainstate"目录里。当 bitcoind 节点程序运行时，它会将 UTXO 集合载入内存以加速交易的验证，也就是在比特币节点上，通常出于速度的考虑，把尚未花费的交易（UTXO）都会存储在内存中。

这类几乎没可能被花费的 UXTO，在比特币节点程序启动的时候，会占用许多内存空间，使得节点不得不包含大量冗余信息，从而影响比特币网络的验证效率。UTXO 集合的总体积越大，影响就越大。

第二种方式，使用比特币的 OP_RETURN 操作码。当一笔比特币交易中的输出包含这一操作码，那么这个输出也是不可被花费的。比特币节点在处理这类输出的时候，会将其安全地移出 UTXO 集合，从而使得这类输出不会占用比特币网络空间。

与第一种方法相比，第二种方法节省了网络空间，这也是我们本节重点介绍的方法。

7.2.3　智能合约方案——OP_RETURN

在比特币中，OP_RETURN 是比特币虚拟机中众多操作码中的一个。OP_RETURN 具有下面的特点：

（1）操作码携带数据的格式：OP_RETURN <data>。
（2）data 域的数据字节数量有限制，目前最多是 80 字节。
（3）data 域的数据需要是十六进制的格式。
（4）携带了 OP_RETURN 操作码的输出（output），即 output 里的 value 可以被指定比特币数值。
（5）携带了 OP_RETURN 操作码的输出（output）不可被消费，当 value 有数值，将造成代币销毁。

（6）携带了 OP_RETURN 操作码的输出（output）不会被添加到 UTXO 集合中。

（7）OP_RETURN 输出又被称为 Null Data 输出。

（8）标准的比特币交易，只允许一笔交易中拥有一个 OP_RETURN 输出，但当在一笔交易中设置多个 OP_RETURN 输出时也是可以被打包进区块的。

需要注意的是，在一些由比特币公链拓展出来的公链，比如比特现金（BCH）公链中，它们的 OP_RETURN 输出和比特币公链的 OP_RETURN 输出是不一样的。

下面是一笔携带了 OP_RETURN 操作码的输出，脚本类型 script_type 的值是 null-data，证明这是一笔 OP_RETURN 输出，它所携带的十六进制数据是：

```
636861726c6579206c6f766573206865696469
```

按照默认的解码方式得出的结果是字符串 charley loves heidi：

```
"outputs": [
  {
    "value": 0,
    "script": "6a13636861726c6579206c6f766573206865696469",
    "addresses": null,
    "script_type": "null-data",
    "data_hex": "636861726c6579206c6f766573206865696469",
    "data_string": "charley loves heidi"
  }
]
```

数据来源于比特币主网的一笔含有 OP_RETURN 输出的交易，完整交易的查看链接如下：

```
https://api.blockcypher.com/v1/btc/main/txs/8bae12b5f4c088d940733dcd1455ef
c6a3a69cf9340e17a981286d3778615684
```

一般来说，OP_RETURN 所携带的原始数据文本，我们是难以得知的，只有交易构造者才知道，因为这些原始文本往往都是通过另外一种编码方式得出结果 A，然后 A 再被转为十六进制。

综上所述，OP_RETURN 可以说是一个携带备注的专用操作码，基于它的这一携带数据且不会造成影响节点性能的特性，我们可以使用它来实现简单的智能合约功能。想象一下，如果我们在构造 OP_RETURN 所携带的数据时，在字节数量限制范围内，约定好这些数据是满足另外一种有特殊含义格式的数据，比如：<id> <name> <age>，那么在解析 OP_RETURN 数据的时候，就能按照这种格式解析出 id、name、age 参数。同样地，在存储的时候，也要按照这种格式去构造数据。

上面的数据格式只是其中一个例子，在现实的开发中，能利用 OP_RETURN 去实现多强大的功能，取决于我们的想象能力，比如知名的 USDT 稳定币就是依赖 OP_RETURN 来实现的。但由于 OP_RETURN 所能携带的数据量有限，所以我们能利用它来实现的智能合约方案也是有限的。

7.2.4　代码实现含有 OP_RETURN 的交易

本小节中我们通过编写代码来实现发送含有 OP_RETURN 输出的交易，实现把交易的备注信息发送到区块链网络中。

代码的实现将基于我们在 6.5.4.2 小节中所实现过的发送比特币交易函数

SendTestNet_BTCNormalTransaction。

首先回到编译工具 GoLand 中，进入项目 btc_book，找到 transaction.go 文件，定位到 SendTestNet_BTCNormalTransaction 函数，在函数的前面定义一个放置 OP_RETURN 数据的参数结构 OpReturnDataObj，如下所示：

```
type OpReturnDataObj struct {
    Data string // 存放 opReturn 携带的数据
}
```

其中，Data 变量就是数据字段。

再到 SendTestNet_BTCNormalTransaction 函数中添加接收 OpReturnDataObj 的参数：

```
opReturn *OpReturnDataObj
```

最后在函数内部添加输出部分，即添加下面的代码：

```
// 如果设置了 opReturn，那么就组装一个 opReturn 的输出到交易里面
if opReturn != nil {
    // NullDataScript 函数是库提供的
    nullDataScript,err := txscript.NullDataScript([]byte(opReturn.Data))
    if err != nil {
        return err
    }
    opreturnOutput := &wire.TxOut{PkScript: nullDataScript, Value: 0}
    tx.AddTxOut(opreturnOutput) // 添加到交易结构体中
}
```

完整的代码如下所示，当参数的 opReturn 不为空时，说明要添加 NullData 类型的脚本到交易的输出列表。

```
type OpReturnDataObj struct {
    Data string
}
func SendTestNet_BTCNormalTransaction(senderPrivateKey,toAddress string,value int64,opReturn *OpReturnDataObj) error {

    targetTransactionValue := btcutil.Amount(value)
    blockCypherApiTestNet := "btc/test3"

    // 根据发送者私钥得出它的其他信息，比如地址
    wallet := CreateWalletFromPrivateKey(senderPrivateKey,
&chaincfg.TestNet3Params)
    if wallet == nil {
        return errors.New("invalid private key") // 恢复钱包失败，非法私钥
    }
    // 1. ----------- 准备交易的输入，即 UTXO -----------
    // 使用第三方平台 blockCypher 提供的 API 来获取发送者的 UTXO 列表
    senderAddress := wallet.GetBtcAddress(true)
```

```go
utxoList,err := getUTXOListFromBlockCypherAPI(senderAddress,
blockCypherApiTestNet)
if err != nil {
  return err
}

// 2. ---------- 根据交易的数值选择好输入的条数，utxoList 是候选 UTXO 列表 ----------
tx := wire.NewMsgTx(wire.TxVersion) // 定义一个交易对象
var (
  totalUTXOValue btcutil.Amount
  changeValue btcutil.Amount
)
// SpendSize 是 BTC 建议的数值，用于参与手续费计算
// which spends a p2pkh output: OP_DATA_73 <sig> OP_DATA_33 <pubkey>
SpendSize := 1 + 73 + 1 + 33
for _, utxo := range utxoList.Txrefs {
  totalUTXOValue += btcutil.Amount(utxo.BtcValue) // 统计可用的 UTXO 数值
  hash := &chainhash.Hash{}
  if err := chainhash.Decode(hash,utxo.TxHash);err != nil {
    panic(fmt.Errorf("构造哈希错误 %s",err.Error()))
  }

  // 以上一笔交易的哈希值用于构建出本次交易的输入，即 UTXO
  preUTXO  := wire.OutPoint{Hash:*hash,Index:uint32(utxo.TxOutputN)}
  oneInput := wire.NewTxIn(&preUTXO, nil, nil)

  tx.AddTxIn(oneInput) // 添加到要使用的 UTXO 列表

  // 根据交易的数据量大小来计算手续费
  txSize := tx.SerializeSize() + SpendSize * len(tx.TxIn)
  reqFee := btcutil.Amount(txSize * 10)

  // 候选 UTXO 总额减去需要的手续费再和目标转账值进行比较
  if totalUTXOValue - reqFee < targetTransactionValue {
    // 若未达到要转账的数值，就继续循环
    continue
  }
  // 3. ---------- 给自己找零，计算好找零金额 ----------
  changeValue = totalUTXOValue - targetTransactionValue - reqFee
  break // 如果已经达到了转账数值，就跳出循环，不再累加 UTXO
}

// 4. ---------- 构建交易的输出 ----------
// 因为我们要做的是一般的给个人钱包地址转账，所以使用源码中提供的 PayToAddrScript 函数即可
toPubkeyHash := getAddressPubkeyHash(toAddress)
if toPubkeyHash == nil {
```

```
      return errors.New("invalid receiver address") // 非法钱包地址
   }
   toAddressPubKeyHashObj, err := btcutil.NewAddressPubKeyHash(toPubkeyHash,
&chaincfg.TestNet3Params)
   if err != nil {
      return err
   }
   // 下面的 toAddressLockScript 是锁定脚本，PayToAddrScript 函数是源码提供的
   toAddressLockScript, err := txscript.PayToAddrScript(toAddressPubKeyHashObj)
   if err != nil {
      return err
   }
   // receiverOutput 对应收款者的输出
   receiverOutput := &wire.TxOut{PkScript: toAddressLockScript, Value:
int64(targetTransactionValue)}
   tx.AddTxOut(receiverOutput) // 添加到交易结构体中

   // 如果设置了 opReturn，那么组装一个 opReturn 的输出到交易中
   if opReturn != nil {
      // NullDataScript 函数是库提供的
      nullDataScript,err := txscript.NullDataScript([]byte(opReturn.Data))
      if err != nil {
         return err
      }
      opreturnOutput := &wire.TxOut{PkScript: nullDataScript, Value: 0}
      tx.AddTxOut(opreturnOutput) // 添加到交易结构体中
   }

   var senderAddressLockScript []byte
   if changeValue > 0 { // 如果数值大于 0，需要给自己 sender 找零
      // 首先计算自己的锁定脚本值，计算方式和上面的一样
      senderPubkeyHash := getAddressPubkeyHash(senderAddress)
      senderAddressPubKeyHashObj, err := btcutil.NewAddressPubKeyHash
(senderPubkeyHash,&chaincfg.TestNet3Params)
      if err != nil {
         return err
      }
      // 下面的 toAddressLockScript 是锁定脚本，PayToAddrScript 函数是源码提供的
      senderAddressLockScript, err =
txscript.PayToAddrScript(senderAddressPubKeyHashObj)
      if err != nil {
         return err
      }
      // senderOutput 对应发送者的找零输出
      senderOutput := &wire.TxOut{PkScript: senderAddressLockScript, Value:
int64(changeValue)}
```

```
   tx.AddTxOut(senderOutput) // 添加到交易结构体中
}
// 对每条输入使用发送者私钥生成签名脚本，以标明这是发送者可用的
btcecPrivateKey := (btcec.PrivateKey)(wallet.PrivateKey)
txInSize := len(tx.TxIn)
for i := 0; i<txInSize; i++ {
   sigScript, err :=
      txscript.SignatureScript( // 签名脚本生成函数由源码提供
         tx,
         i,
         senderAddressLockScript,
         txscript.SigHashAll,
         &btcecPrivateKey,
         true)
   if err != nil {
      return err
   }
   tx.TxIn[i].SignatureScript = sigScript // 赋值签名脚本
}


// 5. ----------- 发送交易 -----------
// 首先得出交易的哈希格式的值，发送交易的哈希值给节点
buf := bytes.NewBuffer(make([]byte, 0, tx.SerializeSize()))
if err = tx.Serialize(buf); err != nil {
   return err
}
txHex := hex.EncodeToString(buf.Bytes())
// 发送交易数据到节点
txHash,err :=
sendRawTransactionHexToNode_BlockCypherAPI(txHex,blockCypherApiTestNet)
   if err != nil {
      return err
   }
   fmt.Println("交易的哈希值是:",txHash)
   return nil
}
```

7.2.5 发送 OP_RETURN 交易

使用我们在 7.2.4 小节中实现的能够携带发送含有 OP_RETURN 输出的交易函数，在项目 btc_book 的原交易单元测试文件 transaction_test.go 中添加如下的发送含有 OP_RETURN 输出的交易单元测试函数。

```
func TestSendTestNet_BTCNormalTransaction_withOpReturnOutput(t *testing.T) {
err := SendTestNet_BTCNormalTransaction(
   "KzZkYh62v6xq2SdMaYbuR6yhbbav1Pq9cXGU6M8Ci8m6J6qc23r3",
   "1KFHE7w8BhaENAswwryaoccDb6qcT6DbYY",
```

```
  200,&OpReturnDataObj{
     Data: "你好,这是我交易的备注信息",
  })
  t.Log(err)
}
```

运行上面的函数后观察控制台的输出,可以看到交易发送成功的哈希值,如图 7-24 所示。

图 7-24　交易数据

交易的哈希值是 "a5cc046b0b82825c4ccfe82e2f99d8c9c56379932cfc46f112ee1c789fb2704e"。

稍微等待几分钟,让这笔交易打包结束,我们到测试网的区块链浏览器中查看这笔交易的详细信息。查看链接如下所示:

```
https://api.blockcypher.com/v1/btc/test3/txs/a5cc046b0b82825c4ccfe82e2f99d
8c9c56379932cfc46f112ee1c789fb2704e
```

完整的交易结构数据如下所示:

```
{
   "block_hash": "00000000000003737c742bdd9b16ab4cf281853694b7cc34ff46611
084858366",
   "block_height": 1694851,
   "block_index": 2,
   "hash": "a5cc046b0b82825c4ccfe82e2f99d8c9c56379932cfc46f112ee1c
789fb2704e",
   "addresses": [
     "mq5kKXGw8ERWJQ2HLLunkh3FTBk281ZC47",
     "mymEXB26zj1V9HMZfRwxdXpYT6SKNTtB33"
   ],
   "total": 17857525,
   "fees": 1590,
   "size": 276,
   "preference": "low",
```

```
    "relayed_by": "121.35.101.178",
    "confirmed": "2020-04-04T02:04:36Z",
    "received": "2020-04-04T02:03:51.5Z",
    "ver": 1,
    "double_spend": false,
    "vin_sz": 1,
    "vout_sz": 3,
    "data_protocol": "unknown",
    "confirmations": 4,
    "confidence": 1,
    "inputs": [
      {
        "prev_hash": "110212bcc0cb55a69b60924edeb83c2e68ee1d7c426f6cb7f73c
4a99d191311d",
        "output_index": 2,
        "script": "48304502210095362a10a025e2eedc1e9f25e3bd2d53ce1e313dec
879fa4beb457a571a0cd2f02206525888b988fc16fef621d726529f82ec48a3c0c06510898f65e
93220e174acd012102c7282776e38f6e3cb90edc74a570748e59af8b60b03777b828dbae043f66
6be0",
        "output_value": 17859115,
        "sequence": 4294967295,
        "addresses": [
          "mq5kKXGw8ERWJQ2HLLunkh3FTBk281ZC47"
        ],
        "script_type": "pay-to-pubkey-hash",
        "age": 1684699
      }
    ],
    "outputs": [
      {
        "value": 200,
        "script": "76a914c825a1ecf2a6830c4401620c3a16f1995057c2ab88ac",
        "addresses": [
          "mymEXB26zj1V9HMZfRwxdXpYT6SKNTtB33"
        ],
        "script_type": "pay-to-pubkey-hash"
      },
      {
        "value": 0,
        "script": "6a27e4bda0e5a5bdefbc8ce8bf99e698afe68891e4baa4e69893e79a
84e5a487e6b3a8e4bfa1e681af",
        "addresses": null,
        "script_type": "null-data",
        "data_hex": "e4bda0e5a5bdefbc8ce8bf99e698afe68891e4baa4e69893e79a84e5a
487e6b3a8e4bfa1e681af"
      },
```

```
    {
        "value": 17857325,
        "script": "76a91468ecdce2dcc291e65fc899981ff20c01e3457ecc88ac",
        "addresses": [
            "mq5kKXGw8ERWJQ2HLLunkh3FTBk281ZC47"
        ],
        "script_type": "pay-to-pubkey-hash"
    }
  ]
}
```

可以看到，outputs 输出部分有 3 条，即 jsonObject 的数目。其中第一条的 value 是 200，是我们要给钱包地址"1KFHE7w8BhaENAswwryaoccDb6qcT6DbYY"转账的输出，200 是指 200 聪（注：聪是比特币最小的单位）。第二条输出的 value 为 0，且脚本类型 script_type 是 null-data，它就是 OP_RETURN 输出。所携带数据的十六进制内容是：

```
e4bda0e5a5bdefbc8ce8bf99e698afe68891e4baa4e69893e79a84e5a487e6b3a8e4bfa1e6
81af
```

稍后我们到网页工具中去解码验证这个值是否就是对应于单元测试中的中文内容：
"你好，这是我交易的备注信息"
最后的一条输出就是找零输出。

7.2.6　解码默认的 OP_RETURN

在 7.2.3 小节中，我们认识到对于 OP_RETURN 所携带的数据，如果交易的发起人不将数据经过私人的特殊编码或加密就直接发送，那么这些数据就会以默认的编码方式编码成十六进制的数据存放到区块中。对于这类使用默认编码方式的 OP_RETURN 数据，可以使用下面的解码方式进行解析以查看。

在项目 btc_book 的原交易单元测试文件 transaction_test.go 中添加如下的十六进制解码函数，对 7.2.5 小节中的数据继续解码：

```
e4bda0e5a5bdefbc8ce8bf99e698afe68891e4baa4e69893e79a84e5a487e6b3a8e4bfa1e6
81af
    func Test_DecodeOpreturnData(t *testing.T) {
hexData := "e4bda0e5a5bdefbc8ce8bf99e698afe68891e4baa4e69893e79a84e5a487e6b3a
8e4bfa1e681af"
  originDataBytes,_ := hex.DecodeString(hexData)
  t.Log(string(originDataBytes))
}
```

运行 Test_DecodeOpreturnData 函数后，可以在控制台中看到如图 7-25 所示的输出内容，刚好是交易所设置的"你好，这是我交易的备注信息"内容。

图 7-25　解码使用默认编码方式的 OP_RETURN 数据

在上面的实践中，可见仅使用简单的十六进制解码就能够对 OP_RETURN 中的数据进行还原，这实际上是一种最简单的方案。在实际开发中，交易的发送者为了隐藏自己的数据——让自己的 OP_RETURN 数据只能自己解码，会将要存储到链上的数据进行一重深度加密，比如通过对称加密或非对称加密后再发送。如图 7-26 展示了 OP_RETURN 输出携带数据的一般组装流程。

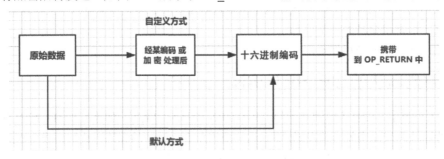

图 7-26　OP_RETURN 数据的组装流程

可见 OP_RETURN 操作码所能携带的数据是不关心数据输入格式的，它只要求最终的处理结果必须是十六进制格式即可。如果不是因为字节数的限制，这个操作码能够发挥的作用将是非常大的。

7.2.7　OP_RETURN 数据的利用

一般来说，在基于 OP_RETURN 开发的 DApp 中，经常要做的事情是监听链上的区块生成，然后解析区块中的交易数据，遍历每笔交易，找出含有 OP_RETURN 输出的交易，再提取出交易中的 OP_RETURN 输出，然后对数据进行解码。

数据解码之后，再对数据进行分析，判断数据的格式是否符合自己的 DApp 所指定的、能接收的数据格式。如果符合，那么就判断含有这条 OP_RETURN 输出的交易是一条满足自己所开发的 DApp 的交易，之后对交易发送者执行其他操作。

基于 OP_RETURN 实现的 DApp 的整个技术流程如图 7-27 所示。

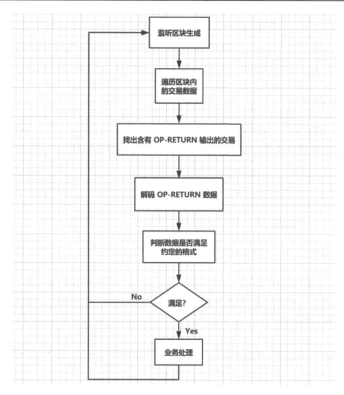

图 7-27　基于 OP_RETURN 实现的 DApp 的技术流程图

7.3　比特币的常用 RPC 接口

在本书第 4 章中，介绍了以太坊的 RPC 接口知识，在阅读本节之前，建议读者先认真学习第 4 章的内容。本节主要内容是尝试以编写代码的方式访问常用的 RPC 接口。

7.3.1　重要接口介绍

这里介绍的接口都是在实际的 DApp 开发中使用最频繁的，覆盖内容包括区块、交易、余额的获取等。在比特币的官方文档中，并没有一份完整的 RPC 接口文档，因为每个比特币程序的版本不一样，接口的名称和参数会有不同。建议开发者最好使用 bitcoin-cli 程序的 help 命令去查看并了解 RPC 接口的方式。

此外，现有的一份国内的中文文档所对应的比特币程序版本是早期版本的，读者在开发的过程中可以作为参考，这个中文文档所在的具体网址为：http://cw.hubwiz.com/card/c/bitcoin-json-rpc-api/1/1/1/。

7.3.1.1　获取区块相关信息的接口

比特币节点并没有提供一个能直接返回当前节点网络链上最优区块详细信息的接口，但提供了两个简洁的接口可以让开发者获取最优区块的哈希值和最优区块的高度。

这意味着，如果我们在开发中要获取一个最优区块的详细信息，必须先获取最优区块的哈希值或高度。然后再根据这两个被获取的值去调用其他的接口以获取更详细的区块数据，即至少要调用两次接口。以下我们首先介绍这两个接口，然后介绍获取区块信息的相关接口。

1. getbestblockhash

该接口用来获取当前节点网络链上最优区块的哈希值，访问的时候不需要携带参数。

结合 7.1 节中我们搭建的私链，可以在 bitcoin-cli 程序中直接执行下面的命令进行测试：

```
bitcoin-cli.exe -datadir=D:\Bitcoin-core\daemon\data -conf=bitcoin.conf
getbestblockhash
```

返回的结果是一个十六进制的字符串。

2. getblockcount

该接口用来获取当前节点网络链上的区块总数，可以理解为获取最新的区块高度（height），和 getbestblockhash 一样，访问的时候需要携带参数，返回的结果是整型十进制数字。

结合 7.1 节中我们搭建的私链，可以在 bitcoin-cli 程序中直接执行下面的命令进行测试：

```
bitcoin-cli.exe -datadir=D:\Bitcoin-core\daemon\data -conf=bitcoin.conf
getblockcount
```

3. getblockhash

该接口根据区块高度值来获取该区块的哈希值，和 getbestblockhash 不一样的是，该接口可以指定任一高度来获取区块的哈希值，而 getbestblockhash 是获取当前最优的区块哈希值。

该接口的参数是一个整型数字。

结合 7.1 节中我们搭建的私链，可以在 bitcoin-cli 程序中直接执行下面的命令进行测试：

```
bitcoin-cli.exe -datadir=D:\Bitcoin-core\daemon\data -conf=bitcoin.conf
getblockhash 1
```

4. getblockheader

该接口的调用者根据区块哈希值来获取对应区块的头部数据，不包含区块所打包了的交易 id 数据，属于轻量级的接口。当我们在实际的开发中只需要用到区块头部数据时，应该调用这个接口。

该接口有两个参数：

- hash（字符串，必备），表示区块哈希（十六进制数的形式）。
- verbose（布尔型，可选，默认为 true），为 true 表示获取区块头信息的 json 格式对象，为 false 表示获取十六进制编码的区块头数据。

返回的结果如下。下面是当 verbose 为 true 时的例子，一般来说，在调用这个接口的时候都会指定 verbose 的值为 true，因为 json 的数据格式更利于阅读。

```
{
  "hash":
"7a52ede30e295b5a647c0afc708054dcb46b940b6deef90682c3bf01aa1af594",
```

```
    "confirmations": 118,
    "height": 1,
    "version": 536870912,
    "versionHex": "20000000",
    "merkleroot":
"ab3cd8fc0169523c0e919688166ec8cd10bfbca198fd3eb5a4f053b190d336c4",
    "time": 1584714080,
    "mediantime": 1584714080,
    "nonce": 1,
    "bits": "207fffff",
    "difficulty": 4.656542373906925e-010,
    "chainwork":
"0000000000000000000000000000000000000000000000000000000000000004",
    "nTx": 1,
    "previousblockhash":
"0f9188f13cb7b2c71f2a335e3a4fc328bf5beb436012afca590b1a11466e2206",
    "nextblockhash":
"0c8ebba857a27d9db0173f2e770788d6c20498c8d515665f397250738ce95e6b"
  }
```

部分字段的解析如下，关于区块头字段的详细介绍，请阅读 6.2.1 小节与 7.1.9 小节的内容。

- hash，区块的哈希值，和调用该接口的入参一样。
- Confirmations，区块确认数。
- height，区块高度。
- nTx，打包了的交易数量。
- chainwork，预计生成当前链所需执行的哈希次数，十六进制数的形式。

结合 7.1 节中我们搭建的私链，可以在 bitcoin-cli 程序中直接执行下面的命令进行测试，注意将命令中的区块哈希值替换成读者自己本机节点的区块。

```
bitcoin-cli.exe -datadir=D:\Bitcoin-core\daemon\data -conf=bitcoin.conf
getblockheader 7a52ede30e295b5a647c0afc708054dcb46b940b6deef90682c3bf01aa1af594
true
```

5. getblock

该接口和 getblockheader 的唯一差别在于它会返回区块所打包的交易的 id 数组，注意，不返回交易的详细信息，仅返回交易的 id 值。此外的其他字段和 getblockheader 一样，都是区块头的数据字段。

入参也和 getblockheader 一样，第一个是区块的哈希值，第二个是 verbose。下面是一个调用返回数据的 json 例子，可以看到有个 tx 键对应的字符串数组，它里面的内容就是被打包交易的 id 哈希数组。

```
  {
    "hash":
"7a52ede30e295b5a647c0afc708054dcb46b940b6deef90682c3bf01aa1af594",
    "confirmations": 118,
    "strippedsize": 214,
    "size": 250,
    "weight": 892,
```

```
    "height": 1,
    "version": 536870912,
    "versionHex": "20000000",
    "merkleroot": "ab3cd8fc0169523c0e919688166ec8cd10bfbca198fd3eb5a4f053b
190d336c4",
    "tx": [
      "ab3cd8fc0169523c0e919688166ec8cd10bfbca198fd3eb5a4f053b190d336c4"
    ],
    "time": 1584714080,
    "mediantime": 1584714080,
    "nonce": 0,
    "bits": "207fffff",
    "difficulty": 4.656542373906925e-010,
    "chainwork": "00000000000000000000000000000000000000000000000000000000
0000004",
    "nTx": 1,
    "previousblockhash": "0f9188f13cb7b2c71f2a335e3a4fc328bf5beb436012afca
590b1a11466e2206",
    "nextblockhash": "0c8ebba857a27d9db0173f2e770788d6c20498c8d515665f
397250738ce95e6b"
  }
```

一般情况下，当我们开发的应用需要对区块打包的交易进行相关操作时，比如交易遍历，那么就需要用到这个接口。

6. 区块接口组合使用

上面介绍的比特币区块相关的 RPC 接口是最常用的，当需要获取一个区块的信息时，无论是区块头还是包含交易 id 的数据，都需要首先知道区块的哈希值，通过接口组合使用可以很容易达成这一目的，因此接口的组合使用很常见。一般接口组合使用的方式有下面两种：

- getbestblockhash ---> getblockheader 或 getblock。
- getblockcount ---> getblockhash ---> getblockheader 或 getblock。

7.3.1.2 获取交易相关信息的接口

要获取交易的数据，前置条件是知道交易的 id 哈希值。在比特币所提供的 RPC 接口中，并没有一个类似 getbestblockhash 能让调用者直接获取到当前最新被打包交易 id 的接口。

因此在获取交易 id 的时候，必须要借助其他接口先获取某一区块中已打包的交易 id 数据，然后才能根据交易 id 获取交易的数据。

下面介绍获取交易 id 数据的相关接口。

1. getrawtransaction

该接口的作用是根据交易的 id 来获取交易的原始信息。关于该接口在 7.1.11 小节中，我们在 bitcoin-cli 程序中进行过实践及一些细节的讲解。

相关参数：

- txid，交易的 id，十六进制哈希值。

● verbose（布尔型，可选，默认为 false），为 true 时，则获取区块头信息的 Json 格式对象，为 false 时，则获取十六进制编码的区块头数据。

该接口返回的数据结构以及字段解析在 7.1.11 小节与 6.5.2 小节都做过讲解，这里不再赘述。

2. sendrawtransaction

该接口允许调用者把经过特定方式序列化后的十六进制交易数据发送到节点网络，即发送交易。相关参数：

● hexstring，经过特定方式序列化后的十六进制交易字符串数据。
● allowhighfees，布尔类型，可选，默认为 false，代表是否允许交易费超额。

当调用成功后，节点会返回被发送交易的交易 id，为十六进制形式。需要注意的是，这里的返回交易 id 并不代表交易最后会被打包进区块，即不代表交易最终的成功性。它只能说明交易被节点接收了。

在一般的开发中，构建交易时，在代码层面都是构建出一个结构体形式的变量，那么怎么把这个交易结构体转成合法的能被 sendrawtransaction 接受的十六进制交易数据呢？为解决这个问题，针对不同的场景主要有以下两种形式：

（1）代码内调用 sendrawtransaction，可以使用相关语言的比特币库函数来进行对应的交易序列化。

（2）通过在 bitcoin-cli 调用 sendrawtransaction，这种方式需要借助另外 3 个控制台命令，具体方法是：

● 使用 createrawtransaction 创建一笔原始交易，此时输入的数据是交易的 Json 结构字符串。
● 对步骤（1）所生成的交易，使用 fundrawtransaction 为它增加找零输出。
● 使用 signrawtransaction 对步骤（1）所生成的交易进行签名。注意这一步所输入的私钥要对应步骤（1）中的交易 UTXO 持有者。
● 使用 sendrawtransaction 发送 signrawtransaction 输出的十六进制数据。

7.3.1.3 获取账户余额

所谓获取账户的余额，本质就是获取统计账户的 UTXO。在应用开发中，总是要不可避免地发起交易，因此发送交易前判断一个账户的余额是否足够是很有必要的。

在比特币的 RPC 接口中并没有一个类似于以太坊的 getBalance 接口来供开发者获取一个钱包地址的最终余额，但它提供了一个 listunspent 接口允许查询指定钱包地址的 UTXO，利用这个接口我们就能统计出一个钱包地址的 BTC 余额。

1. 余额的并发性问题

比特币公链的账户模型是 UTXO 模型，关于 UTXO 模型的特点可以阅读 2.5.12 小节。由于 UTXO 模型支持转账并发，不受交易编号（nonce）顺序的限制，所以基于这种模型就可以无须考虑顺序而以批量的方式发起交易。

但是这种并发交易会引发另外一个问题，我们可以思考下面的场景：

假设有 2 笔交易 A 和 B，此时 A 和 B 正在被发送出去，还没被打包，其中 A 中使用了 UTXO 1 和 3，B 中使用了 1 和 2。在这里，A 和 B 共用了 UTXO 1，为什么可以共用呢？因为当我们在代码中自己使用 sendrawtransaction 来发送交易的时候，在构造交易数据时，可以自定义指定 UTXO，说白了，就是故意而为之。这个时候，当交易 A 和 B 在间隔时间很短，比如前后 1~2 秒时，同时被发送到不同的比特币节点。当节点接收了交易后，交易池的同步速度是没那么快的，也就是说，A 和 B 都会被不同的节点当作是合法交易接收。

当区块打包交易的时候，如果 A 和 B 刚好被同一个区块打包，那么此时就会检测到 A 和 B 使用了同一个 UTXO，而导致其中的一笔交易失败。若 A 和 B 被不同的区块打包，后被打包的交易便会被判断为失败交易。

上面并发发送交易的例子中，如果开发者不去手动过滤处理不同交易共用同一个 UTXO 的情况，就会出现例子中的失败场景。

因此在并发发送交易的时候，开发者还需要做一些避免同一个 UTXO 被共用的开发工作。在目前主流的比特币钱包中，都会加入这种检测机制，这也是发送比特币交易最基础的前置检测操作。

检测同一 UTXO 被共用并不影响比特币的并发发送交易，只要不共用同一 UTXO 即可。在避免同一节点中 UTXO 被共用的防护中，比特币提供了对应的 RPC 接口，准确来说，是一套组合接口，它们分别是 listunspent、lockunspent 和 listlockunspent。要注意，这 3 个 RPC 接口在防护 UTXO 被共用中，只有在同节点才能发挥有效的作用。

如果跨节点使用相同的 UTXO 发送不同的交易，将会不可避免地导致其中某个交易失败。

2. listunspent

该接口可使调用者查询本地节点中某区块确认数之内的 UTXO 集合，可以指定地址，它有如下的特点：

（1）仅能查询当前节点的钱包中记录的地址所对应的相关 UTXO。

（2）可以指定区块确认数范围，比如 1~100，也就是确认数为 1 到 100 的 UTXO。

（3）当不指定要查询的地址时，默认列出所有的地址。

相关参数有以下 3 个：

● minconf（数字，可选，默认为 1），指要过滤的最小确认数。

● maxconf（数字，可选，默认为 9999999），指要过滤的最大确认数。

● addresses（字符串），指要过滤的比特币地址的 Json 数组。

结合 7.1 节中我们搭建的私链，可以在 bitcoin-cli 程序中直接执行下面的命令进行测试：

```
bitcoin-cli.exe -datadir=D:\Bitcoin-core\daemon\data -conf=bitcoin.conf
listunspent 0 1000
```

执行了上面的命令后，可以看到控制台输出的 Json 数组中的某项为：

```
{
    "txid": "a36adb44557d08716233d108a81bd947eeff7ec5202b59d3ab69f63a
3a634642",
    "vout": 0,
```

```
    "address": "2Mz1dN58MAxumVJBAcN53Hyr6VWSuWhsUAe",
    "label": "",
    "redeemScript": "0014b2ac499aa0a42ce38ee870908554a08c5138dcc7",
    "scriptPubKey": "a9144a3691eddedabd8c1771174dca4d9ed88ddbffae87",
    "amount": 50.00000000,
    "confirmations": 110,
    "spendable": true,
    "solvable": true,
    "safe": true
}
```

除了在之前的小节中解析过的字段外，新建字段解析如下：

- redeemScript 为该 UTXO 的赎回脚本。
- amount 为该 UTXO 的比特币数值，注意该数值不是地址的余额，仅代表当前 UTXO 可用的比特币数值，单位是比特币。
- spendable 代表该 UTXO 是否可以被花费，true 代表可以被花费。

3. lockunspent

该接口可使调用者对特定的 UTXO 集合进行加锁或解锁操作，拥有下面的效果与特点：

（1）虽然名称是 lock 开头，但是可以指定加锁或解锁。
（2）被锁定的 UTXO 将不能被接口 listunspent 获取并返回给客户端。
（3）该锁定只存储在内存中，节点启动时会重置。

相关参数有以下两个：

- unlock（布尔型，必填），指定交易是否解锁（true）或上锁（false）。
- transactions（字符串，可选，默认为全部交易输出），是一个 Json 对象数组，如果不指定这个参数，那么该接口会列举出全部的被锁定了的 UTXO，当指定了该数组，则只列举出这些交易相关的 UTXO。

结合 7.1 节中搭建的私链和 listunspent 一节所显示的数据，我们选择其中某条 UTXO 来测试 lockunspent 命令，可以在 bitcoin-cli 程序中直接执行下面的命令进行测试：

```
bitcoin-cli.exe -datadir=D:\Bitcoin-core\daemon\data -conf=bitcoin.conf
lockunspent false
[{\"txid\":\"44917d4a1aa66f4f6968de6056c2fcbc454a257d5b1559f437915b1737a51704\
",\"vout\":0}]
```

在上述命令中，false 参数代表的是要执行锁定，被锁定的 UTXO 所在交易的 txid 如下：

```
44917d4a1aa66f4f6968de6056c2fcbc454a257d5b1559f437915b1737a51704
```

切记，要运行该测试命令，对应的参数一定要替换成自己控制台 listunspent 结果中的某条 UTXO。

运行后可以看到在控制台返回了一个 true 结果，代表执行成功。我们可以再运行一次：

listunspent 0 1000 命令，仔细观察被执行了锁定的 UTXO，此时是不会再被返回的。

这意味着，在开发中，当某 UTXO 处于被使用中时，可以使用 lockunspent 对其进行锁定，这样之后在发起新交易时，调用 listunspent 查询 UTXO 就不会用到处于正在使用的数据项，从而避免了因重复使用同一个 UTXO 导致的交易错误。

4. listlockunspent

使用 lockunspent 接口可以对 UTXO 进行锁定和解锁，当我们在开发中对某条 UTXO 进行了锁定而忘了存储对应的信息，比如被锁 UTXO 的交易 id，那么当想要解锁的时候就需要用到这个接口来查询有哪些 UTXO 被锁定了。

该接口不需要接收参数，结合 7.1 节中搭建的私链以及 lockunspent 小节中的锁定操作，可以在 bitcoin-cli 程序中直接执行下面的命令进行测试：

```
bitcoin-cli.exe -datadir=D:\Bitcoin-core\daemon\data -conf=bitcoin.conf
listlockunspent
```

执行后，可以看到返回的数据也是一个 json 数组，每个项是直观的 txid 和 vout，对应于执行 lockunspent 时指定的交易 id 和输出下标：

```
[
  {
    "txid": "44917d4a1aa66f4f6968de6056c2fcbc454a257d5b1559f437915b
1737a51704",
    "vout": 0
  }
]
```

5. importaddress

该接口可使调用者向被连接通信的节点导入一个同节点网络类型的地址，使得这个地址被记录到当前节点的钱包地址簿中。注意，在不同版本的比特币程序中，被导入的地址有不同的功能限制。

在旧版本的比特币程序中，这类地址只能被用于监视比特币收入和支出的情况；在最新版本（包含本书所举例下载的版本）中，该类地址已支持根据输入地址对应的私钥发起交易的转账。

相关参数有：

- script（字符串，必备），十六进制编码的脚本（或地址）。
- label（字符串，可选，默认为 ""），一个可选的标签（账户名）。
- rescan（布尔型，可选，默认为 true），用于指定在导入地址的时候，是否启动扫描钱包交易，这是一个耗时的操作。
- p2sh（布尔型，可选，默认为 true），用于指定添加 P2SH 版本的脚本。

与 importaddress 具有相同效果的还有 importpubkey 命令，importaddress 需要导入的是公钥，在监听链上的区块并解析交易数据时，一般能直接获得的数据是地址，所以用 importaddress 比较多。但是如果有公钥的话，那么就应该使用 importpubkey 而不是 importaddress。

结合 7.1 节中搭建的私链，可以在 bitcoin-cli 程序中直接执行下面的命令进行测试：

```
bitcoin-cli.exe -datadir=D:\Bitcoin-core\daemon\data -conf=bitcoin.conf
importaddress 3G734WzCrphZxN7afnrbwunZjV8MBqWUUV
```

随后，在控制台会看到"Invalid Bitcoin address or script"的错误提示信息，这是因为导入的"3G734WzCrphZxN7afnrbwunZjV8MBqWUUV"是一个主网节点类型的地址，而我们在本地启动的是私链。

该接口导入成功是没有返回值的，如果没有报错信息，就表示导入成功了。读者如要验证，也可以使用 7.1.10 小节中提到的 bitcoin-cli 查看地址列表的命令进行查询。

6. listunspent 的局限性

虽然 listunspent 可以让我们获取到 UTXO 列表，但它只能获取当前节点钱包内的地址所关联的 UTXO，这意味着如果我们要查询某个不是从当前节点创建的钱包地址所相关的 UTXO，那么将获取不到数据。

下面举例说明：

假如在主网节点网络的节点 A 中，用户在 bitcoin-cli 控制台中使用 getnewaddress 命令创建了钱包地址 1，同时在节点 B 创建了钱包地址 2，在地址 1 和地址 2 经过一系列的转账操作之后，在节点 A 中使用 listunspent 查询地址 1 的 UTXO 列表，那么可以正常获取到相关的数据，但要是查询地址 2 的 UTXO 就会查询不到，除非在节点 B 查询地址 2。

7. 全地址 UTXO 查询技术方案

不仅仅在发送交易的时候需要用到地址的 UTXO，在统计地址余额的时候也需要用到，如果只是统计自己节点内的钱包地址，那么使用 listunspent 的方式就足够了。但是，在实际的面向用户的比特币 DApp 应用开发中，listunspent 并不能直接发挥作用。目前业界对于全地址的 UTXO 的查询技术方案主要有下面 3 种。

（1）编写代码对比特币安装目录中的 chainstate 文件夹中的 UTXO 进行解析，以地址为 key，对每条 UTXO 进行集合分类。chainstate 文件夹存放的是当前比特币节点所有的 UTXO 集合，同时它会根据节点所同步的区块进行同步更新，chainstate 本质是一个 levelDB 数据库，因此在解析时可以把它当作一个 levelDB 数据库来读取即可。

（2）编写代码对比特币区块数据进行解析，先解析出区块内的交易 id 列表，然后逐条获取交易的数据，即对每笔交易调用 getrawtransaction，从而获得交易的 vin 和 vout 数据，再对 vout 执行解析和存储操作，自建 UTXO 数据集合，存储入库，查询时直接查库即可。需要留意的是，以全量区块数据为基础，使用 getrawtransaction 接口访问会非常耗时。

（3）在节点中使用 importaddress 命令或接口导入想要查询的地址，因为导入的是地址而不是私钥，因此不能直接使用这个地址去执行一些交易操作，不过一旦导入成功，就可以使用 listunspent 对它进行 UTXO 查询，这类地址就是所谓的 watch-only 地址。

上述 3 种方案有一个共同点，就是需要对节点网络中的所有区块数据进行同步，这意味着我们的节点要变成一个全量节点。也只有这样，才能查询同网络类型任一比特币地址的 UTXO 集合，进而统计出余额。

7.3.2　获取节点连接

和以太坊 DApp 开发一样，在开发比特币 DApp 时，也需要访问节点 RPC 接口，要访问接口，就要连接节点。

一般除了私有节点会使用自己搭建的节点之外，其他网络节点类型比如 test3 测试网、main 主网，可以利用第三方提供的 API。第三方节点除了提供基础的比特币 RPC 接口之外，还有一些附属的接口，比如获取市场行情、查询地址余额等。甚至还有一些方便开发者的通知回调，比如区块新生成、交易被打包的回调，以往要实现这两个功能，只能靠自己编写代码通过解析区块数据来实现。

需要注意的是，比特币的第三方 API 与以太坊的第二方 API 相比，通常前者并不遵循标准的比特币 RPC 接口规范，因为比特币的第三方 API 除了接口名称和参数会被修改外，数据的返回结构及字段也会被修改。不过，虽然修改比较多，但是字段的名称还是类似的，因此我们根据这些字段名称与 API 的文档说明，使用这些 API 还是比较方便的，建议将第三方的 API 作为比特币应用开发的补充。

7.3.2.1　关于私有节点网络

私有节点对应的网络类型就是 regtest 网络，本书 7.1 节的实践部分用的就是 regtest 网络，这种网络我们在本机就可以搭建。

这类节点类型搭建方便，具备配置上的高自定义性，很适用于学习或测试时自组比特币测试网络局域网节点的集群。

搭建好私有网络之后，在访问 RPC 接口连接节点的时候，ip 对应的就是本地的 127.0.0.1，端口就是配置文件中所定义好的 rpcport 配置项。

7.3.2.2　第三方 API

在需要连接到 test3 测试网或 main 主网的时候，如果不使用第三方 API，也可以在购买的设备中按照搭建私链的方式搭建好节点，然后在节点程序启动的配置文件中指定要启动的网络类型，随后即可成为对应节点网络中的一员。

当选择要自搭建节点时，为了能让节点正常工作，必须对节点网络的全量区块数据进行同步，否则会造成数据查询没结果等一系列问题，但这个搭建过程非常耗时，所以，使用第三方 API 是一个不错的选择。

如果选择第三方 API，可以从目前业界比较成熟的提供商中选择，每个提供商的 API 信息如下（排名不分先后）：

- https://www.blockchain.com/api；
- https://developers.coinbase.com/
- https://www.blockcypher.com/dev/bitcoin/
- https://blockchain.info/q
- https://btc.com/api-doc

上面所列出的是截至 2020 年 4 月还能使用且使用最多的第三方比特币 API 信息的网址。除了

btc.com 是国内的比特大陆公司旗下的产品外，其他的几个都是国外的，文档内容更多的是以英文呈现。如果只能看中文文档，建议使用 btc.com 的 API。

7.3.3　获取测试币

比特币测试网 test3 的比特币也须通过水龙头网站获取，可以通过下面两个水龙头网站获取测试网比特币：

● 　https://testnet-faucet.mempool.co/
● 　https://bitcoinfaucet.uo1.net/send.php

操作流程是比较简单的，可以直接使用国内的网络访问，以 testnet-faucet 网站为例，通过浏览器打开这个网站后，可以看到如图 7-28 所示的页面，在 address 栏输入收款的 test3 测试网地址，amount 数值默认为 0.01 BTC 即可，顶部显示的是加法验证码。需要注意的是，水龙头网站对测试币的获取会限制频率，这个限制是基于 ip 或其他设备信息来进行的，同一个设备一天只能申请一次。

图 7-28　在水龙头网站获取测试网比特币

当单击 Send 按钮，界面会显示出对应的交易哈希值，根据这个值（参照图 6-41）可以使用比特币区块链浏览器查询当前获取测试币的交易的实时状态。

7.3.4　编写访问 RPC 接口代码

在以太坊 RPC 代码实现连接部分的 4.5~4.9 节中，我们介绍了接口访问从项目准备到代码实现的完整过程。

这里实现的比特币 RPC 接口访问，使用的计算机语言同样是本书指定的 Go 语言，实现的代码文件将会添加到我们在 6.3 节中创建的 btc_book 项目中。

以太坊部分我们选择的节点链接是由 Infura 提供商提供的，由于比特币目前并没有原始类型的节点链接提供商，因此本例我们使用的 RPC 链接信息将选择在 7.1 节中搭建的本地私有节点 regtest。当然，如果读者能自己从其他的途径获取到比特币的原始节点链接信息，可以直接使用，否则在实操本节内容之前，必须先学习 7.1 节的"搭建比特币私有链"。

7.3.4.1 封装 RPC 客户端

关于 RPC 客户端的库函数，我们继续使用在 6.3 节中创建 btc_book 项目时已经获取的开源库"github.com/btcsuite/btcd"。模仿以太坊的 RPC 客户端连接者代码。

首先在项目中创建一个 rpc 目录，用来存放 RPC 客户端的实现代码，在创建好目录后，再创建一个 rpc.go 文件，如图 7-29 所示。

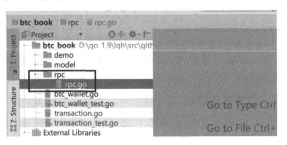

图 7-29 创建 rpc.go 文件

在代码中定义下面的 BTCRPCClient 结构体：

```
type BTCRPCClient struct {
NodeUrl  string              // 代表节点的 URL 链接
client  *rpcclient.Client    // 代表 RPC 客户端句柄实例
}
```

其中*rpcclient.Client 中的 rpcclient 库包来自于"github.com/btcsuite/btcd/rpcclient"。

确定上面的结构代码后，我们接着编写如下的 NewBTCRPCHttpClient 函数：

```
// 实例化一个 BTCRPCClient 指针对象
func NewBTCRPCHttpClient(nodeUrl,user,password string) *BTCRPCClient {
connCfg := &rpcclient.ConnConfig {
    Host:          nodeUrl,
    User:          user,        // 对应节点中 RPC 服务的用户账号
    Pass:          password,    // RPC 用户的账号密码
    HTTPPostMode: true,         // true 代表只运行 HTTP Post 的访问模式
    DisableTLS:   true,
    // DisableTLS:
    // 如果 RPC 服务开启了 https 的访问模式，那么建议始终使用 TLS，
    // 即设置该值为 false，否则用户名和密码将以明文形式通过网络发送。
    // 如果没使用 http，就设置该值为 true
  }
// 当我们指定 RPC 使用 HTTP 模式时,下面实例化 client 时,ntfnHandlers 参数必须要设置为 nil,
即空值
  rpcClient, err := rpcclient.New(connCfg, nil)
  if err != nil {
    // 初始化失败，终结程序，并将错误信息显示到控制台中
    errInfo := fmt.Errorf("初始化 rpc client 失败%s",err.Error()).Error()
```

```
      panic(errInfo)
   }
   return &BTCRPCClient{
      NodeUrl: nodeUrl,
      client : rpcClient,
   }
}
```

这里的实例化比特币 RPC 客户端对象的代码和前述以太坊的不太相同，在以太坊中，我们连接的是提供商的节点，并没有要求填写对应的 RPC 账号和密码信息，这是因为节点商提供节点链接时，已经把这些信息以 token 字符型的形式拼接到链接中了。

7.3.4.2 btcd 版本节点的 websocket

上一小节介绍的是比特币直连节点 http 模式下的实例化函数，除了 HTTP 模式外，btcd 项目库中还提供了另外一种 RPC 实现方式，即 websocket 的方式，该方式比 HTTP 模式在功能的拓展方面多出了一个接受节点事件推送的功能，类似于回调函数的功能，比如新区块的产生，由节点主动通知到客户端。

但是，请注意 websocket 方式并不适合于所有的比特币节点，因为原始的 C++语言所实现的比特币节点，并没有支持由节点主动通知 RPC 客户端的逻辑代码。这种方式只适合使用在启动了以 Go 语言开发的 btcd 比特币节点版本中。因此，如果本地启动的是 C++语言版本的比特币节点版本，那么直接使用 HTTP 版本的连接代码即可。可以把 websocket 版本当作一种学习拓展。

websocket 的 NewBTCRPCSocketClient 函数的实例化代码如下：

```
   // 实例化一个 BTCRPCClient 指针对象
func NewBTCRPCSocketClient(nodeUrl,user,password string) *BTCRPCClient {
   //certHomeDir := btcutil.AppDataDir("btcwallet", false)
   //certs, err := ioutil.ReadFile(filepath.Join(certHomeDir, "rpc.cert"))
   //if err != nil {
   // log.Fatal(err)
   //}
   connCfg := &rpcclient.ConnConfig{
      Host:         nodeUrl,
      Endpoint:      "ws", // websocket 的连接方式，这里固定设置为 ws 字符串
      User:         user,
      Pass:         password,
      Certificates: nil, // 如果节点服务开启了 https 模式，那么这里要配置好对应的证书文件
   }
   handlers := rpcclient.NotificationHandlers{
      OnFilteredBlockConnected: func(height int32, header *wire.BlockHeader, txs
[]*btcutil.Tx) {
         // OnFilteredBlockConnected 表示当一个区块被添加到最长链的时候，
         // 可以在这个回调函数中接收到事件
      },
   }
   rpcClient, err := rpcclient.New(connCfg, &handlers)
   if err != nil {
```

```
    // 初始化失败，终结程序，并将错误信息显示到控制台中
    errInfo := fmt.Errorf("初始化 rpc client 失败%s",err.Error()).Error()
    panic(errInfo)
    }
    return &BTCRPCClient{
        NodeUrl: nodeUrl,
        client : rpcClient,
    }
}
```

在上面的 handlers 回调处理程序中只演示了 OnFilteredBlockConnected 的回调，在 btcd 中，完整的回调处理函数列表如图 7-30 所示，其中包含了各个回调函数的介绍，源码中也有丰富的英文注释。需要注意的是，如果注释中提到了 Deprecated，那么表示已不建议使用这个函数，但为了跟旧版本兼容则可以使用。

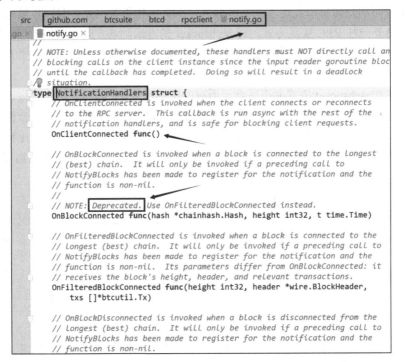

图 7-30　NotificationHandlers 支持的回调函数的列表

7.3.4.3　单元测试

本小节的 RPC 客户端的连接单元测试是基于本地的私有节点进行的。首先要保证本地的私有节点程序 bitcoind 正常启动，且开启了 RPC 服务监听。

在 btc_book 项目中的 rpc 目录创建一个 rpc_test.go 文件，编写如下的测试函数代码：

```
func Test_RPCClient(t *testing.T) {
    client := NewBTCRPCHttpClient(
    "127.0.0.1:8332",
    "mybtc",
    "mypassword")
```

```
bestBlockHash,err := client.GetRpc().GetBestBlockHash()
if err != nil {
    t.Log(err.Error())
}else {
    t.Log(bestBlockHash.String())
}
}
```

连接方式采用 HTTP 模式的 NewBTCRPCHttpClient 函数，"127.0.0.1:8332"代表的是本地节点的链接，8332 端口就是节点 RPC 服务监听的端口，这个端口可以在节点配置文件中设置，mybtc 是 RPC 服务的要求鉴权的用户名，mypassword 是用户名对应的密码。这些信息都是基于本地节点的配置而输入的。

执行该单元测试函数后，如果在初始化的阶段没有触发 panic 错误，那么就调用 RPC 的 GetBestBlockHash 接口，获取最长链中最新的区块哈希值，并通过 bestBlockHash.String()输出最终的结果。

上述测试程序的运行结果如图 7-31 所示，可以看到成功地获取到了区块哈希值，证明整个 RPC 客户端的链接和访问是正常的。

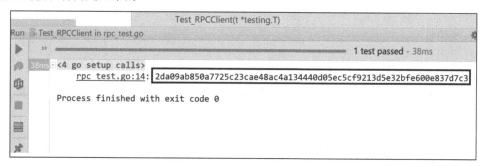

图 7-31　RPC 客户端的单元测试

7.3.4.4　根据区块哈希获取区块信息

首先在 btc_book 项目和 rpc 代码目录同级的位置创建一个 api 目录，并创建文件 block.go 和 transaction.go，以分别存放访问区块和交易相关接口的实现代码，如图 7-32 所示。

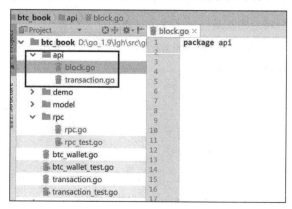

图 7-32　创建接口代码文件

得益于"github.com/btcsuite/btcd"库的封装，使得我们在使用 Go 语言实现调用比特币节点的 RPC 方法时，整个过程变得很方便，甚至可以说是很简单，比如"根据区块哈希获取区块信息"，完整的代码如下所示（代码加起来不足 10 行，该代码文件是 block.go）：

```
// 根据区块哈希获取区块信息
func GetBlockInfoByBlockHash(client *rpcclient.Client,blockHash string)
(*wire.MsgBlock,error) {
  hash,err := chainhash.NewHashFromStr(blockHash) // 如果不是十六进制的哈希值，这里
转换会报错
  if err != nil {
    return nil,err
  }
  return client.GetBlock(hash)
}
```

函数的第一个入参就是我们在前面的实操小节中封装好的 RPC 客户端指针对象，最终通过它里面的 GetBlock 函数获取对应的区块数据，所返回的区块结构的代码定义如下：

```
type MsgBlock struct {
    Header       BlockHeader
    Transactions []*MsgTx
}
```

其中，Header 对应的就是区块头部，字段组成如下所示（对应的字段解析可参阅 getblockheader 一节中的讲解）：

```
type BlockHeader struct {
    Version int32
    PrevBlock chainhash.Hash
    MerkleRoot chainhash.Hash
    Timestamp time.Time
    Bits uint32
    Nonce uint32
}
```

Transactions 数据部分对应的就是当前区块所打包的交易数据。

在和 block.go 同级的目录中创建 api_test.go 文件，用于进行单元测试，同时编写下面的测试函数 GetBlockInfoByBlockHash，代码如下：

```
import (
    "testing"
    "github.com/btc_book/rpc" //注意，这里的 RPC 包要使用当前项目所提供的 RPC 包
    "encoding/json"
)

func Test_GetBlockInfoByBlockHash(t *testing.T) {
// 先实例化连接到本地节点程序的 RPC 客户端
    client := rpc.NewBTCRPCHttpClient(
```

```
            "127.0.0.1:8332",
            "mybtc",
            "mypassword")
        bestBlockHash,err := client.GetRpc().GetBestBlockHash()
        if err != nil {
            t.Log(err.Error())
        }else {
            t.Log(bestBlockHash.String())
            // 获取了区块的哈希数据后，再获取区块数据
            blockInfo,err := GetBlockInfoByBlockHash(client.GetRpc(),
bestBlockHash.String())
            if err != nil {
                t.Log("GetBlockInfoByBlockHash err:",err.Error())
            }else {
                bytes,_ := json.Marshal(blockInfo) // 将结构体数据转成 json 格式
                t.Log(string(bytes))
            }
        }
    }
```

在运行 Test_GetBlockInfoByBlockHash 函数之前，切记要先启动本地的 bitcoind 程序，运行后可以在控制台看到如下所示的数据：

```
    api_test.go:18:
2da09ab850a7725c23cae48ac4a134440d05ec5cf9213d5e32bfe600e837d7c3
    api_test.go:25:
{"Header":{"Version":536870912,"PrevBlock":[204,145,130,8,207,42,49,116,158,22
,146,88,188,112,59,75,37,255,39,14,211,168,17,203,62,187,44,70,238,148,151,126
],"MerkleRoot":[153,181,119,67,242,227,32,80,142,19,188,20,126,79,251,37,19,8,
229,185,62,126,84,68,6,160,42,33,200,83,171,31],"Timestamp":"2020-03-21T18:44:
24+08:00","Bits":545259519,"Nonce":4},"Transactions":[{"Version":2,"TxIn":[{"P
reviousOutPoint":{"Hash":[0,0,0,0,0,0,0,0,0,0,0,0,0,0,0,0,0,0,0,0,0,0,0,0,0,0,0,
0,0,0,0,0],"Index":4294967295},"SignatureScript":"AXYBAQ==","Witness":["AAAA
AAAAAAAAAAAAAAAAAAAAAAAAAAAAAAAAAAAAAAAA="],"Sequence":4294967295}],"TxOut":[{"
Value":5000000000,"PkScript":"qRRKNpHt3tq9jBdxFO3KTZ7Yjdv/roc="},{"Value":0,"P
kScript":"aiSqIant4vYcP3HR3v0/qZnfo2lTdVxpBol5mWK0i+vYNpdOjPk="}],"LockTime":0
}]}
```

7.3.4.5　获取链的最新区块高度

编写如下代码：

```
    // 获取链的最新区块高度
func GetBlockCount(client *rpcclient.Client) (int64,error) {
    return client.GetBlockCount()
}
```

所调用的 GetBlockCount 函数对应于 7.3.1 小节中讲解的 getblockcount，返回的数据简单直接，

就是区块高度的整数值，不需要从十六进制数中再转换一次。

单元测试函数同样编写到 api_test.go 文件中，如下所示：

```
func Test_GetBlockCount(t *testing.T) {
    client := rpc.NewBTCRPCHttpClient(
        "127.0.0.1:8332",
        "mybtc",
        "mypassword")
    blockHeight,err := GetBlockCount(client.GetRpc())
    if err != nil {
        t.Log("GetBlockCount err:",err.Error())
    }else {
        t.Log("blockHeight ===> ",blockHeight)
    }
}
```

运行结果为：

```
api_test.go:39: blockHeight ===> 118
```

7.3.4.6　根据区块高度获取区块哈希值

编写如下代码：

```
// 根据区块高度获取区块哈希值
func GetBlockHashByBlockHeight(client *rpcclient.Client,height int64)
(*chainhash.Hash,error) {
    return client.GetBlockHash(height)
}
```

GetBlockHash 返回的 chainhash.Hash 本质是一个 32 字节的比特类型，其在库中源码的定义是：type Hash [HashSize]byte，HashSize 是个 32 字节的整型数据。

当我们使用 chainhash.Hash 的对象方法获取字符串类型的哈希数据时，得到的就是 64 字符的十六进制数据，刚好对应 32 个字节。因为 1 个字节有 8 个二进制位，而 4 位就可以表示一个十六进制字符，在保证哈希的字符长度不会超过 64 的情况下，这种定义方式能够起到节省内存的作用。对应的转换函数的源码如下：

```
func (hash Hash) String() string {
    for i := 0; i < HashSize/2; i++ {
        hash[i], hash[HashSize-1-i] = hash[HashSize-1-i], hash[i]
    }
    return hex.EncodeToString(hash[:])
}
```

单元测试函数同样编写到 api_test.go 文件中，如下所示：

```
func Test_GetBlockHashByBlockHeight(t *testing.T) {
    client := rpc.NewBTCRPCHttpClient(
        "127.0.0.1:8332",
        "mybtc",
```

```
        "mypassword")
    // 获取高度为 1 的区块哈希值
    blockHash,err := GetBlockHashByBlockHeight(client.GetRpc(),1)
    if err != nil {
        t.Log("GetBlockCount err:",err.Error())
    }else {
        // 调用 String() 方法输出结果
        t.Log("blockHash ===> ",blockHash.String())
    }
}
```

运行结果为：

```
api_test.go:54: blockHash ===>
7a52ede30e295b5a647c0afc708054dcb46b940b6deef90682c3bf01aa1af594
```

7.3.4.7　根据交易哈希值获取交易数据

模仿"根据区块哈希值获取区块信息"一节，在项目的 api 目录下创建 transaction.go 文件，用于存放交易的相关接口代码。

```
import (
    "github.com/btcsuite/btcd/rpcclient"
    "github.com/btcsuite/btcd/chaincfg/chainhash"
    "github.com/btcsuite/btcd/btcjson"
)

// 根据交易哈希值获取交易数据
func GetTransactionInfoByTxHash(client *rpcclient.Client,txHash string)
(*btcjson.TxRawResult,error) {
hash,err := chainhash.NewHashFromStr(txHash)
if err != nil {
  return nil,err
}
return client.GetRawTransactionVerbose(hash)
}
```

获取交易数据的接口除了 GetRawTransactionVerbose 还有 GetRawTransaction，它们的区别对应于在 getrawtransaction 一节中提到的 verbose 参数，前者相当于设置了 verbose 为 true，因此使用第一个接口能够获取到完整的 json 交易数据，而后者只能获取交易的十六进制字符串数据。

对这个接口进行单元测试需要搭配获取区块信息的接口，先获取区块的数据，然后提取区块内某交易的哈希值，再传参调用这个接口，请在 api_test.go 文件中编写单元测试代码：

```
func Test_GetTransactionInfoByTxHash(t *testing.T) {
    client := rpc.NewBTCRPCHttpClient(
        "127.0.0.1:8332",
        "mybtc",
        "mypassword")
    bestBlockHash,err := client.GetRpc().GetBestBlockHash()
    if err != nil {
        t.Log(err.Error())
    }else {
        t.Log(bestBlockHash.String())
        // 获取了区块的哈希数据后，再获取区块数据
```

```
        blockInfo,err := GetBlockInfoByBlockHash(client.GetRpc(),
bestBlockHash.String())
        if err != nil {
        t.Log("GetBlockInfoByBlockHash err:",err.Error())
        }else {
        bytes,_ := json.Marshal(blockInfo) // 将结构体数据转成json格式
        t.Log(string(bytes))
        // 开始获取交易数据
        if len(blockInfo.Transactions) > 0 { // 如果该区块有交易数据，才进入if内部
                // 提取第一笔交易用作测试
            firstTxHashStr := blockInfo.Transactions[0].TxHash().String()
            txData,err := GetTransactionInfoByTxHash(client.GetRpc(),
firstTxHashStr)
            if err != nil {
                t.Log("GetBlockInfoByBlockHash err:",err.Error())
            }else{
                bytes,_ := json.Marshal(txData)
                t.Log("tx data:",string(bytes))
            }
        }
        }
    }
}
```

运行测试函数后，如果看到如下的错误提示信息：

```
    -5: No such mempool transaction. Use -txindex to enable blockchain transaction
queries. Use gettransaction for wallet transactions.
```

就意味着这笔交易不是由节点内创建的钱包地址发起的，而是由外部地址发起的。如果要获取这类地址的交易数据，需要在 bitcoind 程序启动时添加 "-txindex=1" 这个参数，以允许客户端获取非本地钱包创建的交易数据。详细的解析见"打包交易"一节。

经过上述调整，再次运行该测试函数，可以看到正确的交易数据：

```
    api_test.go:67:
2da09ab850a7725c23cae48ac4a134440d05ec5cf9213d5e32bfe600e837d7c3
    api_test.go:84: tx data:
    {
    "hex":"0200000000010100000000000000000000000000000000000000000000000000000000
0000000000ffffffff0401760101ffffffff0200f2052a0100000017a9144a3691eddedabd8c17
71174dca4d9ed88ddbffae8700000000000000000266a24aa21a9ede2f61c3f71d1defd3fa999df
a36953755c690689799962b48bebd836974e8cf9012000000000000000000000000000000000000
00000000000000000000000000000000000000000",
    "txid":"1fab53c8212aa00644547e3eb9e5081325fb4f7e14bc138e5020e3f24377b599",
    "hash":"2e5a46967cee6df69a0cfe0a208d8946c24a5a660c4c282bb51308989b92aec5",
    "size":170,
    "vsize":143,
    "weight":572,
    "version":2,
    "locktime":0,
    "vin":[
```

```
        {
            "coinbase":"01760101",
            "sequence":4294967295
        }
    ],
    "vout":[
        {
            "value":50,
            "n":0,
            "scriptPubKey":{
                "asm":"OP_HASH160 4a3691eddedabd8c1771174dca4d9ed88ddbffae OP_
EQUAL",
                "hex":"a9144a3691eddedabd8c1771174dca4d9ed88ddbffae87",
                "reqSigs":1,
                "type":"scripthash",
                "addresses":[
                    "2Mz1dN58MAxumVJBAcN53Hyr6VWSuWhsUAe"
                ]
            }
        },
        {
            "value":0,
            "n":1,
            "scriptPubKey":{
                "asm":"OP_RETURN aa21a9ede2f61c3f71d1defd3fa999dfa36953755c690
689799962b48bebd836974e8cf9",
                "hex":"6a24aa21a9ede2f61c3f71d1defd3fa999dfa36953755c690689799
962b48bebd836974e8cf9",
                "type":"nulldata"
            }
        }
    ],
    "blockhash":"2da09ab850a7725c23cae48ac4a134440d05ec5cf9213d5e32bfe600e837d
7c3",
    "confirmations":1,
    "time":1584787464,
    "blocktime":1584787464
}
```

7.4　案例：实现获取交易状态的解析器

本节实现的例子是现在一些比特币钱包软件或支持比特币公链的交易所软件中的一个功能模块，这个功能就是对已经发送到节点程序的交易进行交易状态的实时监控。一笔被发送到节点的交易，它的状态有下面 4 种：

（1）交易拒绝。触发的原因有可能是交易数据结构错误，比如收款地址不是合法的比特币地址。

（2）交易被接收。状态（1）校验通过，但还没被放进内存池。

（3）交易等待打包。此时交易被存放在节点的内存池里，等待被区块打包。

（4）交易已被打包。

状态（1）可以在交易发送的时候同步获取到结果而得知，状态（3）可以通过轮训比特币节点的获取内存池交易接口比如接口 GetRawMempool 来分析得出，状态（2）基于状态（1）和状态（3）的中间，当状态（1）没发生而状态（3）获取不到数据，那么这笔交易可以被认为是处于状态（2），而状态（4）可以在监听新区块的时候，通过获取区块所打包的交易列表而得知。

当用户发出了要进行转账的交易时，在软件产品的功能上，提供一个交易状态的实时展示功能可以让用户及时得知自己所发送交易所处的状态。因为过了这个时间，就无法再查看交易的状态。所以，平均的出块时间是 10 分钟，意味着各区块打包交易的时间平均是 10 分钟，当交易发出了，而在软件中无法显示交易的状态是很不方便的。当然，稍微有经验的用户会到区块浏览器中通过不断地刷新页面来查询交易哈希值来获取交易的信息，没经验的用户能做的就是看自己的钱包余额数值是否减少了。

本节要实现的是第（3）种状态——"交易等待打包"，这个状态的功能实现一般有下面两种方法：

（1）以监听交易被打包为边界，如果还没被打包，状态（1）没被触发，那么一律算作是等待打包的状态（3），不显示状态（2）。这种方式虽然说也可以实现，但是存在不确定性，毕竟不是通过数据判断得出，而是类似于猜测得出的结论。如果交易因为某些原因被抛弃出了内存池，那么它是永远不会被打包的。

（2）通过轮询比特币节点分析交易哈希值得出交易的状态，获取内存池交易的接口为 GetRawMempool。这种方式有个缺点，就是很耗时，每次查询都要先全量获取一次内存池中的交易数据，然后逐个遍历这些交易数据并进行对比，时间复杂度最坏的结果是 o(n)。

本节将基于第（2）种的实现方式，编写实际代码并结合常见的数据结构来优化整个分析流程。

7.4.1　相关程序组件

在上一小节中谈到，要实现交易的第（3）类状态——"交易等待打包"的监听，可以通过轮询比特币节点来实现，但是这种方式高度依赖于对接口的轮询，在实际生产环境中会对系统性能造成损失。为解决这个问题，我们在利用 GetRawMempool 接口时需要引入下面一些策略来对其进行优化：

（1）主动定时调用 GetRawMempool 接口

因为比特币的交易内存池是时刻更新的，里面的交易有以下几种状态：

● 前一秒在内存池中的交易，后一秒不存在了，即交易被打包或拒绝移出。

● 内存池会接收新的交易。

● 前几分钟存在于内存池里的交易，因为手续费太低而迟迟没被打包。

基于上面的三种交易状态，不难想到，当程序每次调用 GetRawMempool 时，都会获取到一些重复的数据，这样我们的请求其实是做了一部分无用功。为解决这个问题，可以不用等到每次用户请求到来时才去调用 GetRawMempool 接口，而是定时地调用（比如间隔 1 分钟调用一次），然后把每次调用获取的数据存储到本地，当用户的查询请求到来时，再从本地存储中获取结果并返回，这样就避免了因主动应答用户的请求而频繁调用 GetRawMempool 接口导致的性能损耗。

（2）使用内存池交易队列

内存池交易队列的主要作用是将 GetRawMempool 接口获取的交易数据存储在内存中，并限制队列的大小。基于"定时主动请求"的原则，每次请求获取的数据，相比于上一次请求获得的数据，总是会有新增的数据项，为了防止整个本地内存资源因存储的数据项不断累积而膨胀，我们采用队列的方式对交易数据加以下面的限制：

● 在队列最大范围内，根据 GetRawMempool 接口返回的数据顺序入队。
● 在队列最大范围外，让队列头的数据项出队并抛弃，同时队尾持续入队，如此循环。

（3）并发 Map 数据结构

如前文所述，用户查询请求到来时对交易进行查询并返回结果耗时过长，为了减少这个过程的时间复杂度，我们使用 Map 来对队列中的交易再做一份存储，这样查询的时间复杂度就是 1。当然，这样做增加了空间复杂度。如果不想增加 Map，在接收到每次请求时，直接通过遍历队列来进行查询也是可以的。不过，在如今服务器内存空间都较大，且可以通过控制队列长度来减少内存消耗的前提下，牺牲少量空间来换取时间复杂度的减少，是值得的。

使用并发类型的 Map 是因为当用户请求到来时，恰好有可能在对 Map 进行存储即写操作，当读和写操作不在同一个协程中进行时，有可能造成程序的崩溃，因此考虑到并发，应该选择并发类型的 Map 来存储交易的数据。

Map 除了可以用于上述的加速功能外，还能对入队的交易进行去重复的判断。

还需要了解的是，上面的方式也拥有一些缺点，比如：

● 可能会造成一些长时间没被打包的交易在程序中被移出了队列，造成客户请求时查询不到，这个问题可以通过扩大队列长度来尽量避免。
● 造成程序重启，内存数据丢失。这个问题影响其实不是很大，可以在每次启动程序时，通过先访问接口并填充一次数据的方式来解决。

7.4.2　流程设计

基于 7.4.1 小节的编程组件，整个程序的设计流程图如图 7-33 所示。整个程序作为一个大程序中的子模块运行在子协程中，它不会阻塞主协程的 main 函数，且在每轮调用了 GetRawMempool 接口完成数据处理之后，无论是成功还是失败，都会延迟一段时间，再进行下一轮的操作，这样能避免一些极端情况的发生，比如因网络原因访问远程比特币节点程序出错而导致内部不间断地发起重复请求。

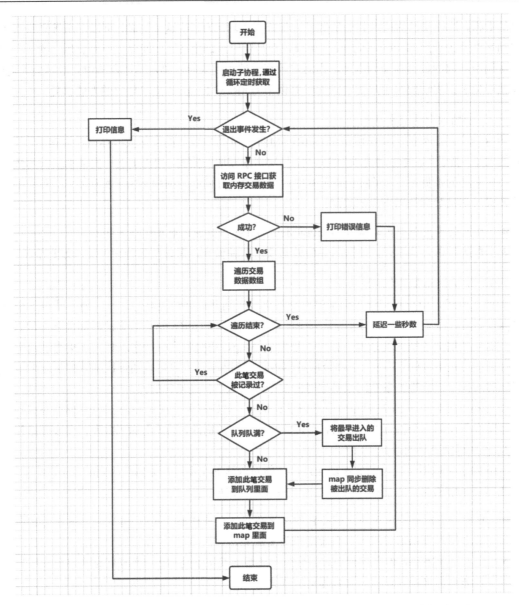

图 7-33　交易状态获取的程序流程

7.4.3　用链表实现队列功能

在本小节中，我们不使用系统库提供的队列组件，而是选择以链表数据结构为基础，并编写代码来实现一个队列功能，以供交易查询子系统使用。

首先在项目 btc_book 中创建一个 mempool 目录（或文件夹），用来存放和内存池相关的代码文件，再到 mempool 目录下创建一个 queue 目录和一个 syncmap 目录，用来存放队列相关的代码文件，整个目录结构如图 7-34 所示。

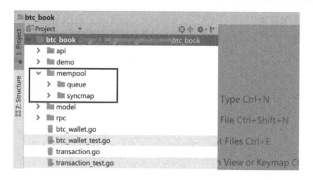

图 7-34　内存池功能代码的目录结构

　　然后到 queue 目录下创建文件 link.go，在其中实现链表。由于在整个系统中，我们要用到的队列功能有入队和出队，入队按照常规的方式是从队伍尾部插入节点，那么对应到链表中，就需要实现在链表的尾部插入节点；出队从头部移出节点，对应到链表中就是移出链表的头部节点。

　　完整的代码如下所示：

```go
package queue

import "fmt"

// LinkNode 是链表的节点
type LinkNode struct {
  Data interface{} // 数据字段，使用interface泛型类型，可以存储任何数据类型
  Next *LinkNode   // 指针对象
}

// 实例化一个链表，返回头节点
func NewLink(data interface{}) *LinkNode {
  return &LinkNode{Data: data}
}

// 将一个元素添加到链表尾部
func (head *LinkNode) AddAtTail(data interface{}) {
  if head == nil {
    return
  }
  temp := head
  for temp.Next != nil {
    temp = temp.Next      // 移动指针位置
  }
  if temp.Next == nil {    // 移动到了后面
    newNode := &LinkNode{Data: data}
    temp.Next = newNode    // 设置新节点
  }
}
```

```
    // 填充链表数据，从尾部插入
func (head *LinkNode) FillData(dataList []interface{}) {
  if head == nil {
    return
  }
  for _,item := range dataList {
    head.AddAtTail(item)
  }
}

// 从链表头部移出一个数据
func (head *LinkNode) RemoveFirst() *LinkNode {
  if head == nil {
    return nil
  }
  data := head.Data  // 先读出头节点的数据
  // 下面移动链表
  temp := head.Next
  *head = *temp
  return &LinkNode{Data:data} // 将头节点数据实例化，并返回
}

// 辅助函数：打印链表数据
func (head *LinkNode) Print() {
  if head == nil {
    return
  }
  temp := head
  for temp.Next != nil {
    fmt.Println(temp.Data)
    temp = temp.Next
  }
  fmt.Println(temp.Data,"\n-----")
}
```

　　上面所实现的链表，数据字段存储的是 Go 语言中的 interface 类型，它类似于 Java 语言中的泛型，可以表示多种数据类型甚至是函数类型，这样使得链表中的每个节点能存储的数据是多种类型且可以互不相同。

　　接着在当前目录中再创建一个 link_test.go 文件，用来存放链表的单元测试代码，然后编写如下的测试代码，最后运行并观察测试结果：

```
    package queue

import (
  "testing"
  "fmt"
)
```

```
func TestLinkNode_AddAtTail(t *testing.T) {
    link := NewLink(0)    // 以数字 0 作为头节点数据来初始化一个链表
    link.AddAtTail(2)     // 从尾部添加一个节点，数据是 2
    link.AddAtTail(3)
    link.AddAtTail(1)
    link.AddAtTail(44)
    link.AddAtTail("2")   // 添加一个字符串类型的 2

    link.Print()  // 打印一次链表

    dataNode := link.RemoveFirst()  // 移出链表头节点
    fmt.Println("dataNode ===> ",dataNode.Data)  // 输出被移出头节点对应的数据

    link.Print()  // 再打印一次链表，查看节点的情况
}
```

7.4.4　实现解析器

接下来基于 7.4.3 小节的链表整合所有的程序组件来实现最终的交易内存池解析器。

先在 queue 目录下创建 txmempool_parser.go 和 txmempool_parser_test.go 文件，分别用来存放解析器代码及其对应的单元测试代码，再到 memepool 目录下创建 syncmap 目录，使得它和 queue 目录同级，最后在 syncmap 目录中创建用来存放并发 Map 代码的 syncmap.go 文件。最终整个 mempool 目录下的代码文件如图 7-35 所示。

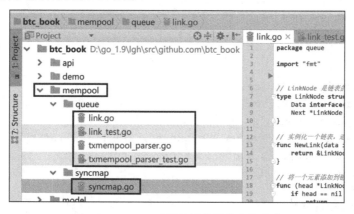

图 7-35　mempool 目录结构及其文件组成

以下介绍实现交易内存池解析器需要解决的问题。

7.4.4.1　改造系统库的 Map

为了给程序提供可以并发读写的 Map 数据类型，Go 语言 1.9 版本的源码维护组织在 sync 包中提供了一个结构体类型，也叫作 Map，它不同于基础数据类型的 Map，sync 包中的 Map 是一个结构体类型，并且在实现并发读写机制时添加了一些读写锁。

在本节中，我们要实现的解析器程序用到的 Map 就是从 sync.Map 中改造而来的，为什么要改造它呢？因为在判断队列长度最大值时，需要读出 Map 的大小，而官方提供的 sync.Map 类型并没有提供一个能够让开发者直接获取 Map 结构体类型元素数量的函数。为了实现上述功能，可把

sync.Map 中的源码拷贝一份到本地项目目录中，并对其内部的代码进行修改，即修改 btc_book 项目 syncmap 目录中的 syncmap.go 文件。下面介绍这种改造方法。

首先是在 Map 结构体中添加计数变量 counter，改造代码如下：

```go
type Map struct {
    counter *int64 // 自拓展的计数 ----- 改造点①
    mu sync.Mutex
    read atomic.Value // readOnly
    dirty map[interface{}]*entry
    misses int
}
```

第二个改造点在针对 Map 进行数据存储的 Store 函数中，所要执行的操作是在存储元素成功后，将计数变量 counter 累加 1。

```go
// Store sets the value for a key.
func (m *Map) Store(key, value interface{}) {
  read, _ := m.read.Load().(readOnly)
  if e, ok := read.m[key]; ok && e.tryStore(&value) {
    return
  }
  m.mu.Lock()
  if m.counter == nil { // 这里是懒初始化
    v := new(int64)
    *v = 0
    m.counter = v
  }
  read, _ = m.read.Load().(readOnly)
  if e, ok := read.m[key]; ok {
    if e.unexpungeLocked() {
      // The entry was previously expunged, which implies that there is a
      // non-nil dirty map and this entry is not in it.
      m.dirty[key] = e
    }
    e.storeLocked(&value)
  } else if e, ok := m.dirty[key]; ok {
    e.storeLocked(&value)
  } else {
    atomic.AddInt64(m.counter, 1) // 执行原子操作，累加 1 ----------- 改造点②
    if !read.amended {
      // We're adding the first new key to the dirty map.
      // Make sure it is allocated and mark the read-only map as incomplete.
      m.dirtyLocked()
      m.read.Store(readOnly{m: read.m, amended: true})
    }
    m.dirty[key] = newEntry(value)
  }
```

```
  m.mu.Unlock()
}
```

最后的改造点在删除元素的 Delete 函数中，所要执行的操作是在删除元素成功后，将计数变量减 1，如下所示：

```
  // Delete deletes the value for a key.
func (m *Map) Delete(key interface{}) {
  read, _ := m.read.Load().(readOnly)
  e, ok := read.m[key]
  if !ok && read.amended {
    m.mu.Lock()
    read, _ = m.read.Load().(readOnly)
    e, ok = read.m[key]
    if !ok && read.amended {
      delete(m.dirty, key)
      atomic.AddInt64(m.counter, -1)   // 原子操作，累加-1，即减 1
    }
    m.mu.Unlock()
  }
  if ok {
    e.delete()
    atomic.AddInt64(m.counter, -1)  // 原子操作，累加-1，即减 1
  }
}


  // 最终，提供一个返回队列大小的外部函数，供调用

  func (m *Map) Size() int64 {
      if m.counter == nil {
          return 0
      }
      return *m.counter
  }
```

7.4.4.2　使用基于内存的交易存储

整个交易内存池解析器的数据来源于比特币节点程序，由于在程序每次启动时，都会对本地的数据存储进行初始化，加之队列的长度有限以及程序在运行过程中因某些因素而中断退出，因此不需要将内存中的数据持久化地存储到硬盘上。

基于上述理由，整个程序中的交易数据采用基于内存的存储方式即可。

7.4.4.3　保持服务优雅地退出

所谓服务优雅地退出，是指当服务接收到了要退出的一些信号时，比如 Linux 系统下的"kill -15 <pId>"命令，会将 SIGNTERM 信号发送给要被 kill 的程序，程序接收到这个信号后，就知道自己要被 kill 掉了，那么开发者应该让程序在接收到这类信号之后进行一些资源释放或数据保存等的处

理，防止因程序退出而导致某个任务执行被中断、任务数据"变脏"或引发一些意想不到的问题，交易内存池解析器同样存在这类问题。

在交易内存池解析器中，可以使用 Go 语言提供的管道数据类型来实现程序优雅退出的目的，整体的流程是：

（1）使用 main 函数对中断信号进行监听。

（2）监听到中断信号后，等待功能模块来处理程序退出前的工作。

（3）调用进行资源释放或操作终止功能模块的 Stop 外部函数，向管道发送信号。

（4）功能模块的控制管道接收到信号后，等待此时正在执行的操作结束后，再中断整个运行函数。

（5）功能模块处理结束后，就可以退出 main 函数。

上面流程可以形象地用图 7-36 来表示。

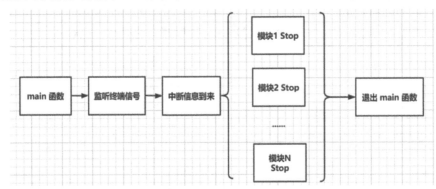

图 7-36　优雅退出程序的一般流程

7.4.4.4　解析器的实现代码

结合 7.4.2 小节中的流程设计图和所有的程序组件，在 txmempool_parser.go 文件中编写如下的解析器实现代码，BTCMempoolTxParser 是整个解析器结构体的名称，它的引用函数 Start 代表启动整个解析过程，Stop 就是上一小节中谈到的优雅退出程序时引用的外部函数。

在 Start 函数中，因为交易池数据的分析操作一直在进行着，而且整个分析是个耗时的过程，所以整段逻辑代码在子协程的 for 循环中运行，循环内再通过使用 Go 语言的 select 关键词配合 stop 管道变量完成数据分析。

请结合注释阅读下面的实现代码：

```
    package queue

import (
    "github.com/btc book/rpc"
    "fmt"
    "time"
    "github.com/btc_book/mempool/syncmap"
)

const (
```

```
  MAX_QUEUE_SIZE = 500 // 定义队列的最大元素个数为 500
}

type BTCMempoolTxParser struct {
  RpcClient    *rpc.BTCRPCClient     // RPC 客户端指针对象
  mempoolTxMap syncmap.Map           // 并发安全的 Map，用来存储内存池的交易哈希值
  Link         *LinkNode             // 实现队列的链表
  stop         chan bool             // 控制安全退出的无缓冲类型的布尔管道变量
}

func NewBTCMempoolTxParser(rpcClient *rpc.BTCRPCClient) *BTCMempoolTxParser {
  queue := BTCMempoolTxParser{
    RpcClient: rpcClient,
    stop:        make(chan bool),    // 实例化控制管道
    mempoolTxMap: syncmap.Map{},     // 实例化 Map
  }
  return &queue // 返回指针对象
}

func (q *BTCMempoolTxParser) IsTxInMempool(txHashStr string) bool {
  val,_ := q.mempoolTxMap.Load(txHashStr) // 直接从 map 中加载判断
  return val != nil
}

// 在子协程中，实现内存池的交易数据分析，定时读取节点内存池的数据
func (q *BTCMempoolTxParser) Start() {
  go func() {   // 启动子协程
    for {       // 死循环
      select {
      case <- q.stop: // 如果监听到要停止分析的信号，则退出监控，终止队列的数据循环分析
        fmt.Println("stop event happened, exit BTCMempoolTxParser....")
        return
      default:
        txHashArray,err := q.RpcClient.GetRpc().GetRawMempool()//调用 RPC 接口
        if err != nil {
          fmt.Println("GetRawMempoolVerbose err:",err.Error())
          time.Sleep(time.Second * 5) // 如果接口返回错误，延迟 5 秒再继续
          continue
        }
      fmt.Println("获取一次内存池交易，结果是:",txHashArray)
        // txHashArray 是内存池交易的 txHash 数组
        for _,txHash := range txHashArray {
          txHashStr := txHash.String()
          // Load 进行存储
          if val, _ := q.mempoolTxMap.Load(txHashStr); val != nil {
            // 这条记录已经存在，那么跳过它，开始下一轮
            continue
          }
          // 接着判断是否超过队列最大元素的个数
          if q.mempoolTxMap.Size() >= MAX_QUEUE_SIZE {
            // RemoveFirst 队伍满了，要出队，先被加入队伍的是最早的元素，从队伍头出队
            removeHash := q.Link.RemoveFirst()
            // mempoolTxMap.Delete 同步到 Map 结构中，把删除出队的元素
            q.mempoolTxMap.Delete(removeHash)
          }
```

```
                q.Link.AddAtTail(txHashStr)        // 新元素从队尾入队
   fmt.Println("入队一条:",txHashStr)
                q.mempoolTxMap.Store(txHashStr,byte(1)) // 同步存储到 Map 中，方便查询
            }
            time.Sleep(time.Second * 10)          // 设置为 10 秒一次查询
        }
    }
  }()
}


// stop 停止队列分析交易内存池
func (q *BTCMempoolTxParser) Stop() {
  q.stop <- true
}
```

7.4.5 启动解析器

在实现了整个解析器的代码后，下面来启动它。启动函数的代码编写到单元测试中，即写到
txmempool_parser_test.go 文件中，完整的代码如下所示。其中会用到一些 Go 语言的高级用法，比
如以函数作为参数进行回调操作，启动多个协程（Gorutine）运行不同的任务，以及使用 select 关
键字模拟主线程的阻塞等。

```
    package queue

import (
  "testing"
  "github.com/btc book/rpc"
  "os"
  "os/signal"
  "fmt"
  "time"
)

func TestBTCMempoolTxParser_IsTxInMempool(t *testing.T) {

  client := rpc.NewBTCRPCHttpClient( // 初始化 RPC 客户端
    "127.0.0.1:8332",
    "mybtc",
    "mypassword")

  parser := NewBTCMempoolTxParser(client) // 初始化解析器
  parser.Start()    // 启动解析器

  listenSysInterrupt(func() {  // 监听系统中断
    parser.Stop() // 在回调函数中优雅地停止解析器
  })

  targetSearchTxHash := ""      // 目标要查询的交易哈希值
  go func() {
    for {
      // IsTxInMempool 是查询交易是否在内存池的函数
      if exist := parser.IsTxInMempool(targetSearchTxHash); exist {
        fmt.Println("查询存在:",targetSearchTxHash)
      } else {
```

```
            fmt.Println("查询不存在:",targetSearchTxHash)
        }
        time.Sleep(time.Second * 10) // 模拟每隔 10 秒请求一次服务器
    }
}()

    select {} // 模拟主线程 main 函数的阻塞
}

func listenSysInterrupt(callback func()) {
    signalChan := make(chan os.Signal, 1) // 信号管道
    signal.Notify(signalChan, os.Interrupt)
    signal.Notify(signalChan, os.Kill)
    go func() {
        for {
            select {
            case <-signalChan:
                fmt.Println("捕获到中断信号")
                callback() // 进行回调
                os.Exit(1)
            }
        }
    }()
}
```

运行启动解析器代码的前提是，在本地启动比特币节点程序，即 7.1 节中讲解的 bitcoind 程序。
下面在不启动 bitcoind 节点程序的前提下，先尝试运行下述函数，来观察控制台的输出：

```
"TestBTCMempoolTxParser_IsTxInMempool"
```

在运行上面单元函数的同时，观察控制台的输出，在一段时间后单击如图 7-37 所示的终止程
序按钮来模拟程序的中断，然后观察控制台是否输出了监听到中断后完美退出的日志。

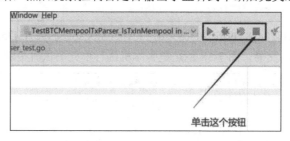

图 7-37　GoLand 中用于程序调试的按钮

不出意外的话，我们可以观察到如下的日志内容：
"查询不存在：

```
    GetRawMempoolVerbose err: Post http://127.0.0.1:8332: dial tcp 127.0.0.1:8332:
connectex: No connection could be made because the target machine actively refused it.
    GetRawMempoolVerbose err: Post http://127.0.0.1:8332: dial tcp 127.0.0.1:8332:
connectex: No connection could be made because the target machine actively refused it.
```

查询不存在：

捕获到中断信号

```
GetRawMempoolVerbose err: Post http://127.0.0.1:8332: dial tcp 127.0.0.1:8332:
connectex: No connection could be made because the target machine actively refused
it.
```

查询不存在：

```
Process finished with exit code 1"
```

"查询不存在"的输出对应于测试代码中的 targetSearchTxHash 还没设置值。

显示出"Post http://127.0.0.1:8332: dial tcp 127.0.0.1:8332......"的报错信息，是因为节点程序没启动而导致连接出错，出错后，会在 10 秒后进行重试。

"捕获到中断信号"信息是在我们单击了中断按钮后出现的，但出现该信息后，程序并没有立即结束，而是还在等待最后一次请求结束返回错误信息后再退出。这就说明了，当中断发生时，我们能让解析器当前还在进行的请求或其他操作代码执行结束了再退出程序。

接着进行正常的测试。先启动 bitcoind 节点程序，然后运行单元测试函数。如果此时你的本地节点并没有交易在内存池中，那么可以参照 7.1.11 小节的内容提交一笔交易到节点的内存池中（先不生成区块去打包它），这样就能进行测试了。

在测试前，需要改造一下测试代码，以制造出后面要查询的交易哈希值，使得结果从没有记录变成存在记录。改造的程序片段如下：

```
    targetSearchTxHash := "" // 一开始查询空交易哈希值
go func() { // 启动子协程
  time.Sleep(time.Second * 12) // 延迟 12 秒后，赋值给 targetSearchTxHash
  targetSearchTxHash = "df760a7c35f43648320de8a99f5d903c895d793c7b2c8f0c86e6c
99e7f3f35cc"
}()
```

"df760a7c35f43648320de8a99f5d903c895d793c7b2c8f0c86e6c99e7f3f35cc"交易是笔者本地节点存在于交易内存池中的交易。图 7-38 就是笔者本机进行单元测试时控制台打印出的信息。

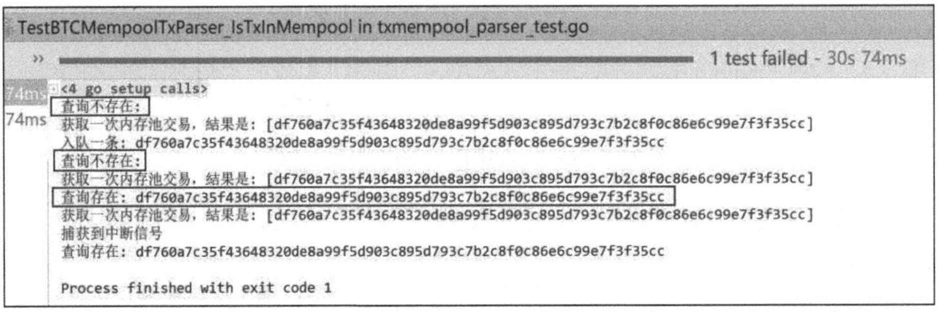

图 7-38 交易内存池查询操作的单元测试结果

至此，交易内存池解析器的开发就完成了。

7.5 案例：构建去中心化数据存储系统

在本节，我们来基于比特币公链实现第二个实际应用——去中心化数据存储系统，仍然使用 Go 语言来实现。

在以太坊公链中将数据存储到链上是比较简单的，操作者只需要执行一笔以太坊 ETH 的转账交易，就能在 data 字段中存储自己想要存储的数据，且数据量仅受区块的 GasLimit 上限的限制。读者可参考本书 2.4.1 小节中关于区块头字段 GasLimit 部分的相关介绍。

在比特币公链中，不能模仿以太坊公链在普通的代币转账交易中携带非交易相关的其他数据并使之存储到链上，而是只能使用 OP_RETURN 操作码来构造特殊交易使数据上链，而且上链的数据量还是非常少的。

以下我们来介绍去中心化数据存储系统的步骤，其整个步骤实际上是一个区块遍历器的实现过程。

7.5.1 比特币区块遍历器的实现流程

类似于以太坊的区块遍历器，比特币也有相关的区块遍历器，如果要从比特币区块中读取想要的数据，总是避免不了要走如图 7-39 所示的技术实现流程。

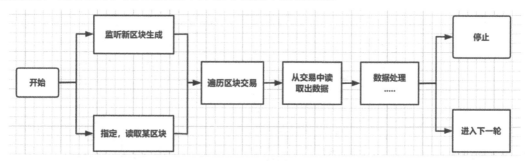

图 7-39　一般区块遍历器流程图

在 5.3 节中，我们实现过以太坊的区块遍历器，参照其实现思路，比特币区块遍历器代码的实现步骤如下：

（1）从数据库中获取上一次成功遍历的非分叉状态的区块，得到区块号 A，或通过比特币节点接口 getblockcount 获取最新生成区块的区块号 A。

（2）调用比特币接口 getblockcount，获取最新生成区块的区块号 B。

（3）比较 A 和 B 的大小关系，得出目标区块号 target。

（4）得到 target 后，调用比特币接口 geblockhash 来根据区块号获取区块的哈希值。

（5）用数据库保存 target 对应的区块信息。

（6）检测是否存在区块分叉，这个步骤可以得出分叉事件。

（7）调用比特币接口 geblock 来获取区块信息，读取内部的 transactions 交易哈希数组。

（8）调用比特币接口 getrawtransaction 来获取交易数据，数据库保存每笔交易信息。

比特币区块链遍历器的代码实现步骤和以太坊的相比，除了在接口上存在一些差异外，还有一个比较明显的区别即比特币公链的区块分叉概率比较低，这是因为它的出块时间间隔远久于以太坊的原因。此外，在比特币的交易数据分析里，也没有"事件"数据的分析，但会多出独特的关于 OP_RETURN 数据的分析。

对应于上述步骤，我们给出比特币遍历区块实现交易解析的流程图，如图 7-40 所示。

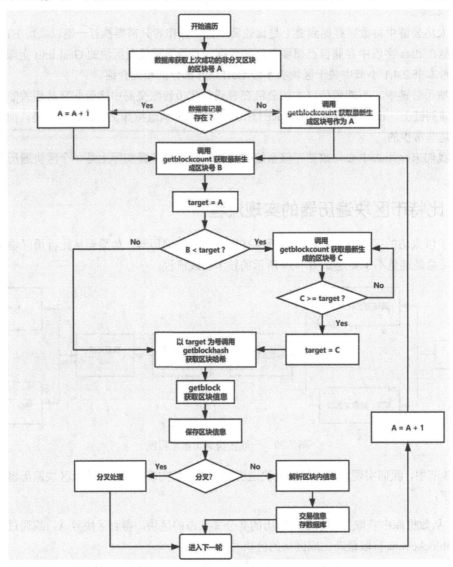

图 7-40   比特币区块遍历实现流程图

7.5.2   创建数据库

创建数据库的目的是，存储区块遍历的相关数据。

区块遍历，一般需要用到两张数据表，一张用于存储区块信息，另一张用于存储交易信息。

和第 5 章以太坊区块遍历器的实现一样，比特币的区块遍历器所使用的数据存储中间件也是 MySQL，代码中所用到的操作数据库的开源库也是 xorm，为了避免重复，读者可参照 5.3.2 小节中介绍过的数据库操作命令和相关代码。

创建数据库的 SQL 语句如下：

```
CREATE DATABASE eth_relay DEFAULT CHARACTER SET utf8 COLLATE utf8_general_ci;
```

在 btc_book 项目中创建 dao 目录，且在此目录内创建 block.go 文件，代码如下：

```
// 存储区块信息的区块结构体，如果需要定义索引，可以查看 xorm 库的标注语法进行拓展
type Block struct {
  Id           int64  `json:"id"`                  // 表主键
  BlockNumber  string `json:"block_number"`        // 区块号
  BlockHash    string `json:"block_hash"`          // 区块哈希值
  ParentHash   string `json:"parent_hash"`         // 父区块哈希值
  CreateTime   int64  `json:"create_time"`         // 区块的生成时间
  Fork         bool   `json:"fork"`                // 是否是分叉区块
}
```

再创建 transaction.go 文件，代码如下：

```
// 比特币交易，对应于数据库表的交易数据结构体
type Transaction struct {
  Id          int64  `json:"id"`                  // 表主键
  Block_hash  string `json:"block_hash"`          // 区块的哈希值，在表中可以使用它做外键
  VinSize     int64  `json:"vin_size"`            // 交易的输入条数
  VoutSize    int64  `json:"vout_size"`           // 交易的输出条数
  PackTime    int64  `json:"pack_time"`           // 交易被打包的时间，单位秒
  Fork        bool   `json:"fork"`                // 是否是分叉块的交易
  Height      int64  `json:"height"`              // 交易所在区块的高度
  TxHash      string `json:"tx_hash"`             // 交易的哈希值
}
```

在上述的结构体定义中，细心的读者如果对比了以太坊遍历器中的区块和交易结构体的定义可以发现，Block 的定义是一样的，而 Transaction 也大同小异。在各公链中，区块遍历器除了技术实现方面相似以外，基础的数据存储也是相似的。

运行创建表的代码，我们使用的是 5.3.2 小节中所解析并定义过的 MySQLConnector 的相关代码，并在 dao 目录创建 mysql.go 文件。具体要编写的代码可参阅 5.3.2 小节的介绍。

随后，编写单元测试代码进行数据库连接的测试、创建对应的区块和交易表格。注意，单元测试代码编写到 mysql_test.go 文件内。

最终，整个 dao 目录中的代码文件如图 7-41 所示。

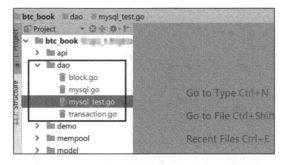

图 7-41 比特币遍历器，dao 目录的代码文件

mysql_test.go 中的代码如下（注意，对应的数据库连接账号和密码要改成自己本地的）：

```go
// 测试连接数据库，同时创建数据表
func Test_NewMqSQLConnector(t *testing.T) {
  option := MysqlOptions{
    Hostname:           "127.0.0.1",      // 本地数据库
    Port:               "3306",           // 默认端口
    DbName:             "btc_relay",      // 比特币的遍历器数据库名称
    User:               "root",           // 用户名
    Password:           "123456",         // 密码
    TablePrefix:        "btc_",           // 表格前缀
    MaxOpenConnections: 10,
    MaxIdleConnections: 5,
    ConnMaxLifetime:    15,
  }
  tables := []interface{}{}
  tables = append(tables, Block{}, Transaction{}) // 添加表格数据结构体
  NewMqSQLConnector(&option, tables)   // 传参进去，对应的结构体将会被 xorm 自动解析并
创建表
  fmt.Println("创建表格成功")
}
```

运行上述测试函数后，可以在 MySQL 数据库控制台输入如下命令来查看数据表是否生成：

```
use btc_relay;
show tables;
```

测试与检验结果如图 7-42 所示。

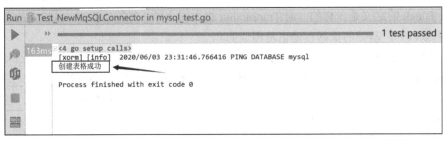

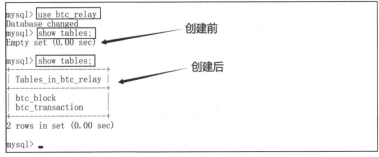

图 7-42　创建与查看比特币遍历器相关的表格

7.5.3　区块遍历器的代码实现

本节我们来编写区块遍历器的实现代码。

7.5.3.1　抽象公共的代码

首先在 btc_book 项目下创建目录 scanner，以存放遍历器相关的代码。接下来创建文件 iblock_scanner.go，用来存放抽离出的遍历器用到的公共函数，所抽离出的函数将会被定义为 Go 语言中的接口类型。这也是在以太坊区块遍历器中所没有使用到的，可以说是第一次引入 Go 语言的接口类型。

iblock_scanner.go 中的代码如下所示（读者请结合注释阅读）：

```go
    package scanner

import (
    "math/big"
    "github.com/go-xorm/xorm"
)

// 说明：作为兼容多条链的区块扫描，独立出公共的数据结构与接口

// ScannerBlockInfo 是区块扫描时会用到的公共数据结构体
type ScannerBlockInfo struct {
    BlockHash    string `json:"block_hash"`
    ParentHash   string `json:"parent_hash"`
    BlockNumber  string `json:"block_number"`
    Timestamp    string `json:"timestamp"`
    Txs          interface{} `json:"txs"`
}

// IBlockScanner 是一个 interface 类型，不是 struct，它是 Go 语言中的接口
type IBlockScanner interface {

    // 获取父区块哈希值的接口函数，childHash 子哈希为参数，第一个返回值是父哈希值
    GetParentHash(childHash string) (string,error)

    // 获取最新的区块的号
    GetLatestBlockNumber() (*big.Int, error)

    // 根据区块号获取区块的信息，返回的信息是公共数据结构体
    GetBlockInfoByNumber(blockNumber *big.Int) (*ScannerBlockInfo, error)

    // 把区块内的交易数据插入到数据库中，对于交易 transaction 结构体，因为不同的链存在差异性，所以这里定义的是 interface 泛型
    InsertTxsToDB(blockNumber int64,tx *xorm.Session,transactions interface{})
error
```

```
// 交易数据处理函数，和 InsertTxsToDB 不同，我们可以在交易数据入库后，再做特定的解析处理，
比如过滤数据
    TransactionHandler(txs interface{})
}
```

定义好了公共的数据结构和函数接口，之后就可以在编写不同的链区块遍历器时，通过实现
接口函数来达到快速实现区块遍历器的目的。下面我们就以这种方式来实现比特币的区块遍历器。

7.5.3.2 定义抽象遍历器

结合上一小节抽象出的 iblock_scanner.go 代码，我们开始定义一个适合于这套抽象的一个公共
的区块遍历器。

在 scanner 目录下创建 block_scanner.go 文件，定义如下的 BlockScanner 结构体：

```
type BlockScanner struct {
    client        IBlockScanner          // 接口实现者
    mysql         dao.MySQLConnector     // 数据库连接者对象
    lastBlock     *dao.Block             // 用来存储每次遍历后，上一次的区块
    lastNumber    *big.Int               // 上一次区块的区块号
    fork          bool                   // 区块分叉标记位
    stop          chan bool              // 用来控制是否停止遍历的管道
    lock          sync.Mutex             // 互斥锁，用于控制并发
    delay         time.Duration          // 扫描的间隔时间
}

// 初始化函数，参数有 scanner IBlockScanner 接口实现者
func NewBlockScanner(scanner IBlockScanner, mysql dao.MySQLConnector)
*BlockScanner {
    return &BlockScanner{
        client:      scanner,
        mysql:       mysql,
        lastBlock:   &dao.Block{},
        fork:        false,
        stop:        make(chan bool),
        lock:        sync.Mutex{},
        delay:       time.Duration(30 * time.Second),
    }
}
```

对比 5.3.4 小节中所定义的以太坊的区块遍历器结构体，我们可以发现，BlockScanner 内部的
RPC 客户端指针变量已经变成了 IBlockScanner 的接口类型。这就意味着，当实例化区块遍历器结
构体的时候，能够通过传参 IBlockScanner 的实现者来达到实现不同链的区块遍历器。

比如，以太坊遍历器实现了 IBlockScanner 接口的内部方法，比特币遍历器也实现了
IBlockScanner 接口，那么在调用 NewBlockScanner 函数进行区块遍历器实例化的时候，它的代码
可以写成下述形式：

- 实现以太坊区块遍历：ethBlockScanner := NewBlockScanner(ethScanner, ethMysqlClient);
- 实现比特币区块遍历：btcBlockScanner := NewBlockScanner(btcScanner, btcMysqlClient);

如上所示，在实现不同链的区块遍历器时，可免于编写很多相同的代码。

7.5.3.3 编写抽象遍历器的代码

结合 5.3.4 小节中介绍的遍历器模块，抽象遍历器中除了将接口的实现者抽象化之外，其他模块是完全一样的，包含区块分叉的检测算法等。

需要留意的是，之前在代码中所调用的具体与链相关的函数，比如获取区块号或获取区块哈希值，都被替换成了接口的函数。下面是整个抽象遍历器的代码（在 block_scanner.go 文件中）：

```go
  // 抽象遍历器
type BlockScanner struct {
  client      IBlockScanner        // 接口实现者
  mysql       dao.MySQLConnector   // 数据库连接者对象
  lastBlock   *dao.Block           // 用来存储每次遍历后，上一次的区块
  lastNumber  *big.Int             // 上一次区块的区块号
  fork        bool                 // 区块分叉标记位
  stop        chan bool            // 用来控制是否停止遍历的管道
  lock        sync.Mutex           // 互斥锁，用于控制并发
  delay       time.Duration        // 扫描的间隔时间
}


func NewBlockScanner(scanner IBlockScanner, mysql dao.MySQLConnector)
*BlockScanner {
  return &BlockScanner{
    client:      scanner,
    mysql:       mysql,
    lastBlock:   &dao.Block{},
    fork:        false,
    stop:        make(chan bool),
    lock:        sync.Mutex{},
    delay:       time.Duration(30 * time.Second),
  }
}


  // 比较两个区块号的大小
var compare = func(arg1,arg2 string) bool {
  if arg1 == "" {
    return false
  }
  if arg2 == "" {
    return true
  }
  a,_ := new(big.Int).SetString(arg1, 10)
  b,_ := new(big.Int).SetString(arg2, 10)
```

```
    return a.Cmp(b) >= 0
}

// 初始化：内部在开始遍历时赋值 lastBlock
func (scanner *BlockScanner) init() error {
    // 下面使用 xorm 提供的数据库函数
    // 从数据库中寻找出上一次成功遍历的、不是分叉的区块
    // 等同于 SQL: select * from eth_block where fork=false order by create_time desc
limit 1;
    setNextBlockNumber := func() {
        // 区块哈希值不为空，证明不是首次启动了，而是后续的启动
        scanner.lastNumber, _ = new(big.Int).SetString
(scanner.lastBlock.BlockNumber, 10)
        // 下面加 1，因为上一次数据库保存的是已经遍历完了的，接下来的是它的下一个
        scanner.lastNumber.Add(scanner.lastNumber, new(big.Int).SetInt64(1))
    }
    getDbLastBlock := func() (*dao.Block,error) {
        dbBlock := &dao.Block{}
        _, err := scanner.mysql.Db.
          Desc("create_time"). // 根据时间倒序
          Where("fork = ?", false).
          Get(dbBlock)
        if err != nil {
          return nil,err
        }
        return dbBlock,nil
    }
    dbBlock,err := getDbLastBlock()
    if err != nil {
      return err
    }
    if scanner.lastBlock.BlockHash != "" {
      // 被设置了的情况
      // 与 db 的比较，找出最新的
      fmt.Println(dbBlock.BlockNumber)
      if compare(dbBlock.BlockNumber,scanner.lastBlock.BlockNumber) {
          // 使用 db 中的数据
          scanner.lastBlock = dbBlock
      }
      setNextBlockNumber()
      return nil
    }
    scanner.lastBlock = dbBlock
    if scanner.lastBlock.BlockHash == "" {
      // 区块哈希值为空，证明是整个程序的首次启动，那么从节点中获取最新生成的区块
      // GetLatestBlockNumber 获取最新区块的区块号
```

```
    latestBlockNumber, err := scanner.client.GetLatestBlockNumber()
    if err != nil {
        return err
    }
    // GetBlockInfoByNumber 根据区块号获取区块数据
    latestBlock, err := scanner.client.GetBlockInfoByNumber(latestBlockNumber)
    if err != nil {
        return err
    }
    if latestBlock.BlockNumber == "" {
        panic(latestBlockNumber.String())
    }
    // 给区块遍历者的 lastBlock 变量赋值
    scanner.lastBlock.BlockHash   = latestBlock.BlockHash
    scanner.lastBlock.ParentHash  = latestBlock.ParentHash
    scanner.lastBlock.BlockNumber = latestBlock.BlockNumber
    scanner.lastBlock.CreateTime  = scanner.hexToTen
(latestBlock.Timestamp).Int64()
    scanner.lastNumber = latestBlockNumber
  } else {
    setNextBlockNumber()
  }
  return nil
}

// 设置固定的开始高度，要求在开始 scan 之前
func (scanner *BlockScanner) SetStartScannerHeight(height int64) {
  blockInfo,err :=
scanner.retryGetBlockInfoByNumber(new(big.Int).SetInt64(height))
  if err != nil {
    panic(fmt.Errorf("指定区块高度出错，请检查数值是否超过当前链节点的区块高度,
rawErrInfo %s",err.Error()))
  }
  scanner.lastBlock.BlockHash   = blockInfo.BlockHash
  scanner.lastBlock.ParentHash  = blockInfo.ParentHash
  scanner.lastBlock.BlockNumber = blockInfo.BlockNumber
  scanner.lastBlock.CreateTime  = scanner.hexToTen(blockInfo.Timestamp).Int64()
}

// 整个区块扫描的启动函数
func (scanner *BlockScanner) Start() error {
  scanner.lock.Lock()          // 加互斥锁，在 stop 函数内有解锁步骤
  // 首先调用 init 进行数据初始化，内部主要是初始化区块号
  if err := scanner.init(); err != nil {
    scanner.lock.Unlock() // 因为出现了错误，我们要进行解锁
    return err
```

```
  }
  execute := func() {
    // scan 函数，就是区块扫描函数
    if err := scanner.scan(); nil != err {
      scanner.log("scanner err :",err.Error())
      return
    }
    time.Sleep(1 * time.Second) // 延迟一秒开始下一轮
  }
  // 启动一个 go 协程来遍历区块
  go func() {
    for {
      select {
      case <-scanner.stop: // 监听是否退出遍历
        scanner.log("finish block scanner!")
        return
      default:
        if !scanner.fork {
          // 进入这个 if 证明没有检测到分叉，正常地进行每一轮的遍历
          execute()
          continue
        }
        // fork = true，则监听到有分叉，重新初始化
        // 重新从数据库获取上次遍历成功的、没有分叉的区块号
        if err := scanner.init(); err != nil {
          scanner.log(err.Error())
          return
        }
        scanner.fork = false
      }
    }
  }()
  return nil
}

// 公有函数，可以供外部调用，来控制停止区块遍历
func (scanner *BlockScanner) Stop() {
  scanner.lock.Unlock() // 解锁
  scanner.stop <- true
}

// 输出日志
func (scanner *BlockScanner) log(args ...interface{}) {
  fmt.Println(args...)
}
```

```go
// 是否分叉，返回 true 则表示是分叉
func (scanner *BlockScanner) isFork(currentBlock *dao.Block) bool {
  if currentBlock.BlockNumber == "" {
    panic("invalid block")
  }
  // scanner.lastBlock.BlockHash == currentBlock.ParentHash 上一次的区块哈希值是否
是当前区块的父区块哈希值
  if scanner.lastBlock.BlockHash == currentBlock.BlockHash ||
scanner.lastBlock.BlockHash == currentBlock.ParentHash {
    scanner.lastBlock = currentBlock // 没有发生分叉，则更新上一次区块为当前被检测的区
块
    return false
  }
  return true
}


func (scanner *BlockScanner) forkCheck(currentBlock *dao.Block) bool {
  if !scanner.isFork(currentBlock) {
    return false
  }
  // 获取出最初开始分叉的那个区块
  forkBlock, err := scanner.getStartForkBlock(currentBlock.ParentHash)
  if err != nil {
    panic(err)
  }
  scanner.lastBlock = forkBlock // 更新。从这个区块开始分叉的
  numberEnd := ""
  if strings.HasPrefix(currentBlock.BlockNumber, "0x") {
    // 十六进制转为十进制
    c, _ := new(big.Int).SetString(currentBlock.BlockNumber[2:], 16)
    numberEnd = c.String()
  } else {
    c, _ := new(big.Int).SetString(currentBlock.BlockNumber, 10)
    numberEnd = c.String()
  }
  numberFrom := forkBlock.BlockNumber
  // 下面使用 xorm 提供的函数执行数据库更新操作：
  // 将范围内的区块分叉标志位设置为分叉
  _, err = scanner.mysql.Db.
    Table(dao.Block{}).
    Where("block_number > ? and block_number < ?", numberFrom, numberEnd).
    Update(map[string]bool{"fork": true})
  if err != nil {
    panic(fmt.Errorf("update fork block failed %s", err.Error()))
  }
  return true
```

```
}

// 获取分叉点区块
func (scanner *BlockScanner) getStartForkBlock(parentHash string) (*dao.Block,
error) {
    // 获取当前区块的父区块，分叉从父区块开始
    parent := dao.Block{} // 定义一个 block 结构体实例，用来存储从数据库查询出的区块信息
    // 下面使用 xorm 框架提供的函数，根据 block_hash 去数据库获取区块信息，等同于 SQL 语句：
    // select * from eth_block where block_hash=parentHash limit 1;
    _, err := scanner.mysql.Db.Where("block_hash=?", parentHash).Get(&parent)
    if err == nil && parent.BlockNumber != "" {
        return &parent, nil  // 本地存在，直接返回分叉点区块
    }
    // 数据库没有父区块记录，准备从以太坊接口获取
    fatherHash, err := scanner.retryGetBlockInfoByHash(parentHash)
    if err != nil {
        return nil, fmt.Errorf("分叉严重错误，需要重启区块扫描 %s", err.Error())
    }
    // 继续递归往上查询，直到在数据库中找到它的记录
    return scanner.getStartForkBlock(fatherHash)
}

// 定义一个将十六进制转为十进制大数的函数
func (scanner *BlockScanner) hexToTen(hex string) *big.Int {
    if !strings.HasPrefix(hex,"0x") {
        ten, _ := new(big.Int).SetString(hex, 10) // 本身就是十进制字符串，直接设置
        return ten
    }
    ten, _ := new(big.Int).SetString(hex[2:], 16)
    return ten
}

// 区块号存在，信息获取为空，可能是以太坊网络延时问题，重试策略函数
func (scanner *BlockScanner) retryGetBlockInfoByNumber(targetNumber *big.Int)
(*ScannerBlockInfo, error) {
Retry:
    // 下面调用请求者客户端的 GetBlockInfoByNumber 函数
    fullBlock, err := scanner.client.GetBlockInfoByNumber(targetNumber)
    if err != nil {
        errInfo := err.Error()
        if strings.Contains(errInfo, "empty") || strings.Contains(errInfo, "must
retry") {
            // 区块号存在，信息获取为空，可能是以太坊网络延时问题，直接重试
            scanner.log("获取区块信息，重试一次......",targetNumber.String(),errInfo)
            goto Retry
        }
    }
```

```go
        return nil, err
    }
    return fullBlock, nil
}


// 区块哈希值存在，信息获取为空，可能是以太坊网络或节点问题，重试策略函数
func (scanner *BlockScanner) retryGetBlockInfoByHash(hash string) (string, error)
{
  Retry:
    // 下面调用请求者客户端的 GetBlockInfoByHash 函数
    parentHash, err := scanner.client.GetParentHash(hash)
    if err != nil {
        errInfo := err.Error()
        if strings.Contains(errInfo, "empty") || strings.Contains(errInfo, "must
retry") {
            // 区块号存在，信息获取为空，可能是以太坊网络延时问题，直接重试
            scanner.log("获取区块信息，重试一次......", hash,errInfo)
            goto Retry
        }
        return "", err
    }
    return parentHash, nil
}


// 获取要扫描的区块号
func (scanner *BlockScanner) getScannerBlockNumber() (*big.Int,error) {
    // 调用请求者客户端获取公链上最新生成的区块的区块号
    newBlockNumber, err := scanner.client.GetLatestBlockNumber()
    if err != nil {
        return nil,fmt.Errorf("GetLatestBlockNumber: %s",err.Error())
    }
    latestNumber := newBlockNumber
    // 下面使用 new 的形式初始化并设置值，不要直接赋值，
    // 否则会和 lastNumber 的内存地址一样，影响后面的获取区块信息
    targetNumber := new(big.Int).Set(scanner.lastNumber)
    // 比较区块号大小
    // -1 if x <  y, 0 if x == y, +1 if x >  y
    if latestNumber.Cmp(scanner.lastNumber) < 0 {
        // 如果最新的区块高度比设置的要小，则等待新区块高度 >= 设置的值
      Next:
        for {
            select {
            case <-time.After(scanner.delay): // 延时 4 秒重新获取
                number, err := scanner.client.GetLatestBlockNumber()
                if err == nil && number.Cmp(scanner.lastNumber) >= 0 {
                    break Next // 跳出循环
```

```
            }
          }
        }
    }
    return targetNumber,nil // 返回目标区块高度
}


// 扫描区块
func (scanner *BlockScanner) scan() error {
    // 获取要进行扫描的区块号
    targetNumber,err := scanner.getScannerBlockNumber()
    if err != nil {
        return fmt.Errorf("getScannerBlockNumber: %s",err.Error())
    }
    // 使用具有重试策略的函数获取区块信息
    info, err := scanner.retryGetBlockInfoByNumber(targetNumber)
    if err != nil {
        return fmt.Errorf("retryGetBlockInfoByNumber: %s",err.Error())
    }
    // 区块号自增1，在下次扫描时，指向下一个高度的区块
    scanner.lastNumber.Add(scanner.lastNumber, new(big.Int).SetInt64(1))
    // 因为涉及两张表的更新，我们需要采用数据库事务处理
    tx := scanner.mysql.Db.NewSession() // 开启事务
    defer tx.Close()
    // 准备保存区块信息，先判断当前区块记录是否已经存在
    block := dao.Block{}
    _, err = tx.Where("block_hash=?", info.BlockHash).Get(&block)
    if err == nil && block.Id == 0 {
        // 不存在，进行添加
        block.BlockNumber = scanner.hexToTen(info.BlockNumber).String()
        block.ParentHash = info.ParentHash
        block.CreateTime = scanner.hexToTen(info.Timestamp).Int64()
        block.BlockHash  = info.BlockHash
        block.Fork = false
        if _, err := tx.Insert(&block); err != nil {
            tx.Rollback() // 事务回滚
            return fmt.Errorf("tx.Insert: %s",err.Error())
        }
    }
    // 检查区块是否分叉
    if scanner.forkCheck(&block) {
        data, _ := json.Marshal(info)
        scanner.log("分叉! ", string(data))
        tx.Commit()  // 即使分叉了，也要把保存区块的事务提交
        scanner.fork = true // 发生分叉
        return errors.New("fork check")  // 返回错误，让上层处理并重启区块扫描
```

```
}
// 解析区块内数据，读取内部的 transactions 交易信息，可分析得出各种合约事件
blockNumber := scanner.hexToTen(info.BlockNumber).Int64()
scanner.log(
   "scan block start ==>", "number:", blockNumber, "hash:", info.BlockHash)
scanner.client.TransactionHandler(info.Txs)
scanner.log("scan block finish \n================")
if err = scanner.client.InsertTxsToDB(blockNumber,tx,info.Txs); err != nil {
   tx.Rollback()        // 事务回滚
   return fmt.Errorf("client.InsertTxsToDB: %s",err.Error())
}
return tx.Commit()    // 提交事务
}
```

7.5.3.4　比特币区块遍历器接口函数的实现

在前一节中，实例化遍历器时需要传入接口 IBlockScanner 的具体实现者，否则遍历器内部的诸多与链相关的函数是无具体实现者的。

因为我们要实现的是比特币的区块遍历器，所以接口 IBlockScanner 的实现者属于比特币公链。这里结合 7.3 节介绍的比特币 RPC 接口来实现比特币公链版本的区块遍历器，主要涉及 6 个接口函数。

在 btc_book 项目中的 scanner 目录下创建代码文件 local_btcoind_scanner.go 来存放比特币区块遍历器的实现代码。

定义遍历器结构体如下：

```
type LocalBitcoindScanner struct {
// 因为要访问节点的 RPC 接口，这里需要定义一个 RPC 客户端
rpcClient *rpc.BTCRPCClient
}

// 比特币 rpc 客户端初始化
func NewLocalBitcoindScanner(rpcClient *rpc.BTCRPCClient)
*LocalBitcoindScanner {
    return &LocalBitcoindScanner{rpcClient: rpcClient}
}
```

根据接口 IBlockScanner 的定义，我们需要使用 LocalBitcoindScanner 遍历器结构体来实现它，首先需要实现它里面定义的函数，其中有 6 个函数，下面分别介绍实现方法。

第一个函数的实现代码如下：

```
// 获取父区块哈希值的接口函数，以 childHash 子哈希为参数，第一个返回值是父哈希值
GetParentHash(childHash string) (string,error)
```

具体代码如下：

```
func (client *LocalBitcoindScanner) GetParentHash(childHash string)
(string,error) {
```

```
    hash,err := chainhash.NewHashFromStr(childHash)
    if err != nil {
        return "",errors.New("invalid childHash")
    }
    // GetBlockHeaderVerbose 根据区块的哈希获取区块的头部数据
    blockHeader,err := client.rpcClient.GetRpc().GetBlockHeaderVerbose(hash)
    if err != nil {
        return "",fmt.Errorf("GetParentHash GetBlockHeaderVerbose
err: %s",err.Error())
    }
    // PreviousHash 就是前一个区块的哈希值，即父哈希值
    return blockHeader.PreviousHash,nil
}
```

第二个函数的实现代码如下：

```
// 获取最新的区块的号
GetLatestBlockNumber() (*big.Int, error)

// 考虑到区块链中涉及的大数比较多，所以在返回区块号这里，
// 我们统一使用 Go 语言的 big.Int 大整数作为返回类型
func (client *LocalBitcoindScanner) GetLatestBlockNumber() (*big.Int, error){
    blockNumber,err := client.rpcClient.GetRpc().GetBlockCount() // 比特币 RPC
接口
    if err != nil {
        return nil,fmt.Errorf("GetLatestBlockNumber GetBlockCount
err: %s",err.Error())
    }
    return big.NewInt(blockNumber),nil
}
```

剩下的 4 个接口函数如下：

```
// 根据区块号获取区块的信息，返回的信息是公共数据结构体
GetBlockInfoByNumber(blockNumber *big.Int) (*ScannerBlockInfo, error)

// 把区块内的交易数据插入到数据库，对于交易 transaction 结构体而言，不同的链存在差异性，
所以这里定义的是 interface 泛型
InsertTxsToDB(blockNumber int64,tx *xorm.Session,transactions interface{})
error

// 交易数据处理函数，和 InsertTxsToDB 不同，我们可以在交易数据入库后，再做特定的解析处理，
比如过滤数据
TransactionHandler(txs interface{})
```

上述 4 个函数的实现分别如下：

```
// 根据区块号，获取区块信息
func (client *LocalBitcoindScanner) GetBlockInfoByNumber(blockNumber *big.Int)
```

```
(*ScannerBlockInfo, error){
        if blockNumber == nil {
            return nil,errors.New("invalid blockNumber")
        }
        // 这里要分 3 步完成：
        // 1. 先根据区块号，获取区块的哈希值；
        // 2. 再根据哈希值获取区块的信息；
        // 3. 最后根据区块内的交易哈希值去获取交易信息。
        rpcClient := client.rpcClient.GetRpc()
        blockHash,err := rpcClient.GetBlockHash(blockNumber.Int64())
        if err != nil {
            return nil,fmt.Errorf("GetBlockInfoByNumber GetBlockHash
err: %s",err.Error())
        }
        block,err := rpcClient.GetBlockVerbose(blockHash)
        if err != nil {
            return nil,fmt.Errorf("GetBlockInfoByNumber GetBlockVerbose
err: %s",err.Error())
        }
        // block.RawTx 其实返回的是空数组，我们不要使用它，而用 block.Tx
        // 下面的操作比较耗时
        txList := []dao.Transaction{}
        for _, tx := range block.Tx {
            txHash,_ := chainhash.NewHashFromStr(tx)
            txObject,err := rpcClient.GetRawTransactionVerbose(txHash)
            if err != nil {
            // 打印错误并继续
            fmt.Println(fmt.Errorf("GetBlockInfoByNumber
GetRawTransactionVerbose err: %s",err.Error()).Error())
            continue
            }
            item := dao.Transaction{
            TxId:        txObject.Txid,
            Block_hash: block.Hash,
            VinSize:     int64(len(txObject.Vin)),
            VoutSize:    int64(len(txObject.Vout)),
            PackTime:    txObject.Time,
            Fork:        false, // 开始时默认都不是分叉块，所以是 false
            Height:      block.Height,
            TxHash:      txObject.Hash,
            }
            txList = append(txList,item)
        }
        return &ScannerBlockInfo{
            BlockHash:  block.Hash,
            ParentHash: block.PreviousHash,
```

```
        BlockNumber: strconv.FormatInt(block.Height,10), // int64 转 string 字
符串
        Timestamp:   strconv.FormatInt(block.Time,10),
        Txs:         txList, // 将交易数据数组赋值进去
    },nil
 }


    // 将交易数据插入到数据库
    func (client *LocalBitcoindScanner) InsertTxsToDB(blockNumber int64,tx
*xorm.Session,transactions interface{}) error {
    // 下面使用 Go 的语法将 interface 强转为 []dao.Transaction
    txs := transactions.([]dao.Transaction) // 对应于 GetBlockInfoByNumber 函
数最后返回的 ScannerBlockInfo 中的 Txs
    if _, err := tx.Insert(&txs); err != nil { // 插入
        tx.Rollback()  // 事务回滚
        return err
    }
    return nil
 }


func (client *LocalBitcoindScanner) TransactionHandler(txs interface{}){
    // todo 这里实现对应的交易解析，等待实现
}
```

在编码实现了上面的 6 个函数后，LocalBitcoindScanner 就成为一个实现了接口 IBlockScanner 的结构体，同时，由于我们在实现接口函数时，选择以指针对象的方式来实现，所以在实例化 LocalBitcoindScanner 时，需要返回指针实例。

同时，在遍历出每个区块所打包的交易后，如果要对交易数据进行自定义的解析操作，可以在函数 TransactionHandler 内进行，比如在要实现的"去中心化数据存储系统"中对含有 OP_RETURN 操作码的交易进行过滤并解析，可以在这个函数里面进行。

7.5.3.5 解析交易数据

在实现了前一小节的接口函数后，接下来需要在 TransactionHandler 函数内完成整个系统的最后一个步骤——对交易数据进行解析。要完成这个函数的编写，需要事先对比特币的交易数据结构有完整的认识，这部分内容读者可阅读 6.5 节。

函数的最终实现参考下面的代码（请结合注释阅读）：

```
    // 处理交易数据
func (client *LocalBitcoindScanner) TransactionHandler(txs interface{}){
    // 这里实现对应的交易解析
    realTxs := txs.([]dao.Transaction)
    rpcClient := client.rpcClient.GetRpc()
    go func() { // 遍历交易是一个耗时的过程，这里考虑启动协程来异步处理
        fmt.Println("要处理的交易数: ",len(realTxs))
        for _, tx := range realTxs {
```

```
        // 先根据交易的 id 获取交易的具体数据
        txHash,_ := chainhash.NewHashFromStr(tx.TxId)
        retryCounter := 0 // 控制重试次数
        RETRY:
        txData,err := rpcClient.GetRawTransactionVerbose(txHash)
        if err != nil {
            // 记录错误，并延迟一会儿再重试
            fmt.Println("TransactionHandler GetRawTransactionVerbose err:
",tx.TxId,err.Error())
            time.Sleep(time.Millisecond * 500)
            retryCounter ++
            if retryCounter <= 3 {
                goto RETRY
            }
            continue // 如果错误次数太多，那么就跳过这一条
        }
        fmt.Println(fmt.Sprintf("被分析的交易：%s，输出条
数：%d",tx.TxId,len(txData.Vout)))
        // 开始遍历 vout
        for index, out := range txData.Vout {
            if out.ScriptPubKey.Type != "nulldata" {
                fmt.Println(fmt.Sprintf("非 OP_RETURN 类型，下标：%d",index))
                continue // 跳过不符合条件的
            }
            // 如果脚本的类型是空字符串，那么这是一个 OP_RETURN 类型的输出，符合条件
            opreturnData := strings.Split(out.ScriptPubKey.Asm," ")[1] // 这里取出
交易的数据：opreturn <data>
            dataBytes,err := hex.DecodeString(opreturnData) // 第一次解码，是比特币默
认的方式
            if err != nil {
                fmt.Println("TransactionHandler
    GetRawTransactionVerbose 非法交易：",err.Error())
                continue
            }
            // 然后根据自定义的解码方式进行数据解码，开始恢复原始的数据
            // 下面假设我们的编码数据方式是 base64
            encData := string(dataBytes)
            decBytes,err := base64.StdEncoding.DecodeString(encData)
            if err != nil {
                // 如果解码失败，证明这不是由我们的系统发出的交易，可以跳过
                fmt.Println("TransactionHandler GetRawTransactionVerbose 不是由系统
发出的交易：",err.Error())
                continue
            }
            originData := string(decBytes)
            // 对数据进行其他的处理，比如记录等，这里我们直接打印出即可
```

```
            fmt.Println("解析出的 OP_RETURN 数据是: ",originData)
        }
    }
    fmt.Println("处理结束")
  }()
}
```

在函数 InsertTxsToDB 中对交易执行完入库操作后，就会进入到 TransactionHandler 函数被进一步解析。这里有一个问题，因为我们的交易处理在这里是异步进行的，如果在处理的过程中程序重启了，那么就会导致当前被遍历到的区块交易还没被处理完。避免因重启而导致交易未被处理完的解决方案之一是，在 LocalBitcoindScanner 里组合使用 Go 中的管道类型变量和抽象遍历器 BlockScanner 中的 stop 管道变量。

该方案的具体实现代码及流程如下（感兴趣的读者可以选择作为高级拓展来实践）：

（1）在 LocalBitcoindScanner 中定义一个管道控制变量 A，内部使用 for-select 包裹对 A 执行读取阻塞以及 TransactionHandler 函数的关联操作。

（2）在 main 函数中捕获程序中断的信号。

（3）在中断处理函数中对 BlockScanner 中将 true 赋值给 stop。

（4）在 BlockScanner 中 start 函数的管道退出部分，加入 LocalBitcoindScanner 管道 A=true 的赋值语句。

7.5.3.6　遍历器单元测试

在 scanner 目录下创建单元测试文件 scanner_test.go，并在其中编写如下代码：

```go
// 测试比特币区块遍历
func TestBlockScanner_Start(t *testing.T) {
runtime.GOMAXPROCS(4)
// 初始化 btc RPC 客户端
rpcClient := rpc.NewBTCRPCHttpClient(
    "127.0.0.1:8332",  // 这里是本地的 bitcoind 节点的 RPC 连接信息
    "mybtc",
    "mypassword")

// 初始化 BTC 遍历者
client := NewLocalBitcoindScanner(rpcClient)

// 初始化数据库连接者的配置对象，记得把它修改为自己本地数据库的参数
option := dao.MysqlOptions{
    Hostname:           "127.0.0.1",
    Port:               "3306",
    DbName:             "btc_relay",
    User:               "root",
    Password:           "123456", // 这里是数据库的连接密码
    TablePrefix:        "btc_",
    MaxOpenConnections: 10,
```

```
      MaxIdleConnections:      5,
      ConnMaxLifetime:         15,
   }
   // 添加表格
   tables := []interface{}{}
   tables = append(tables, dao.Block{}, dao.Transaction{})
   // 根据上面定义的配置，初始化数据库连接者
   mysql := dao.NewMqSQLConnector(&option, tables)
   // 初始化区块扫描者
   scanner := NewBlockScanner(client, mysql)
   // 设置固定的开始扫描高度
   // scanner.SetStartScannerHeight(56149) // 这里会报错，因为笔者的本地节点区块高度还
没这么高
   err := scanner.Start() // 开始扫描
   if err != nil {
      panic(err)
   }
   // 使用 select 模拟阻塞主协程，等待上面的代码执行，因为扫描是在协程中进行的
   select {}
}
```

在运行上面的单元测试代码之前，要保证下面的两个准备步骤先进行完毕：

（1）计算机中的数据库已经启动，同时按 7.5.2 小节中创建好了对应的数据表格。

（2）本地的 bitcoind 节点已经启动，并且启动的参数中带有-txindex=1 的选项。

上面两点都进行顺利的话，运行该测试函数，可以看到在遍历进行时数据的打印结果，如图
7-43 所示。

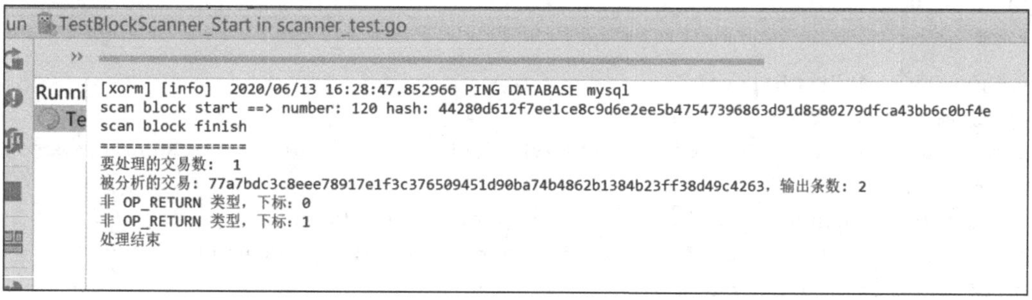

图 7-43　比特币区块遍历器的运行结果

同时，如果我们查看数据库 btc_relay 中的区块和交易表，也会看到对应数据的插入结果。

为了保证测试数据更丰富，我们还需要另外实现一个发送交易到本地 bitcoind 节点的函数，以
便发送更多的交易，之前的 SendTestNet_BTCNormalTransaction 在这里已不再适合使用，因为它发
送的交易是到第三方提供的测试网节点。当然，除了使用函数来发送交易，还可以在 bitcoin-cli 控
制台中发送交易。

当交易发送到了 bitcoind 节点后，就可以在 bitcoin-cli 控制台程序中使用生成区块命令
generatetoaddress 来生成多个区块并打包交易，最后再进行测试。

7.5.4 把交易发送到本地节点

由于"去中心化数据存储系统"要存储的数据所选择的链是本地的私有链，因此需要编写一个把交易发送到本地 bitcoind 节点的函数，下面来看看具体的实现方法。

在 btc_book 项目的根目录下创建文件 transaction_bitcoind.go，在其中编写下面 2 个函数：

（1）getUTXOListFromBitcoind，负责从 bitcoind 中通过 RPC 接口获取目标地址的 UTXO。

（2）SendLocalNode_BTCNormalTransaction，结合函数（1）负责实现整个交易的发送。

函数的整体实现和之前的 SendTestNet_BTCNormalTransaction 大同小异，除了请求接口部分有差异，其他的步骤包含 UTXO 的组装和找零等都完全相同。这意味着，只要我们熟悉了交易的发送原理，那么对于不同的链环境或第三方平台接口，整体框架都是一样的。回顾前文抽象遍历器一节的内容，就交易函数来说，其实也可以将公共部分抽象出来。

具体实现代码如下：

```
import (
  "fmt"
  "errors"

  "github.com/btcsuite/btcutil"
  "github.com/btcsuite/btcd/chaincfg"
  "github.com/btcsuite/btcd/wire"
  "github.com/btcsuite/btcd/chaincfg/chainhash"
  "github.com/btcsuite/btcd/txscript"
  "github.com/btcsuite/btcd/btcec"
  "github.com/btc_book/rpc"
  "github.com/btcsuite/btcd/btcjson"
)

func getUTXOListFromBitcoind(
  rpcClient *rpc.BTCRPCClient,
  pubkeyHash *btcutil.AddressPubKeyHash) ([]btcjson.ListUnspentResult,error) {

  // 比特币的 ListUnspent RPC 接口，ListUnspentMinMaxAddresses
  list, err := rpcClient.GetRpc().ListUnspentMinMaxAddresses(1, 9999999,
[]btcutil.Address{pubkeyHash})
  if err != nil {
    return nil, err
  }
  if list == nil || len(list) == 0 {
    return nil, errors.New("empty utxo list")
  }
  return list,nil
}

  // 发送交易
```

```
func SendLocalNode_BTCNormalTransaction(
  rpcClient *rpc.BTCRPCClient,
  senderPrivateKey,toAddress string,
  value int64,opReturn *OpReturnDataObj) error {


  netType := &chaincfg.RegressionNetParams
  targetTransactionValue := btcutil.Amount(value)

  // 根据发送者私钥得出它的其他信息，比如地址
  wallet := CreateWalletFromPrivateKey(senderPrivateKey,netType)
  if wallet == nil {
    return errors.New("invalid private key") // 恢复钱包失败，非法私钥
  }
  // 1. ----------- 准备交易的输入，即 UTXO -----------
  // 使用三方平台 blockCypher 提供的 API 来获取发送者的 UTXO 列表
  senderAddressPubkeyHash := wallet.GetBtcAddressPubkeyHash(true)
  utxoList,err := getUTXOListFromBitcoind(rpcClient,senderAddressPubkeyHash)
  if err != nil {
    return err
  }


  //2. ----------- 根据交易的数值选择好输入的条数，utxoList 是候选 UTXO 列表 -----------
  tx := wire.NewMsgTx(wire.TxVersion) // 定义一个交易对象
  var (
    totalUTXOValue btcutil.Amount
    changeValue btcutil.Amount
  )
  // SpendSize 是 BTC 建议的数值，用于参与手续费计算
  // which spends a p2pkh output: OP_DATA_73 <sig> OP_DATA_33 <pubkey>
  SpendSize := 1 + 73 + 1 + 33
  for _, utxo := range utxoList {
    totalUTXOValue += btcutil.Amount(utxo.Amount * 10e7) // 统计可用的 UTXO 数值
    hash := &chainhash.Hash{}
    if err := chainhash.Decode(hash,utxo.TxID);err != nil {
      panic(fmt.Errorf("构造哈希值错误 %s",err.Error()))
    }

    // 以上一笔交易的哈希值作为参数来构建出本次交易的输入，即 UTXO
    preUTXO := wire.OutPoint{Hash:*hash,Index: utxo.Vout}
    oneInput := wire.NewTxIn(&preUTXO, nil, nil)

    tx.AddTxIn(oneInput) // 添加到要使用的 UTXO 列表

    // 根据交易的数据量大小来计算手续费
    txSize := tx.SerializeSize() + SpendSize * len(tx.TxIn)
    reqFee := btcutil.Amount(txSize * 10)
```

```go
    // 候选 UTXO 总额减去需要的手续费，再和目标转账值比较
    if totalUTXOValue - reqFee < targetTransactionValue {
        // 若未达到要转账的数值，就继续循环
        continue
    }
    // 3. ----------- 给自己找零，计算好找零金额值 -----------
    changeValue = totalUTXOValue - targetTransactionValue - reqFee
    break // 如果已达到了转账数值，就跳出循环，不再累加 UTXO
}

// 4. ----------- 构建交易的输出 -----------
// 因为我们要做的是给个人钱包地址转账，所以使用源码中提供的 PayToAddrScript 函数即可
toPubkeyHash := getAddressPubkeyHash(toAddress)
if toPubkeyHash == nil {
    return errors.New("invalid receiver address") // 非法钱包地址
}
toAddressPubKeyHashObj, err := btcutil.NewAddressPubKeyHash(toPubkeyHash,
netType)
if err != nil {
    return err
}
// 下面的 toAddressLockScript 是锁定脚本，PayToAddrScript 函数是源码提供的
toAddressLockScript, err := txscript.PayToAddrScript(toAddressPubKeyHashObj)
if err != nil {
    return err
}
// receiverOutput 对应收款者的输出
receiverOutput := &wire.TxOut{PkScript: toAddressLockScript, Value:
int64(targetTransactionValue)}
tx.AddTxOut(receiverOutput) // 添加进交易结构里面

// 如果要设置 opReturn，那么组装一个 opReturn 的输出到交易中
if opReturn != nil {
    // NullDataScript 函数是库提供的
    nullDataScript,err := txscript.NullDataScript([]byte(opReturn.Data))
    if err != nil {
        return err
    }
    opreturnOutput := &wire.TxOut{PkScript: nullDataScript, Value: 0}
    tx.AddTxOut(opreturnOutput) // 添加到交易结构体中
}

var senderAddressLockScript []byte
if changeValue > 0 { // 如果数值大于 0，那么需要给自己的 sender 找零
    // 首先计算自己的锁定脚本值，计算方式和上面的一样
```

```
      senderAddressPubKeyHashObj, err := btcutil.NewAddressPubKeyHash
   (senderAddressPubkeyHash.ScriptAddress(), netType)
      if err != nil {
         return err
      }
      // 下面的 toAddressLockScript 是锁定脚本，PayToAddrScript 函数是源码提供的
      senderAddressLockScript, err = txscript.PayToAddrScript
   (senderAddressPubKeyHashObj)
      if err != nil {
         return err
      }
      // senderOutput 对应发送者的找零输出
      senderOutput := &wire.TxOut{PkScript: senderAddressLockScript, Value:
   int64(changeValue)}
      tx.AddTxOut(senderOutput) // 添加到交易结构体中
   }
   // 对每条输入使用发送者私钥生成签名脚本，以标明这是发送者可用的
   btcecPrivateKey := (btcec.PrivateKey)(wallet.PrivateKey)
   txInSize := len(tx.TxIn)
   for i := 0; i<txInSize; i++ {
      sigScript, err :=
         txscript.SignatureScript( // 签名脚本生成函数由源码提供
            tx,
            i,
            senderAddressLockScript,
            txscript.SigHashAll,
            &btcecPrivateKey,
            true)
      if err != nil {
         return err
      }
      tx.TxIn[i].SignatureScript = sigScript // 赋值签名脚本
   }

   // 5. ----------- 发送交易 -----------
   // 把交易数据发送到节点
   txHash, err := rpcClient.GetRpc().SendRawTransaction(tx, false)// 使用 RPC 接口
   if err != nil {
      panic(err)
   }
   fmt.Println("交易的哈希值是:",txHash)
   return nil
}
```

完成上述函数后，在同一个目录中创建它的单元测试文件 transaction_bitcoind_test.go，在下一小节实现数据存储时，就在该文件中进行交易的发送。

7.5.5 把数据存储到链上

在整个"去中心化数据存储系统"中，其数据存储的本质是将需要存储的数据携带到交易中，放置在 OP_RETURN 的输出中，最后将交易发送到比特币节点，等待交易被打包成功，在达到区块不可逆的状态后，数据就永远地被存储在链上了，之后就具备了去中心化及无法被篡改的特性。

接下来使用 7.5.4 小节中实现过的 SendLocalNode_BTCNormalTransaction 交易函数来把包含 OP_RETURN 输出的交易发送到节点。

在 transaction_bitcoind_test.go 文件中编写如下的单元测试函数。注意，代码里面约定的编码方式和 TransactionHandler 函数的解码方式是对应的，即一个编码，一个解码。

```go
    import (
    "testing"
    "github.com/btc_book/rpc"
    "fmt"
    "encoding/base64"
)

func TestSendLocalNet_BTCNormalTransaction(t *testing.T) {
  rpcClient := rpc.NewBTCRPCHttpClient(
      "127.0.0.1:8332",
      "mybtc",
      "mypassword")
  // 这里我们发送 3 笔交易
  for i:=0; i< 3; i++ {
    // 下面的数据编码方式，要对应到 TransactionHandler 函数中的解码方式
    dataBytes := []byte(fmt.Sprintf("你好，这是我交易的备注信息，下标: %d", i))
    encData := base64.StdEncoding.EncodeToString(dataBytes)
    err := SendLocalNode_BTCNormalTransaction(
      rpcClient,
      "cRgsH3pQMVhdux6HGzyMeRkoESfqtUNe5GhEvNw8Er7f4jTJwuoL",  // 发送者私钥
      "mwzzVeqDfFXFD1vn6jsTJyakeaSA6kRjen",  // 接收交易的地址
      200,&OpReturnDataObj{
        Data: encData, // op_return 携带编码后的数据
      })
    t.Log(err)
  }
}
```

运行该函数之前，需要满足下面 3 个条件：

（1）请保持本地的 bitcoind 节点程序处于正常启动状态。
（2）保证交易者私钥参数在 bitcoind 节点中接收过比特币，即有余额。
（3）接收交易的地址必须对应的是私人节点 regtest 中的地址类型。

由于上面的 SendLocalNode_BTCNormalTransaction 交易函数代码里使用了 P2PKH 的地址解析，因此下面我们会创建几个 P2PKH 的地址钱包来进行测试。

首先，在命令行控制台中，执行下面的命令生成 P2PKH 的钱包地址，至少需要生成 2 个钱包地址，一个作为发送方，另一个作为接收方，命令如下（其中参数 legacy 对应的就是 P2PKH 类型）：

```
bitcoin-cli.exe -datadir=D:\Bitcoin-core\daemon\data -conf=bitcoin.conf
getnewaddress "" "legacy"
```

执行上面的命令后，就会得到对应的钱包地址，这些钱包地址以 m 字母开头，表示当前所处的网络类型是私有网络。地址生成后，再使用下面的命令导出私钥，以作为交易发送函数的入参：

```
bitcoin-cli.exe -datadir=D:\Bitcoin-core\daemon\data -conf=bitcoin.conf
dumpprivkey moZnEdZ1pfo5sDDWHRfZWZ6ShWbjKn4V62
```

"moZnEdZ1pfo5sDDWHRfZWZ6ShWbjKn4V62" 地址是笔者本机所生成的，最终得到的私钥如下：

```
cRgsH3pQMVhdux6HGzyMeRkoESfqtUNe5GhEvNw8Er7f4jTJwuoL
```

最后，需要手动生成几个区块，同时把区块奖励地址指定到上面所创建的两个钱包中的一个：

```
bitcoin-cli.exe -datadir=D:\Bitcoin-core\daemon\data -conf=bitcoin.conf
generatetoaddress 112 moZnEdZ1pfo5sDDWHRfZWZ6ShWbjKn4V62
```

查看钱包地址余额：

```
bitcoin-cli.exe -datadir=D:\Bitcoin-core\daemon\data -conf=bitcoin.conf
listaddressgroupings
```

执行上面的命令后，可以看到如图 7-44 所示的余额。

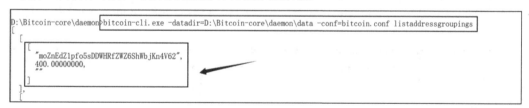

图 7-44　查看钱包地址中的余额

注意，上述代码中的私钥和地址都是笔者本地 bitcoind 节点的数据，读者在实际操作中切记要替换成自己本地节点的数据。

一切准备就绪后，运行 TestSendLocalNet_BTCNormalTransaction 函数，可以看到在控制台中输出的交易哈希值，如图 7-45 所示。到了这一步，还没成功，我们还需要在命令行控制台使用命令行生成一个区块，将这 3 笔交易打包。

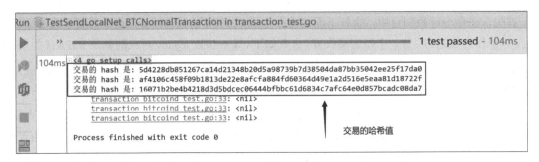

图 7-45　发送存储数据的交易

执行下面的命令，打包前面所发送的存储数据的交易：

```
bitcoin-cli.exe -datadir=D:\Bitcoin-core\daemon\data -conf=bitcoin.conf
generatetoaddress 1 moZnEdZ1pfo5sDDWHRfZWZ6ShWbjKn4V62
```

命令行控制台输出的区块哈希值如下：

```
[
  "1baee67a8f8f2581a9d53042c7ce4f123eeea0973e9496d31704878a684b225a"
]
```

使用 getblock 命令查看该区块打包的交易，结果如图 7-46 所示，可以看到在图 7-45 中所显示的 3 笔交易的哈希值已经被包含进去了，即交易被打包了。

```
5d4228db851267ca14d21348b20d5a98739b7d38504da87bb35042ee25f17da0
af4106c458f09b1813de22e8afcfa884fd60364d49e1a2d516e5eaa81d18722f
16071b2be4b4218d3d5bdcec06444bfbbc61d6834c7afc64e0d857bcadc08da7
```

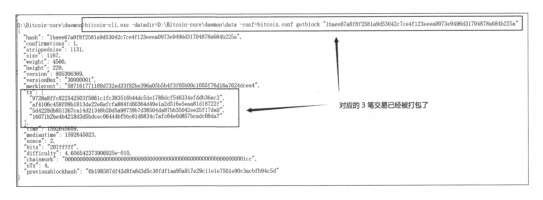

图 7-46　查看区块打包的交易

7.5.6　解析所存储的数据

在 7.5.5 小节中，我们成功地将所要存储的数据使用 base64.StdEncoding 自定义加密后存储到链上。

再次运行之前的遍历器单元测试函数 TestBlockScanner_Start，观察控制台的输出，可以看到发送数据的交易被打包后，当遍历到这些数据所在的区块时，数据解析函数将当初我们所设置的

OP_RETURN 携带的数据识别出来，并解码成功，如图 7-47 所示。

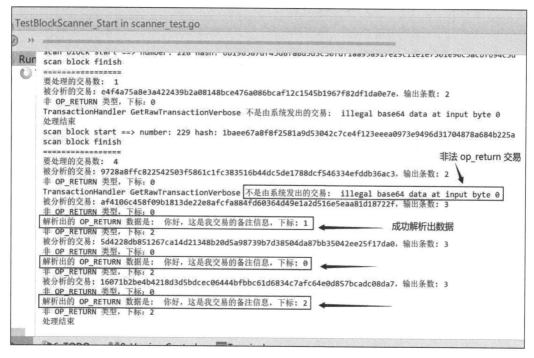

图 7-47　解析比特币链上存储的自定义数据

至此，一个去中心化存储系统已开发完成。

7.6　小　结

第 7 章是编写程序代码比较多的一个章节，综合了第 6 章私链搭建的命令行操作，完成了基于比特币公链开发 DApp 中一个很重要的模块——区块遍历器。以此为基础，介绍了"去中心化数据存储系统"的开发流程。遍历器的代码部分沿用了以太坊遍历器的思想，并将这种思想以代码抽象的方式体现了出来，使得它具备了支持多链的拓展性。

此外，还介绍了在钱包或交易所之类应用开发中使用的"内存池解析器"的范例，在这个范例中，使用了一些编程中常见的算法结构，比如链表与队列，从侧面反映了在软件开发中，再复杂的功能，其最底层的功能实现都是依赖一些基础算法来实现的，区块链也不例外。

在开发公链 DApp 的时候，我们不应该把它的概念束缚于以太坊或 EOS 这类具备图灵智能合约的功能模块中。DApp 是去中心化应用，它的基本概念就是去中心化，而区块链具备这种特点，也就意味着任何不违背区块链思想的公链应用都能作为 DApp 的载体。